环境艺术设计材料结构与应用

何新闻　编著

中国建筑工业出版社

图书在版编目(CIP)数据

环境艺术设计　材料结构与应用/何新闻编著. —北京：中国建筑工业出版社，2008（2025.1 重印）
ISBN 978-7-112-10422-2

Ⅰ. 环…　Ⅱ. 何…　Ⅲ. 装饰材料—应用—环境设计—高等学校—教材　Ⅳ. TU-856

中国版本图书馆 CIP 数据核字(2008)第 158140 号

责任编辑：唐　旭
责任设计：崔兰萍
责任校对：安　东　王雪竹

环境艺术设计
材料结构与应用
何新闻　编著
*
中国建筑工业出版社出版、发行(北京西郊百万庄)
各地新华书店、建筑书店经销
北京鸿文瀚海文化传媒有限公司制版
廊坊市海涛印刷有限公司印刷
*
开本：787×1092 毫米　1/16　印张：18¼　字数：584 千字
2008 年 11 月第一版　　2025 年 1 月第十一次印刷
定价：**56.00** 元
ISBN 978-7-112-10422-2
（40365）

目　　录

第一篇　概　　论

第二篇　硬质材料

第三篇　软　质　材　料

第一篇 概　　论

第一章 材料的历史与发展

人类的发展史同时也是人类利用材料的历史。

在生活和生产实践中，人们将大自然赋予的材料进行各种造物活动，并通过长期的生产实践和生活体验，积累和丰富了对各种材料特性的认识，掌握了对材料的加工技术，并运用材料改造生存环境，提高生活水平，如搭建房屋，制作生产工具、生活器具和精神产品，以满足物质和精神上的需要。

人类社会的发展经历了原始的石器时代，以后逐渐学会和掌握了烧制陶器、铸制青铜器。到工业时期，钢铁得到了广泛的应用，现代科学技术的发展，创造了性能优良的复合材料和具有高效性能的纳米材料。每一次新材料和新工艺的出现，都标志着人类社会文明的进步，都会给人类的发展带来新的飞跃。

木、石是人类最早使用的材料。原始先民将自然形态的石头、木头磨成尖锐的棱角，作为生活工具和防卫、狩猎武器。这些工具和武器尽管粗糙和简陋，但反映了人们对自然材料利用的欲望和需要。在兽骨上刻画着“象形文字”，作为对劳动生活成果的记载或相互交流的符号；用穿孔的兽骨、石珠作为装饰物或死者的随葬物；他们采集矿物粉与树胶液调和，在洞穴的石壁上涂画各种人物、动物、鬼魂、图腾。这一时期，人类对材料的认识和体验只是采集自然材料、利用自然材料、改变自然材料的形状，对材料进行简单的加工和利用。

从浙江余姚河姆渡文化的“干阑”木构建筑及凿卯制榫工艺，开始显示着我国劳动人民在五六千年前利用木材构筑房屋的水平(图 1-1)。

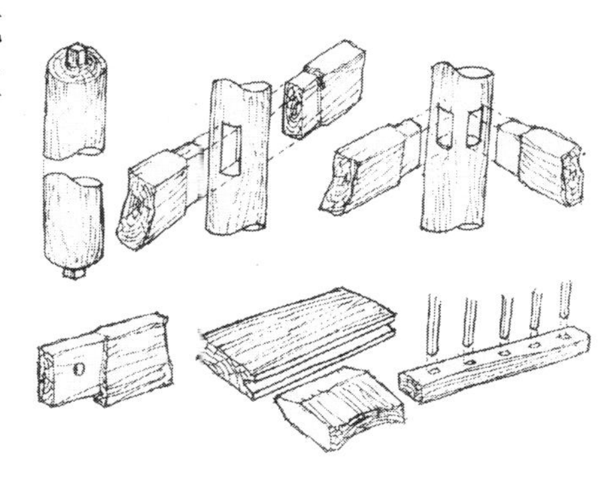

图 1-1　浙江余姚河姆渡遗址干阑建筑构件

制陶术的发明，标志人类实现了由对材料形状的改变向材料性质改变的转化，是人类社会的一大进步。陶器具有的造型特点，反映出特定的加工方式和使用功能。从半坡彩陶反映了人类物质生活和精神生活的更丰富创造的开始，陶器的造型不仅具有实用价值，而且具有一定的审美价值。陶器经历了由单一的焙烧黏土陶到釉陶的发展过程，使陶器有了真正的防水渗透功能，以及由于变幻莫测的釉色而带来独特的美感，达到了实用与审美的和谐统一。陶瓷根植于地球上最丰富的资源，在人类的文明史上连绵生存几千年不湮没。

铜是人类最早使用的金属材料之一，在铁器出现之前，人类历史相当漫长的一段时间里，铜及其合金曾是用量最多、用途最广、对人类社会发展所起作用最大的一种金属材料。被称为“青铜时代”的商代及西周时期(商公元前1600～前1046年，西周公元前1046～前771年)是我国历史上青铜冶铸技术的辉煌时期，劳动人民发挥自己的聪明才智，充分利用青铜的熔点低、硬度高、便于铸造的特性，制造出铜币、铜食器、铜酒器、铜床、铜兵器和铜饰品，为我们留下了无数造型优美、制作精良的艺术精品，创造了人类历史上光辉的“青铜文化”。

铁的使用在人类社会发展史上具有划时代的意义。铁比铜的冶铸工艺和技术更高，由于铁的硬度和韧性较高，尤其是以铁为主的一系列金属与合金材料具有质地坚硬、性能优良的特点，所以用铁作为材料可以生产出各种坚固的器具、生产工具和建筑构件等。以铁为材料的工艺技术最早最先进的形式体现在武器的制造上，从铁工件的煅烧、反复地折叠和锤击、焊接，到表面蚀刻，展示一种复杂而精美的工艺技术。铁的使用，对整个人类社会的发展起着重大的推动作用。

人类社会在发现材料、制作材料和充分地利用材料的过程中，发展了材料的实用性和美学的艺术性，逐步地实现着材料的实用价值与审美价值的融合、功能与形式的统一。

用石料垒筑的西方古建筑，如古埃及、古希腊和古罗马建筑不仅通过材料与造型来表达体量、比例、尺度、节奏、韵律的形式美，而且在于通过人性的表述，表达美的深层的哲理性(图1-2、图1-3)。

图1-2 古埃及金字塔

图1-3 鲁克索的宇宙

我国长江流域的“干阑建筑”和黄河流域的“木骨泥墙房屋”，反映了我国古代“木”、“土”文化的建筑特色。传统建筑的各种类型，如宫殿、寺庙、园林、普通宅舍和亭、榭、塔楼以及各种类型的民居，以木、土为主要材料的木构架建筑体系，蕴涵着多元的哲学、美学意识(图1-4)。传统的木制家具和生活用品充分地发挥树种的特性，将实用功能与造型美相结合。天然漆成为木构建筑与木制家具的髹涂层，起到防腐、防潮的作用和良好的装饰效果。

在近代，材料工业的发展推动和促进了工业产品的批量生产和不断改进，从而实现了由依赖于手工业生产产品向以机器为制造手段的大批量生产产品的转化。

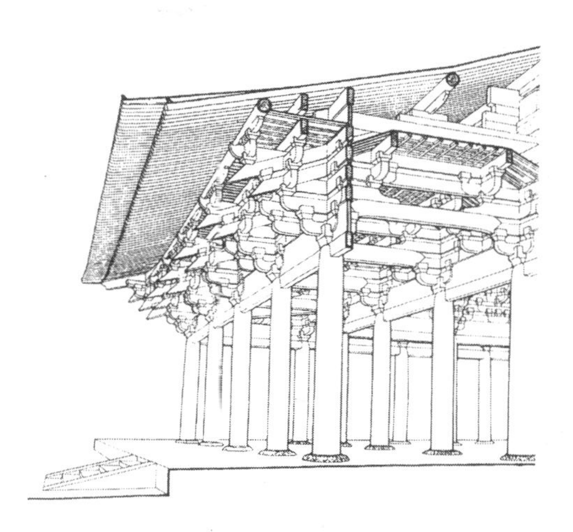

图 1-4 殿屋木构架

19 世纪工艺美术运动先驱威廉·莫里斯(William Morris)反对机械生产，提倡艺术化的手工制品，以色彩明快、图案简洁的壁纸作为室内墙壁装饰材料，莫里斯公司还设计和生产了织物和家具。莫里斯发展了一种设计的理论：“一个设计者应该完全了解与其设计有关的特殊生产过程，否则其结果往往事半功倍。另一方面，要了解特殊材料的性能，并用它们来暗示自然的美以及美的细节，这就赋予了装饰艺术以存在的理由。”赖特(Frank Lloyd Wright)曾写道：“将你的材料性质显示出来，让这种性质完全进入你的设计中。”新艺术风格后期代表人物法国设计家尤金·盖拉德(Eugene Gaillard)曾对家具设计提出“重视材料的特性”、“在木质材料中，只有拱形结构被视为惟一的装饰要素”的法则。著名的比利时建筑师维克多·奥大(Victor Horta)在为自己设计住宅时，也像建造公共建筑一样，对室内空间的处理极为自由和大胆，毫无顾忌地使用工业材料，如钢铁和玻璃。

20 世纪 20～30 年代是现代主义运动走向成熟的时期，德国魏玛包豪斯(Bauhaus)学院倡导艺术家与工匠的结合以及不同门类艺术的结合，将艺术与技术、艺术与材料充分地融合与协调，形成独特的设计风格体系，如格罗皮乌斯与梅耶合作设计的科隆德意志制造联盟展览会模范工厂，螺旋楼梯采用玻璃罩，打破了室内空间和室外空间的界限，加强了空间与空间的交流和对话。就学于包豪斯并后来成为设计大师的布鲁埃尔(Marcel Breuer)成为第一个把钢管材料运用到椅子设计中的人，由他设计的被称为“瓦西里”椅(‘Wassily’ Chair)的钢管座椅名载史册(图 1-5)。以设计者、实验者和完美主义者作为信念的被称为 20 世纪最重要的建筑大师路德维希·密斯·凡·德·罗(Ludwig Mies Van der Rohe)运用镀铬扁平钢架与织物或皮革材料组合设计了具有独特风格的“巴塞罗那椅”。

图 1-5 “瓦西里”椅(布鲁埃尔)

20 世纪 40 年代，塑料、橡胶和胶合板等新材料、新技术应运而生。橡胶，尤其是泡沫橡胶和铸模橡胶，改变了家具装饰品的概念，一块小的橡胶材料可以创造出比其他装饰材料更加舒适的形式。新型复合材料如胶合板的应用，充分利用新的弯曲技术，如查尔斯·依姆斯(Charles Eames)设计的具有雕塑感的椅子，充分发挥胶合板的弯曲特性及表面纹理的特殊效果。金属、胶合板和塑料的结合，为家具设计师提供了各种可能性。设计师们从结构的装配组合转向雕塑艺术造型形式，诺尔公司设计师沙里宁采用玻璃钢材料批量生产靠背、扶手、座位整体式的“沙里宁椅子”。美国设计师艾罗·萨阿瑞恩为美国通用汽车公司设计的椅子采用镀铬的管状铝材和聚乙烯；查尔斯·依姆斯和雷·依姆斯共同设计了玻璃纤维外壳的扶手椅；艾和查还分别采用钢材加熔凝塑料、大理石和胶合板、铸铝加钢，制成坐垫、椅脚和支架等。

20 世纪 50 年代是塑料工业的发展时期。塑料不仅具有许多优于其他材料的性能，而且在造型上具有独特的表现力。它可以惟妙惟肖地模仿其他材料的装饰效果，如自然纹理、质地和各种花纹图案，塑料被视为一种构成各种形状造型的通用材料。丹麦设计师阿纳·杰克森采用覆盖织物的泡沫塑料为椅座，内包玻璃纤维、支座为镀铬钢构成椅子。

20 世纪 60～70 年代，丹麦设计师杰克伯·詹森(Jakob Jensen)采用黑色纹理的木材与柔和光滑的铝和不锈钢材料设计了组合音响，在自然世界、机器世界和“艺术”之间达到微妙柔和的色彩效果和恰当的平衡。意大利“全球工具”(Global Tools)设计小组的领导者理杰德·达利西(Ricardo Dalisi)使用低成本的材料和极其简单的结构创造出视觉复杂的设计。

随着现代科学技术的不断发展，以及现代人生活质量要求和审美能力的提高，无论是传统材料，还是现代工业材料，其蕴含的生命力和表现力影响着环境设计，环境设计也由此呈现出多元化的风格。

传统材料、地方材料，让设计师重新认识传统文化，木材给人带来温馨和自然感，石材纹理和色泽充满自然美，无涂装混凝土墙、抛光水泥面，显示出厚重的质感(图 1-6)。几十年、上百年的门窗和船木老料的应用，给室内外空间环境营造一种古朴幽雅和怀旧感。

玻璃、钢等高技术、高质量工业材料用于建筑结构，将金属本身的力度与精工细致的材质美感充分地得到表现，显示出现代材料的“工业美”(图 1-7)。

图 1-6 清水墙

图 1-7 玻璃、钢结构

北欧风格派将美学意识、生理学、人体工程学原理和材料的特质充分地融合起来，如用胶合板、钢管、工程塑料等材料创造出个性化的家具设计(图 1-8、图 1-9)，同时对自然材料的应用、与传统手工艺的结合发挥得淋漓尽致。

图 1-8　椅(娜娜·狄泽尔)

图1-9　椅(阿尼·雅格布森)

继信息技术、基因工程之后，纳米技术又成为一颗新的科技明星，纳米技术将对材料科学产生深远的影响。由于纳米材料的特殊结构，使它产生出小尺寸效应、表面效应、量子尺寸效应等，从而具有传统材料不具备的特异的光、电、磁、热、声、力、化学和生物学性能，如在化纤面料中加入少量的金属纳米微粒就可以产生抗静电作用，并使纤维织物不沾水又防污。纳米陶瓷粉体作为涂料的添加剂，当涂料涂覆在塑料、木材或其他基材上后，因具有极强的覆盖力而使被涂覆材料的耐磨性和防火、防尘等性能成倍提高。玻璃和瓷砖表面涂上纳米薄层，可以制成自洁瓷砖和自洁玻璃，任何粘在表面上的脏物，包括灰尘、油污、细菌，在光的照射下，由于纳米的光催化作用，可以变成气体挥发或者容易被擦掉的物质。纳米陶瓷材料具有高韧性，在常温下能弯曲，且强度依然很高。纳米塑料既节能保温，又具有极强的耐磨耐用性。总之，纳米技术将引发一场新的材料工业革命。正是这些新技术、新材料的产生和利用，为我们未来的室内外环境勾画出一幅美妙迷人的远景图画。

21 世纪是智能建筑时代，室内外环境设计对材料的应用提出更新、更高的要求，材料的使用不仅制约于轻质、高强度、保温、隔热、美观等因素，而且制约于光学、声学技术以及安全健康、生态环保等要求。向多功能、智能型、功能结构一体化方向发展，将以有效地利用可循环使用的废弃材料，研究开发节能、节资源、环保型的绿色建材作为可持续发展战略目标。

第二章　绿色材料与应用

21世纪，随着人类对生存环境认识的不断深化、科技新概念的不断引入，建筑、室内外环境设计朝着科技、绿色环境和以人为本的理念发展，同时推动建筑材料工业向提高质量、节能、利废和环保方向发展，人类居住环境设计按照绿色设计准则进行建造，从而最大限度地达到能源效率、资源效率和人类健康的和谐统一。

一、绿色建材的定义及内涵

“绿色材料”是生态环境材料在建筑材料领域的延伸，代表21世纪建筑材料的发展方向，符合世界发展趋势和人类发展的需要。

“绿色材料”概念首先是在1988年第一届国际材料科学研究会议上提出。1992年国际学术界明确提出：绿色材料是指在原材料采取、产品制造、使用或者再循环以及废料处理等环节中对地球环境负荷最小和有利于人类健康的材料。

1990年有专家提出“生态环境材料”的概念，认为生态环境材料应具有三大特点：一是材料的先进性，即能为人类开拓更广阔的活动范围和环境；二是材料与环境的协调性，使人类的活动范围同外部环境尽可能协调；三是材料应用的舒适性，使人类生活环境更加舒适。生态环境材料应是将先进性、协调性和舒适性融为一体的新型材料。

自20世纪90年代以来，我国已开展了绿色建材的研究及其材料产品的开发和应用。初步明确了绿色建材的概念和内涵；确定了绿色建筑材料的发展方向，由过去以浪费资源和牺牲环境为代价的发展方式，向提高质量、节能、降耗、健康环保的方向发展，建筑材料工业必须走可持续发展之路。1998年在国家科学技术部、国家863新材料领域专家委员会、国家自然科学基金委员会等单位联合组织的“生态环境材料研究战略研讨会”上，提出生态环境材料的基本定义为：具有优异的使用性能和优良的环境协调性，或能够改善环境的材料。1999年在我国首届全国绿色建材发展与应用研讨会上提出：绿色建材是采用清洁生产技术，不用或少用天然资源和能源，大量使用工农业或城市固态废弃物生产的无毒害、无污染、无放射性，达到使用周期后可回收再利用，有利于环境保护和人体健康的建筑材料。

二、绿色材料的实施准则

材料产业支撑着人类社会的发展，为人类带来便利和舒适。为推动绿色建材产业的健康发展，逐步建立和完善“绿色”建材和建材绿色化的评价指标和体系，建立绿色建筑、室内外环境设计准则和方法，如：建筑与自然共生、应用减轻环境的建筑节能新技术、循环再生型的建筑生涯、创造健康舒适的室内外环境、使建筑融入历史与地域的人文环境等，《中国生态住宅技术评估手册》明确了“绿色”标准的三大主题：

1. 节约资源，减少污染；

2. 创造健康、舒适的居住环境；

3. 与周围自然环境相配合，以推动我国住宅产业的持续发展。

自“绿色材料”和“生态环境材料”概念提出后，世界各国的绿色建筑形式出现多种多样，以部分或全部采用绿色建筑设计和绿色材料使用策略完成。这些建筑设计与室内、外环境设计或突出可再生能源的利用、突出节能降耗、突出环保健康等，如在2000年悉尼奥运会中，绿色建筑思想、设计理念和高科技含量在奥运场馆及其配套设施的建设中得以很好的体现。太阳能成为奥运村许多场馆和道路、照明的主要能源。场馆采取空气自然流通形式，依靠自循降温，场馆顶篷采用聚碳酸酯透明板材以减少用电量。德国的零能量住房，100%靠太阳能，没有有害废气的释放，保持周围环境质量的清新。其墙面采用储热能力好的灰砂砖、隔热材料。阳光透过保温材料，热量在灰砂砖墙中存储起来。白天透过窗户由太阳来加热，夜间通过隔热材料和灰砂砖墙来加热。清华大学设计中心大楼(图2-1)，是北京首座绿色建筑，也是我国较早的绿色建筑之一，其利用自然能源——采用太阳能光电板发电技术，采用缓冲层——减少采暖能耗和增加空气流通，健康化、无害化——采用低放射性污染的建筑材料和再生材料。法国巴黎的“阿拉伯世界研究所”(图2-2)，不仅因为外墙采用老式照相机镜头快门式的金属覆盖装饰，展现独特的构思，而且是采用高科技术镜头快门窗口，将开启与关闭以机械镜头的方式展现，有效地利用太阳能，是高科技和现代形式表现对自然能源的一种关注方式。

图2-1　清华设计中心大楼

图2-2　阿拉伯世界研究所

许多建筑在天窗上安装可自动控制的遮阳卷帘、弧形白色反光罩和电光源，在保证自然采光率的同时，也确保了采光效果，使光线均匀、柔和、舒适。

在以“人类、自然、技术”为主题的2000年德国汉诺威世界建筑博览会上，日本馆屋顶由纤维及纸质膜结构建成(图2-3)，整个建筑全部采用再生纸筒作为主要构件网壳结构(图 2-4)。“纸筒建筑”诠释了可再生利用建筑材料的意义。用纸做的建筑物不仅可利用，而且可以送进制浆机被重复利用，从而减少建筑材料生产过程中严重的能源消耗和环境污染。

图 2-3 纤维及纸质膜构成屋顶

图 2-4 纸筒建筑网壳结构

建筑和室内外环境是建筑材料使用的最主要表现对象。建筑材料在建筑和建筑室内外环境中的应用，改善和提高了人们生存环境的质量品质，推动了社会经济的发展。但同时在材料的加工处理、使用和废弃的过程中，排放出大量的污染物，这些污染物的材料可归为两大类。1. 再生材料和无机材料，如新鲜的混凝土、砖、石材和水泥材料的放射性铀系元素，在衰变过程中放出氡气，破坏人的肺组织。花岗石、大理石、陶瓷等材料，若放射性物质超量，对人体造成 X 射线辐射伤害。泡沫石棉以石棉纤维为主要材料，石棉水泥制品常用作建筑或建筑室内的保温、隔热、吸声、防震材料，当石棉纤维吸入体内，可引起“石棉肺”。石棉为致癌物，现已限制使用。用于门、窗、地板和家具的胶合板，由于加工过程中使用合成胶粘剂、油漆涂料和涂料溶剂，这些材料在使用过程中快速或长期缓慢释放出有毒物质，如胶粘剂白胶、酚醛树脂、合成橡胶胶乳，可释放甲醛、苯类和合成单体。涂料可释放氯乙烯、氯化氢、苯类、酚类等有害气体，涂料溶剂可释放苯、醇、酯、酸等，这些有害物质吸入人体后引起头痛、恶心、刺激眼睛和鼻子，严重时可引起气喘、神志不清、呕吐和支气管炎。2. 高分子材料，在建筑室外环境中，大量的高分子材料用于制作隔热板材，如聚苯乙烯、聚氯乙烯、聚氨酯、酚醛树脂泡沫塑料、塑料壁纸、塑料地板、塑料隔声材料、填嵌材料、涂料、胶粘剂等。由于高分子材料含有未被聚合的单体及塑料的老化分解，可释放出大量的如苯类、甲醛和其他挥发性有机物。

在材料的生产、加工和使用过程中，造成了环境污染，影响了建筑室内外环境质量，这促使了各国材料研究者基于建筑材料对环境和人类健康的影响，为绿色建材建立了评价体系。各国政府基于可持续发展路线，为绿色建材工业制定相关政策制度和同时提出要求规范。使用者在使用材料阶段要以“健康、环保、安全”为前提，科学合理地选择和利用材料，节省能源消耗，提高使用效率，将污染降低到最低限度，创造舒适、安全的生活和生存环境，保障人们的身体健康。

三、节能、降耗、环保型绿色建材的应用

21世纪材料的发展向多功能、智能型、功能结构一体化方向发展，将以研究开发节能、节资源、环保型的绿色建材作为可持续发展战略目标。扩大资源的利用和再生，利用高新技术，如纳米技术、光催化技术、有机无机复合技术、胶溶技术、功能膜技术等，大力研究和开发符合环境要求无污染、无害的新型建筑材料；有利于人体健康，高效净化、高效保温隔热、轻质高强、可循环利用材料等，如：高性能混凝土的研究与开发，一是节约水泥熟料，更多地掺加以工业废渣为主的活性掺料，减少污染的“绿色混凝土”；二是具有透气性和透水性，调节环境温度和湿度，减少噪声，维持地下水位和生态平衡的透水混凝土；三是具有良好透水、透气等性能，可种植小草、低灌木等以美化环境的植物相容型生态混凝土；四是在表层水泥砂浆中加入纳米 TiO_2 光催化剂，具有净化、吸声、隔声功能的光催化混凝土或混凝土砌块。

图2-5 再生纸室内建筑

涂料是建筑室内、外应用最多的材料之一，同时也是影响环境质量的主要污染物。甲醛、苯、甲苯等有害成分在施工中快速散发，或在长期的使用过程中缓慢散发，使室内人群出现“不良建筑物综合征”等疾病。目前，国内已开发出具有红外辐射保健功能的内墙涂料，利用稀土离子和分子的激活催化手段，开发出具有森林功能效应、能释放一定数量负离子的内墙涂料。这些新的材料为建造良好的室内、外空气质量提供了基本的材料保证。

研究开发具有抗菌、自洁、除臭和具有辐射对人体健康有益的远红外线，释放空气负离子等功能的涂料，如：利用稀土离子和分子的激活催化手段，开发出具有森林功能效应、能释放一定数量负离子的内墙涂料；利用具有可以重复吸热、储热、防热等特点的相变材料研发可调温的内墙材料，如利用石蜡相变吸收或释放热量的特点，将石蜡制成分散的极小颗粒掺入保温材料中，起到调节室温的作用。

节能是建筑玻璃“绿色化”的主题。利用深加工技术，将夹层玻璃、中空玻璃、吸热玻璃、镀膜玻璃、电敏感玻璃、调光玻璃、低辐射玻璃、电磁屏蔽玻璃等组合成复合的构造形式，来达到高效保温和采光性能，如：吸热中空玻璃、热反射中空玻璃、低辐射——热反射中空玻璃、硅气凝胶特种玻璃等，具有高效节能，采光率高，同时可避免或减轻光污染和热污染的负面作用。利用先进的太阳能技术和保温——隔热技术研制出太阳能充电玻璃：利用磁控、溶胶——凝胶法，在玻璃表面覆盖一层二氧化钛薄膜能抗菌自洁的镀膜玻璃；利用电磁屏蔽技术生产电子屏蔽玻璃，以保护处于高频强电磁场地方的人免遭危害，以及对内防止信息泄露，对外防止信息干扰。

根据流体力学、人体工程学、美学、陶瓷工艺学、建筑物内外用水循环系统等综

合因素研发出抗菌、易洁、调湿、低辐射、强度高的陶瓷墙地砖和节水型、造型美观的陶瓷洁具，以及用于高速公路、立交桥、地下交通、广场等夜视标志的新型蓄光性自发光陶瓷材料。

利用工业废渣代替天然资源黏土、石材制造高性能、能调湿的墙体和墙面材料，如利用粉煤灰、页岩、煤渣等制造高性能混凝土砌块，压蒸纤维水泥板、硅酸钙板等；利用磷石膏、氟石膏、排烟脱硫石膏等废渣代替天然石膏制造纤维石膏板或石膏砖块；用自重轻、强度高、防水与防火性好的无石棉纤维水泥板如玻璃纤维增强水泥(GRC)板、聚乙烯水泥板、维纶水泥板等取代石棉水泥板；用棉秆、麻秆、蔗渣、芦苇、稻草、稻壳、麦秸等代替木质纤维制造人造板等。这些材料生产技术利用相变材料具有可以重复吸热、储热、防热的特点，调节室内温度，或在室内湿度大时吸收水分，降低湿度，而当空气干燥时又可以逐渐放出吸附水，达到调节湿度的作用，从而创造更加舒适的生活和工作环境。

建筑材料工业发展的指导思想是可持续发展：1. 材料的利用要充分考虑环保要求。2. “少用材料即是环保”，注重现有材料的使用，减少材料用量。3. 在使用材料的过程中，不追求高档材料，主要采用钢材、玻璃、石膏板、刨花板、塑料、人工速生林制造品等可回收利用的材料。4. 应用高新技术，如纳米技术、光催化技术、有机无机复合共混技术、功能膜技术等开发环境相容型绿色建材产品，提高资源利用效率，节省能源，降低环境负荷，具体归纳如下：

(1) 无毒害、无污染的建筑涂料和胶粘剂；

(2) 杀菌、除臭和净化空气的绿色建材产品；

(3) 具有调温、调湿、红外线辐射功能的内墙材料；

(4) 高性能节能降耗的墙体材料；

(5) 杀菌、自洁、保温、隔热等高效节能的门窗玻璃；

(6) 杀菌、自洁、低辐射的陶瓷墙地砖和节水型卫生陶瓷洁具；

(7) 利用太阳能的光—电—热转化功能的光电玻璃；

(8) 利用工业废弃物(矿渣、炉渣、城市垃圾等)及农业废弃物(棉秆、稻草、麦秸、蔗渣等)加工生产的建筑材料。

第三章　材料分类与基本性能

第一节　材　料　分　类

环境设计材料的种类繁多，且分类方法各不相同，如从材料的状态、结构特征、化学成分、物理性能进行分类，或从材料的发展历史和用途进行分类，或从材料的肌理、质感、色彩和形状等触觉、视觉效果进行分类等。尽管材料的分类方法不同，材料在实际的应用中却始终体现出使用价值和审美功能，将技术与艺术相融合。

一、按材料的发展历史分类

1. 原始的天然石材、木材、竹材、秸秆和粗陶。

2. 通过冶炼、焙烧加工而成的金属和陶瓷材料。

3. 以化学合成的方法制成的高分子合成材料，又称聚合物或高聚物，如聚乙烯、聚氯乙烯、涤纶、丁腈橡胶等。

4. 用有机、无机非金属乃至金属等各种原材料复合而成的复合材料，如塑铝板、有、无机复合涂料与混凝土、镀膜玻璃等。

5. 加入纳米微粒（晶粒尺寸为纳米级的超细材料）且性能独特的纳米材料，如纳米金属、纳米塑料、纳米陶瓷、纳米玻璃、纳米涂料等。

二、按材料的化学成分分类

1. 有机材料：木材、竹材、橡胶等。

2. 无机材料：金属材料与非金属材料两种。

金属材料：黑色金属材料（铁及铁为基体的合金：纯铁、碳钢、合金钢、铸铁等）和有色金属材料（除铁以外的金属及其合金：铝与铝合金、镁及镁合金、钛及钛合金、铜与铜合金）。

非金属材料：天然石材：大理石、花岗石、鹅卵石、黏土等；陶瓷制品：氧化物陶瓷、碳化物陶瓷、氮化物陶瓷、金属陶瓷、复合陶瓷等；胶凝材料：水泥、石灰、石膏等。

3. 高分子材料：塑料，如聚乙烯、聚氯乙烯、聚苯乙烯、ABS 塑料、聚碳酸酯塑料、环氧塑料、有机玻璃、尼龙等。

4. 复合材料：塑铝板、玻璃钢、人造胶合板、三聚氢氨贴面板（防火板）、强化木质复合地板、氟碳涂层金属板、织物状复合地毯和墙纸、夹膜玻璃等。

5. 纳米材料：纳米金属、纳米陶瓷、纳米玻璃、纳米高分子材料和纳米复合材料等。

三、按材料的状态分类

1. 固体：钢、铁、铝、大理石、陶瓷、玻璃、塑料、橡胶、纤维、粉末涂料等。

2. 液体：涂料(水性涂料、油性涂料)、胶粘剂(粘结涂料)，以及各种有机溶剂(稀释剂、固化剂、干燥剂等)。

四、按材料的主要用途分类

1. 用于结构或龙骨的材料：钢、铁、铝合金、混凝土等。

2. 墙面材料：天然石材(大理石、花岗石)、木材及其加工产品、陶瓷面砖、玻璃、纺织纤维面料、地毯、墙纸、涂料、石膏板、塑料板、金属板等。

3. 顶面材料：石膏板、矿棉板、胶合板、塑料扣板、金属扣板、壁纸(布)、涂料等。

4. 地面材料：实木地板、强化木质复合地板、塑料地板、陶瓷地面砖、防静电地板、大理石、花岗石、地毯等。

5. 家具材料：木质人造板(胶合板、中或高密度纤维板、刨花板)、木方(块)材、金属骨架等基材和各树种刨切薄木贴面板、防火板、塑料贴面板、石材(大理石、花岗石)饰面板、金属板、涂料等。

6. 五金配件。

五、按材料的色彩、肌理和心理感受分类

1. 材料的色彩明暗程度：色彩明度高的亮材和色彩明度低的暗材。

2. 材料的视觉、触觉肌理和心理感觉：粗糙与细腻、硬与软、刚与柔、冷与暖、干与湿、轻与重、条纹状与颗粒状和网状等。

3. 材料的光亮度：亮光、半亚光和亚光材料。

4. 材料的透明度：透明材料、半透明材料和不透明材料。

六、材料的其他分类方式

1. 按材料的加工方式分为：天然材料和人工加工材料。

2. 按材料的外部形状分为：规则的立体型材、平面型材和不规则的异形材。

3. 按材料的环保要求分为：有毒材料与无毒材料、有刺激味材料和无刺激味材料、放射性材料和无放射性材料等。

4. 按材料的主要功能分为：吸声材料、保温隔热材料、防水材料、防腐防蛀材料、防火材料、防静电材料、防滑材料、防锈材料，以及性能特异的纳米材料。

第二节 材料的基本性能

材料的性能是由材料的内部组织结构和生产加工技术所决定。随着现代科学技术

的发展和加工技术的不断提高，材料向着多功能方向发展，其性能更加优良，从而促进了材料在环境设计中表现范围的扩大。材料的基本性能包括材料的使用性能和工艺加工性能。材料的使用性能是指材料在使用条件下表现出来的性能，如材料的力学性能、物理性能和化学性能等；材料的工艺加工性能则是指材料在加工过程中表现出的性能，如锯、切、刨、焊接、粘结、钻孔、弯曲、抛光、涂装中表现出来的性能。掌握材料的基本性能，不仅可以正确地选择材料的应用范围，提高材料的节能与环保效应，以及在应用材料的同时考虑维护材料、延长材料的使用寿命和安全质量，而且可以提高材料表现的艺术效果，使材料应用达到技术与艺术的统一。

一、材料的力学性能

材料的力学性能包括材料的强度、弹性、塑性、韧性、硬度等。

1. 强度

强度是指材料抵抗外力产生塑性变形和破坏作用的能力。强度又分为抗压强度、抗拉伸强度、抗弯折强度、抗剪切强度、抗冲击强度、硬强度、抗循环负荷强度等。强度的单位常用“MPa”表示。

由于材料的构成物、配料比、组织结构、形状以及外力作用方式的不同，材料所表现出的强度也不一样，如玻璃的抗压强度较高，为589～1570MPa，但抗拉强度较低，一般为40～118MPa；工程塑料具有很强的抗拉伸强度、抗弯曲强度和抗冲击强度，但是也存在着一定的差异性，如酚醛、聚苯乙烯塑料刚而脆，聚酯、硬聚氯乙烯塑料刚而强；石材硬强度大，但抗冲击强度一般。金属材料的强度还包括金属材料的抗疲劳强度，即金属材料承受无限次交变载荷作用而不发生断裂破坏的最大应力，钢铁的强度比有色金属材料的强度要高。另外，某些材料的实际强度比理论强度低得多，如玻璃的理论强度为10000MPa，而实际强度常为理论强度的1%以下。

2. 塑性

塑性是指材料在外力作用下或在一定的加工条件下产生永久变形而不破坏的能力。如金属材料的机械成型、木材在热压或蒸汽压的作用下可以任意弯曲造型等。

3. 弹性

弹性是指材料在外力作用下产生变形，当外力去除后又能恢复到原来形状和大小的一种特性。在弹性变形范围内，材料所受的外力与变形量成正比。材料的弹性又包含弹性极限和弹性模量。弹性极限是指材料在弹性变形范围内所承受的最大应力；弹性模量又是衡量材料刚度大小的指标，刚度越大，则材料在一定应力下产生的弹性变形越小。在金属材料中，钢的弹性最大。

4. 硬度

硬度是指材料表面抵抗塑性变形或破裂的能力。在应用最广泛的压入法试验中，硬度表示材料表面抵抗其他物体压入的能力。陶瓷材料的硬度是各类材料中最高的。硬度常用布氏硬度(HB)和洛氏硬度(HR)表示。

5. 冲击韧性

冲击韧性是指金属材料在冲击荷载作用下抵抗变形和断裂的能力。冲击韧性以冲击值的大小确定。冲击韧性值以“a_k”表示，冲击值用“kJ/cm^2”或“J/cm^2”表示。冲击值越大，冲击韧性越好。冲击韧性的大小，除了取决于材料本身性能外，还受环境温度、材料尺寸和形状等因素的影响。

二、材料的物理、化学性能

材料的物理、化学性能主要包括材料的容重、密度、孔隙、胀缩、熔点、导电性、导热性、耐热性、耐燃性、耐磨性、耐腐蚀性、抗氧化性等。材料的物理、化学性能可参考生产厂家提供的标准参数，同时还应在实际应用中将获得的经验成果作为选择和使用的依据。

1. 表观密度

表观密度是指材料在自然状态下包括孔隙或空隙在内的单位体积质量。容重的单位为 kg/m^3。而常用材料如木材的容重是指在干燥状态下的材料质量，因为木材在自然状态下常含有水分，从而影响其质量和形态的变化。

2. 密度

密度是指材料单位体积内所含的质量，即物质的质量(m)与体积(V)之比。密度的单位用“kg/m^3”表示。材料密度的大小影响材料的其他性质(如强度、硬度、吸水性、表面质感等)和加工性能(如密度大的金属材料易于抛光，但难于切割；密度大的木材坚硬、耐磨，但易于翘曲，密度小的木材，易于加工，但防渗水性差)。

3. 熔点

熔点是指金属材料由固态转为液态或非金属材料燃烧的温度。通常金属材料和非金属材料如陶瓷、玻璃、石材的熔点高，非金属材料如木材、塑料、织物等熔点低。另外，金属材料加工难度的大小与熔点的高低有关。对熔点低的易燃材料应进行防火阻燃处理，以保证安全质量。

4. 吸水性

吸水性是指材料吸收水分的能力。材料的吸水性与其孔隙率和孔隙特征及密度有关。陶瓷釉面砖和玻璃的吸水性差，人造皮革比天然皮革的吸水性要差，木材和普通纤维石膏板的吸水性很强，天然纤维织物比人造纤维织物的吸水性强。

材料吸水后对材料的各种性能产生不利影响，如变形、腐朽等。因此，在材料的应用中，要对吸水性强的材料作适当的控制，或进行防潮、防水处理。

5. 材料的胀缩

材料的胀缩是指材料受大气温度、湿度的变化或其他介质的作用而引起的体积变化。

材料的胀缩主要包括湿胀干缩、热胀冷缩和碳化收缩等现象。材料在使用过程中，因胀缩而使材料表面产生开裂或形变，从而影响材料本身的性能和美观质量。不同的材料其胀缩率也不同，因此，在材料的组接与配搭中，会因材料的胀缩率不同而产生裂缝、松动、位移等现象，从而影响使用寿命、安全和外观质量。

6. 导电性

材料传导电流的能力称为导电性。导电性的强弱通常用电阻率、电导率来衡量。电阻率是表明材料电学性质的物理常数，由材料的本性决定，与其自身的形状及大小无关。电阻率小的材料其导电性强，如金属材料的导电性强，陶瓷、玻璃、聚氯乙烯(PVC)和干燥木材的导电性差。

电导率是电阻率的倒数，电导率大的材料导电性能好。在金属中，银的导电性能最好，铜和铝的导电性次之，合金的导电性一般比纯金属差。

7. 导热性

材料的导热性由热导率决定。热导率是指在维持单位温度差时，单位时间内流经物体单位面积的热量。热导率是衡量金属或非金属材料导热性能的一个重要性能指标。非金属材料的热导率比金属材料的热导率低。

8. 耐热性、耐燃性和耐火性

耐热性是指金属或非金属材料长期在热环境下抵抗热破坏的能力。除有机材料(如木材、竹材、橡胶等)耐热性差之外，一般非金属材料都有一定的耐热性，但在高温下，大多数材料都会有不同程度的破坏甚至熔化、着火燃烧。非金属材料耐热性不如金属材料。

耐燃性是指金属或非金属材料对火焰和高温的抵抗能力。根据材料的耐燃能力，分为不燃材料、难燃材料和易燃材料。陶瓷、玻璃、石材为不燃材料，许多工程塑料、人造纤维织物、人造皮革通过阻燃处理后为难燃材料，而木材、天然纤维织物、化纤织物和有机溶剂型涂料为易燃材料。

耐火性是指材料长期抵抗高温而不熔化的性能。耐火材料还应具有在高温下不变形、能承载的性能。如许多复合材料具有优异的耐火性能。

9. 耐磨性

耐磨性是指材料抗摩擦的能力，用材料经过一定时间或一定距离的摩擦之后减去的质量或体积的多少来衡量。耐磨性强弱常以磨损量作为衡量材料耐磨性能的指标。磨损量越小，说明这种材料的耐磨性越好。室内设计材料的耐磨性通常指地面材料表面的磨损程度。金属的耐磨性强，瓷化程度越高的陶瓷地面砖耐磨性越好，强化复合地板、化纤地毯、PVC 塑料地板和花岗石饰面板以及优质实木地板(主要是阔叶木)的耐磨性好。

10. 耐腐蚀性

耐腐蚀性是指金属或非金属材料抵抗环境周围介质腐蚀破坏的能力。不同的材料有着不同的耐腐蚀性能，如在非金属材料中，大多数玻璃都能抵抗除氢氟酸以外的酸侵蚀，而耐碱腐蚀能力较差，高温下水也能侵蚀玻璃，长期在大气和雨水中玻璃也会受到侵蚀。一般陶瓷材料具有良好的耐酸性能，有些陶瓷则具有较好的耐碱和耐环境大气侵蚀性能，也有一些陶瓷耐酸碱性能都好，如用于地面或墙面的釉面砖。酚醛树脂涂料、合成橡胶系涂料、环氧树脂涂料以及聚氨酯树脂涂料等，都具有优良的抗化学试剂腐蚀的能力，而醇酸树脂涂料则耐酸碱、耐盐雾性能差。PVC塑料具有良好的抗腐蚀性能。在金属材料中，不锈钢及铝合金具有很强的耐蚀性，而普通碳钢、铸铁及普通低合金钢等耐腐蚀性差些，但其表面通过防锈涂料保护处理后会增加其耐腐蚀力。

11. 吸声性

木料的吸声性是根据声学原理，利用材料密集的微孔、表面特征和材料内部的结构特点来吸收声波或消耗声能，从而达到吸声的作用(图3-1)。

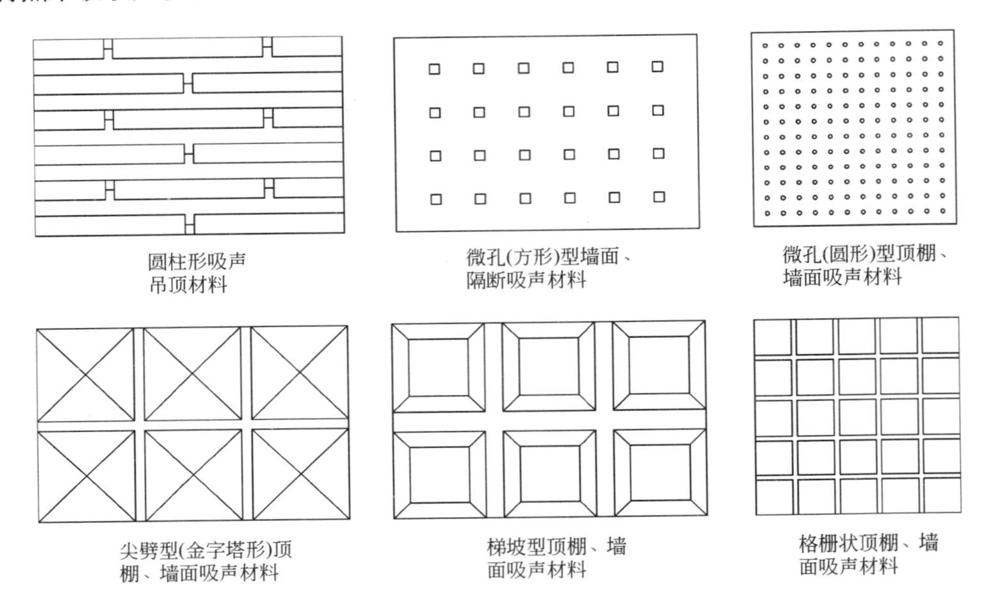

图3-1 吸声板表观特征

吸声材料一般为质轻、疏松、多孔的纤维材料，如石膏板(纸面纤维石膏板、穿孔石膏板等)、玻璃棉吸声板、矿棉吸声板、聚氯乙烯真空吸塑吸声板、聚苯乙烯泡沫吸声板、钙塑泡沫吸声板、泡沫夹心塑铝板、蜂窝夹层复合板、PPR软化材料消声板(由聚氨基甲酸酯PUR和聚氯乙烯PVC复合而成)、金属(不锈钢板、防锈铝板、电化铝板、镀锌铁板、氟碳涂层钢板和铝板等)微孔板，以及具有多孔网状结构特点的网状复合吸声板(以阻燃高分子材料为基本原料，制成由筋络状互穿网络的开孔网状材料，并用无机胶凝材料浸渍、包覆、固化，使其复合在一起)。

吸声板广泛地用于影剧院、体育场馆、演播厅、录音棚直播间、高档宾馆、写字楼、商务厅等顶棚和墙面。

第四章　材料的美感属性

在现代室内设计中，材料的表现作用不只是单一地强调某一方面的功能作用，而是在充分发挥材料使用功能的同时，注重其独特的美感效果，从而满足人们的审美需求。材料的材质美感因素包括天然材料或人为加工材料的色彩、肌理、质地和形状，并在相互的组合与搭配中体现出来。设计师同时借助这些视觉美感元素表达情感、思想和对生活的理解。金属材料所特有的质感和色泽，甚至具有年代感的锈迹使设计更具现代感；透明的玻璃墙或窗尽管使室内与外界大自然之间形成一道屏障，然而它又将室外景观引入室内，加强了室内与室外自然空间的交流和对话；天然木材的纹理和色泽给人以温馨和回归自然之感；现代弯曲技术使木材和木材加工产品达到理想的自由造型，雕塑般的胶合板椅子成为造型与人体工程学原理结合的产物；金属丝与天然或合成纤维丝混合的织物具有独特的立体纹理和熠熠的金属闪光。设计的选择和创意来自于具有丰富内涵和美感因素的材料资源。

第一节　材料的色彩美感

色彩的表现是以材料为载体，作为第一视觉语言的色彩借助材料载体表达情结，传递感情，成为影响人的生理和心理变化的重要因素。

材料的色彩分为三大类：一类是材料本身具有的天然色彩特征和色彩美感，是不需要进行任何色彩加工和处理而具有“自然美”的，如天然石材(大理石、花岗石、鹅卵石)、木材、竹材、黏土、秸秆等；一类是成品材料所具有的色彩，在表现中也无须经过后期色彩的加工和处理而具有“机械美”的；另一类是依据室内空间造型要求和实际表现的对象，采用多种加工技术和工艺手段对自然或成品材料进行色彩处理，改变材料本色的，如木制品或金属表面涂装、纤维布染色、刻瓷彩绘砖、磨砂玻璃、铝板彩色喷涂等。然而，材料的色彩表现并不能达到我们所想象的如调色盘上的色彩那样丰富和自如，而是在一定程度上受到材料本身的性能和生产技术的制约。美是和谐与协调，材料的色彩美感不是孤立存在，而是与其他的美感元素相互融合，设计者应运用色彩规律，在材料的组合与搭配中充分体现材料的色彩魅力。

一、色彩的本质

1．光与色

光线是揭示生活的因素之一，又是推动生命活动的一种力量。没有光照，便是一片黑暗。世界上所有物体的形态和色彩在我们的视觉意识和情感意识里，必须由光照来支配和调节。

无论是自然界可选用的天然材料或是人工创造的各种各样的合成材料，都拥有各自的色彩，这些材料在构成室内空间物体时造成多彩化的阴影和色调。这些色彩看来好像是以材料为载体，附着在物体上，然而，一旦光线减弱至黑暗，所有物体将会失去各自的色彩，即物体的色彩在黑暗中消失。我们所看到物体的色彩，是由于物体色彩通过光照后反射到眼睛的视网膜，而随之传达到大脑中枢所产生的感觉。根据科学分析，人的眼睛大约可以分辨750万种颜色。

2. 色彩的分类

色彩可分为无彩色和有彩色。

无彩色：黑、白和黑白调和的灰色层组成的灰色系列。

有彩色：红、黄、绿、蓝、紫等。

3. 色彩的三属性

色彩的三属性是指色彩的色相、明度及彩度。

（1）色相：是指色彩的相貌。如红、黄、蓝等。

（2）明度：指色彩的明暗程度。在纯色中明度最高的色是白色，最低的色是黑色，它们之间按不同的灰色排列即显示了明度的差别(图4-1)。有彩色的明度是以无彩色的明度为基准制定的，如大红明度较高，深红明度低；柠檬黄明度高，土黄明度低。

无彩色是以低明度N-0(黑)到高明度N-10(白)的11级的明度来表示。
有彩色是以低明度N-2到高明度N-8的7级来表示。

图4-1 色彩的明度

（3）彩度：又称饱和度或纯度，是指色彩的鲜艳程度。彩度高的色其色相特征很明显，同一色相中彩度最高的色叫纯色。如柠檬黄为纯度高的纯色，若在柠檬黄中加入其他色，其鲜艳度就会降低，即彩度降低。

4. 演色性

物体上的色彩，一是由于自然的光照后物体呈现出的被我们称之为物体的原色，具有纯色感；二是通过人工照明使物体受到光源色的影响而呈现的色彩。

由于人工照明的光源色不同，当投射到物体上时，物体反射出来的色彩也会随之而改变，即加强或减弱色彩的色相、明度或彩度。这种因照明光源性质的不同而改变物体材料颜色的现象称为演色性。例如，当色彩明度较高的白色材料在白炽光的照射下，略呈黄色，但在日光灯的照射下，却是灰白色，在彩色灯光如蓝色光的照射下又呈蓝色。如果是明度较低的蓝色材料，在红光照射下，色彩会变得灰暗，明度和彩度更低。若在红色的物体上用呈暖色的白炽光或红色光照射，红色的物体会更加醒目，物体的材料特征更加充分地得到体现。另外，物体材料的颜色相同而材料的种类和性质不同也会在光照后产生色彩变化，或者同种材料因照明光源的强弱、距离的远近不同而有所变化。当照明光接近于自然光时，光源所表示的演色性高。演色性的高低是由于光源的性质而定。

荧光灯照射下物体色彩的变化　　表 4-1

色相	物体色	在荧光灯下所具色	色相	物体色	在荧光灯下所具色
红	红	浅　红	橙	浅　橙	浅黄橙色
红	浅　红	朱　红	橙	浅褐橙	浅　橙
红	深　红	红　褐	橙	浅　黄	浅蛋黄
橙	橙	浅红橙色			

紫光灯照射下物体色彩的变化　　表 4-2

色相	物体色	在紫光灯下的色彩	色相	物体色	在紫光灯下的色彩
白	白	白紫色	红	大红	红紫色
蓝	普蓝	深蓝色	黄	浅黄	暗黄色

钨丝灯色光照射下物体色彩的变化　　表 4-3

光色 / 物体色	红	黄	蓝	绿
白	明亮桃色	明亮黄色	明亮蓝色	明亮绿色
黑	偏红黑色	暗橙色	蓝黑色	偏绿黑色
亮蓝	偏红蓝色	偏红蓝色	纯蓝色	偏绿蓝色
深蓝	偏红紫色	偏红绿色	亮蓝色	偏暗绿蓝色
绿	橄榄绿	黄绿色	蓝绿色	亮绿色
黄	红褐色	亮橙色	偏褐黄色	偏亮绿橙黄色
茶	红褐色	偏褐橙色	偏蓝茶色	暗茶绿色
红	大红色	亮红	偏深蓝红色	偏黄红色

二、色彩的对比关系

色彩很少会单独存在，大都会被其他颜色所包围。在相互的影响下，颜色的外观会发生变化。如果将明色与暗色并列，明度的差异就会更加显著，亮的一方更亮，暗的一方更暗，这种现象叫作色彩的对比。色彩的对比包括色相的对比、明度的对比和彩度的对比。

1. 色相对比

对比的两个色相，总是处在色相环的相反方向上，如红与绿、黄与紫。这样相对的两个色称为补色。当两个补色相邻并置时，看起来色相不变而彩度增高，即红的更红、绿的更绿，这种现象称之为补色对比。色相的对比又分为强对比、中强对比和弱对比。在色相环上相对的红色与绿色为色相的强对比；在色相环 90°内相近的红色与黄色的对比为色相的中强对比；在色相环 90°内相邻的色如大红与深红为色相的弱对比。如图 4-2(孟赛尔色相环)。

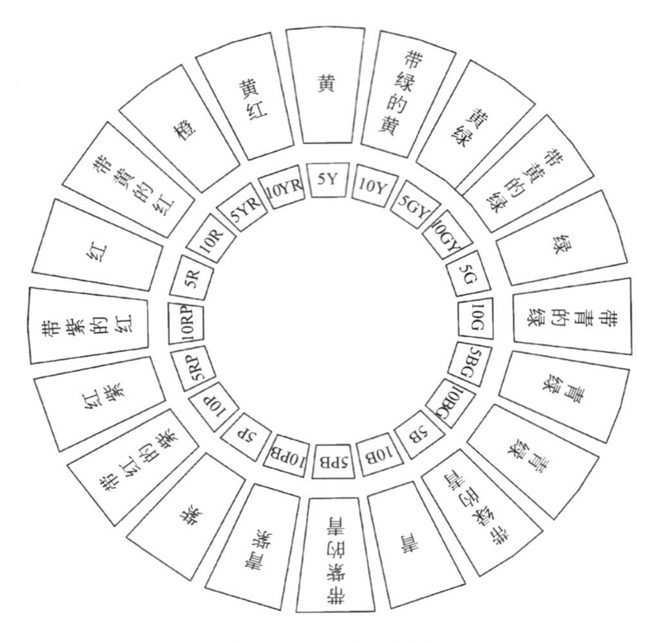

图 4-2　孟赛尔色相环

2. 明度对比

当明度不同的二色相邻时，明度高的色彩看起来明亮，而明度低的色彩看起来更为暗一些。如灰色三角形放置在黑色背景中时，灰色显得更明亮(图 4-3)。这种明度差异增大的现象叫明度对比。明度对比分为强对比、中强对比和弱对比。

明度的对比以周围环境的明度作为参照时，会呈现出不同的视觉效果。如在同一方形作背景中的圆，当方形背景是黑色、圆是白色与方形背景是白色、圆是黑色时，前者圆显得大，后者圆显得小(图 4-4)。

图 4-3　明度对比(一)

图 4-4　明度对比(二)

3. 彩度对比

彩度不同的二色相邻并置时会相互影响，彩度高的色更显得鲜艳，即色的纯度更高，而彩度低的色彩看起来更暗浊一些，即色的纯度更低。如果将色相一样、明度相同的色纸，依照彩度的顺序并列在白纸上，末端高彩度的颜色看起来会更鲜艳，即末端效果；如果自右向左看，左端颜色的彩度会比实际的稍低。

三、色彩的面积效果

色彩的明度、彩度及色相都会因受到某种程度的限定而造成不同的效果。当色彩的明度、彩度相同，而面积的大小不同时，其视觉效果不一样，面积大的色明度和彩度比面积小的色显得高；当色彩的面积相同而色相不同时，如红色与黄色，红色面积会显得比黄色面积大些。因此，在进行色彩搭配时，应根据实际的视觉效果进行调整。

四、色彩的同化现象

如果在灰色的底色上画花纹，灰色底色与花纹的颜色看起来会相类似(图 4-5)。如在蓝色底上画红花纹，便觉得蓝色底带有红色，若画黄色花纹，则觉得蓝色底带有黄色，这种现象称为色彩的同化现象。色彩的同化可分为明度同化、彩度同化和色相同化等。但一般而言，这一切几乎是同时出现的。

图 4-5 色彩的同化现象

五、色彩的视认性

由于受背景色的影响，物体色彩有时在远处可以看清而在近处却模糊不清，这是因为视认的背景色和物体色在色相、明度、彩度上存在差异的原因。特别是当明度差别大时对色彩的视认度会增高，可以看清处于同一空间的物体；而当明度差别小时，对色彩的视认度会降低，即使在近处的色彩也会看不清。

色彩的视认度也会受到照明状况和空间内物体的大小以及物体材料的其他特征的影响。

六、色彩的前后感

色彩在相同距离看时，有的色比实际距离看起来近，而有的色则看起来则比实际距离远。这是由于色彩的色相、明度、彩度的不同而引起的。从色相看，暖色系的色如橘红、朱红、大红等为前进色，冷色系的色如浅绿、中绿、深绿等为后退色；明亮色为前进色，暗色为后退色，但明与暗色也会随观看的角度不同而正好相反。如当以白色为背景色时，黑色的“M”与灰色的矩形重叠，明度高的灰色矩形在前，明度低的黑色“M”在后；当它们相邻并置时，又会感觉到黑色在前，灰色在后，如图 4-6 所示。

图 4-6 色彩的前后感

七、色彩的胀缩感

当观看相同面积的色彩时，会因其色相、明度、彩度的不同而面积的大小看起来也不同。从色相看，暖色为膨胀色，冷色为收缩色，如相同面积的大红色和绿色，大红色看起来面积膨胀，绿色面积则缩小；从明度、彩度上看，明度、彩度高的色看起来面积膨胀，而明度、彩度低的色则面积缩小。

第二节 色彩的感情效果

色彩不单是一种美学元素，更是一种情感因素。因此，色彩的表现不仅可以调节空间变化、创造空间意境，而且具有容易打动感觉的特点。无论大人还是小孩，对色彩都会有着相似的、积极的或是消极的情感反应。

红、橙、黄暖色系统的颜色属于积极的具有活力和温暖感的感觉色，使人感觉比实际位置近时，看起来比较大。然而，明度和彩度的高低也会引起不同的生理和心理上的变化。

明度高的颜色——给人以开朗、坦然和柔软之感；

明度低的颜色——给人以稳重、深沉和坚实之感。

彩度高的颜色——给人以强烈的视觉刺激效能；

彩度低的颜色——给人以稳定或镇静之感。

在黄绿、绿和紫、紫红中性色系统的颜色中，绿色系统的颜色属于充满生机的感觉色，从而表示年轻、健康、环保、和平和安定。

青绿、青、青紫(蓝)冷色系统的颜色，属于清凉、忧伤或神秘的感觉色，并具有收缩和缓慢感。当明度和彩度发生变化时，人的感觉也会有所变化。

明度高的颜色——给人以轻快和高雅之感；

明度低的颜色——给人以低沉和忧伤之感。

彩度高的颜色——给人以新奇和浪漫之感；

彩度低的颜色——给人以脆弱和纯朴之感。

在黑白两极和黑白组合的灰色系统的颜色中，黑色表示高雅、幽静和失望，白色表示简洁、洁净、明快和神圣。

第三节　材料的质感美

材质是材料本身的结构与组织，属材料的自然属性。

质感是材料材质被视觉感受和触觉感受后经大脑综合处理产生的一种对材料特性的感觉和印象，其内容有：材料的形态、色彩、质地和肌理等几个方面。质感可分为自然质感和人工质感。材料的自然质感是材料本身具有的质感，而材料的人工质感则是通过一定的加工手段和处理方法而获得的质感。

一、材料的肌理美

肌理是指材料本身的肌体形态和表面纹理。肌理是质感的形式要素，是物体材料的几何细部特征。

肌理又分为视觉肌理和触觉机理。由于材料表面的配列、组织构造不同，从而使人通过触摸而获得触觉质感和通过观看而获得视觉质感。

肌理是反映材料表面的形象特征，使材料的质感体现更加具体、形象。其内涵包括：形、色、质，以及干湿、粗细、软硬、有纹理和无纹理、有光泽和无光泽、有规律和无规律、透明与半透明或不透明等感觉因素。

肌理的构成形态有：颗粒状、块状、线状、网状等。材料的肌理美，一是产生于材料内部的天然构造，其表现特征各具特色，如木材类的针叶树材：松、柏、杉等表面较粗糙，纹理通直、平顺；阔叶树材：表面细密，纹理自然美观、变化丰富、各具特色；竹材表面光洁、纹理细密而通直。天然石材具有粗犷的表面和多变的层状结构，通过研磨、抛光后表面光亮如镜，各种天然的纹理呈现出来。二是在成品基材的表面上加工处理而形成，如经过喷涂、蚀刻或磨砂的金属板(铝、铜、铝合金和不锈钢板)和喷砂玻璃表面形成细密而均匀的点状“二次肌理”，以及在大理石、花岗石上经剁斧、凿锤的表面为粗糙的颗粒状或条纹状肌理；另外，运用现代生产技术而直接成型的各种凹凸肌理的材料，如陶瓷面砖、玻璃砖、各种织物、地毯、壁纸等，成为现代室内设计材料的重要的美感因素。

同一材料相同肌理或相似肌理的表现，不同材料、不同肌理的对比表现，增强了材料在表现中的感染力，更符合现代人的审美要求。

二、材料的质地美

“肌理”是质感的形式要素，即物面的几何细部特征；而“质地”是质感的内容要素，即物面的理化类别特征。材料的质地有自然质地(如石材质地、木材质地、竹材质地)和人工质地(如金属质地、陶瓷和玻璃质地、塑料质地、织物质地等)。

自然质地：是由物体的成分、化学特性等构成的自然物面。

人工质地：是人有目的地对物体的自然表面进行技术性的和艺术性的加工处理后所形成的物面。

不同材料的质地给人以不同的视觉、触觉和心理感受。石材质地坚固、凝重；木质、竹质材料给人以亲切、柔和、温暖的感觉；金属质地不仅坚硬牢固、张力强大、冷漠，而且美观新颖、高贵，具有强烈的时代感；纺织纤维品如毛麻、丝绒、锦缎与皮革质地给人以柔软、舒适、豪华典雅之感；玻璃使人有一种洁净、明亮和通透之感。

不同材料的材质决定了材料的独特性和相互间的差异性。在材料的应用中，人们利用材料质地的独特性和差异性创造富有个性的室内外空间环境。

材料的质地美感与材料本身色彩的色相、明度和受光影响程度以及加工处理有着密切的关系。明度高、纯度低的颜色给人以细润、轻松、舒畅的感觉，而明度低、纯度高的颜色给人以坚实、厚重的感觉。玻璃、水晶等材料光洁剔透、洁净神秘，而金、银、铁、铜质材料厚实稳定、富贵高雅。材料在受到光的照射时，其表面质感也会受到影响，当透明玻璃、有机玻璃被光直接透过时，其质地细腻、柔和；抛光金属面及抛光塑料面受光后产生空间反射(光在反射时又具有某种明显的规律，入射角等于反射角或入射角和反射角呈某种空间关系)，使材料的质地光洁平滑、不透明、明暗对比强烈、高光反射明显；喷砂玻璃面、刨切木质面、混凝土面和一般织物面受光后产生漫反射，反射光呈 360°方向扩散，材料质地柔和，给人以纯朴、大方和素雅之感；锯切或经过剁斧、锤凿的石材质地粗犷、豪放，而通过研磨、抛光的大理石、花岗石表面质地则光亮如镜。

在室内外空间界面和空间内物体的表现中，合理地选择和利用材料，使材料的材质美感得到充分的体现，从而创造具有独特个性的室内外空间环境。

第二篇　硬　质　材　料

第五章　木　　材

木材是人类社会最早使用的材料，也是直到现在还一直被广泛使用的优良生态材料。

随着人口的增长、经济的发展、国民经济建设规模的扩大，木材越来越广泛地得到应用。然而，这也造成了供需矛盾，现有的森林资源远远不能满足我国经济建设事业发展的需要。因此，节约用材，提高木材的利用率，同时发展工业人工林，缓解供需矛盾，保护生态环境具有重要的意义。

第一节　木材的基本特性

在室内外环境设计工程中，木材具有其他材料不可替代的优良性能，如：质轻、强度高，弹性、韧性好，抗冲击、抗振动，对电、热有较强的绝缘性，隔声、吸声效果好，可调节室内湿度和温度，易于加工、涂装和回收再利用等。由于木材色泽悦目，纹理美观，给人以柔和温暖的视觉和触觉效果，因此，在实际应用中，能塑造出具有独特风格和高品位的空间环境。

一、木材的物理特性

木材的物理特性包括木材的水分、质量、干缩湿胀、导电、导热、吸湿、透水、色泽和纹理，以及木材在干缩过程中所发生的缺陷。

1. 木材的含水率

木材的含水率是指木材单位体积内所含水分的多少，用“%”表示。通常实地采伐的木材含水率为70%～140%，湿材含水率为80%～100%，半干材含水率为18%～26%，炉干材含水率为4%～12%，气干材含水率为15%，天然干燥的木材含水率会因气候条件、时间的长短以及环境因素的不同而不同。其中，气干或炉干木材的含水率是室内外环境设计用材所要求达到的标准。木材所表现的对象不同，选用木材的含水率也不一样，如用于家具表面的板材要求含水率在8%～12%为宜，家具腿脚料的含水率以13%～15%为宜，楼梯扶手要求的含水率小于10%，用于结构龙骨的含水率应小于5%。

2. 木材的质量

木材的质量可分为实质密度和容积密度。所有木材的实质密度几乎相同，为1.49～

1.57，平均为1.54。容积密度是指木材单位体积的质量，树种的不同，容积密度也不同。容积密度的单位用 g/cm^3 或 kg/cm^3 表示，表5-1为部分木材的容积密度。

部分木材的容积密度（kg/m^3） **表5-1**

杉木	红松	柏木	铁杉	桦木	水曲柳	柞木	樟木	楠木	麻栎	槐木
376	440	588	500	635	686	576	529	610	956	702

3. 木材的导热性与传声性

木材是多孔物质，木材的纤维结构和细胞内部留有停滞的空气，从而形成气隙阻碍导热。一般来说，干木材导热系数的值是比较小的，不会出现受热软化、强度降低等现象。木材的传声性能较弱，因而是很好的隔声材料。隔声性能因树种而不同。

4. 木材的调湿作用

木材由许多长管状细胞组成，在一定的温度和湿度下，空气中的蒸汽压力大于木材表面水分的蒸汽压时，木材向内吸收水分(吸湿性)；相反，则木材中的水分向外蒸发(解吸)。因此，木材不易出现结露现象。

5. 木材的天然色泽和纹理

天然的木材具有悦目的色泽和美丽的纹理。然而，由于树种的不同或树种的产地不同，其色泽和纹理也不一样，也因此构成了天然木材丰富多样的色泽和纹理体系。如白桦木呈乳白色；胡桃木呈浅灰棕色或紫白色；红松的心材呈淡玫瑰色，边材呈黄白色；榉木纹理细而直；杉木纹理清晰、粗犷等。木材又因生长年轮和锯切方式的不同而形成粗、细、曲、直形状的纹理。

6. 木材的绝缘性

炉干和气干的木材热导率、电导率小，具有较好的绝缘性。但木材的绝缘性会随着含水率的增大而降低。

7. 易变形、易燃、易腐

木材由于干缩湿胀而引起尺寸、形状和强度的变化，会发生开裂，扭曲、翘曲现象，同时有色变、虫蛀和在潮湿的空气中易腐朽等弊病。另外，木材的着火点低，容易燃烧，尤其是干性木材。因此，木材在应用前应进行干燥、防火、防腐处理。

二、木材的力学特性

木材的力学特性，就是木材抵抗外力作用的性能。不同树种或同一树种不同部位的木材，甚至同一树种由于生长地气候条件的不同，其力学性能差异也很大。正确掌握木材的力学性能，对于合理使用木材和制定加工方法有着很重要的意义。

1. 强度

强度是反映木材抵抗外力的能力。木材有抗压、抗拉、抗剪强度，但抗压、抗拉、抗剪强度与木材纤维和作用力的方向有关，当作用力与木材纤维方向平行时，抗压、抗拉、抗剪的强度大；当作用力与木材纤维方向垂直时，抗压、抗拉、抗剪的强度小。

木材的强度与木材的构造和含水量有关。树干是由树皮、木质部和髓心三部分组成的。木质部是树干最主要部分，也是最有利用价值的部分。木质部又分为边材和心材，边材含水量较多，强度较低；心材含水量少，强度较高。

2. 硬度

硬度是反映木材抗凹陷的能力。木材的硬度与树种的类型有关，阔叶木材为硬质木材，质地坚硬；针叶木材为软质木材，质地松软。

木材的硬度又与树木的生长"年轮"和同一"年轮"内的生长季节有关。"年轮"多与夏季生长的木材色深，材质硬；"年轮"少与春季生长的木材色浅，材质软。

3. 弹性

弹性是指外力对木材停止作用后，木材能恢复原来的形状和尺寸的能力。一般质地坚硬的木材弹性弱，质地松软的木材弹性强。

4. 塑性

塑性是指木材保持形变的能力。木材蒸煮后可以进行切片，在热压作用下可以弯曲成型，木材可以采用胶粘、钉、凿卯制榫等方法进行牢固的组接。

5. 韧性

韧性是指木材易发生最大形变而不致破坏的能力。

第二节 木材的分类与结构特征

一、木材的分类

1. 按树叶外观形状分类

木材按树叶的外观形状分为针叶树和阔叶树。

(1) 针叶树

针叶树树干通直而且高大，易得大材，纹理直且粗犷、清晰，价格较廉，材质均匀而且较软，易加工，属软质木材。针叶树的材质强度较高，表观密度和胀缩变形较小，耐腐蚀性强。针叶树的板材、方材既可用作基材、承重构件，如制作墙板楼板、楼梯踏步和家具等，又因为其纹理粗犷、奔放的特点而用于饰面材料，体现其独特的自然美感。常用的树种有：红松、马尾松、云南松、白松、水松、杉木、红豆杉、铁杉、银杏等。

(2) 阔叶树

阔叶树的树干通直部分一般较短，材质较硬，加工较难，属硬质木材。其强度高，表观密度大，耐磨性强，色泽丰富，大多树种的纹理细而直、自然美丽。尽管其胀缩变形较大，易于开裂，但通过加工处理后，许多性能得到很大的提高。它广泛地用作地板材料和墙面、柱面、门窗、家具等主要饰面用材以及各种装饰线材。常用的树种有：白杨木、黄杨木、赤杨木、白桦、紫椴、水曲柳、东北榆、柞木、栎木(白栎木、红栎木)、樟木、楠木、榉木(红榉木、白榉木)、柚木、紫檀、红檀、硬槭木、樱桃木、胡桃木等。

2. 按原木加工方式分类

按原木的加工方式可分为由锯切而得的板材、方材和刨切而得的微薄木片。板材、方材以截面边长的比与相对厚度的大小进行区别，微薄木片以厚度(mm)为表示单元，见表 5-2。

板材、方材分类 **表 5-2**

名称	板材	方材	微薄木片
截面形状			
区分	按比例分：b：$a \geqslant 3$ 按厚度分(mm)： 薄板 $aa \leqslant 18$； 中板 $aa = 19 \sim 35$； 厚板 $aa = 36 \sim 65$； 特厚板 $aa \geqslant 66$	按比例分：b：$a < 3$ 按乘积分(cm^2)： 小方＜54； 中方＝55～100； 大方＝101～225； 特大方＞226	厚度(mm)： 0.3～0.8， 单片宽由树种大小而定，与胶合板拼接、粘结制成的规格板：1220mm×2440mm
长度(m)	针叶树：1～8；阔叶树：1～6		2～5

板材、方材规格见表 5-3。

板材、方材规格 **表 5-3**

材种		厚度(mm)	宽度(mm)													材种	
板材		10	50	60	70	80	90	100	120	150						薄板	板材
		12	50	60	70	80	90	100	120	150	180	210					
		15	50	60	70	80	90	100	120	150	180	210	240				
方材	小方	18	50	60	70	80	90	100	120	150	180	210	240				
		21	50	60	70	80	90	100	120	150	180	210	240	270		中板	
		25	50	60	70	80	90	100	120	150	180	210	240	270			
		30	50	60	70	80	90	100	120	150	180	210	240	270	300		
		35	50	60	70	80	90	100	120	150	180	210	240	270	300		
		40	50	60	70	80	90	100	120	150	180	210	240	270	300	厚板	
		45	50	60	70	80	90	100	120	150	180	210	240	270	300		
		50	50	60	70	80	90	100	120	150	180	210	240	270	300		
		55		60	70	80	90	100	120	150	180	210	240	270	300		
		60		60	70	80	90	100	120	150	180	210	240	270	300		
		65			70				120	150	180	210	240	270	300		
		70			70	80	90	100	120	150	180	210	240	270	300	特厚板	
		75				80	90	100	120	150	180	210	240	270	300		
	中方	80				80	90	100	120	150	180	210	240	270	300		
		85					90	100	120	150	180	210	240	270	300		
		90					90	100	120	150	180	210	240	270	300		
		100						100	120	150	180	210	240	270	300		
	大方	120							120	150	180	210	240	270	300	方材	
		150								150	180	210	240	270			
	特大方	160									180	210					
		180									180	210					
		200										210					
		220															
		240															
		250															
		270															
		300													300		

二、木材的结构特征

应用木材主要是从树干取材而得。树干是由树皮、木质部和髓心三部分组成。从体积上看，木质部占树干的90%以上，是应用材料的主要部分。其生长构造如图 5-1。

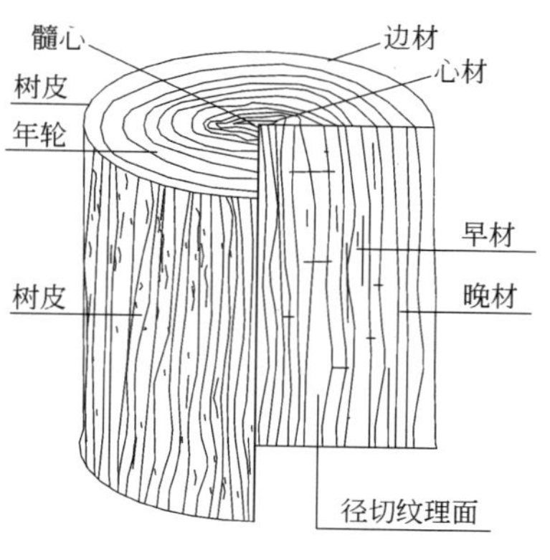

图 5-1 树干的生长构造

（1）树皮

树皮是树干的外层组织，既是树干的保护层，又是储藏养分的场所和输送养分的渠道。树皮的外部形态、颜色、气味和质地是鉴别原木材树种的主要特征之一。

（2）木质部

木质部是树干最主要的部分，也是板材、方材最主要的取材部分。木质部分为边材和心材两部分。从横断面看，木质部接近树干中心的部分称为心材；靠近外围的部分称为边材。边材含水较多，强度较低，易翘由和腐朽。心材含水较少，强度较高，不易形变，较耐腐朽，其利用价值比边材大一些。

（3）髓心

髓心是指树干的中心部分，又称木髓，是树木初生时储存养分用的。树心材质松软，强度较低，易腐朽，故不能作结构材使用。

（4）木材年轮

树木在生长周期内要分生出一层木材，这一层木材称为生长层，而生长层在横断面上形成许多深浅相同的同心圆环，称为生长轮，因一年只有一个生长轮，故又称年轮。在同一年轮内，春天生长的木材称春材（早材），色浅质软，强度低；夏秋两季生长的木材称秋材（晚材），色深质硬，强度高。因此，从锯切后板材、方材的表面可以看到即使同一年轮内也有明显的色泽变化。

木材锯切后，由于锯切方向的不同所得切面的表面纹理和物理性能也不同。木材通过横切、径切和弦切所得的三切面纹理特征如图 5-2。

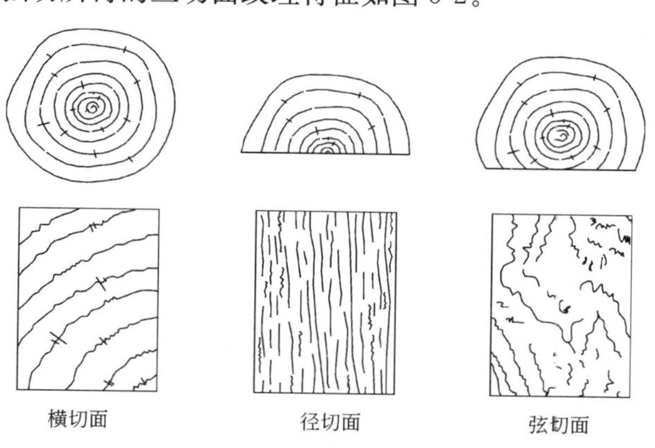

图 5-2 木材三切面纹理特征

1. 横切面

垂直于树木的纤维结构方向锯开的切面称横切面，或称横断面。木材在横切面上呈现树种的年轮特征，即纹理特征。横截面木材的硬度大，耐磨损，但易折断，难刨削，加工后不易获得光洁的表面。

2. 径切面

沿树木的纤维结构方向，通过髓心并与年轮垂直锯开的切面称径切面。在径切面上木材纹理呈条状，通直且近乎平行。径切面板材收缩率小，挺直，不易翘曲，牢度较好。

3. 弦切面

沿树木的纤维结构方向，但不通过髓心锯开的切面称弦切面。弦切面上的木纹呈“V”字形，自然美观。但弦切面板材易翘曲变形。

第三节 木材的性能特征与木作工艺

一、木材的性能特征与应用

木材取材于天然林或人工林，天然林与人工林相比具有树种多样化，其环境性能优于人工林。木材来源于树木，按树种可分为针叶木和阔叶木两大类。在实际应用中，应根据木材的性能特征选择和利用。

1. 针叶树类

(1) 杉木

杉木质轻，质地软，纹理粗而较直、清晰，有节疤、自然美，多为浅黄色；弹性好、韧而耐久，抗潮性一般，易加工，表面易涂装，其用途广泛。从原杉木加工而成的坯料或成品材又分为板材和方材，板材多用于门窗、地板、墙板、楼梯栏杆及家具等；方材用于隔断、吊顶、局部造型和家具等结构架。干燥处理后的杉木易燃，因此，用于隔断、墙面或顶棚局部造型前，应严格按消防要求作防火处理。

杉木又分铁杉、油杉、泡杉、冷杉等。

铁杉：又称油松，纹理通直且较均匀，质地略粗、坚硬，但加工困难，耐腐蚀性弱。

油杉：质较轻，质地较软，纹理粗而不均匀。

泡杉：质轻，质地软，纹理直、清晰，结构细。

冷杉：质地软，纹理直、清晰，结构细。

(2) 松木

松木又分红松、白松、黄松、水松和马尾松。

红松：质地很软，纹理直，耐水、耐腐，易加工。

白松：质软而轻，纹理通直、较明显，色泽淡雅，富有变化，心材从淡乳白色到淡红棕色，边材呈黄白色。白松强度一般，加工容易。白松可加工成板材和薄片，常用于组合橱柜、专卖店货架、家具(桌、椅)及其他饰面用材，体现其独特的纹理和色泽效果。

黄松：质地略硬，纹理粗犷、大方、明显，边材呈黄白色、较宽，心材呈红棕色、较窄。硬度、强度、韧性、抗冲击性一般。可加工成板材和薄片，多用于家具、框架、托梁、楼梯栏杆等。

水松：质地略硬，纹理纤细、清晰、均匀，美丽淡雅，边材为淡黄色，心材由浅到暗红棕色。材质颜色、质量及耐久性变化极大，在高温条件下具有良好的耐腐蚀性。通过对原材的加工处理可得板材和薄片。多用于橱柜、室内壁板以及柱、梁结构架等。

2. 阔叶树类

(1) 榉木

纹理细而直，或均匀点状。木质坚硬、强韧、富有弹性，耐磨、耐腐、耐冲击，干燥后不易翘、裂，透明漆涂装效果颇佳。榉木又分红榉和白榉，并可加工成板材、方材和薄片。榉木应用非常广泛，板材、方材用于实木地板、楼梯扶手栏杆及各种装饰线材(门窗套、家具封边线、角线、格栅等)，薄片(面材)与胶合板(基材)胶粘后用于壁面、柱面、门窗套及家具饰面板。

(2) 枫木

花纹呈水波纹状，明显，或呈细条纹，含蓄。乳白色，色泽淡雅、均匀，硬度较高，抗潮性较好，但胀缩率大，强度不高。枫木板材多用于实木地板，枫木刨切薄木片与胶合板结合，用于墙面和家具等饰面板。

(3) 樱桃木

在饰面板材中属于较高档的材料，其纹理特征尽管不如其他树种明显，但通过透明漆涂装后性能超过其他树种，质地坚硬、耐磨、韧性好，胀缩率小，纹理均匀纤细，色泽稳重含蓄。樱桃木可加工成板材和薄片，板材用于实木地板，薄片与胶合板结合而成的饰面板用于壁面、门窗套、家具等。

(4) 柚木

质地坚硬、细密，耐久、耐磨、耐侵蚀，不易变形，胀缩率是木材中最小的一种，其板材用于实木地板。纹理通直、美丽，色泽沉稳，因而具有很好的表面装饰效果，薄片与胶合板结合而成的饰面板多用于家具、壁面等。

(5) 胡桃木

质地硬，耐磨、耐腐，刚性、强度及耐冲击性良好，胀缩率小，涂装容易，纹理粗而富有变化，颜色由淡灰棕色到紫棕色，透明漆涂装后，纹理更加美丽，色泽更加深沉、稳重。胡桃木板、方材用于实木地板、各种装饰线材(如门窗套线、家具封边线、装饰格栅等)，薄片与胶合板结合而成的饰面板用于壁面、门窗套、踢脚板、家具等。胡桃木饰面板在涂装前应避免表面划伤泛白，涂装次数比其他饰面板多1～2道。

(6) 杨木

材质轻、较软，强度中等偏下。又分黄杨木、白杨木和赤杨木。

黄杨木：呈淡黄色，或偏绿，花纹为较暗的细线条，木质表面较细腻、均匀，易干燥且稳定性较好，涂装性能好，但钉合时会出现微裂。黄杨木用于家具面板和内部构件、木心板及底板。

白杨木：色泽淡雅，从白色到淡灰棕色，边心材色差不明显，纹理通直，结构组织细致均匀，常用作木心板和结构板材。

赤杨木：淡粉红棕色，既淡雅又沉稳；木纹不明显，且柔和美丽。赤杨木板材和薄片量较少，一般用于家具和木心板。

(7) 檀木

质坚、耐磨性好，胀缩率小，抗潮性非常强；纹理斜，色泽深而高雅，加工后表面光泽好。檀木又分紫檀木和红檀木，紫檀木呈紫黑色，红檀木呈偏红的黄褐色。檀木属于高档木材，价格昂贵，尤其是紫檀木。因此，檀木地板和其他的饰面板大多是以其他树种板材或胶合板为基材，以檀木刨切薄片为面材，并经胶粘等工艺制成。

(8) 桦木

又分白桦木、黄桦木和纸桦木。白桦木质地硬，纹理致密，呈乳白色，色泽均匀，抗潮性较好，但胀缩率大；黄桦木质地硬，纹理致密而不明显，呈乳白色到淡棕色，稍带红色，采用透明漆涂装后表面效果更佳；纸桦木呈淡棕黄色，质地硬而轻，强度较高，表面极易涂装，涂装后效果更佳。桦木板材可用于实木地板，薄片与胶合板制成的饰面板可用于室内壁板、家具等。

(9) 水曲板

是较早的饰面材料，呈黄白色，结构细，纹理直而较粗，明显大方，胀缩率小，耐磨性、抗冲击性好，可加工成板材、方材和薄片，板材用于实木地板、装饰线材、隔断、栏杆和家具结构架等，薄片与胶合板结合制成的饰面板用于家具、壁面、门窗套、踢脚板等。

(10) 黄菠萝

质地略硬，胀缩率小，纹理直，色泽较深，呈黄褐色，多用于地板材料。

(11) 栎木

又分红栎木和白栎木。红栎木一般呈褐黄色，纹理粗而明显；质硬、重，强韧、耐冲击，易染色，便于涂装。木质为多孔质、较粗，因此，干燥时收缩大，心材耐腐蚀性低。白栎木一般呈浅黄色，纹理粗大，但不十分明显；质硬，心材对液体的渗透性很弱。栎木因生长区域及生长环境的不同，其材质的颜色、组织结构、含水率、平均长度和宽度也不一样。栎木加工的板材和薄片可用于地板、壁板和家具饰面。

(12) 花梨木

深褐色或黑色，花纹清晰，富有变化；木质坚硬精致，而且含有油质，透明漆涂装后，光泽美丽，特征更加明显。花梨木可加工成板材和薄片，板材用于地板材料，薄片或薄片与胶合板结合而成的饰面板多用于家具和其他物体表面的镶嵌装饰。

(13) 榆木

又分为红榆木和黄金榆。红榆木是红棕与深棕色组合，纹理粗、明显，材质硬、重、强度高。黄金榆淡棕色，纹理直而明显，且与白蜡木相近；芳香味，材质略硬、轻而脆。榆木用于室内壁板、家具等。

(14) 梧桐木

浅黄白色，略带淡红棕色，纹理不明显，组织细密；材质略硬、轻，强度、刚性及抗冲击力一般。用于壁板及家具等。

(15) 槭木

呈乳白色，略带淡红棕色，纹理细，不十分明显。槭木又分为硬槭木和软槭木。硬槭木质地硬，强度高，刚性好，耐冲击，干燥时收缩率大；软槭木较硬，比硬槭木软，易涂装。槭木可加工成板材和薄片，板材用于地板、壁板，薄片或薄片与胶合板结合而成的饰面板用于家具以及壁面等。

(16) 核桃木

材质重、硬，强度和刚性高，耐磨、耐腐、耐冲击，易干燥和不易变形，涂装性能好；纹理优美、变化丰富，有淡雅的乳白色，也有较稳重的黄褐色。其加工的板材用于地板材料，薄片与胶合板结合制成的饰面板用于室内壁面、家具等。

(17) 白光蜡木

纹理通直、细美，呈淡黄色，透明漆涂装后色泽加深，材质厚重，质地坚，强度高，耐震度高，弯曲性能好，易于涂装。其加工板材多用于实木地板。

二、木作工艺

木材具有质量轻、有一定的强度，弹、塑性较好，易加二成型等性能特点。然而，木材的种类不同其性能特点不同，使用的对象和制作工艺方法也不一样。在实际应用中，应根据材种、木材规格、应用对象、受力结构和表现效具(如造型、表面装饰处理等)进行选择。木作连接方式是木制作中重要的工艺环节，木作连接方式很多，如传统的榫卯连接、键接和现代借助钉子、螺栓、胶粘的平接与搭接等。木材的连接方式应根据表现对象、受力结构和环境因素等进行选择。

1. 木材榫卯连接方式(图 5-3)。

2. 木材平接、搭接与螺栓连接方式(图 5-4)。

3. 木材射钉、螺钉连接方式(图 5-5)。

粘胶、圆钉、射钉和螺钉连接是最常用的连接方式。若增强结合件的受力结构，需采用金属连接件，或采用铁钉、射钉与粘胶结合连接。气动射钉枪的利用为木制作提供更快捷、方便的连接方式，尤其适应胶合板、大芯板等材料的连接，如在普通板式门窗、家具、隔断制作中的应用。

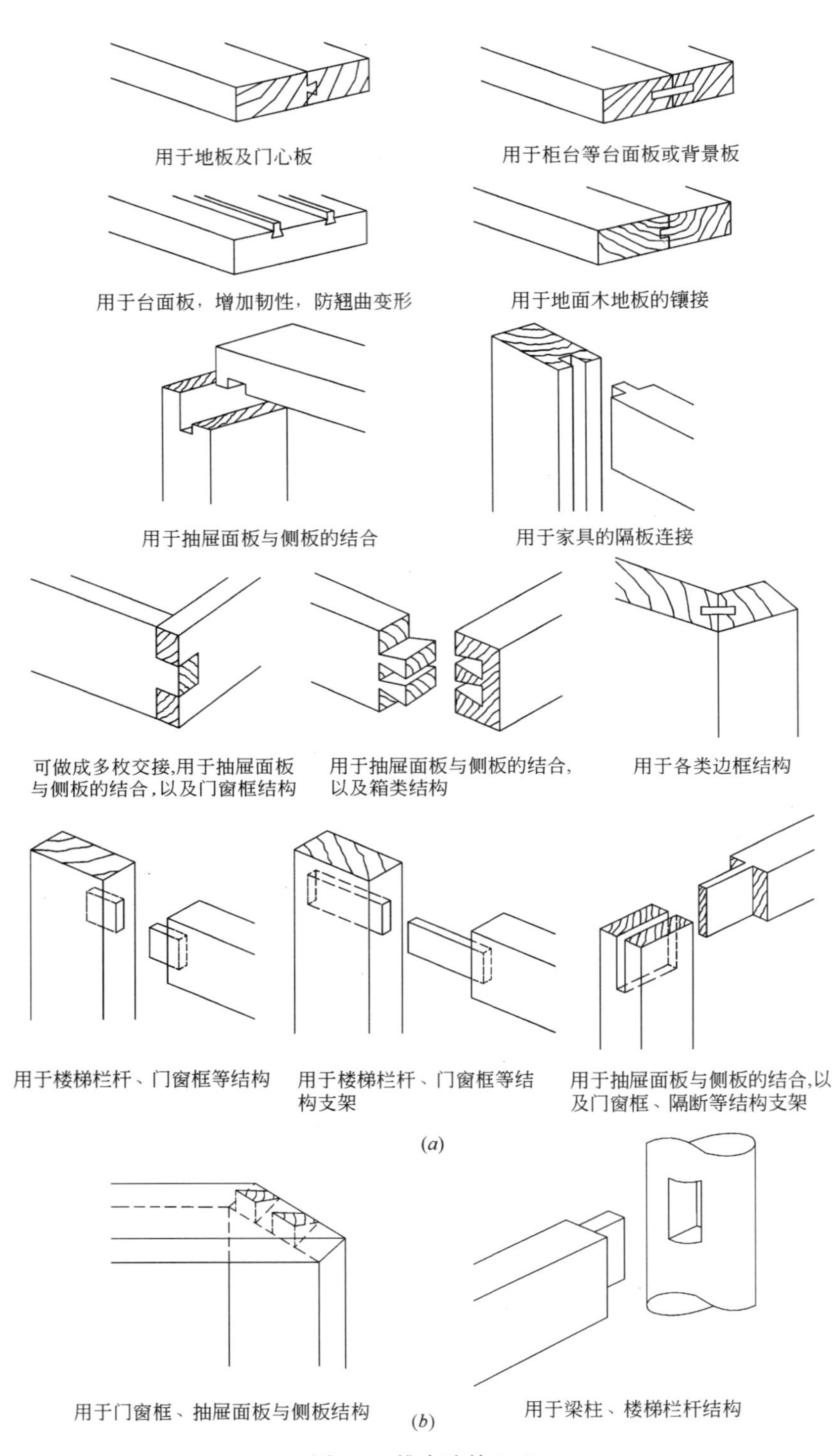

图 5-3 榫卯连接(一)

(a)榫卯平接；(b)榫卯直角接

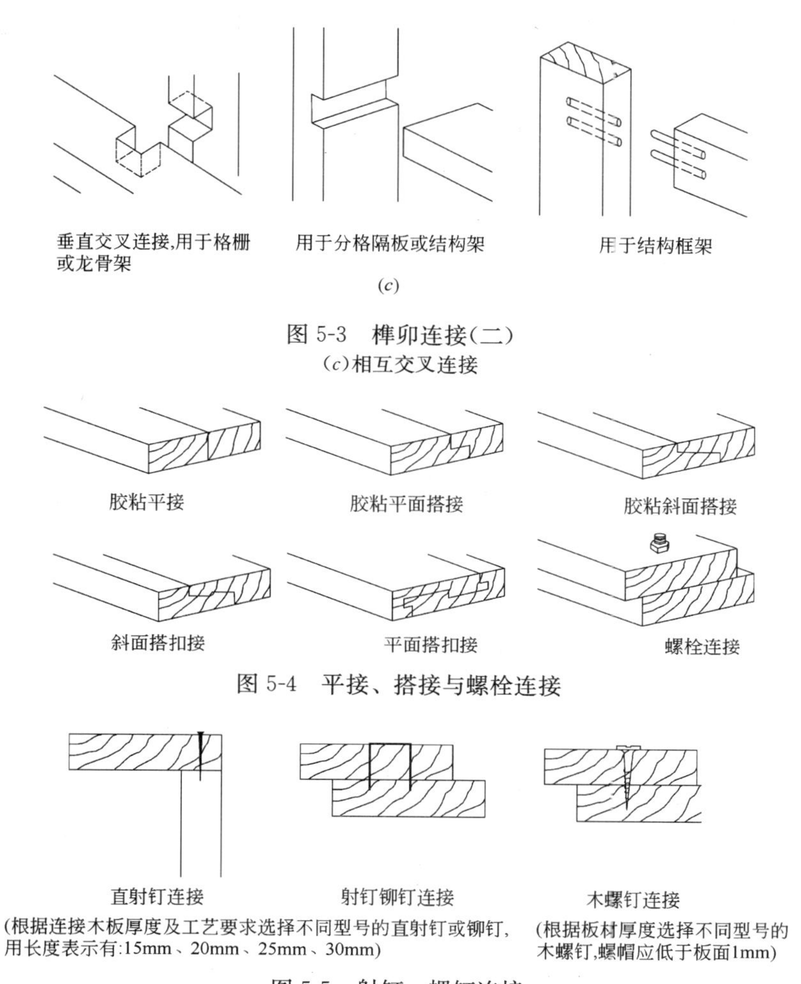

图 5-3　榫卯连接(二)
(c)相互交叉连接

图 5-4　平接、搭接与螺栓连接

图 5-5　射钉、螺钉连接

第四节　木材质量与安全处理

在木材的生产过程中，应按照“绿色化”环保要求进行实施，实施的标准：节能降耗，使用无毒无害原材料(如快速固化、防水性能好、无毒无味的胶粘剂)，选用先进的对环境污染小、自动化程度高的工艺流程(如原木自动化分级和下锯等采用数字化技术)。木材生产工艺包括原料的软化、干燥，半成品加工、热压，后期加工，深度加工以及防腐、防潮、防蛀、防火等安全处理。

一、木材的干燥处理

木材干燥是保证木制品质量的关键技术。木材干燥方法颇多，通常有自然干燥法、炉干法、蒸汽加热干燥法和气干法，不同材种和不同规格的木材选择的干燥方式和设备也不相同。

1. 自然干燥法

自然干燥法是将木材堆放在阳光充足或空气流通的环境中，经过较长时间(6 个月至 1 年)后，使木材中的水分逐渐蒸发。自然干燥的木材含水率会因不同季节和地区气候条件而有所不同。

自然干燥的木材不易翘曲和形变，然而，干燥质量的好坏与干燥时间的长短(或速度的快慢)和堆积的方法有着直接的关系。

2. 炉干法

炉干法是指在保暖性和气密性非常好的室内，利用加温、加热设备，并在一定的时间内对木材进行干燥的方法。炉干法可以使木材达到指定的含水率，木地板干燥处理常采用炉干法，或通过自然干燥到一定的程度后，再采用炉干法处理。

3. 蒸汽加热干燥法

蒸汽加热干燥法是以蒸汽加热窑内空气，再通过强制循环把热量传递给木材，使木材水分不断地向外扩散。这种干燥方法时间短，窑内温度和湿度可以人为地控制。

4. 气干法

气干法是用鼓风机将空气通过被烧热的管道，使热风从炉底风道均匀地吹进炉内，经过木材后，又从上部吸风道回到鼓风机，并如此循环，从而把木材中的水分蒸发出来。这种方法干燥迅速。

目前，木材干燥加工新技术有：真空高频干燥技术、真空过热蒸汽干燥技术、浮压干燥技术、喷蒸热压干燥技术、太阳能干燥技术、红外及远红外辐射干燥技术和大片刨花传送式干燥技术等。

二、木材的防腐、防蛀、防火处理

1. 木材的防腐、防蛀处理

木材在与砌体或潮湿的空气长期接触并长期置于封闭环境中，会产生腐朽或虫蛀现象。因此，在实际的使用中，如木制门窗框、楼梯栏杆、柱脚、踢脚板、隔墙支架以及用于各结构的预埋件等，必须作防腐、防虫处理，以保证安全性和延长使用寿命。合格的木制成品在生产厂家已进行防腐、防虫处理，如成品木地板、木制门和家具等。木材常用防腐、防虫剂见表 5-4。

木材常用防腐、防虫剂 **表 5-4**

药剂类别	药剂代号	药剂名称	特点与适用范围
水剂	W-1	硼酚合剂	不耐水，仅适用于室内干燥处木制件
	W-2	氟酚合剂	较耐水，对木腐菌的效力较大
	W-3	铜铬硼合剂	耐水，对木腐菌的效力较大，使木材呈褐色
	W-4A	铜铬砷合剂(A 型)	耐水，具有持久的防腐、防蛀效力
	W-4B	铜铬砷合剂(B 型)	耐水，具有持久的防腐、防蛀效力
油剂	OS-1	五氯酚林丹合剂	耐水，防腐、防蛀效力持久，可用于处理与砌体接触的木构件
浆膏	p-1	氟化钠浆膏	适用于局部的防腐、防蛀处理，如柱脚与砌体接触的构件等

注：选择木材的防腐、防虫剂，必须对人体无害，对环境无污染。

2. 木材的防火处理

木材的燃点低，容易燃烧，尤其是干性木材。通常生产企业对有防火要求的木制成品材料进行防火处理，如采用铵氟合剂、氨基树脂 1384 型和氨基树脂 OP144 型等防火浸渍剂加压浸渍。而用于室内设计工程中的木材坯料如木龙骨等，则采用丙烯乳胶涂料外涂处理，并应达到消防要求的用量。

第五节 人造板材与应用

人造板是替代天然木材的最佳材料。

天然木材由于生长条件和加工过程等方面的原因，常不能满足和达到现代环境设计材料所要求的性能、工艺与造型效果的表现。而人造板的利用，不仅减少嵌缝处理，提高木质表面的平整度、装饰性和锯切、弯曲、组接等加工性能，而且提高了木材的利用率，对于节约资源、保护生态环境有着重要的意义。

人造板是利用原木、木质纤维、木质边角碎料或其他植物纤维(稻草或麦秸)等为原料，加胶粘剂和其他添加剂，经过机械加工和化学处理制成的板材。

人造板主要产品有：胶合板、纤维板、细木工板、刨花板、刨切薄木贴面板、三聚氢氨贴面板、浸渍纸贴面板、水泥刨花板等。

一、胶合板

1. 胶合板的构成

胶合板是将原木经蒸煮软化，沿年轮旋切成大张薄片，经过干燥、涂胶、组坯、热压、锯边而成。相邻层木片粘结组合时，纹理呈直角(即各单层板之间的纤维方向互相垂直或成一定角度)，交错重叠。为达到均衡效果，板芯两边任意一边的厚度和材料的种类是相等的。粘结板的层数在 12mm 以下的常为奇数，通常有 3、5、9 层胶合板，如图 5-6。

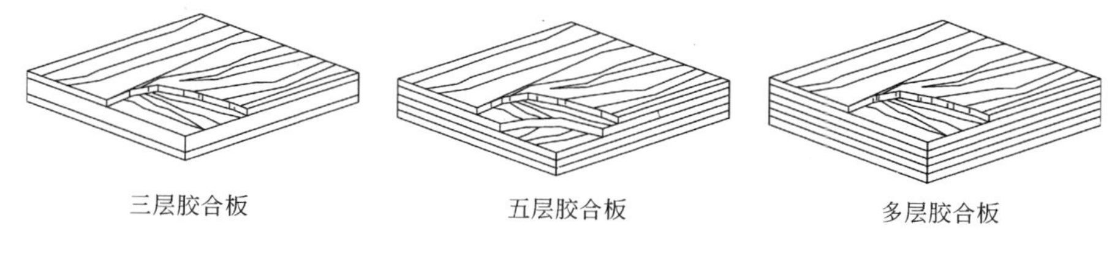

图 5-6 胶合板的构造

2. 胶合板的特性

胶合板的优点在于幅面大、平整美观、木质均匀、不翘不裂，尤其在标准规格尺寸内用材时，避免因接缝而造成的不牢固性和影响整体美观性。

胶合板既保持木材固有的低导热系数和电阻大的特性，又具有一定的隔火性和防腐、防蛀与良好的隔音、吸声性能，以及隔潮湿空气和隔其他气体的性能。目前，胶合板生产采用氧化结合法、自由基引法、酸催化缩聚法、碱溶液活化法、天然物质转化法等“绿色化”无胶胶合工艺。

胶合板易于加工，如锯切、组接(胶粘、铁钉或射钉固定)、表面涂装，较薄的三层、五层胶合板，在一定的弧度内可进行弯曲造型(图 5-7)。厚层胶合板可通过喷蒸加热使其软化，然后液压、弯曲、成型，并通过干燥处理，使其形状保持不变。

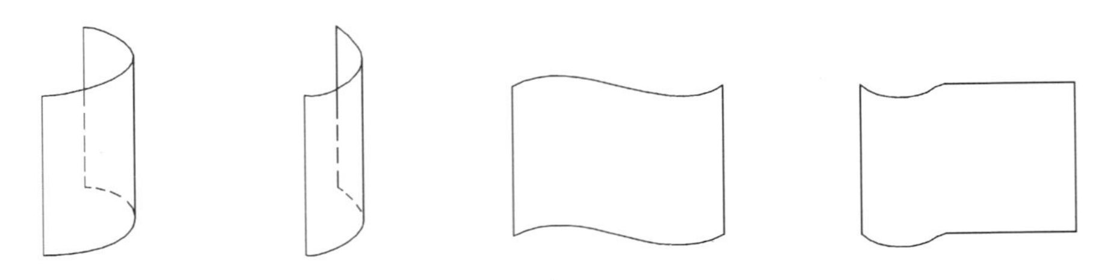

图 5-7 胶合板可弯曲的形态

3. 胶合板的应用与选择

胶合板用途广泛，主要用作各类家具、门窗、地板、隔断、顶棚或墙面造型等基材，其表面可用原木薄木片、防火板、PVC 贴面板、浸渍纸等贴面和用无机涂料涂装。但胶合板属易燃材料，应用时必须作安全防火处理，尤其有电线通过时，施工要严格规范。另外，胶合板的胶粘剂含有对人体有害的甲醛，并且在空气中慢慢散发。因此，胶合板甲醛的含量不能超标，要符合国家环保标准，使用后注意室内的空气流通，并采取物理或化学后期处理。

二、细木工板

1. 细木工板的构成与性能

细木工板又称大芯板。它是由上、下两层夹板和中间用短小木条拼接压挤连接的芯材组成(图 5-8)。具有较大的硬度和强度，可耐热胀冷缩，板面平整，结构稳定，易于加工。其常用规格有：1220mm×2440mm，厚度为 16mm、19mm、22mm、25mm。

2. 细木工板的应用与选择

细木工板可通过胶粘剂、铁钉、射钉等进行组接，作为其他贴面板材或涂装的基材，广泛用于板式家具、门窗套、门扇、地板、隔断等。

细木工板用于板式衣柜门扇或其他较大的门扇时，不宜采用通板作基材，而要锯成条块组成结构架(图 5-9)，否则易翘曲形变。

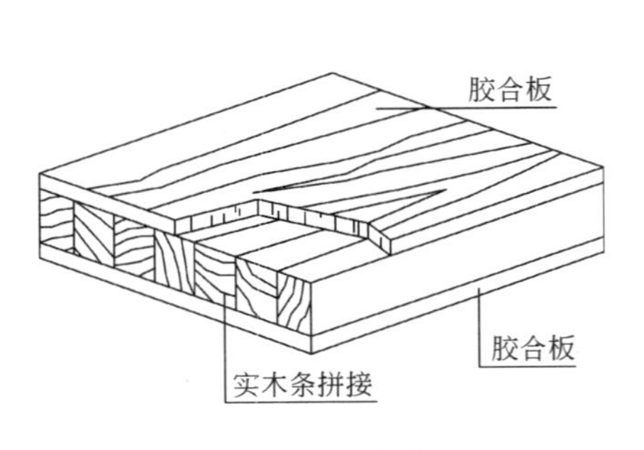

图 5-8 木芯板构造

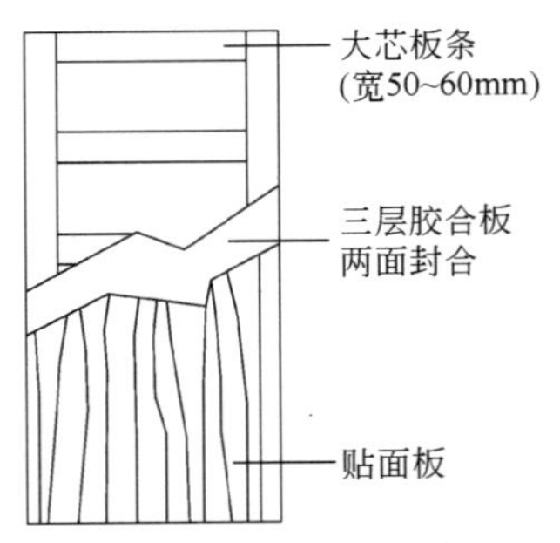

图 5-9 衣柜门扇构造

选择大芯板时，面层必须是优质胶合板，板芯拼木条应是密度大、缩水率小的优质树种，而且木条拼接密实度好，边角无缺损。

三、刨切薄木贴面板

1. 刨切薄木贴面板的构成与特征

刨切薄木贴面板是以珍贵树种如榉木、枫木、泰柚木、幻影木、蕾丝木、胡桃木、樱桃木、花樟、紫檀木、楠木及各种树瘤(白杨、枫木、白桦、胡桃木、橡木树瘤等)经过精密刨切得到的微薄木片(厚度为 0.3～0.8mm)作面板，以胶合板(主要是优质三胶板)、中密度纤维板、刨花板等为基材，采用胶粘剂及先进的胶粘工艺制成。刨切薄木片也可单独用于收口贴面，以减少外露的截面。按薄木的刨切方向分为径切和弦切两种，其表面优美的纹理和丰富的色泽代表不同树种的外观特征，因而成为现代板式家具、门窗家具、隔断、背景墙及装饰局部镶嵌等用量非常大的饰面材料。

2. 刨切薄木贴面板的应用与要求

(1) 使用前，将通板表面薄薄地罩涂 1～2 遍透明清漆，以保护板面薄木层。罩涂前不宜用砂纸打磨表面，否则会损坏表面薄片纹理。

(2) 应用于同一类型的物体时，如门或家具，即使板材表面薄木为相同树种，也应尽量选择纹理与色泽相同或相近的板材。不同纹理和色泽的板材拼接时，一是要选择相同厚度的板材，否则影响拼接的平整度；二是要注意纹理粗细、曲直和色泽深浅、冷暖的对比与协调的关系。

(3) 刨切薄木贴面板的胶层应耐潮耐水，但仍要避免长期在潮湿的环境中使用。否则，会因板面发霉、出现斑点或斑块而影响表面美观。

四、刨花板

刨花板是利用木材加工废料加工成一定规格的碎木、刨花后，拌入胶粘剂、硬化剂、防水剂等热压而成的板材(图 5-10)。具有良好的隔热、隔声性能，强度均衡，加工方便，表面可进行多种贴面装饰和涂装工艺。刨花板因其幅面大，表面较平整，除用作家具、地板基材外，还可用作室内吸声和保温隔热材料。

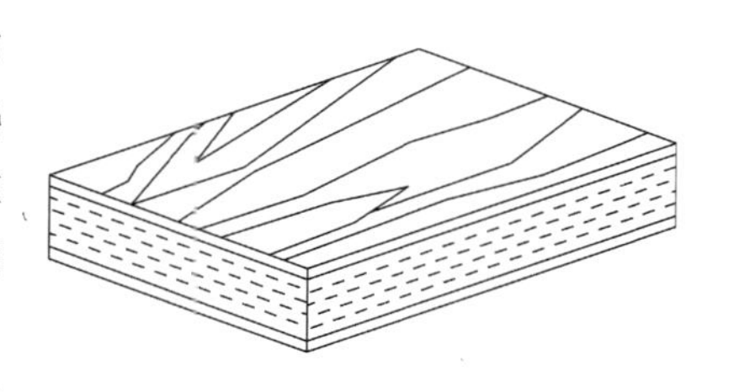

图 5-10 刨花板构造

刨花板又分为低密度刨花板(容积密度 450kg/m^3)、小密度刨花板(容积密度 550kg/m^3)、中密度刨花板(容积密度 750kg/m^3)和高密度刨花板(容积密度 1000kg/m^3)四种，其中密度刨花板用量最大。

刨花板按结构分为覆面或不覆面两种。覆面刨花板是在其表面通过平压法、挤压法和涂装等加工方法，单面或双面粘结其他材料，如薄木贴面、PVC 贴面、浸渍纸贴面、防火板贴面等，以及无机涂料饰面制成，增加表面的美观和强度。未覆面的刨花板造价低，但因其密度相对其他板材要小，不宜用于潮湿处，在安装时握钉力较差，一般不单独使用。

刨花板常用规格有：1220mm×2440mm，厚度为 6mrn、8mm、10mm、13mm、16mm、19mm、25mm、30mm。

五、纤维板

纤维板是利用木材加工的废料、小径木、竹材或植物纤维作原料，经过破碎、浸泡、制浆、成型、干燥和热压等处理制成(图 5-11)。因成型时温度与压力的不同，按纤维段又分为硬质、半硬质和软质纤维板三种。

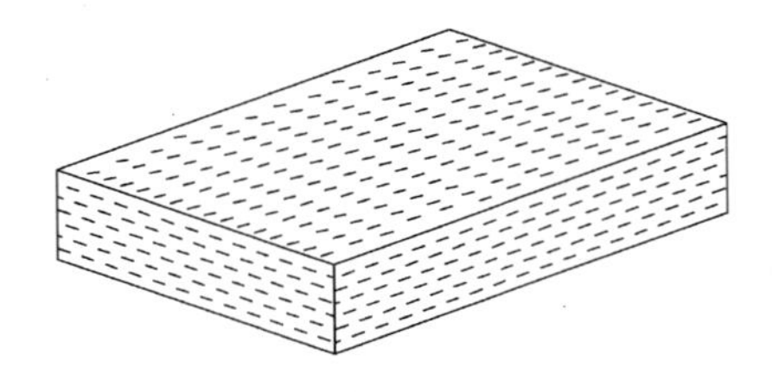

图 5-11 纤维板构造

纤维板的结构均匀、细微，各向湿度一致，耐磨，不易胀缩、开裂和翘曲，并具有隔热、保温、隔声、绝缘和较好的加工性能。它作为其他饰面材料的基材，用于室内墙面、顶棚、地板、家具、隔断等。软质纤维板用于绝热、吸声材料，其常用规格见表 5-5。

纤维板常用规格 表 5-5

纤维板种类	长×宽(mm)	厚(mm)
硬质纤维板	1830×610、2000×915 2440×1220、3050×1220	3、5、8、10、12、16
软质纤维板	1220×610、2130×915、2330×915	10、12、13、15

注：纤维板最常用的规格为 2440mm×1220mm，厚为 3mm、5mm、9mm、12mm、16mm。

纤维板包括中密度纤维板和高密度纤维板。

中密度纤维板属干燥型板材，是木质纤维与合成树脂或其他合适的胶粘剂相结合加工而成的。这种板材是在热压状态下，通过增加胶粘剂来提高整体纤维板间的粘结效果，最终通过压缩，大大增加了板的压缩密度。另外，在板材加工制作时还可通过添加其他材料，以提高板材的某种特性。在板的表面加贴木皮或直接涂装后的产品又称密迪板。

中密度纤维板表面平整光滑，组织结构均匀，密度适中，强度高，隔热、吸声，机械加工和耐水等性能良好。其规格有 915mm×2135mm、1220m×2135mm、1220mm×2440mm，厚度为 3mm、6mm、9mm、10mm、12mm、16mm、18mm、19mm、25mm，常用规格有 1220mm×2440mm，厚 9mm、12mm、16mm。

中密度纤维板主要用作基材，如表面贴木皮加特殊防火、防腐涂料处理，可用作复合地板、组合壁板、组合橱柜等。其性能指标见表 5-6。

中密度纤维板的主要性能指标 表 5-6

序号	测试项目	性能指标	序号	测试项目	性能指标
1	密　度	≥600kg/m	5	厚度膨胀	≤12%
2	静曲强度	≥20MPa	6	含水率	4%~11%
3	内结合强度	≥0.55MPa	7	甲醛释放	≤40mg/100g
4	握钉力正面	≥1000N，侧面≥800N			

六、浸渍胶膜纸饰面板

浸渍胶膜纸饰面板是以专用纸浸渍氨基树脂，经干燥后铺装在优质刨花板、中密度纤维板、硬质纤维板等人造板基材表面，并经热压而成的板材。具有耐磨、耐烫、耐污染、易清洗、表面无需油饰等特点。板面有多种色彩和图案，较多地用于各类家具和室内壁面等。常用幅面：1220mm×2440mm，厚度：3～36mm。

七、水泥刨花板

水泥刨花板是以水泥为胶凝材料，以木材加工剩余物、小径木、枝丫材或非木质和植物秸秆制的刨花为增强纤维材料，再加适量的化学添加剂和水，利用半干法工艺铺装成坯板后，在受压状态下使水泥与木质刨花板初步固结，并经过一定时期的自然养生，使水泥达到完全固化后而形成一定强度的板材。

水泥刨花板具有优良的耐久、耐候和抗老化性能，防火、隔声、隔热保温性能好，并具有足够的承载能力和良好的加工性。水泥刨花板不同于以醛系树脂为胶粘剂的木质人造板，而是以优质水泥作为胶粘剂，因此不存在游离甲醛在室内空间散发而造成对人身体健康的危害。其性能指标见表 5-7。

水泥刨花板性能指标 表 5-7

检测项目	检 测 条 件	检测结果
抗弯强度(MPa)	多年	平均值为 15.9
膨胀厚度(%)	浸水 24 小时	2
抗冻性能	经 150 次 −20～20℃反复冷冻和融化	强度无明显变化
耐火极限	高温火焰连续喷烧	1.18 小时
导热系数 W/(m·K)	35mm 厚的板	0.105～0.15
抗风压强度(kg/m²)	12mm 板与轻钢龙骨组成 80mm 厚的墙板	55
抗弯强度(MPa)	—	12 左右
环保性能	—	健康型、无污染
隔声性能(dB)	12mm 厚板 40mm 厚板 12mm 厚板组成 100mm 的复合墙	31 38 45
加工性能	锯、钻、刨、砂磨等	优良
使用年限	—	100 年

注：以上为国内外检测后的综合性能指标。

水泥刨花板既可用于室内隔墙、卫生间隔墙和地板，又可用于外墙、屋面板等。用于隔墙时，可与轻钢龙骨组成双复合厚墙板，安装时采月圆钉和螺钉固定。其表面可抹灰浆、涂装、粘贴墙纸(布)、镶铺瓷砖以及安装木质饰面板、塑料板、金属板等。

第六节 木 质 地 板

木质地板是地板材料中用量较大的材料，尤其在现代家居地板中所占比例最大。木质地板按材质的种类和结构可分为实木地板、实木拼花地板、软木地板和超强木质复合地板。

一、实木地板

1. 实木地板的种类与规格

实木地板条主要选用材质较密的阔叶树种，如：山毛榉、水曲柳、白蜡木、橡木、桦木、紫檀木、柚木、象牙木、樱桃木、金檀木、花梨木、金杨木等，以及少量的针叶树种，如：杉木或松木。

实木地板取自原木心材及部分边材，通过锯切、刨等机械加工成型，并经干燥、防腐、防蛀、阻燃、涂装等工艺处理而成。按成品材的等级可分为特级、A级和B级。特级：全用心材，纹理一致，色泽相近，无任何瑕疵，大小规格一致；A级：全用心材，纹理、色泽和大小规格基本一致；B级：略有边材。然而在实际的表现中，纹理和色泽的差异性更能充分地体现自然材质的美感特征。

实木地板普遍带有企口，其规格有：长450mm、600mm、800mm、900mm，宽60mm、80mm、90mm、100mm，厚18mm、20mm。

2. 实木地板铺设方式与工艺要求

(1) 基面处理

混凝土或水泥砂浆基面：清除杂物及灰尘，用水泥砂浆(1∶2)找平或修补孔洞、凹陷处，并完全干燥。

旧木地板基面：修补松动或腐朽部分，并加固原有结构，或全部清除。

旧贴面砖或陶瓷锦砖基面：修补并固定松动部分，或全部清除，并铲平基面。

(2) 材料

实木地板：按地平面的大小或设计风格，选择带企口的合适品种与规格型材。铺设方式见图5-12。

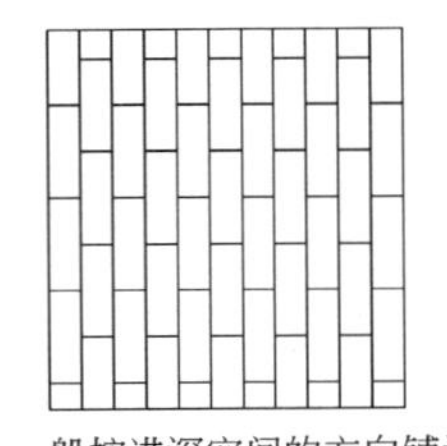

一般按进深空间的方向铺设

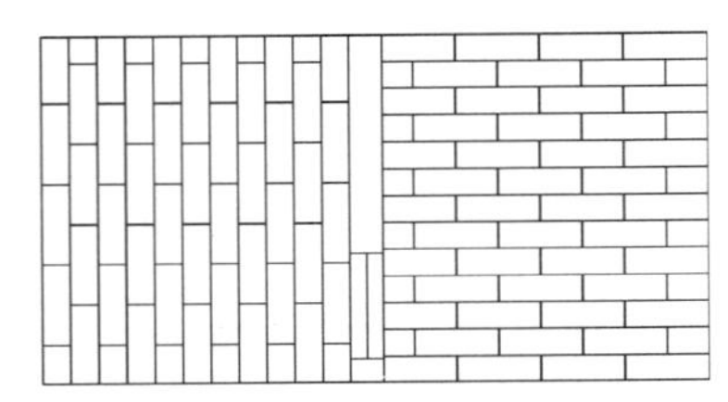

不同方向的进深空间铺设方式

图5-12 实木地板条平面铺设图

杉木条：用于地面骨架，按地区气候的不同选取含水率在10%～14%、规格为3cm×4cm或4cm×6cm的杉木条。

垫层毛板：优质九胶板或大芯板，相接板边用圆钉交错固定在杉方木上，大多生产厂家不要求采用垫层毛板。

保温隔声材料：无保温隔声要求的可不采用。

防水地膜：用于防潮的聚乙烯膜(厚 0.1mm)或干铺油毛毡。

(3) 工艺要求

木龙骨架：将干燥、防腐、防蛀、防火处理的方木，用水泥钉或木楔与铁钉结合固定在基面上，刨平与木地板或与基板(大芯板或 9 厘或 12 厘胶合板)接触的木龙骨架面，并调整骨架至水平。铺设实木地板时，用射钉或钉子(钉帽打扁)从凸榫边倾斜钉入基板或方木上，钉帽冲进不漏面。

伸缩缝：一是实木地板拼接时，板与板之间预留伸缩缝，缝隙大小相当于白卡纸厚度；二是板与墙之间预留伸缩缝 8～10mm。固定在地面上或木龙骨架平面上的基板与基板相接时也要预留伸缩缝 18～20mm，方木的间距应根据平面空间大小和实木地板条长度来确定。无基板垫层时，板端相接缝应落在方木平面中心。实木地板铺设方式和工艺应根据室内环境要求进行确定(图 5-13)。

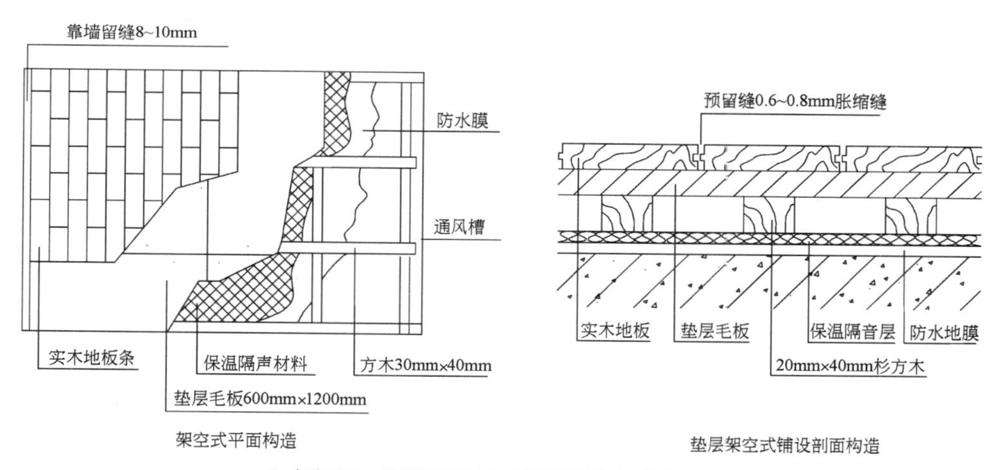

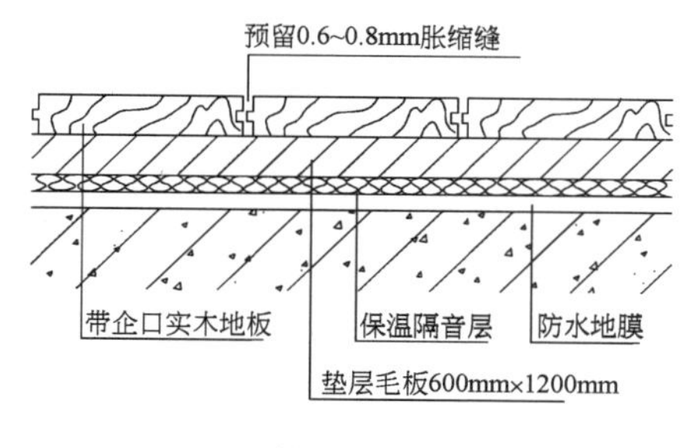

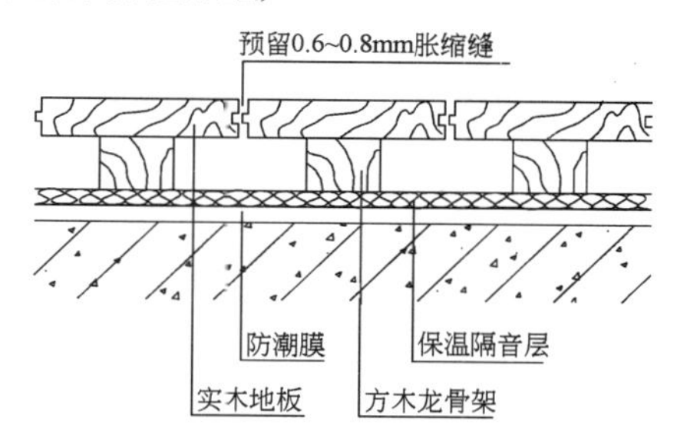

图 5-13 实木地板铺设的工艺要求(一)

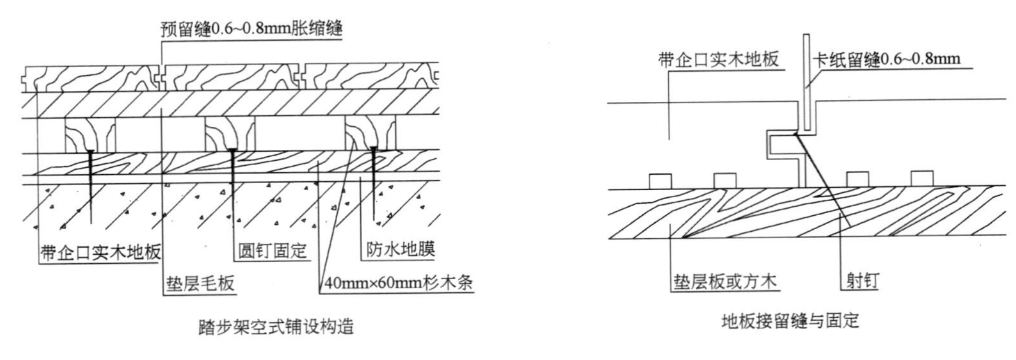

图 5-13 实木地板铺设的工艺要求(二)

二、实木拼花地板

实木拼花地板是充分利用边角零料加工成单元小块后，再按设计图形进行粘结组合，并经过干燥、刨光、打磨、防腐、防潮以及打蜡或涂装等工艺制成。

拼木地板多采用柚木、栎木、橡胶木、水曲柳、樱桃木、枫木、橡木、桦木、榆木、栲木等质地坚硬、不易腐朽开裂的优良木材的边角零料，纹理美观、清晰。拼木地板组合拼块通常采用同一树种或性能相当的木材，拼接图案多种多样，拼块外形有正方形、平行四边形、鱼脊形和六边形等(图 5-14)。也可以采用不规则拼接方式，使拼接面生动，空间富有个性，这种拼接方式常用于酒吧、娱乐休闲场所。

图 5-14 实木地板拼花图案

三、软木地板

软木是指软木橡树的外皮，它生长在西地中海盆地，主要产地是葡萄牙，占世界总产量的一半以上。

软木产品具有极佳的保温、隔热、隔声、防滑和减震环保性能，脚感舒适，富有弹性，耐磨、耐水、耐火、防蛀，易于组装，具有极佳的自然特征。

软木地板是将本体耐磨层、耐火层、防潮基层与环保特种胶等复合在一起，既是一种高技术产品，又是一种天然的环保型材料，纹理和色泽自然美观，通常应用于室内墙面和地面。

四、木质复合地板

1. 木质复合地板的构成与性能

木质复合地板采用抗潮中、高密度纤维板或刨花板为基材，表层为特种耐磨塑料层，表面为结晶三氧化二铝特殊耐磨材料，并通过特种环保胶复合而成(图 5-15)。它具有许多优良的性能特征，如板面木纹如真，且坚硬、耐磨、耐压；色彩种类多；防潮、防腐、防蛀、抗静电；富有弹性，脚感舒适；耐晒、耐烫；尺寸稳定、不变形，适应各种气候变化；无毒、无味，使用安全、环保。

木质复合地板外形尺寸有：1200mm×190mm、1290mm×199mm，厚 8mm。其构造如图 5-15。

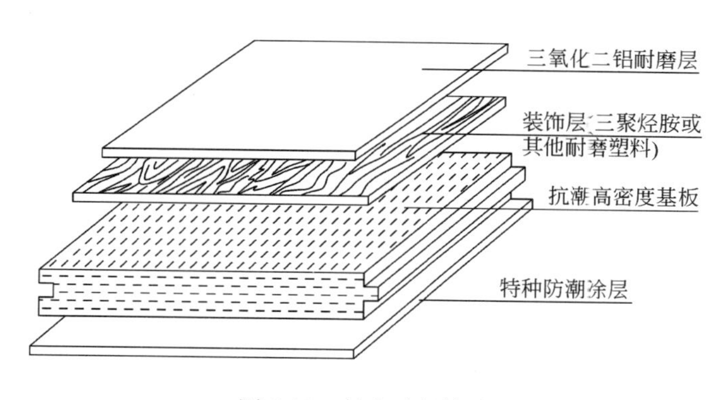

图 5-15 复合地板构造

2. 木质复合地板应用与技术要求

(1) 基面

可直接铺设在混凝土、砖面、硬 PVC、亚麻油毡或木板上，但不能铺设在太软、太厚的地毯上。基面要求干净、干燥、平整、稳固，并修补不规则处。

(2) 材料

复合板：带企口的超强木质复合板，板块间的短接头互相错开不得少于 200mm。板块与墙、柱、楼梯、管道等之间要预留 8～10mm 伸缩缝。

双层地垫：聚乙烯泡沫或波纹纸，厚为3.3mm。防潮隔声，弥补地面轻微不平，增加踩踏时的柔软感。

防水地膜：聚乙烯薄膜，可与地垫搭配使用，铺设时，膜与膜搭接200mm左右。

防水胶：PVA_cD_3 防水胶，用于板块间粘结，防止液体污物渗入，同时起找平作用。粘胶应涂于板块的榫头，一般每支(0.5L)可用12～15m²。

收口扣板条：表面为金、银色的铝合金收口扣板条，长为2700mm。用于搭接不同高度的地面，有过栅撑条(T形过渡扣板条)、爬梯扣板条、贴靠扣板条等，如图5-16。

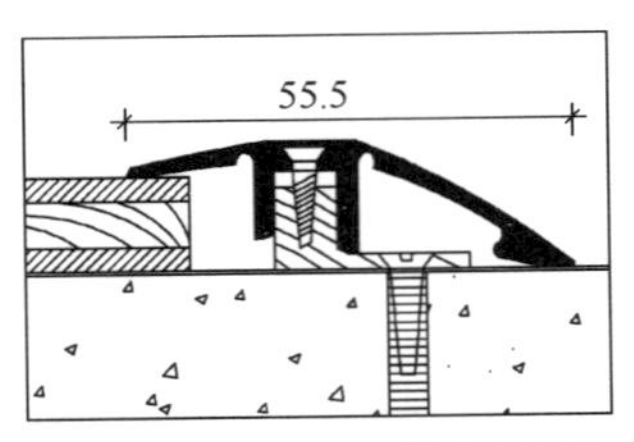

过渡扣板条收口(用于高度差别大的硬质地面)

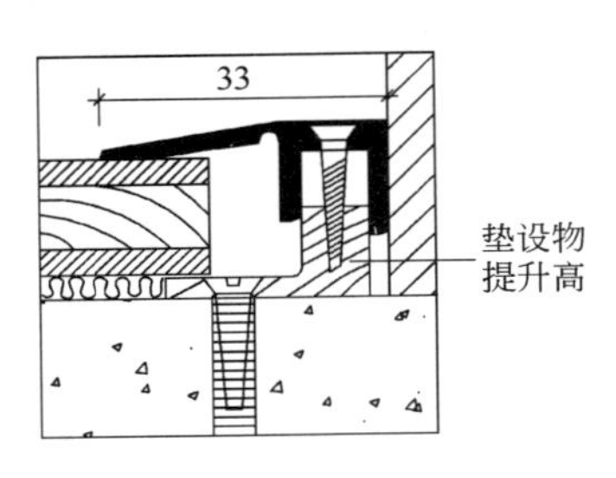

贴靠搭接扣板条采用于地板到墙边空间,但大于踢脚板或阳台、浴室有推拉门不能用踢脚板收口的地方

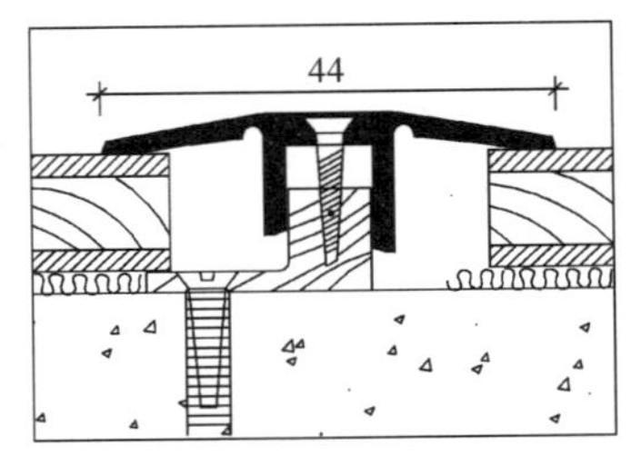

T形过渡扣板条用于两空间共用门处或地面长超过8~10mm以及面积100m²左右的胀缩分格

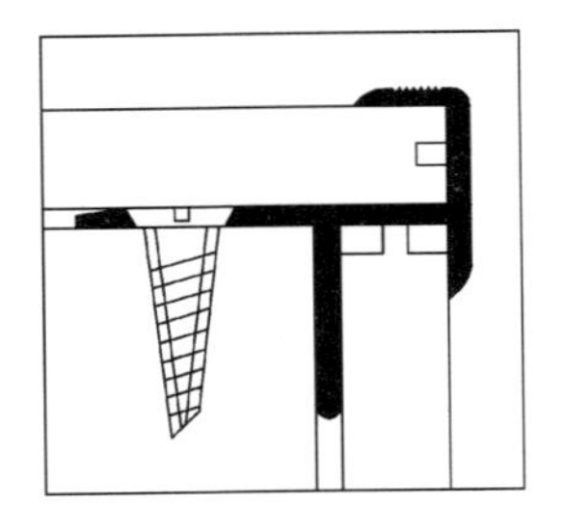

楼梯踏步扣板条用于梯边缘收口,起连接、保护、装饰作用

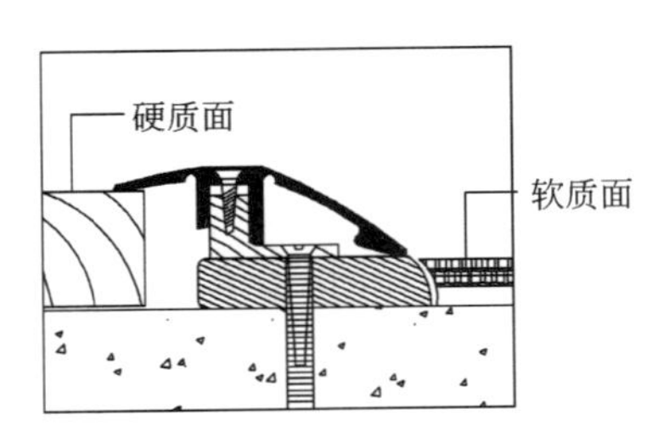

不同材质(软与硬)、高低差别的地面搭接

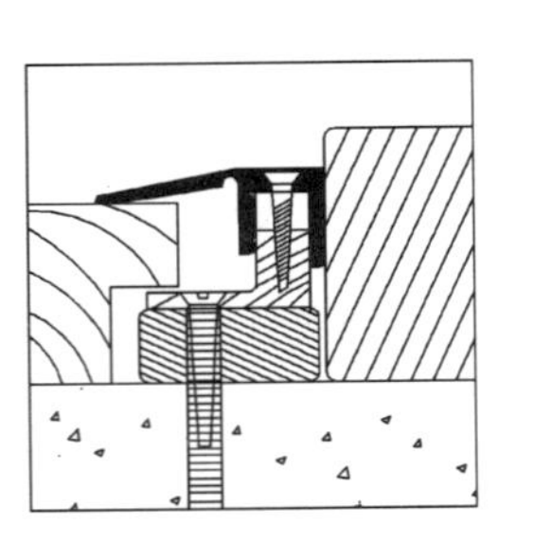

贴靠搭接收口(扣板上螺丝可调节高度差)

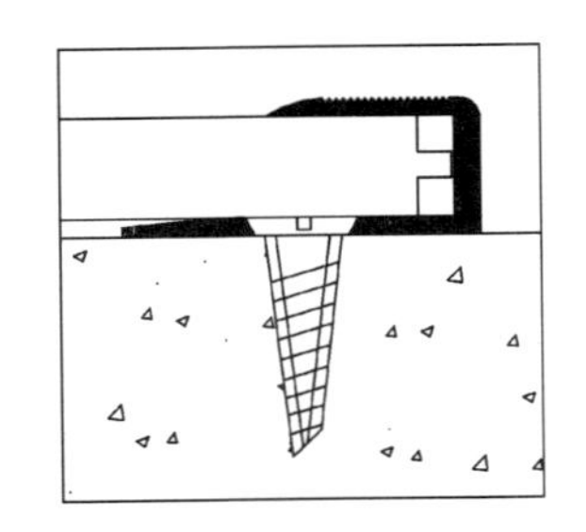

直接收口,高差不大,需要增加地面层次感

图5-16 收口处理方式(单位：mm)

踢脚线：中密度板MDF为基材，表面为浸渍油纸。其规格有：长2400mm、2500mm、2700mm，高58mm、60mm、108mm，厚12mm、18mm。如图5-17。

3. 木质复合墙板、顶棚的应用

木质复合墙板、顶棚保持天然原木的自然色泽与纹理特征，且整体感更强，给人以温馨、舒适、清洁和回归自然之感。广泛应用于办公室、会议室、专卖店、酒吧、宾馆和办公楼走道、居室等墙面及隔断。

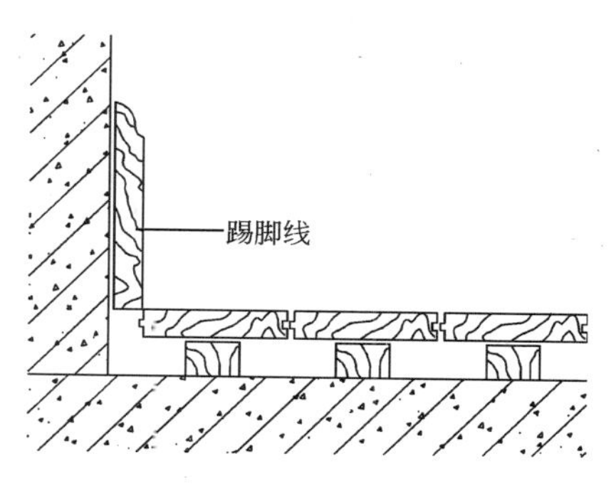

图 5-17　踢脚线收口处理

(1) 墙板系统

墙板的铺设方式有水平横铺式、垂直竖铺式和人字形排列铺设。如图 5-18。垂直竖铺式可增加高度感；水平横铺式可增加深度感；而人字形排列铺设富有变化，具有生动感。

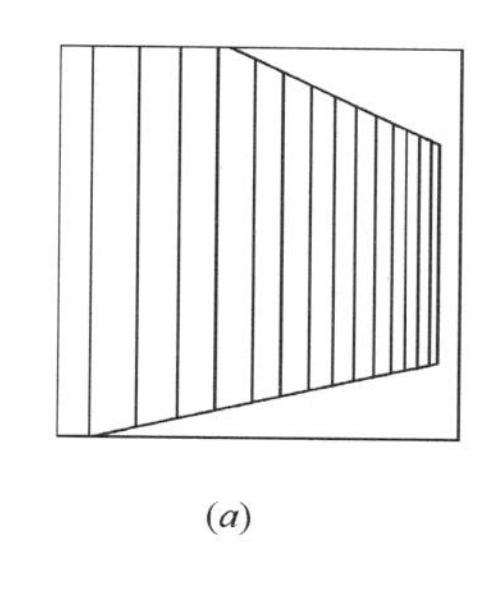

(*a*)

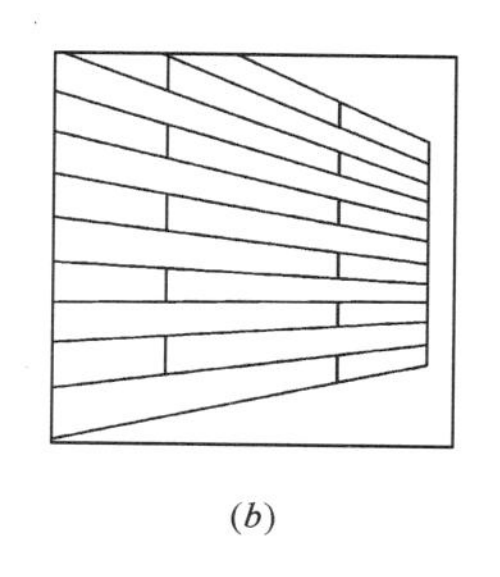

(*b*)

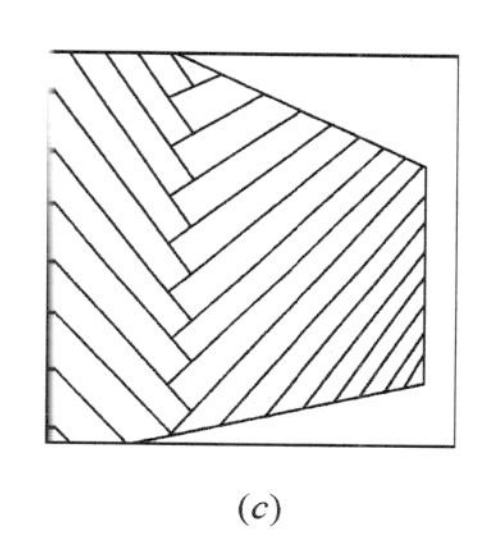

(*c*)

图 5-18　墙板铺设方式

(*a*)垂直竖铺式；(*b*)水平横铺式；(*c*)人字形排列铺设

基面：平整、干燥。

墙板：超强木质复合墙板，与地面或顶面留缝 10mm。

板条：用于水平横铺式，板条规格为 20mm×40mm，单面刨平，板条间距根据墙板长度确定，并支撑住所有墙板的对接头；用于垂直竖铺式或顶棚基架，采用交互式基架(水平和垂直底架构成)，并保持空气流通和防止墙板受潮。如图 5-19。

(2) 顶棚系统

木质复合顶棚采用交互式基架(水平和垂直底架构成)，板条为木板条时，必须进

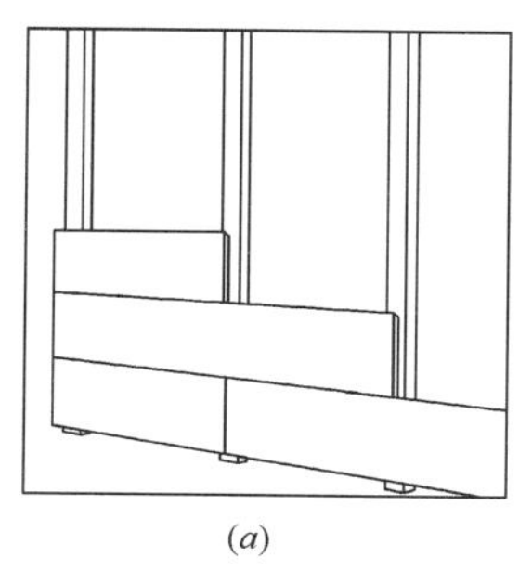

(*a*)

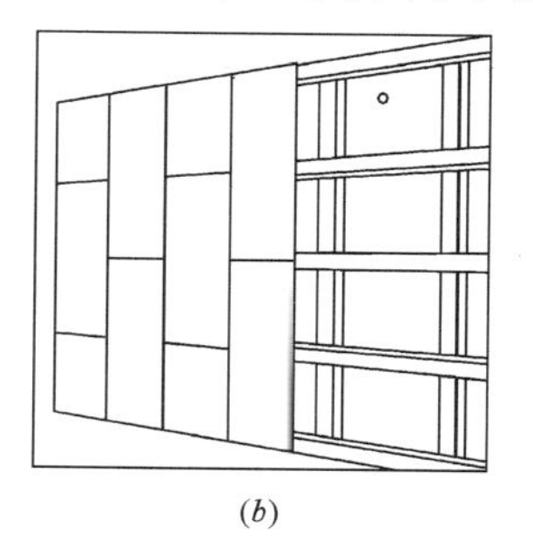

(*b*)

图 5-19　墙板与板条基架

(*a*)水平横铺式板条基架；(*b*)交互式板条基架

行防火处理。板条的规格为20mm×40mm，与顶棚相接触的面刨平，并调至水平。顶棚所有对接头必须落在基架板条上。顶棚与墙面留缝10mm，如图5-20。

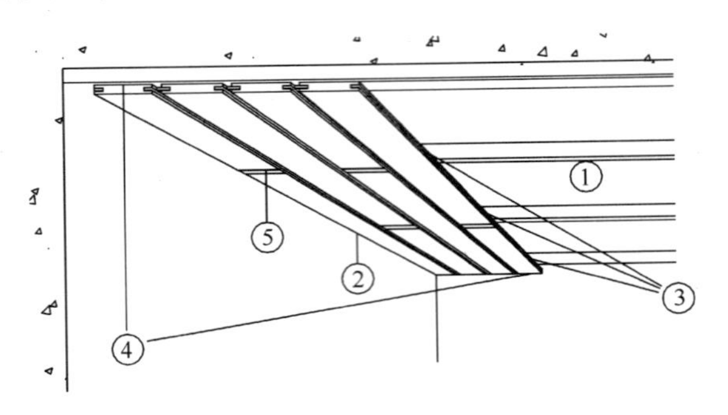

图5-20 超强木质复合顶棚吊顶

1—木板条；2—顶板；3—固定夹；4—伸缩缝

5—支撑对接头（支撑但不把固定夹置于板条上）

顶棚的不同表现形式，如图5-21。

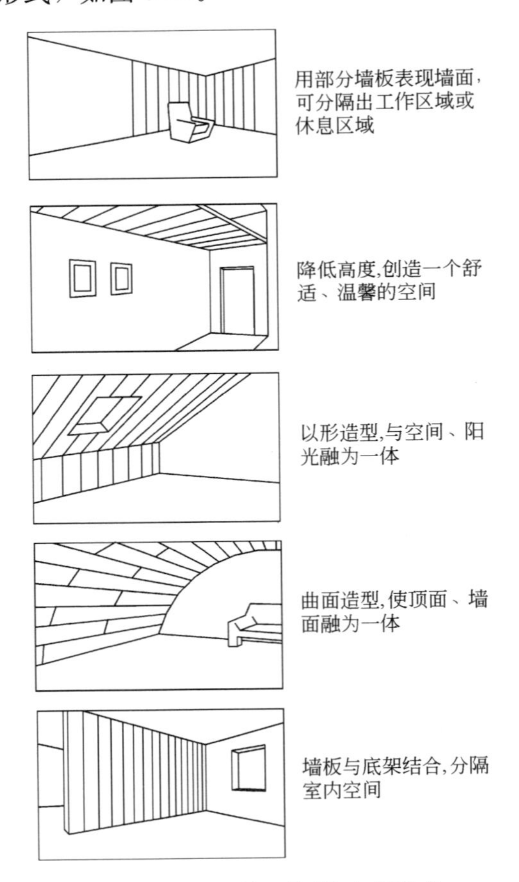

图5-21 顶棚不同的表现形式

第六章　金　　属

人类利用金属材料已有几千年的历史。从青铜时代、铁器时代、大工业时代到现代新型金属材料的生产和运用，人们在不断地认识和实践的过程中，积累了丰富的生产经验和加工技术，加强了对金属材料的开发和研究，提高了金属材料的生产质量，扩大了金属材料在各个生产领域的应用范围。从建筑、道路、桥梁、交通车辆，到航天工业乃至日常生活产品，都离不开金属材料。因此，金属材料在现代国民经济中具有重要的意义，它标志着一个国家现代化工业水平的发展程度。

金属材料具有质地坚硬、强度高、韧性好、导热传电性强、防水、防腐等优良性能。通过机械加工方式和现代科技手段，可制造各种形式的构件和材质优美的成品用材。在现代室内设计中，金属材料既可独立地使用，如结构桁架、门窗、楼梯栏杆、顶栅、家具等，又可与其他材料结合表现，如轻钢龙骨石膏板墙与顶棚吊顶，铝合金、不锈钢玻璃门，钢木结构楼梯栏杆，钢架结构泰柏板(钢丝网与阻燃性聚苯乙烯泡沫塑料芯组成)轻质隔墙。它所具有的独特性能和审美价值是其他材料不可替代的。

第一节　金属材料的分类与特性

一、金属材料的分类

金属材料一般按外观的颜色或矿的颜色进行分类，通常分为黑色金属和有色金属两大类。

1. 黑色金属材料

黑色金属材料是指铁和以铁为基体的合金，如生铁、铁合金、合金钢(不锈钢)、铸铁、铁基粉末合金、碳钢等，简称钢铁材料。钢铁型材种类较多，力学性能优良，在实际的应用中加工方便(切割、焊接、抛光或铆接)，表现范围广泛。

2. 有色金属材料

有色金属材料是指包括除铁以外的金属及其合金，又称非铁金属。有色金属大多呈五光十色的漂亮色彩和独特的金属质感。常用的有色金属材料有铝及铝合金、铜及铜合金、钛及钛合金等。另外，在工业上采用铬、镍、锰、铜、钴、钒、钨、钛等金属作为附加物，以改善金属性能，如增加强度等。

有色金属材料又分为轻金属材料和重金属材料两类。密度是划分金属材料的另一重要标准。一般密度低于 4500kg/m^3 的金属为轻金属或轻金属合金，如铝与铝合金、镁及镁合金；密度高于 4500kg/m^3 的金属为重金属或重金属合金，如铜及铜合金、锌及锌合金等。

二、金属材料的特性

掌握金属材料的特性，有利于在设计和施工中，进行合理、科学的选择与表现。金属材料的特性主要表现在以下几个方面。

1. 具有良好的光反射和光吸收能力

当光投射到金属材料的表面时，金属中的自由电子能吸收并辐射出光能，呈现出各种金属特有的颜色和光泽，从而具有一种独特的材质美感。金属材料表面通过研磨、抛光或磨砂等加工后，呈亮面或雾面，亮面金属材料如镜面不锈钢、抛光铜等具有良好的光反射能力，反射出五光十色的漂亮色彩，给人以亮丽、洁净之感；雾面金属材料表面肌理细密、均匀，具有良好的光吸收能力，呈亚光，给人以柔和、素雅之感。

2. 具有良好的力学性能

金属材料具有良好的强度和承受塑性形变的能力，因此，金属型材常用于承重或受力较大、安全性能要求高的结构支撑架和门窗等。

3. 具有良好的加工性能

经过轧制、挤压、拉拔等加工方法制成的各种金属型材，可进行钻孔、切割、折边、打磨抛光；能够通过焊接与螺栓、凹凸槽接固定和弯曲成型等施工手段，制成各种预制配件、结构支架和其他的造型；能够通过雕刻、研磨等机械加工手段和化学染色、镀层、蚀刻，使金属表面呈现出各种肌理、光泽和装饰花纹。

4. 具有良好的导电性和导热性

金属材料具有良好的传导电流的能力和导热性能。

第二节　金属材料的加工与表面装饰

在环境设计中，为了使金属材料的特性得到充分的表现，不仅要熟悉和掌握金属材料的基本性能与用途，还应了解金属材料的加工方法及表面装饰工艺。

一、金属材料的成型加工

1. 铸造

铸造是熔炼金属、制造铸型并将熔化金属流入铸型，凝固后获得一定形状和性能的铸件成型方法。铸造，按其应用分有：工业铸造和艺术铸造；按铸造技术分有：砂型铸造、金属型铸造、熔模铸造、离心铸造和压力铸造等；按材质分有：铸铜、铸铁、铸不锈钢、铸铝合金等。五金配件及管材等多采用铸造成型方法。用于装饰的艺术铸造，多采用砂型铸造或熔模铸造。艺术铸造多采用铜、铁等金属铸造。

铸铁使用历史悠久，因其经济实惠、易于操作而被广泛应用。铸铁材料有铸铁管、铸铁板，其表面通过镀塑、镀锌、涂装等处理后，防锈能力和外观质量得到提高，应用于楼梯栏板花板、护窗、护栏、家具脚架、地面耐磨滴水盖板及各种工艺铁花。

2. 压力加工

金属材料经轧制、挤压、拉拔等压力加工方法，产生塑性形变，从而获得具有一定形状、尺寸和机械性能的原材料、毛坯或成品。如通过挤压加工，可以将金属原材料加工成不同截面形状的型材，如圆钢、方钢、角钢、T字钢、工字钢、槽钢、Z字钢以及轻钢龙骨等；通过对低碳钢、有色金属及其合金进行挤压加工，可以得到多种截面形状的异形材，如铝合金门窗材料等。

压力加工是一种重要的塑性成形方法，因此，要求金属材料必须具有良好的塑性。塑性越大，变形拉力越小，加工也容易。

3. 锻打

利用金属材质的延展性，通过外力的作用将金属线材锻制成立体的造型构件，或在金属板材平面上形成具有凹凸感的雕刻艺术效果。在环境艺术设计中，对铜、不锈钢、铁等金属板材进行艺术处理时多采用手工加工，在机械化加工技术高度发达的今天，手工锻造的特性更具有浓郁的人文气息，如浮雕装饰墙、屏风以及圆雕。锻打铁艺是将锻打成型工艺与图案造型结合而成，多用于铁艺家具、铁艺灯具、铁艺扶手栏杆和铁艺门窗等。

二、金属型材的后期加工

金属材料的后期加工是指在实际的使用中，对已成型的金属材料如板材、线材及不同截面的型材进行的加工，如焊接、机械加工或通过镀塑、镀锌、涂装等进行表面处理。

1. 焊接加工

金属焊接加工是将分离的两部分金属焊接成为一个不可拆卸的整体。在两部分金属的焊接过程中，由于界面间的原子通过相互扩散、结晶和再结晶成共同的晶粒，因而焊接头非常牢固，它的强度不会低于被焊金属的强度。

金属材料的焊接方法有：电焊、氧焊和交、直流氩弧焊等。不同性能的金属材料进行结构连接和装饰造型时，需要运用不同的焊接工艺技术和方法。如扁钢、槽钢、等边角钢、不等边角钢、工字钢焊接时，通常采用电焊或氧焊；而不锈钢板材或管材进行连接时，则采用氩弧焊。

另外，焊接材料如焊条、焊丝、焊剂等在焊接过程中熔化和反应，从而成为影响焊接质量的重要因素，如同样采用电弧焊接工艺焊补铸铁，若采用普通焊条焊补会出现裂纹及剥离等严重缺陷，而采用镍基铸铁焊条焊接，可以取得较为满意的效果；在制作不锈钢栏杆或其他装饰构件时，采用不锈钢专用焊条，不仅牢固性好，而且通过打磨抛光后，连接处与被焊不锈钢融为一体，同样亮丽美观。

金属材料组接时，焊接工艺技术应用较多，其焊接方式如图6-1。

2. 机械加工

机械加工是通过操作机床或机械工具对板材、线材及不同截面型材进行加工。其主要方法有车、钻、折边、磨边、弯曲、切割等。车，主要用于顶棚吊顶螺纹吊杆、

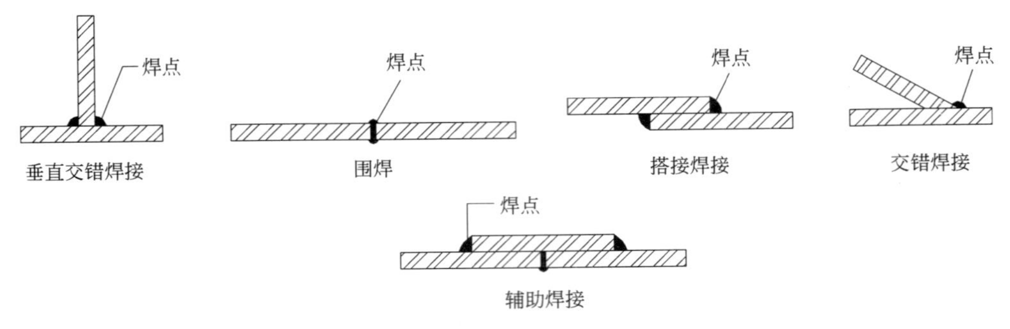

图 6-1 金属材料组接与焊接方式

连接螺栓的加工；钻，用于紧固件螺钉、螺栓孔钻孔和金属板装饰钻孔；折边，用于不锈钢装饰嵌条、柱面及家具面包覆嵌接等；弯曲，则用于不锈钢板及不锈钢管的多种造型；利用空气等离子切割技术可用作金属薄板的镂空形成花纹效果。

三、金属材料的表面装饰

金属材料的表面通过多种加工技术和工艺方法，如电镀、化学镀、喷漆、烤漆、喷塑、抛光、砂光、蚀刻、钻孔等，不仅能够提高金属材料的质量，而且使其在实际的表现中，丰富了材料的视觉美感。

1. 镀层装饰

镀层装饰是指在金属材料的表面上采用电镀、化学镀、真空蒸发沉积镀等方法，使金属表面形成其他材料的被覆装饰层。金属镀层不仅能提高材料表面色彩、光泽和肌理效果，而且能够增强材料的耐蚀性和耐磨性。金属镀层按表面状态可分为镜面镀层和雾面镀层；按镀层工艺技术可分为电镀、化学镀、合金镀、多层镀、复合镀、功能镀、激光电镀、成焊喷镀、真空离子电镀等。

镀层装饰的金属有铜(Cu)、镍(Ni)、铬(Cr)、铁(Fe)、锌(Zn)、锡(Sn)、铝(Al)、铅(Pb)、金(Au)、银(Ag)、铂(Pt)及其合金。镀层的颜色、色调和耐候性见表 6-1。

镀层金属与被覆金属表面的颜色和耐候性 **表 6-1**

镀层材料	镀层金属的颜色	被覆后金属表面颜色	耐 候 性
金	黄色	蓝黄色、红黄色	强，厚膜难变色
银	浅白色	纯白、奶黄色、蓝白色	褪光、泛黄
铜	红黄色	红黄色、倾向绿的红黄色	泛红、变黑
铅	倾向蓝的灰色	铅色	弱
铁	中灰色，银白色	茶灰色	褪光变暗褐色
镍	灰白色	茶灰白色	褪光、易脱落
铬	铁灰色	蓝白色	强
锡	银白，倾向黄的白色	中灰色	褪光、变暗
锌	倾向蓝的白色	蓝白色、带灰色	产生白锈

2. 涂层装饰

金属涂装所用的材料是涂料，一般由主要成膜物质、颜料和溶剂混合加工而成。其主要成膜物质大多是合成树脂，与其他组分粘结成一个整体，附着在被覆金属的表面，形成坚韧的保护膜，以达到既美观又能防止金属材料表面腐蚀，以及隔热、隔声、绝缘、耐火、耐辐射、杀菌、导电等特殊功能。

(1) 氟碳喷涂铝板

氟碳喷涂铝板(KYNAR500)是以优质单层金属铝板或蜂窝芯铝合金复合板为基材，表面采用静电高速旋转自动化进行氟碳树脂涂料喷涂，并经过250℃的高温烘烤而成。生产中采用先进的自动生产线和质量检测，全过程由电脑自动控制，确保喷涂质量完美。氟碳喷涂铝板质量轻、刚性好、强度高，耐候性和耐腐蚀性极佳，加工性能优良，可加工成有凹凸变化的立体平面、弧形面、球形面等各种复杂的造型，易于清洁保养，施工安全、方便、快捷。氟碳涂层性能卓越，是其他涂料无法比拟的，它能长期抵御紫外线、风、雨、工业废气、酸雨及化学药品的侵蚀，涂层的附着力强、韧性高、耐冲击。

氟碳喷涂单层铝板：色彩可选性大，装饰效果极佳，应用范围广，如用于建筑物幕墙以及室内壁面、柱面、顶棚、隔断、电梯门套、家具和广告标志牌、展台等。常用厚度有2mm、2.5mm、3mm。

氟碳喷涂蜂窝芯铝合金复合板：内外表层均为铝合金薄板，中心层采用铝箔、玻璃布或纤维纸制成的蜂窝结构，铝板外表面喷涂KYNAR500树脂制成的金属聚合物着色涂料，根据设计要求，颜色可任意选用。蜂窝芯铝合金复合板还具有良好的隔热保温和隔声作用，多用于室外幕墙、室内壁面、顶棚、隔断等。

KYNAR500氟碳涂料也可涂覆于其他金属如锌钢和铝钢材料上。

传统的涂层装饰是在金属材料表面上采用有机溶剂型涂料，这种涂料无论是在涂装的过程中，还是通过涂装后的使用，都会给环境造成污染，危害人的身体健康。为了减少有机溶剂涂料对环境的污染和节省资源，金属表面涂装充分地利用现代环保涂料，如水溶型涂料、非溶剂型粉末涂料、高固体组分涂料以及无机、有机溶剂涂料。

(2) 静电粉末喷涂金属板

静电粉末喷涂金属板又称喷塑金属板。它是以铝合金、不锈钢、锌铁板为基材，表面采用100%固体分热固性环氧粉末或环氧-聚酯粉末静电喷涂而成。它们具有许多优良性能，如涂膜坚韧、耐久、耐火、耐温、耐酸碱、耐光照、耐摩擦；电绝缘性极佳；施工方便，易于安装；具有极好的装饰性，表面涂层有不同颜色，光泽柔和，在灯光的照射下，高贵典雅。从安装方式上可分为明装式与暗装式两种；从材料的造型上可分为条形扣板、方形扣板和格栅；从表面图案上可分为微孔板、无孔平面板和具有立体感的凹凸板，微孔板还具有良好的吸声功能。静电粉末喷涂金属板用于室内壁面、隔断和顶棚吊顶，以及室外幕墙等。

3. 研磨

研磨是指在金属表面上利用Al_2O_3、SiC或Cr_2O_3等坚硬微细的研磨料进行的机械工艺加工。研磨分为滚筒研磨、抛光研磨和擦亮研磨等方法，其中抛光研磨使用简便，加工快捷。抛光研磨后的金属表面平滑、光洁、亮丽。研磨除了机械研磨外，还有电解研磨和化学研磨，通过这两种方法也能获得独特的金属光泽和质感。在环境艺术应用中，常常利用抛光研磨的金属镜面效果作局部装饰，如收口线、楼梯扶手、界面局部装饰等。镜面金属表面反光较强，一般较少大面积使用。

4. 蚀刻

利用化学药品的作用，根据加工金属材料表面的特定图案造型浸蚀溶解而形成凹凸不平的特殊效果。在蚀刻的过程中，首先用隔离膜覆盖金属表面，并拷贝图案，刻除要求表面凹下部分的隔离膜，然后将化学药液浸蚀裸露部分，使裸露部分的金属溶解而形成凹部，去除覆盖膜后显露出凸部，从而获得所要求的图案效果。金属蚀刻装饰常应用于局部装饰，产生点缀效果。

5. 层压塑料薄膜

选用胶粘剂把塑料薄膜粘结在钢板上，制成塑料薄膜层压钢板。在塑料薄膜上可以压制出所需要的各种装饰图案。随着新的工艺技术的发展，各种装饰性的薄膜钢板不断出现，其性能更加优良，如具有较好的耐压、抗污、防腐和耐久性能。层压塑料薄膜钢板有：

(1) 丙烯酸树脂薄膜镀锌钢板，层压膜可保持长年不褪色，不脱落，不产生裂纹。

(2) 氯乙烯薄膜钢板，具有优良的韧性、耐候性和抗化学药品腐蚀性。薄膜色彩鲜艳，品种繁多。

(3) 聚苯乙烯薄膜钢板，在其表面膜上可压制出各种花纹、图案，具有良好的绝缘性和抗刮伤性。

(4) 聚氟乙烯薄膜镀锌钢板(或铝板)，具有良好的耐候性、耐热性、耐化学药品性能和抗老化性能，不易褪色、脱落、开裂。

四、金属材料在应用中的连接方式

金属材料在应用中的连接方式见表 6-2。

金属材料的连接方式 **表 6-2**

相接材料种类	连 接 方 法	特 点
同种金属材料	焊接(电焊、氧焊、氩弧焊)	不可拆卸、稳固性强
	压凸凹槽接	安装方便、简捷，可拆卸
同种或不同种金属材料	铆钉连接	分单面、双面铆，拆卸难
同种或不同种金属材料，金属与非金属材料	螺栓(平头，圆头，沉头)连接	可调性强，可拆卸，用于装配式装置或构件连接
同种金属材料	高压或热压可弯曲一体成型接	不可拆卸、稳固性强
同种或不同种金属材料，金属与非金属材料	用强力胶粘结	不可拆卸，稳固性强，粘结前要除去锈、尘粒、水汽等

第三节 常用金属材料的种类、特性及用途

一、钢

1. 钢的分类与性能

钢分为碳素钢与合金钢两大类。碳素钢除含铁和碳以外，还含有少量的硅、锰、硫、磷以及微量的氢、氧、氮等元素。合金钢是指含有合金元素的钢，即在生产过程中加入“合金元素”，如：铬(Cr)、镍(Ni)、钛(Ti)、钨(W)、硅(Si)、锰(Mn)等，以达到所要求的强度、硬度和耐磨等性能。

- 钢
  - 碳钢
    - 按含碳量分类：低碳钢、中碳钢、高碳钢
    - 按钢的品质分类：普通碳素钢、优质碳素钢
    - 按用途分类：碳素结构钢、碳素工具钢
  - 合金钢
    - 合金结构钢：低合金高强度钢、合金渗碳钢、合金优质钢、合金弹簧钢、合金轴承钢
    - 合金工具钢：刃具钢、量具钢、模具钢
    - 特殊用途钢：不锈钢、耐热钢、耐磨钢

在环境艺术设计中，常用的钢材有普通碳素结构钢、优质碳素结构钢、合金结构钢和不锈钢。

(1) 普通碳素钢

普通碳素结构钢包括热轧钢板、钢带、各种型钢、棒钢，属于中碳钢，其含碳量在0.45%以下，韧性强，硬度大，耐磨，耐高温、耐腐蚀性能较好，价格低廉，易于加工，如切割、组接(焊接、铆接、栓接)、弯曲、打孔等。用于楼梯栏杆、装饰铁花、钢筋混凝土结构配筋、预埋件和承重结构架。

(2) 优质碳素结构钢

优质碳素结构钢，由于含有害杂质(如硫、磷含量在0.035%以下)及非金属夹杂物较少，纯洁度、均匀性及表面质量较高，其含碳量在0.05%～0.9%范围内，具有较好的塑性和韧性，用于高强度的受力结构架和其他构件。

(3) 合金结构钢

合金结构钢是在碳素结构钢的基础上适当地加入一种或数种合金元素，从而使钢的力学性能得到提高。合金结构钢用于跨度较大的顶棚桁架结构及钢筋混凝土配筋。

(4) 不锈钢

不锈钢具有特殊的物理和化学性能，属于特殊性能的钢。其强度大、弹性好，在空气、水和酸、碱、盐类溶液中具有较强的抗腐蚀能力，表面光洁度高。

不锈钢型材有：饰面板材．如镜面板、雾面板、丝面板、各种图案蚀刻板、凹凸板、镂空微孔板以及通过机械加工而成的弧面板和异形曲面板；管材，如圆管和方管；

不锈钢网纹板和不锈钢五金配件。

不锈钢材料是现代环境艺术设计应用非常广泛的金属材料，如壁面、顶面、柱面、楼梯栏杆、门、窗、家具、五金配件，以及各种装饰压条与收口线。但不能大面积或过多地方使用，因为不锈钢具有坚硬和冷漠感，尤其是镜面不锈钢反射光强烈，影响室内环境。不锈钢常与其他材料如木材或软材料结合表现。

2. 常用钢材的种类、规格与用途

（1）钢板

① 热轧钢板规格

厚×宽×长(mm)	厚×宽×长(mm)
0.4×1000×2000	2.75×1250×4000
0.5×1000×2000	3.0×1250×6000
0.75×1000×2000	3.8×1250×6000
0.8×1000×2000	5×1250×6000
1.0×1000×2000	5×1500×6000
1.2×1000×2000	6×1250×6000
1.4×1000×2000	6×1500×6000
1.7×1000×2000	8×1500×6000
1.8×1000×2000	8×1800×8000
1.9×1000×2000	10×1800×8000
2.0×1000×2000	12×1800×8000
2.5×1250×4000	

② 厚钢板规格

厚×宽×长(mm)	厚×宽×长(mm)
50×1600×8000	80×1600×8000
60×1600×8000	90×1600×8000
70×1600×8000	

③ 镀锌钢板(平板)与镀锌钢板瓦规格

名 称	宽×长(mm)	厚(mm)
镀锌钢板	1000×2000 1220×2440	0.5、0.6、0.7、0.75、0.9、1.0、1.2、1.5
镀锌钢板瓦	1000×2000	0.6、0.7、0.9、1.0

注：热镀锌钢板镀锌层附着加强、不易脱落，加工方便

花纹钢板如图 6-2 所示，其规格有：1060mm×4000mm、1060mm×6000mm，厚 3mm、5mm、6mm。

图 6-2 花纹钢板

（2）钢板网(图 6-3)

规格(mm)：小网 610×(1830～2000)，厚 0.25～1.0，网孔 10×25；中网(1500～2000)×(2000～3000)，厚 1.0～2.0，网孔(10～32)×(25～60)；大网(1500～2000)×(2000～4000)，厚 5.0～8.0，网孔(60～120)×(60～120)。用途：护窗、护栏、隔断、顶棚吊顶、拉闸门卷闸门。

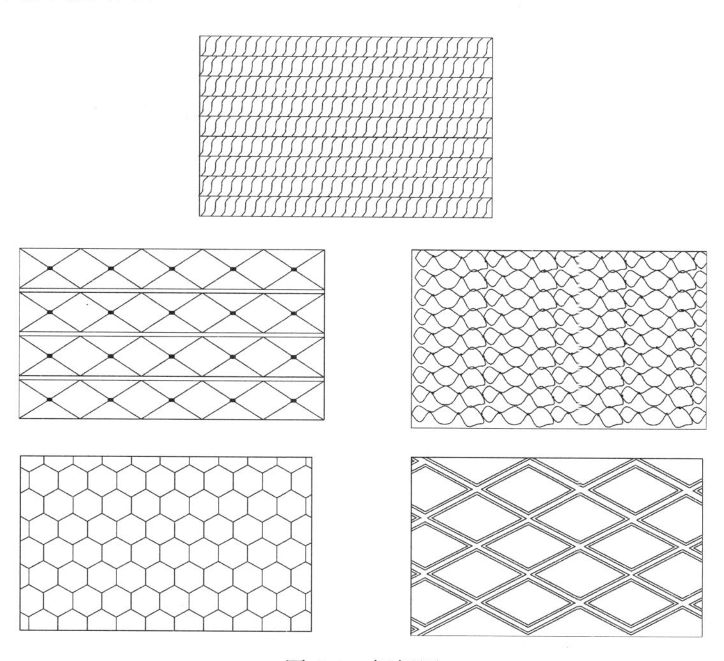

图 6-3　钢板网

（3）镀锌铁丝网(图 6-4)

规格：宽 1000～4000mm，长 1～25m，线径 8～21mm，网孔 12～51mm。

用途：护窗、护栏、顶棚吊顶、隔断、墙面挂物板等。

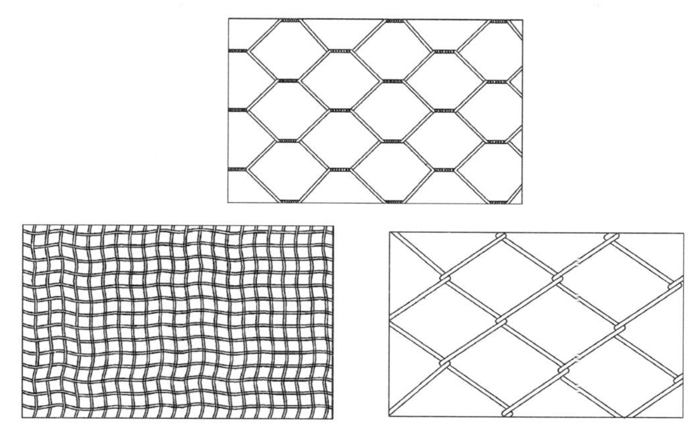

图 6-4　镀锌铁丝钢

(4) 管材与直条材

① 圆钢管

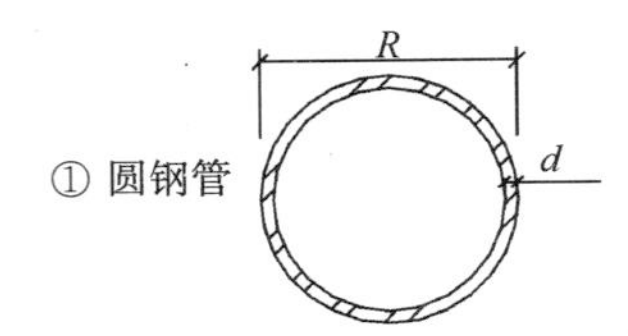

规格(mm)：R=33.5、48、75.5、89、114、165、219；d=1.5、1.8、2.0、2.2、2.4、3.5；长 6～12m。

用途：楼梯扶手栏杆，天棚桁架结构，家具扶手、脚架及其他受力支撑架。

② 镀锌钢管

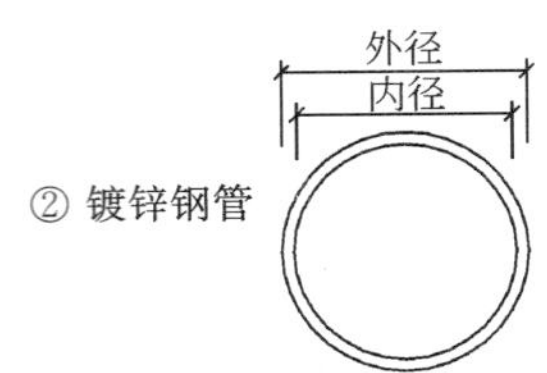

规格(mm)			
内 径	外 径	内 径	外 径
15	21.3	65	75.5
20	26.3	80	88.5
25	33	100	114
32	42	125	140
40	48	150	165
50	60		

用途：电线套管、水管。

③ 方钢管(截面为正方形)

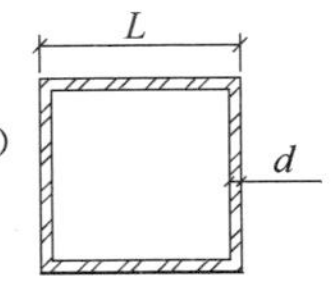

规格(mm)：L'=20、25、30、40、50、60、80、100；d=0.8、1.0、1.2、1.5、2.0、2.2、2.4、3.5；长 6～12m。

用途：楼梯扶手栏杆、家具结构架等。

④ 方钢管(截面为矩形)

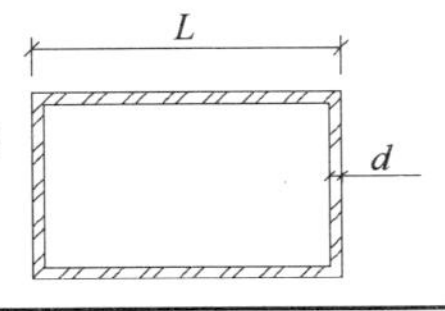

规格(mm)：$L' \times L$=20×30、20×40、30×40、30×50、40×60；d=1.5、2.0、2.2、2.4、2.5；长=6～12m。

用途：楼梯扶手栏杆、家具脚架等。

⑤ 圆钢

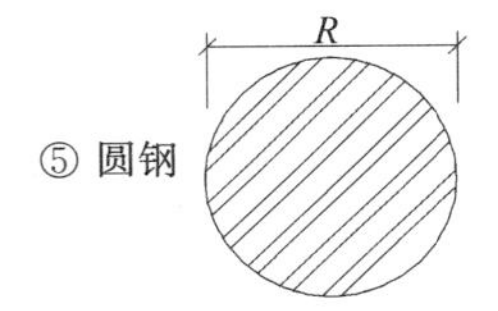

规格(mm)：R=6、5、8(线材)，R=10、12、14、16～140(直条材)；长 6～12m。

用途：楼梯栏杆、护栏、护窗、预埋件、焊接钢板网、吊顶吊杆及其他结构件

⑥ 方钢

规格(mm)：L=9、10、12、14、16～30；长 3～8m。

用途：楼梯扶手栏杆、护栏、护窗、各种造型铁花、装饰嵌条。

⑦ 螺纹钢

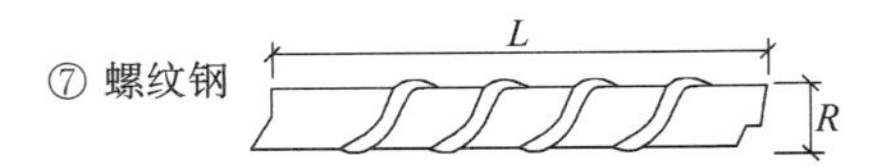

规格(mm)：R = 12、14、16、18、20、22、25、28、32；长=6～12m。

用途：楼梯扶手栏杆、铁花护栏、护窗、家具脚架及受力结构件。

⑧ 扁钢

规格(mm)：L = 20、25、30、40、50、60、70、80、100；d = 3、4、5、6、7、8、10、12、14、16；长 6～10m。

用途：楼梯扶手栏杆、各种造型铁花、连接件等。

⑨ 不锈钢管(圆)

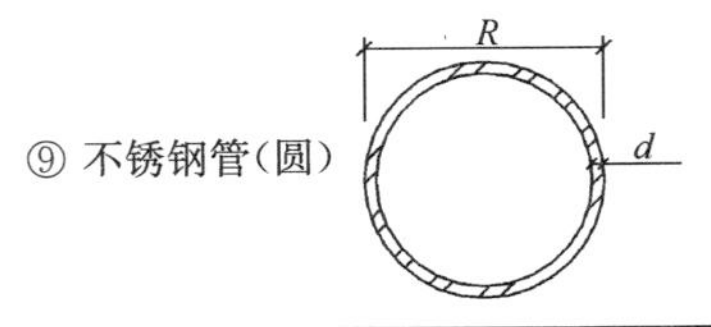

规格(mm)：R=16、19、20、25、31、38、40、42、48、50、51、56、57、58、60、63、65、68、70、73、76；d=0.6、0.8、1.0、1.2、1.5、2、2.5、3.5；长 6m。

用途：楼梯扶手栏杆、护栏、护窗、防盗门、卷闸门、雨台、顶棚桁架结构、顶棚灯具吊架、花架、窗帘杆、挂衣杆及家具脚架等。

⑩ 不锈钢管(截面为矩形)

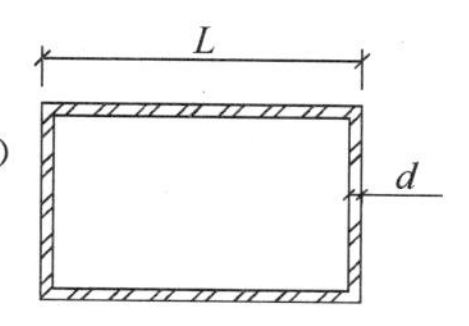

规格(nm)：$L' \times L$=20×40、30×40、30×50、40×60；d=1.2、1.5、2.0、2.2、2.4、3.5；长6m。

用途：楼梯扶手栏杆、护栏、护窗、防盗门、拉闸门、花架、挂衣杆、毛巾架及结构架。

⑪ 不锈钢实心条材

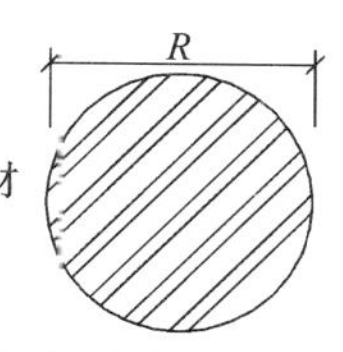

规格(mm)：(冷轧)R=4、5、6、8，长3～6m；(热轧)R=10、12、14、16、18、20、22、25、28、30、32、35、40、42、45、50、55、60～95；长3～6m。

用途：吊杆及结构件，大规格条材不常用。

⑫ 不锈钢管(截面为正方形)

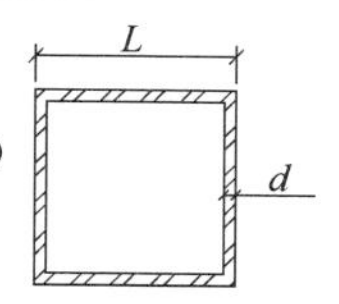

规格(mm)：L=20、25、30、40、50、60、80、100；d=1.2、1.5、2.0、2.4、3.5；长6m。

用途：楼梯扶手栏杆、护栏、护窗、防盗门、拉闸门、花架、挂衣杆、毛巾架及家具脚架。

⑬ 不锈钢板(镜面、雾面、花纹)

名　称	宽×长(mm)	厚(mm)
不锈钢平板 (镜面、雾面)	1000×2000、 1220×2440	0.5、0.7、0.75、 0.8、1.0、1.2、 1.5
不锈钢花纹板	1000×2000、 1220×2440	1.0、1.2、1.5、 2.0

⑭ 不锈钢装饰压条

名　称	截面图	规格(mm)	名　称	截面图	规格(mm)
单　槽		L= L'= d= 长=	等边角		L= d= 长=
双　槽		L= L'= d= 长=	不等边角		L= L'= d= 长=

注：不锈钢装饰压条规格也可根据设计要求定做。

(5) 其他型钢

① 等边角钢

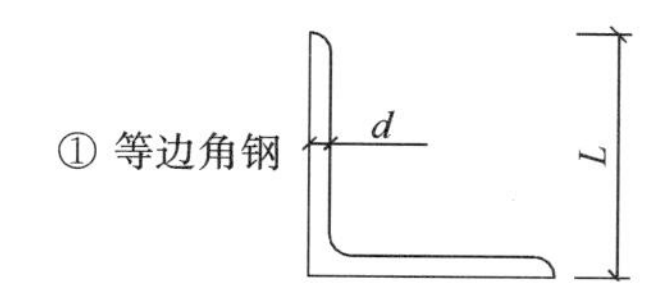

规格(mm)：L=25、30、40、50、56、63、75、80、90、100、140；d=3～10；长3～12m。

用途：幕墙、大理石或花岗石洗手台托架、预埋件、地弹全玻璃门结构架、顶棚灯架(舞厅等)、轻质墙(钢丝网夹泡沫塑料板)结构架以及其他受力结构架。

② 不等边角钢

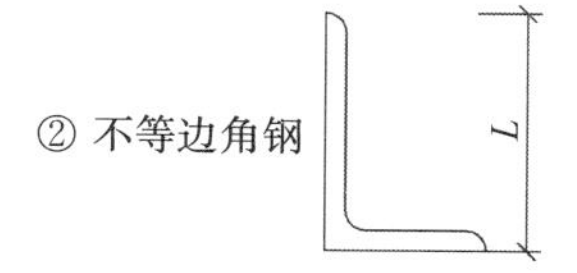

规格(mm)：$L' \times L$=25×16、32×20、40×25、50×32、63×40、80×50、100×63、160×100、180×110、200×125；d=3～20；长4～12m。

用途：受力结构架。

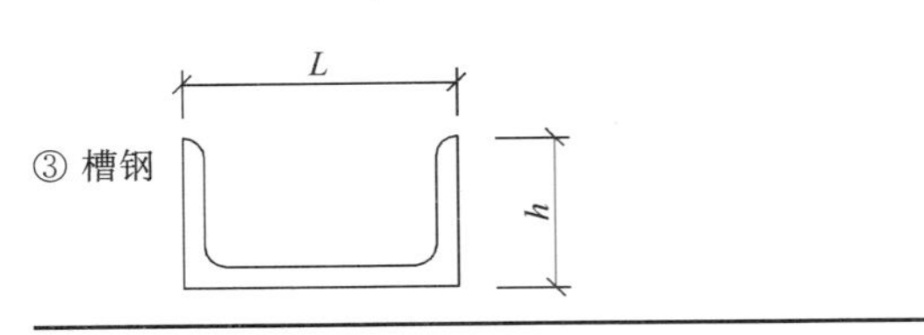

规格(mm)：L＝37～100；h＝40、50、63、80、100、120、140；d＝2、3、4、4.5～12.5；长 5～12m。
用途：受力结构架(钢结构夹层、全玻璃落地幕墙和楼梯等)。

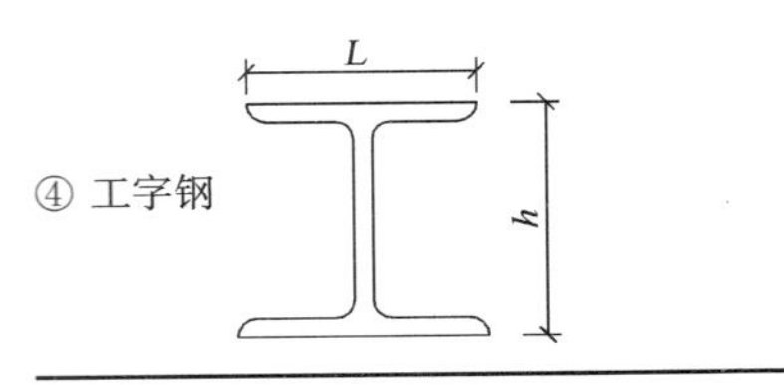

规格(mm)：L＝68～80；h＝100～600；d＝4.5～16；长 5～12m。
用途：受力结构架(钢结构夹层、楼梯材料)。

二、铝及铝合金

1. 铝

铝属于有色金属中的轻金属，银白色，纯铝密度小，约为 2700kg/m^3，相当于钢的 1/3，密度为 2.71，熔点 660℃。铝的导电、导热性能优良，仅次于铜；耐腐蚀、耐酸、耐碱强；纯铝强度低，具有很高的塑性，易于加工和焊接等。铝在大气中氧化后形成一层致密的氧化膜，隔绝空气，防止进一步氧化，因此，它具有良好的抗氧化性。因纯铝的强度低，易弯易折，故不宜作结构材料使用。

2. 铝合金

在铝中加入镁、铜、锰、锌、硅等合金元素后组成的铝合金，其化学性质得以改变，机械性能也明显提高。具有质轻、强度高、耐蚀、耐磨、韧度强等优点。

(1) 铝合金的分类

铝合金分为变形铝合金和铸造铝合金。

① 变形铝合金

变形铝合金又分为不可热处理强化铝合金和热处理强化铝合金。

不可热处理强化的铝合金。如防锈铝合金，主要含锰、镁等合金元素。如 Al-Mn 系合金，具有良好的可焊性、塑性、耐蚀性，强度、硬度比纯铝更高，但切割较难。Al-Mg 系合金，密度比纯铝小，但强度比 Al-Mn 合金高，耐蚀性强。

可热处理强化的铝合金。主要有硬铝、超硬铝和锻造铝合金。硬铝是铝、铜、镁系合金，具有强度、硬度高的特点，其强度可达到 420MPa，其比强度(强度与密度之比)与高强钢相近；超硬铝为铝、锌、铜、镁系合金，具有高强度性能，其强度可达到 680MPa，强度与高强钢和超高强度钢相当；锻铝为铝、镁、硅、铜系合金，其机械性能与硬铝相近，热塑性好，耐蚀性较强，更适于锻造。

常用变形铝合金的牌号、成分和力学性能见表 6-3。

② 铸造铝合金

铸造铝合金具有良好的铸造性能。

铸造铝合金分铝硅系、铝铜系、铝镁系和铝锌系四种。它们具有各自的优良性能。如铝硅系合金具有较强的耐蚀性、耐热性和焊接性；在铝硅合金中加入镁或铜，其强度进一步得到提高，且具有良好的耐蚀性、耐热性和焊接性。

常用变形铝合金的牌号、成分和力学性能 **表 6-3**

类别	牌号	化学成分(%)					半成品状态	机械性能			
		Cu	Mg	Mn	Zn	其他		ξ (MPa)	ζ (%)	HB	
防锈铝	LF5	0.10	4.8～5.5	0.3～0.6	0.20	—	BM	270	23	70	不可热处理强化
	LF11	0.10	4.8～5.5	0.3～0.6	0.20	V：0.02～0.20 或 Ti：0.02～0.10	BM	270	23	70	
	LF21	0.20	0.05	1.0～1.6	0.10	—	BM BY	130 160	20 10	30 40	
硬铝	LY1	2.2～3.0	0.2～0.5	0.20	0.10	—	BM BCZ	160 300	24 24	38 70	可热处理强化
	LY11	3.8～4.8	0.4～0.8	0.4～0.8	0.30	—	M CZ	180 380	18 18	45 100	
	LF12	3.8～4.9	12～1.8	0.3～0.9	0.30	—	M CZ	160 430	18 18	42 105	
超硬铝	LC4	1.4～2.0	1.8～2.8	0.2～0.6	5.0～7.0	Cr：0.10～0.25	M BM CS BCS	220 260 540 600	18 13 10 12	— — — 150	
锻铝	LD2	0.2～0.6	0.45～0.9	或 Cr：0.15～0.35	0.20	Si：0.5～1.2	BM BC BCS	130 220 330	24 22 12	30 65 95	

铝和铝合金与其他材料进行复合而制得铝或铝合金复合材料，从而使各组分的材料性能得到互补，获得单一的铝或铝合金所不具有的许多优良性能。

(2) 铝合金型材的种类、规格与用途

铝合金型材按外形可分为板材(平板、压型板、波形板、铝格栅、拉网花格板等)、管材、门窗型材(L、T、U、Z 和工字形等)、家具组装系列型材、玻璃幕墙框架型材以及各种装饰线材(压边条、嵌入条等)。型材的表面处理一是通过氧化着色，可得银白色、金色、青铜色、古铜色及各种彩色铝板；二是采用热固性粉末喷涂加工，如环氧-聚酯粉末喷涂，涂膜坚韧、耐久、耐腐蚀、耐摩擦、耐划痕，电绝缘性能极佳，安全防火，色彩多样；三是用氟碳涂料，并采用辊涂、喷涂或静电粉末喷涂等方法进行涂装。

① 铝合金板材

铝合金平面扣板。按外形分有：正方形、长方形、三角形、菱形、六边形和长条形，如图 6-5。铝合金平面扣板常用于顶棚、墙面和隔断等。

微孔(1.8mm)吸声扣板。表面美观，其表面由微孔排列组合成各种各样的图案(图 6-6)，色彩种类多，且淡雅。板的反面还设置薄型吸声棉，更好地发挥吸声与防尘作用。这种板多用于商场、办公区、银行、邮电、证券大厅及家居厨房、卫生间等顶棚吊顶，以及有特殊吸声要求的室内顶面和墙面。其规格有方形板：300mm×300mm、600mm×600mm、300mm×600mm，厚 0.6～1.2mm；条形板：宽 100mm、150mm、200mm，长 3.3m、6m，厚 0.6～1.5mm。

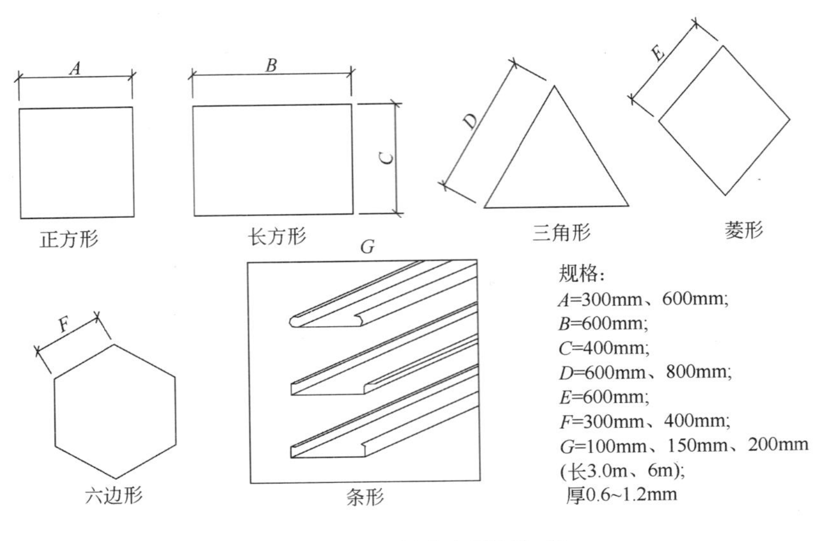

图 6-5 铝合金平面扣板

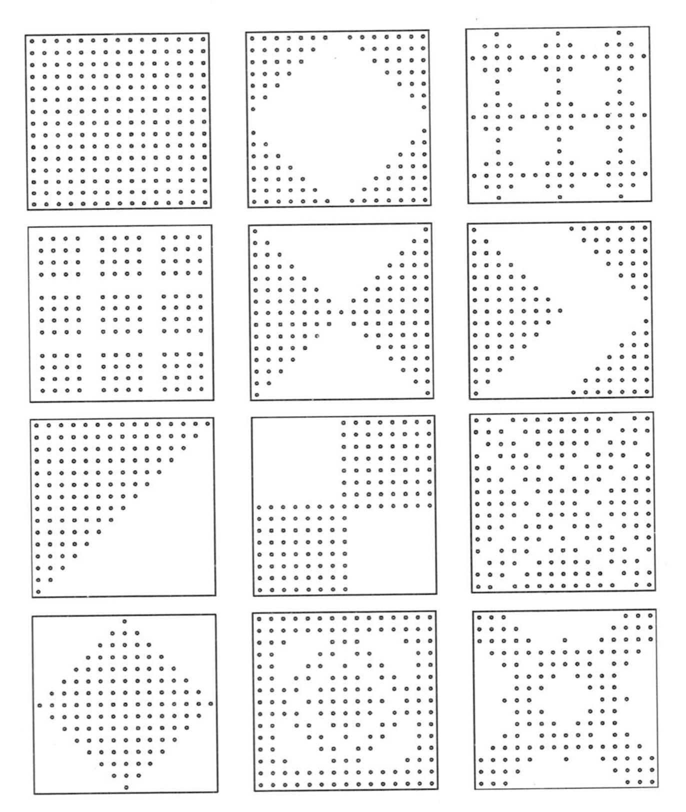

图 6-6 微孔组成各种图案的扣板

压型板。有方形压型板和条形压型板，具有较强的立体感造型(图 6-7)，常用于顶棚、墙面和隔断。

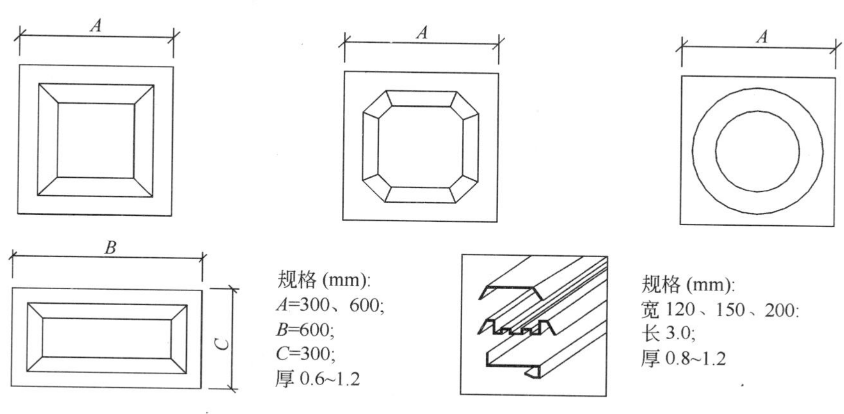

图 6-7 压型板表面立体造型

② 铝合金花格板

普通拉网花格板。经挤压、辊轧、展延、阳极着色等工序加工而成，防腐蚀、防潮、防锈，透光性和通风性良好，安全性较高，清除表面尘埃方便；有多种网格造型（图 6-8），色彩有银灰色、古铜色，具有良好的视觉美化效果。可用于防盗门窗、装饰隔断、防护栏、立面透气面盖以及顶棚吊顶（歌舞厅、娱乐休闲场所、酒吧及办公区等）。其规格有：宽 700～3000mm，长 4000～6000mm，网厚 7～10mm。

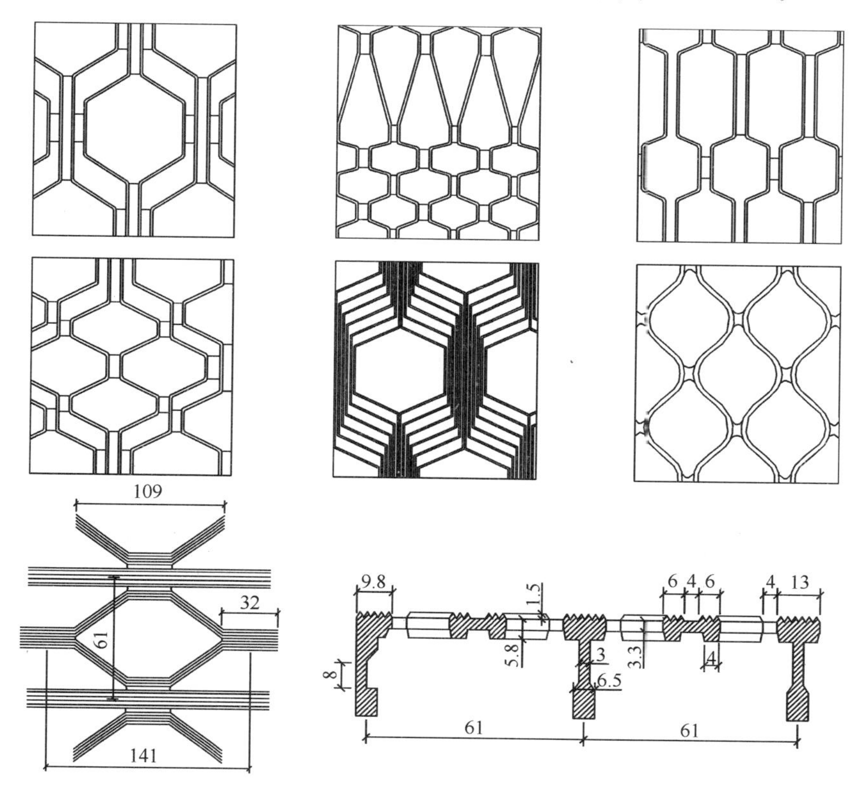

图 6-8 普通拉网花格板（单位：mm）

高强度铝合金花格板。经挤压一体成型，无须任何焊接。网厚为 30mm，结构坚固，抗冲击力强，具有很好的防爆功能。表面为阳极酸化处理而防锈、耐酸碱及化学药品侵蚀。超厚的断面，能阻隔雨水直接流入室内，规律细密的网目，具有将噪声折射的功能，而且网格造型丰富多样，美观大方。用于防盗防爆门、窗、花台、栏杆、隔屏、围篱、安全护栏、楼梯踏板、地面透气盖板、中空通风楼板、工作平台等。

③ 铝合金管材

铝合金管材用于护窗、护栏(不宜用于受力结构大的栏杆，如图 6-9(*a*)，门窗框架、玻璃间墙结构架，如图 6-9(*b*)、顶棚照明器框架(图 6-9(*c*)等。铝合金管材连接时多采用强度和硬度较好的角铝作内接角，内接角的长短应与管材内截面的大小相符合(图 6-10)。而较小规格的管材连接时则采用硬质塑料内接角。

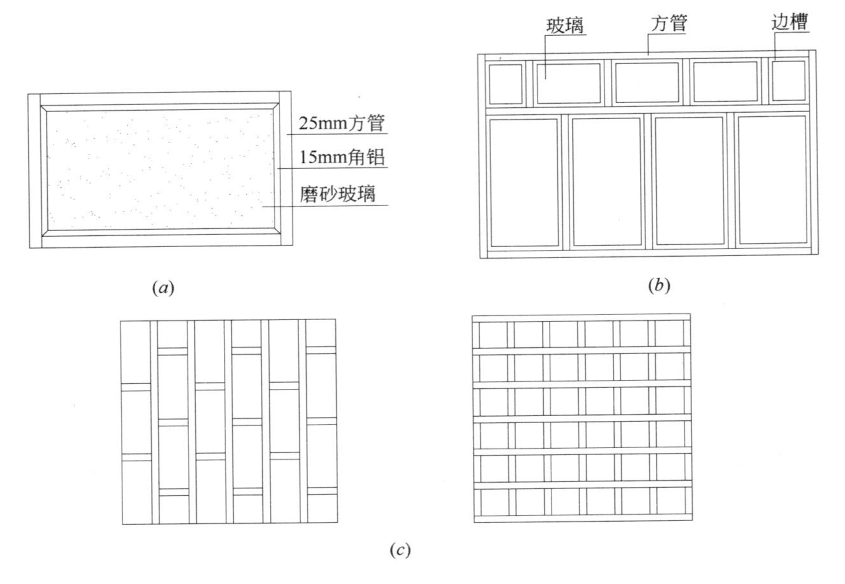

图 6-9　铝合金管材的应用

(*a*)防护栏(普通型)；(*b*)间墙结构框架；(*c*)顶棚照明器框架组合

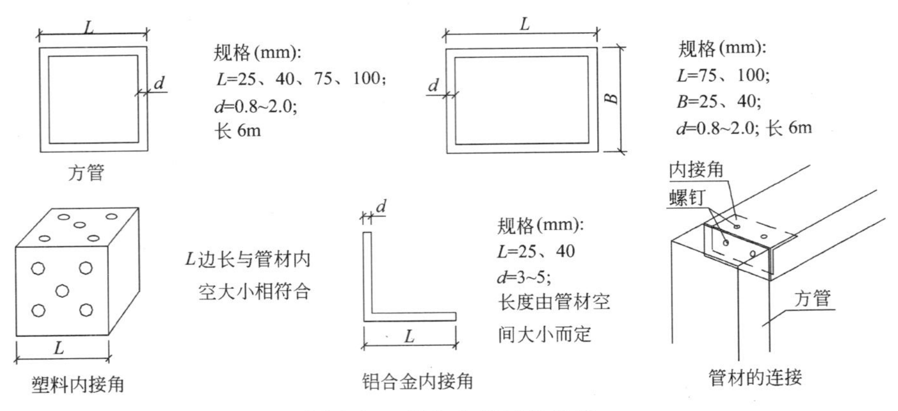

图 6-10　铝合金管材的连接

④ 铝合金型材（图 6-11）

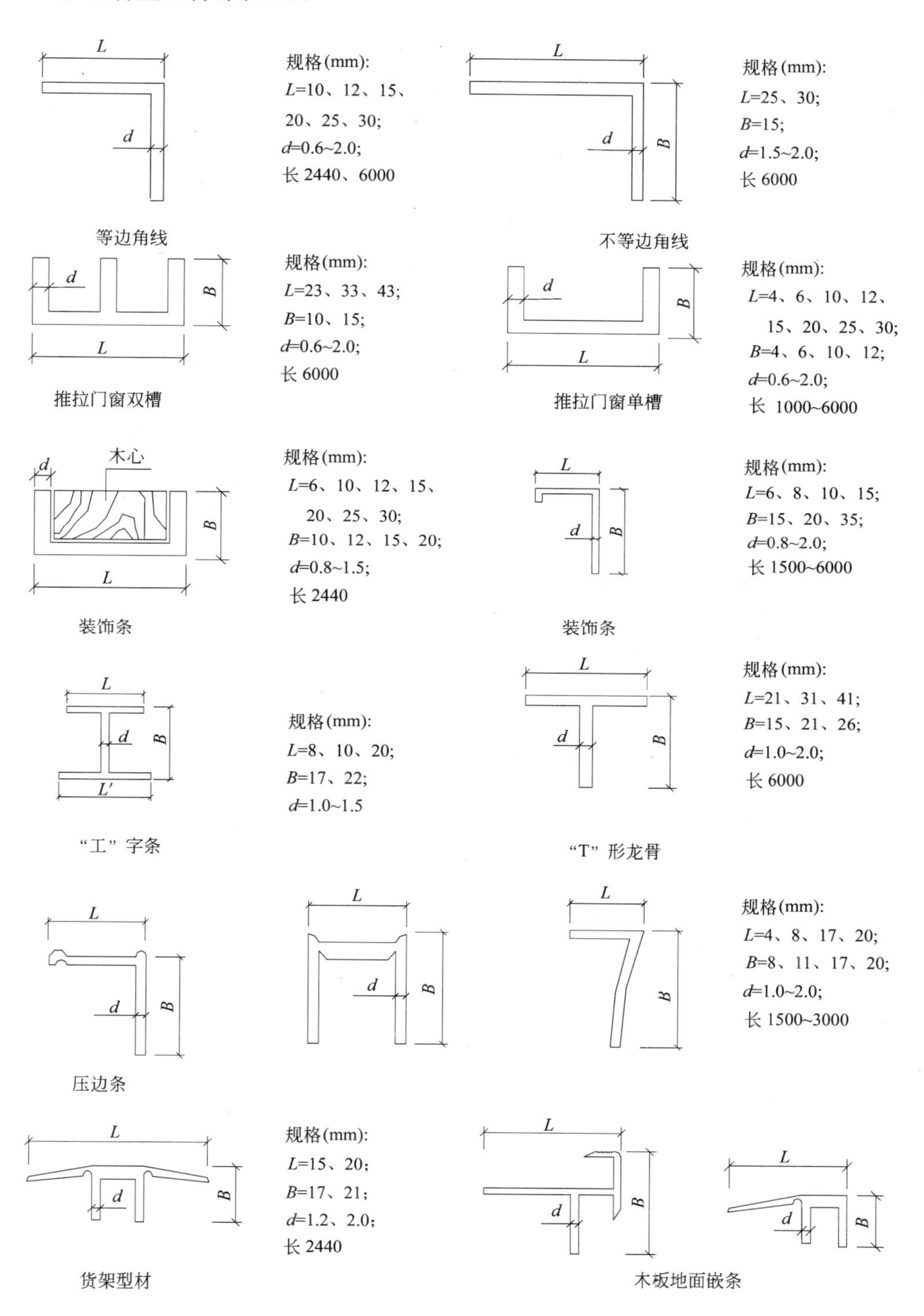

图 6-11 铝合金型材（一）

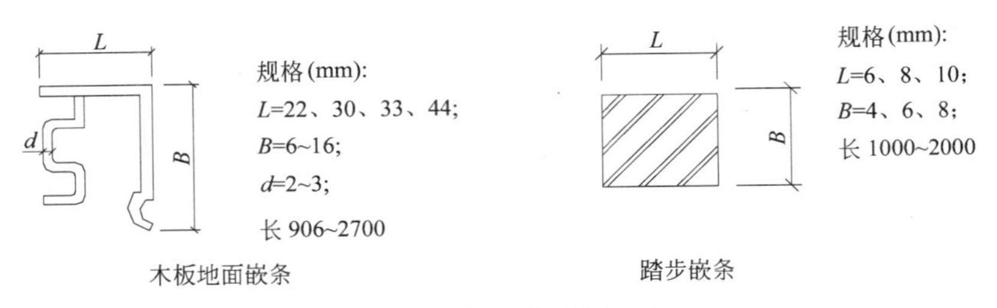

图 6-11 铝合金型材(二)

铝合金门系列型材。包括：50、70 平开门型材，70、90 推拉门型材，70、100 地弹门型材。

铝合金窗系列型材。包括：40、50、70 平开窗型材，55、70、90 推拉窗型材，100 百叶窗型材和 110 隐框窗型材。

铝合金门窗型材质量应符合国家规定的标准。铝合金门窗型材的表面处理有阳极氧化膜处理(银白色或古铜色)或静电粉末(环氧树脂和氟碳粉末)喷涂处理。

玻璃幕墙型材。铝合金幕墙框架型材是经特殊工艺挤压成型，表面为阳极氧化膜，其截面有空腹和实腹两种。铝合金框架型材为主要受力构件时，其截面宽度为 40～70mm，截面高度为 100～210mm，壁厚为 3～5mm；框架型材为次要受力构件时，其截面宽度为 40～60mm，截面高度为 40～150mm，壁厚为 1～3mm。铝合金幕墙型材应符合国家规定的标准。国产玻璃幕墙的铝合金型材常用的系列尺寸有：100mm、120mm、140mm、150mm、210mm 等，以及用于幕墙高度不大的简易通用型框架型材，框格断面尺寸采用铝合金门窗断面型材尺寸。

线材。铝合金线材的品种较多，按用途可分为：压边收口线如地毯压边条、吊顶收边角线、货柜框架，石膏板、矿棉板吊顶 T 形龙骨，装饰压条如墙面软包、家具及柱面装饰单槽线，镶嵌条如楼梯踏步防滑嵌条与基面伸缩缝嵌条，铝合金门窗与隔断结构架内接角，木制推拉门、推拉窗单、双滑轨道等。

三、铜与铜合金

铜与铜合金是历史上应用最早的有色金属。

铜具有很好的导电、传热性能。铜材表面光滑，光泽较好，经抛光处理后成为镜面铜材，表面亮度很高；经磨砂工艺处理后成为雾面铜材，表面呈亚光。铜材常应用于楼梯扶手栏杆、踏步防滑嵌条、铜装饰品、铜浮雕壁画及五金配件。铜材按其形状可分为：板材、圆材和方材，其规格(mm)有：板材(宽×长)600×1500、600×2000、1000×2000，厚 0.5～10；管材(外径×壁厚)4、5、6×1.0、1.5、2.0，8、10、12、14×1.0，16×1.0、1.5，19×1.0、1.5、2.0，25×1.5，28×1.0、1.5、2.0，29×2.0；圆条材(直径)5、6、8、9、10、12、14、18、22、24、25、28、30、35、40。

铜材按其外观色彩和主要的构成元素可分为纯铜、黄铜、青铜。

1. 纯铜

呈玫瑰色，表面氧化后呈紫色，故称紫铜。紫铜的密度为 $8900kg/m^3$，熔点为1083℃。它有极好的导电性、导热性、耐腐蚀性、抗碰性及良好的延展性，易于加工和焊接，但强度低。

2. 黄铜

是以锌为主要合金元素的铜合金，工业黄铜含锌量为50%。黄铜加入合金元素能相应地提高强度，加入锡、锰、铝、硅后可改善耐蚀性，加入硅能改善铸造性能，加入铝改善切削性能。黄铜常用于五金配件及楼梯扶手、踏步防滑嵌条及其他装饰条。黄铜表面抛光后亮丽辉煌。

3. 青铜

主要是铜和锡的合金，应用最早。近代又发展了含铝、硅、锰、铅的铜合金，都称为青铜。青铜的强度、塑性、耐磨性、抗蚀性、电导性、热导性取决于对锡的含量多少，以及其他合金元素含量的多少。如铝青铜是以铝为主加合金元素的铜合金，铝的含量在5%～12%，具有较强的机械性、耐磨性和耐蚀性。常用于五金配件(如防锈要求较高的洁具配件)、防滑嵌条。

此外，常用的铜材除上述以外还有白铜(含9%～11%镍)、红铜(铜与金的合金)。

第四节　金属材料的应用与技术要求

一、轻钢龙骨金属板顶棚吊顶

1. 明装式(图6-12)

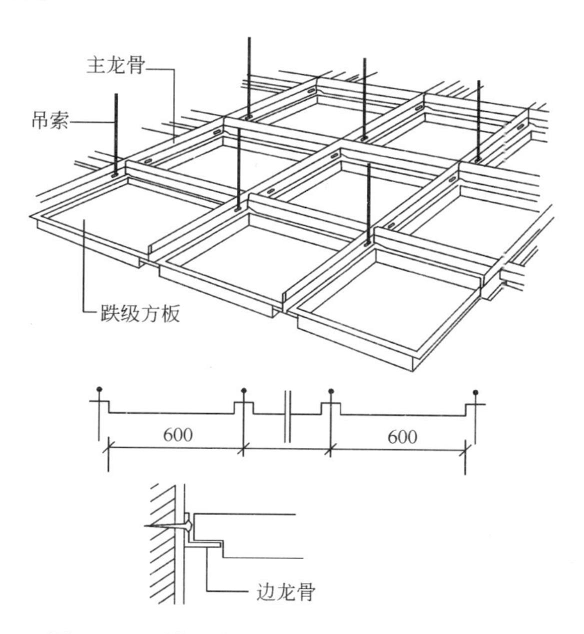

图6-12　明装式轻钢龙骨金属板顶棚吊顶(一)

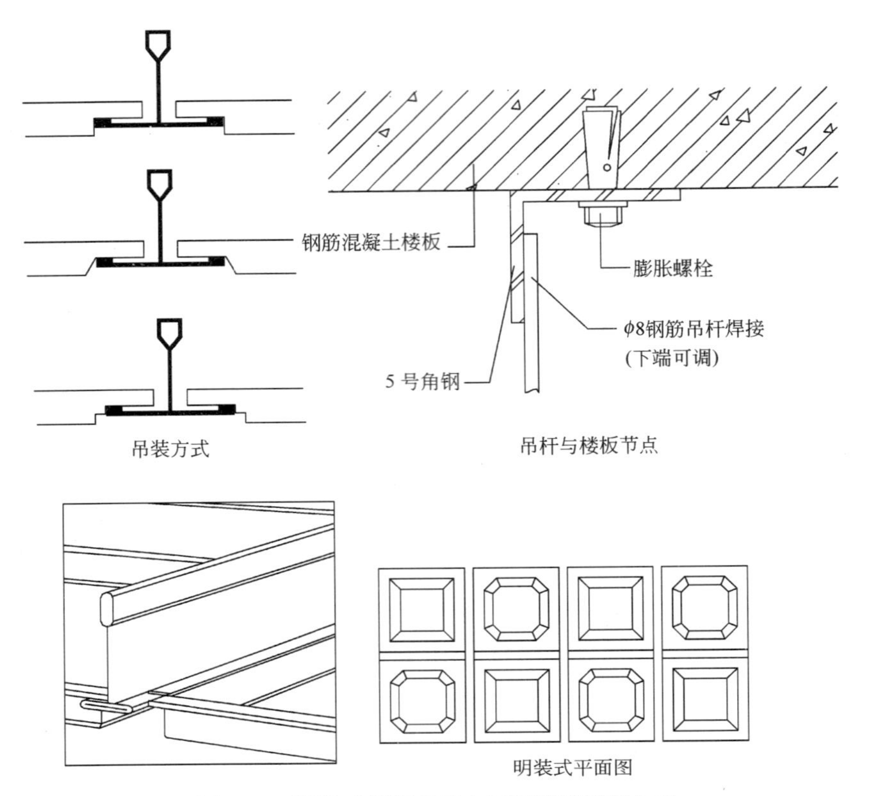

图 6-12　明装式轻钢龙骨金属板顶棚吊顶(二)

材料与规格：

金属板：铝合金板、锌铁板、不锈钢板。表面处理有热固性粉末喷涂、阳极氧化复合膜，不锈钢板有抛光镜面(亮光)和磨砂雾面(亚光)。从外观分为平板扣板、微孔扣板(孔径 1.8mm)和压型扣板。规格有：400mm×400mm、500mm × 500mm、600mm×600mm、600mm×1200mm，厚 0.5～1.2mm。

龙骨：烤漆面和不锈钢 T 形主龙骨、副龙骨、边龙骨，副龙骨又有挂钩式、承插式，规格见表 6-4。

轻钢龙骨规格(mm)　　表 6-4

主龙骨	副龙骨	边龙骨
24×33×3040	24×25.5×1230(620)	23×23×3000
15×33×3030	15×25.5×606	15×15×3000

安装方法：

① 先将 T 形主龙骨用吊索(铁线)吊好，调至水平，并根据同一水平高度装好边龙骨。

② 将副龙骨插入主龙骨，调至水平。

③ 将天花板从上放入方格内。

2. 暗装式(图 6-13)

材料与规格：

金属板：铝合金、锌铁板、不锈钢等折边扣板。表面处理有热固性粉末喷涂、阳极氧化复合膜，不锈钢板有抛光镜面(亮光)和磨砂雾面(亚光)。外观分为平板扣板、微孔扣板(孔径 1.8mm)和压型扣板。

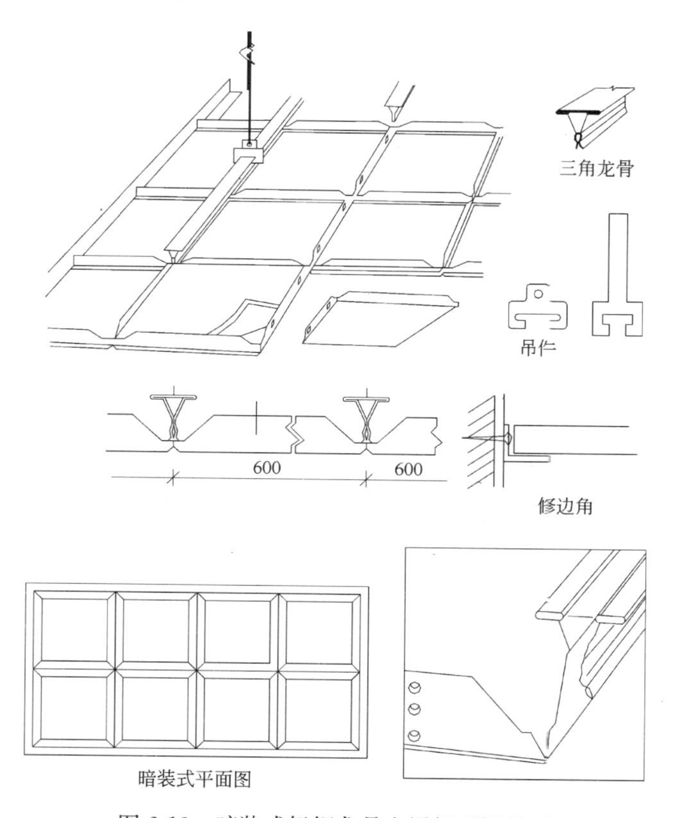

图 6-13 暗装式轻钢龙骨金属板顶棚吊顶

规格：300mm×300mm、500mm×500mm、600mm×600mm、300mm×600mm、600mm×1200mm，厚 0.5～1.2mm。

龙骨：镀锌面三角龙骨、主龙骨。

安装方法：

① 将主龙骨吊码扣入三角龙骨上。

② 用铁线将龙骨吊起，调至水平。

③ 将金属扣板压入三角龙骨夹缝中(扣板折边带有小坑的边插入龙骨缝中)。

④ 扣板与扣板拼接，稍加压力，使扣板与扣板之间紧凑无缝。

注：有相同规格的顶棚照明灯，如不锈钢格栅灯(600mm×600mm、600mm×1200mm)，在安装时根据采光要求进行布局。

3. 条形扣板顶棚(图 6-14)

材料与规格：

金属板：铝合金、不锈钢条形扣板。表面处理有烤漆、阳极氧化复合膜等。外观为平板扣板、微孔扣板(孔径 1.8mm)和压型扣板。

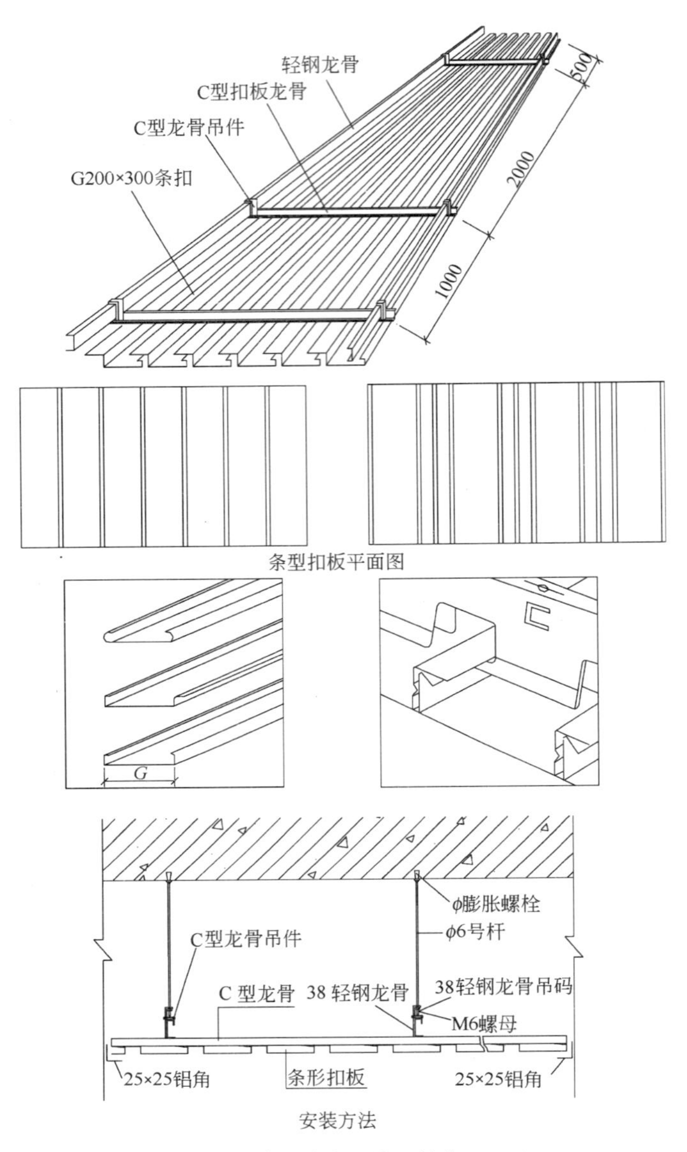

图 6-14 条形扣板顶棚(单位：mm)

规格：宽 100mm、200mm、300mm，长 3000mm、6000mm，厚 0.5～1.2mm。

龙骨：镀锌面轻钢龙骨、G 形扣板龙骨、边龙骨，规格见表 6-5。

轻钢龙骨规格(mm) 表 6-5

轻钢龙骨	G 形扣板龙骨	边 龙 骨
60×27×3000	60×27×3000	25×25×3000
50×15×3000	25×20×3000	20×20×3000
38×15×3000	50×27×3000	

安装方法：

① 将吊件穿在龙骨架上，再用吊杆吊好，并调节龙骨至水平。

② 大面积吊顶采用 38 或 50 轻钢龙骨，将吊件扣在轻钢龙骨上，再用吊杆吊 38 或 50 龙骨，调节水平。

③ 将条形扣板按顺序插入扣紧，并将龙骨保险片压下锁住。

4. 金属格栅顶棚(图 6-15)

铝合金格栅由主、副铝合金骨纵横构成，层次分明，立体感强，通透性好，在视觉上起到扩大空间的作用。表面有不同的颜色涂层，配合灯光，既纯朴大方，又显得高贵典雅。应用范围非常广泛，如商场、超市、各类专卖店、停车场、候机厅、展览馆、办公楼等。其规格(mm)有：75×75、100×100、125×125、150×150、175×175、200×200、250×250。

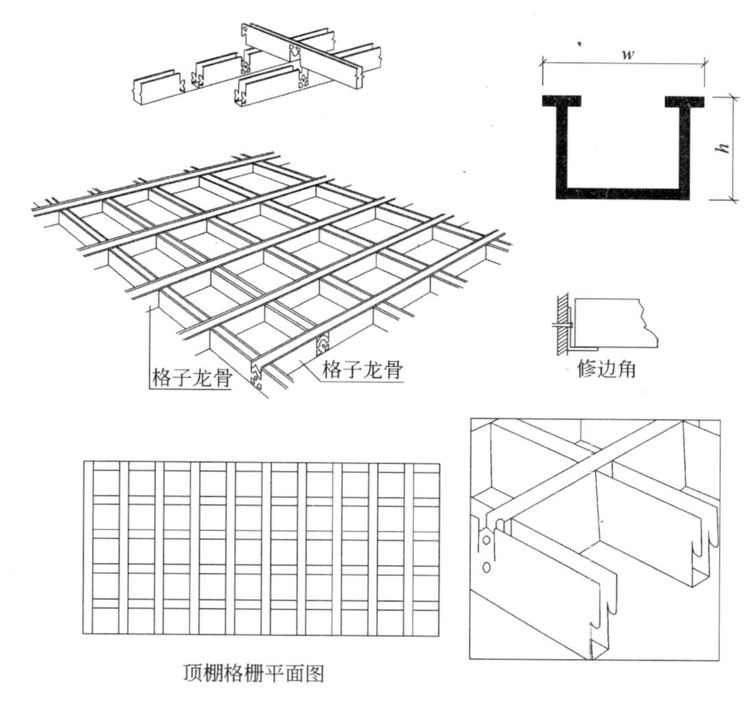

图 6-15 金属格栅顶棚

材料与规格：

材料：铝合金或不锈钢格栅龙骨。表面处理为热固性粉末喷涂或阳极氧化复合膜。

规格：W=10mm、20mm，h=48mm、60mm，厚 0.5～1.0mm。

格栅龙骨装配尺寸：75mm×75mm、100mm×100mm、125mm×125mm、150mm×150mm、175mm×175mm、200mm×200mm、250mm×250mm。

安装方法：

(1) 安装承重螺纹主吊杆，并预吊铁线。

(2) 按预定格栅装配尺寸将格栅龙骨进行组装。

(3) 用钢丝穿在主骨孔内，将组装的格栅分块吊起。

(4) 整体连接后，调至水平。

二、金属门窗

金属门窗由金属材料(不锈钢、铝合金型材)、非金属材料、五金件、紧固件、密封材料及结构胶等组合构成。金属门窗具有较强的抗风压性能和防空气、雨水渗漏等性能。

1．铝合金门

(1) 铝合金门的分类与安装

① 平开门

平开门开启与组合方式如图 6-16 所示。

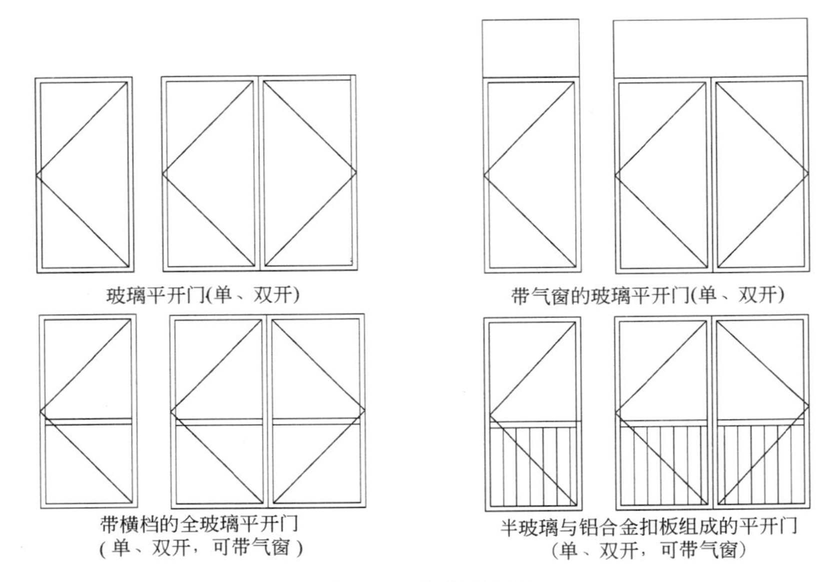

图 6-16　各种平开门

材料与规格及安装如图 6-17 所示。

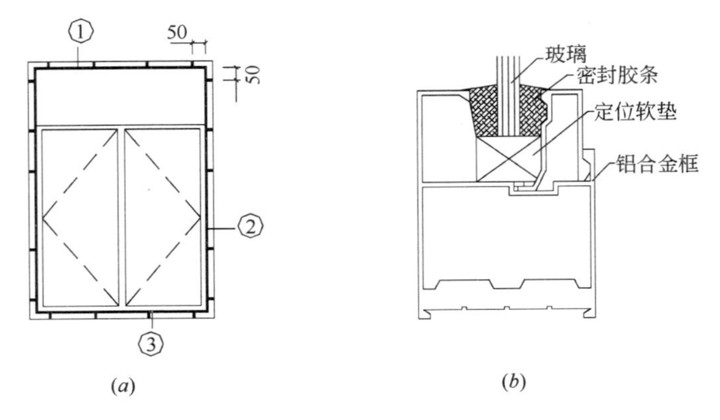

图 6-17　平开门材料与安装节点(单位：mm)(一)

(a)平开门安装立面图；(b)框与玻璃装配节点

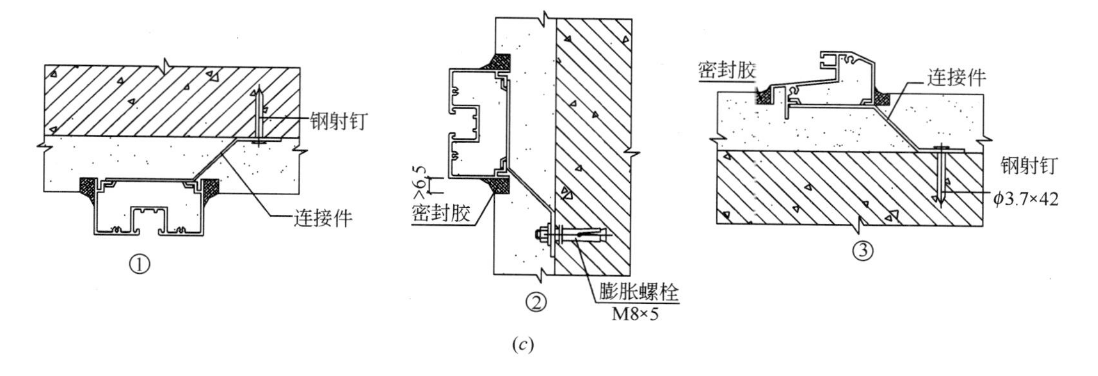

图 6-17 平开门材料与安装节点(单位：mm)(二)
(c)框与墙安装节点

铝合金型材：50、70 系列，壁厚为 1.5～2.0mm，门洞口较大的门壁厚应≥2.0mm。表面处理有阳极氧化复合膜(银色、古铜色)和静电粉末喷涂。

玻璃：6mm 厚普通平板玻璃或浮法玻璃，人流较多的公共场所或儿童活动场所采用 6mm 钢化玻璃或 8mm 厚的夹层玻璃。

五金件：不锈钢铰链和门锁。

密封材料：橡胶或橡塑密封条，硅酮或聚氨酯密封胶。

玻璃垫：缓冲胶垫。

② 推拉门

推拉门开启与组合方式见图 6-18。

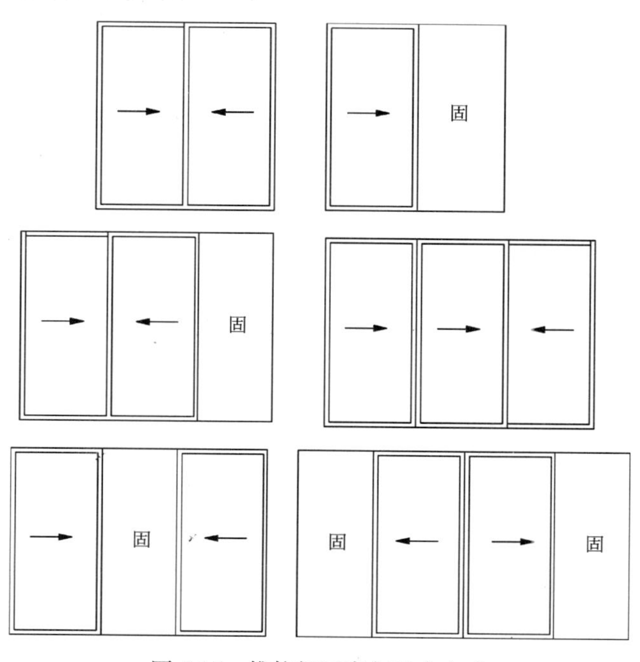

图 6-18 推拉门开启与组合方式

材料与规格及安装见图 6-19。

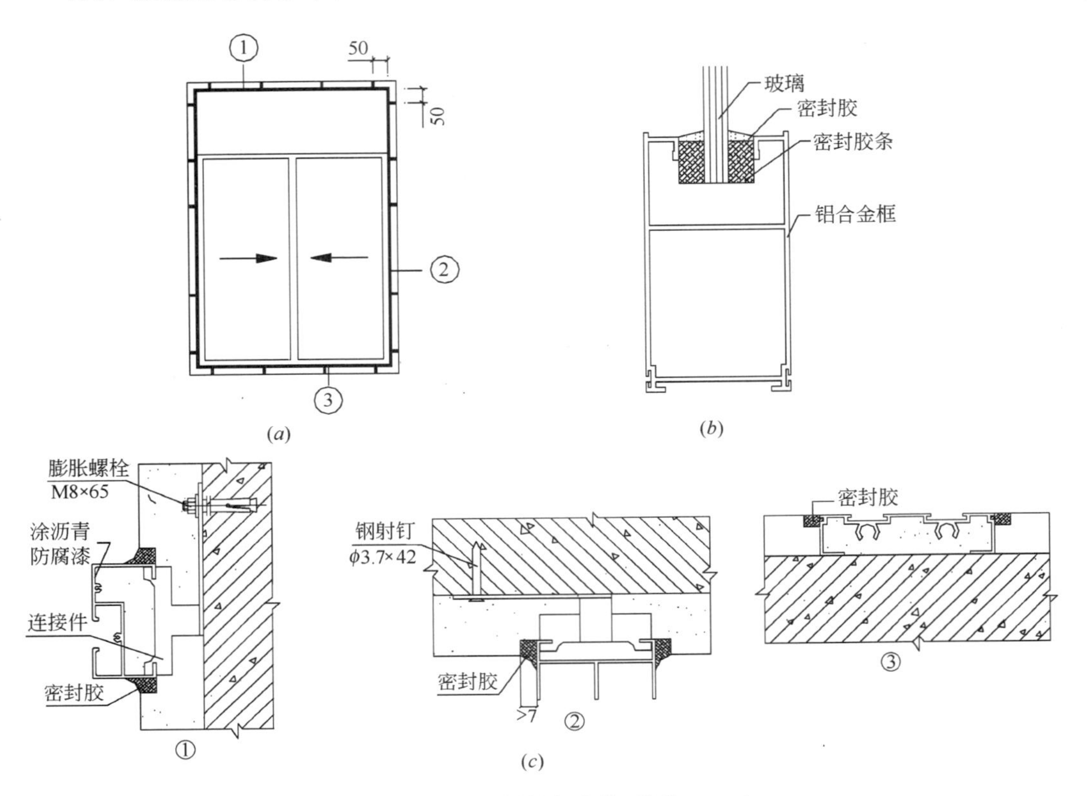

图 6-19 推拉门材料与安装(单位：mm)

(*a*)推拉门立面图；(*b*)框与玻璃装配节点；(*c*)框与墙安装节点图

铝合金型材：70、90 系列，壁厚为 1.5～2.0mm，门洞口较大的门应≥2.0mm。型材的表面处理与平开门相同。

玻璃：6mm 厚普通平板玻璃或浮法玻璃，人流较多的公共场所或儿童活动场所需采用 6mm 厚钢化玻璃或 8mm 厚夹层玻璃。

五金件：不锈钢带轴滑轮。

密封材料：密封毛条、橡胶或橡塑条、硅酮或聚氨酯密封胶。

③ 地弹簧门

地弹簧门开启与组合方式见图 6-20。

材料、规格与安装见图 6-21。

铝合金型材：70、100 系列，壁厚为 2.0mm。

玻璃：8mm 厚普通平板玻璃或浮法玻璃。

五金件：铝合金不锈钢或其他把手(如不锈钢与大理石或花岗石组合，不锈钢与优质贵重木材组合等)、不锈钢地弹簧等。

密封材料：橡胶或橡胶密封条、硅酮或聚氨酯密封胶。

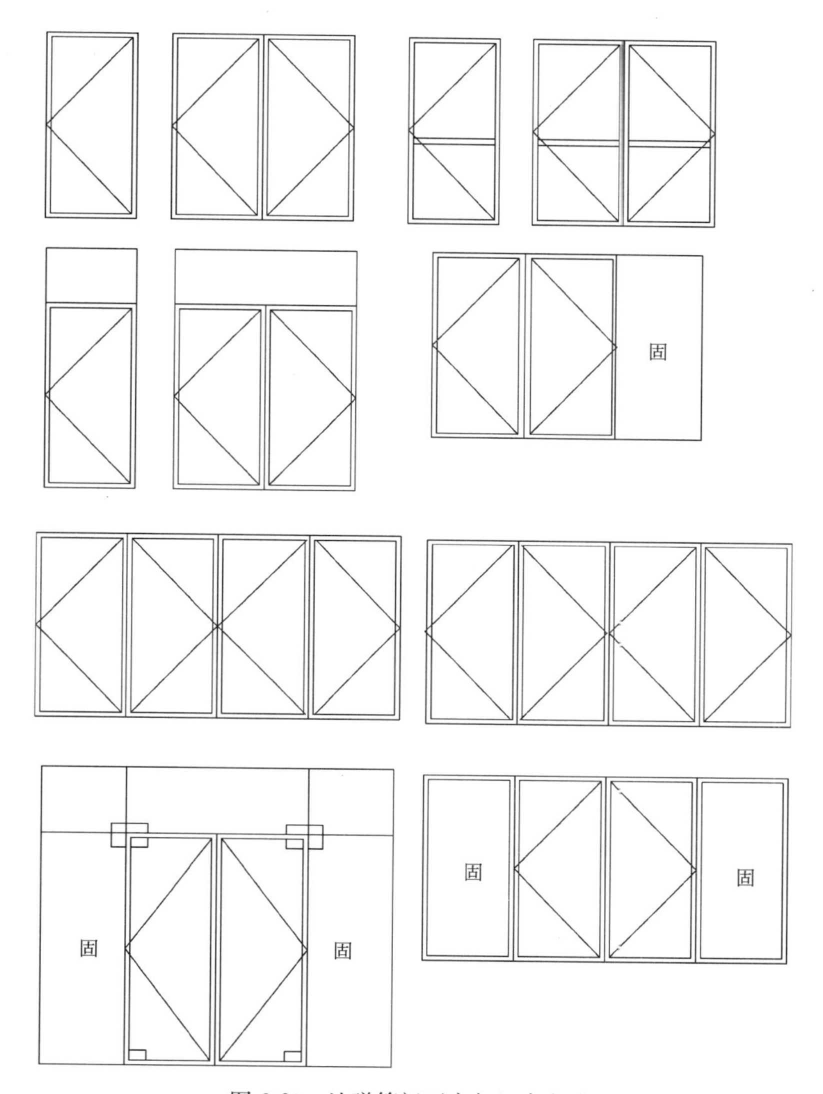

图 6-20 地弹簧门开启与组合方式

（2）铝合金门安装技术说明

墙体与连接件连接方式：

① 连接件、预埋件应作防腐处理，最好采用不锈钢材料。

② 门洞口尺寸与门框的缝隙：无贴面清水墙≤15mm，普通抹灰墙≤50mm，贴面砖墙≤25mm，挂石材墙≤50mm。

③ 阳极氧化处理的型材与水泥砂浆接触面用防腐材料，如氯化橡胶、氯磺化聚乙烯等作防腐绝缘处理。

④ 清洁油污、灰浆等杂物，可用水溶性洗涤剂，禁止用丙酮清洗和用硬质物刮、擦。

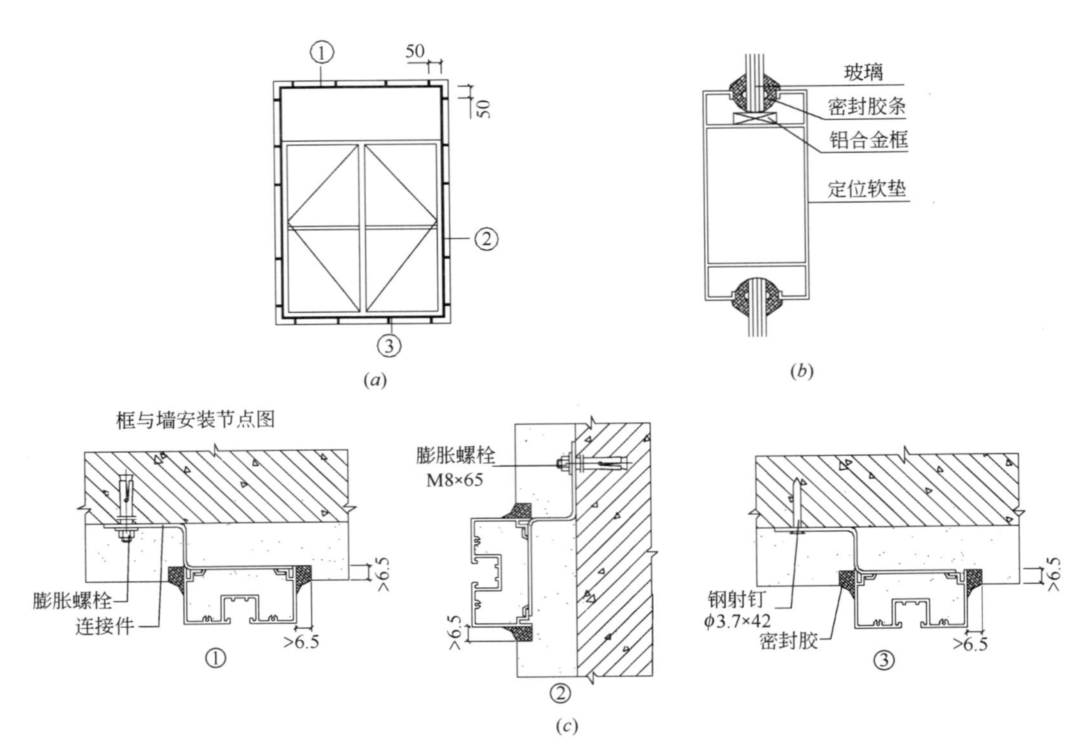

图 6-21 地弹簧门材料、规格与安装(单位：mm)

(a)地弹簧门立面安装图；(b)框与玻璃装配节点；(c)框与墙安装节点图

⑤ 墙体与连接件、连接件与门框的连接应采用正确的连接方式，有利于门安装后的稳固性。墙体与连接件连接方式见表 6-6。

墙体与连接件连接方式 **表 6-6**

墙体名称	连接材料与方式	连接件规格(mm)	备 注
钢结构墙	钢板、焊接	≥80×80×5	长×宽×高
钢筋混凝土墙	钢筋预埋件	直径≥ϕ8	
	金属胀锚螺栓	≥ϕ8×65	
	射钉	ϕ3.7×42	
砌体墙	燕尾铁脚	≥90×12×3	长×宽×厚
	金属胀锚螺栓	≥ϕ8×65	
钢筋混凝土墙水泥砂浆面	成品连接件	≥140×25×1.5	长×宽×厚

2. 铝合金窗

(1) 铝合金窗的分类与安装

① 平开窗

平开窗开启与组合方式见图 6-22。

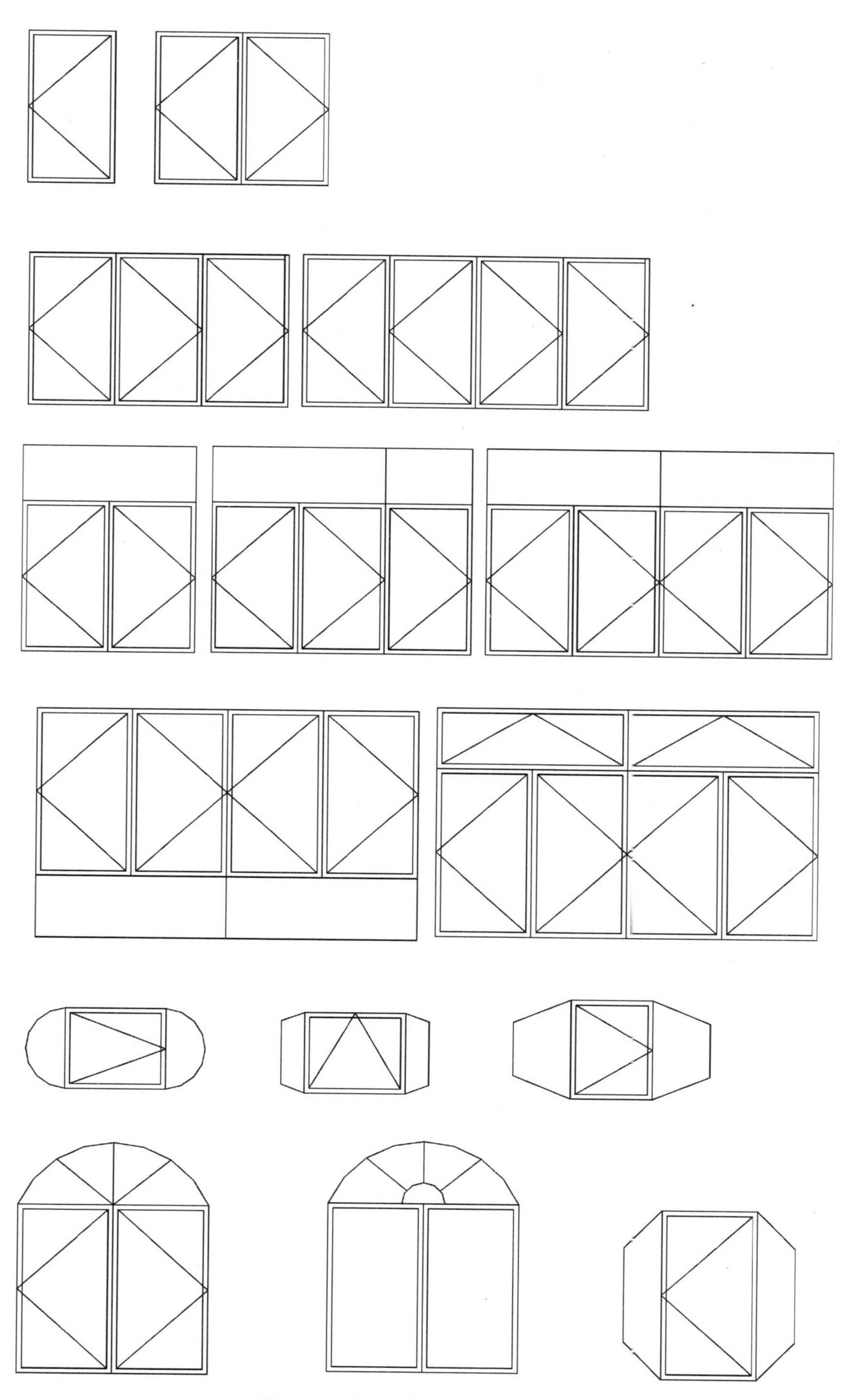

图 6-22 平开窗开启与组合方式

材料、规格及安装见图 6-23。

铝合金型材：40、50、70 系列，壁厚为 1.2～1.4mm。

玻璃：5mm 厚普通平板玻璃、浮法玻璃或 6mm 钢化玻璃、镀膜玻璃、热反射玻璃。

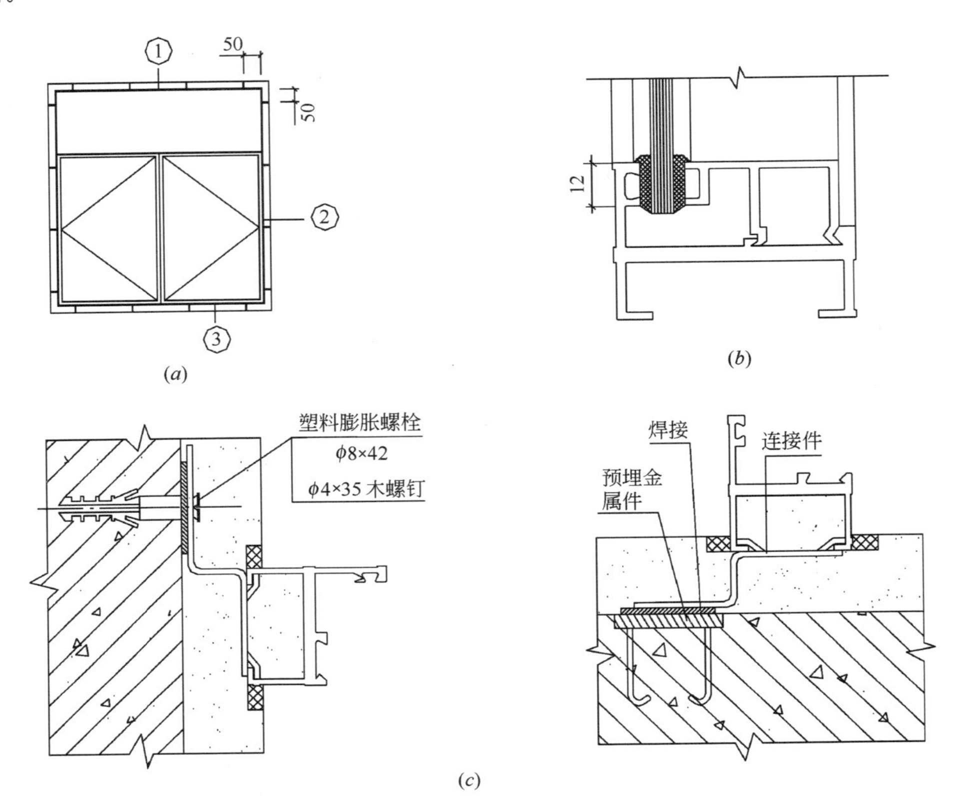

图 6-23 平开窗材料、规格与安装(单位：mm)

(a)平开窗立面安装图；(b)框与玻璃装配节点；(c)框与墙安装节点

窗纱：不锈钢纱或铝纱。

五金件：不锈钢滑撑或不锈钢合页。

密封材料：橡胶或橡塑密封条、毛条、硅酮或聚氨酯密封胶。

② 推拉窗

推拉窗开启与组合方式见图 6-24。

材料、规格及安装见图 6-25。

铝合金型材：55、70、90 系列，壁厚为 1.2～1.4mm。

玻璃：5mm 厚普通平板玻璃、浮法玻璃，或 6mm 钢化玻璃、镀膜玻璃、热反射玻璃。

窗纱：不锈钢纱或铝纱。不宜用尼龙窗纱或其他塑料窗纱。

五金件：不锈钢带轴承滑轮。

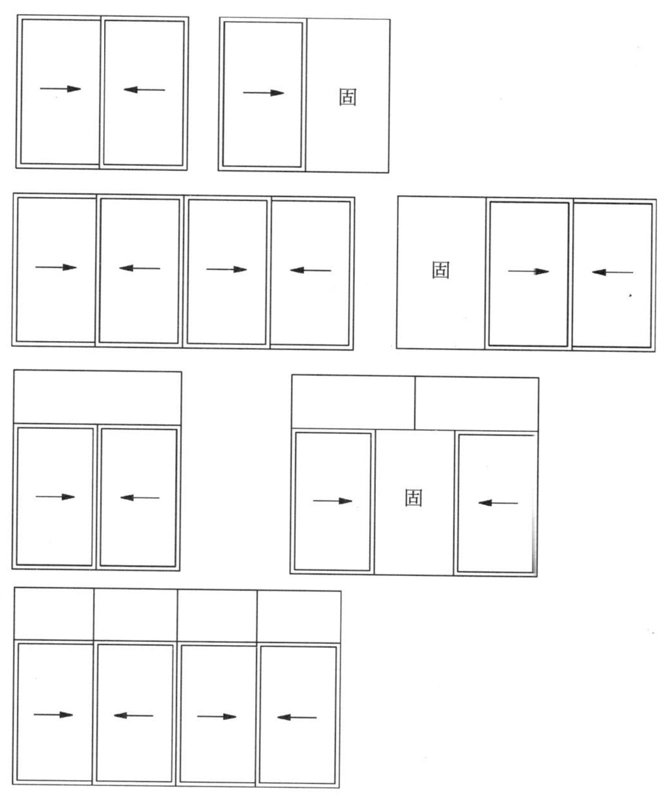

图 6-24 推拉窗开启与组合方式

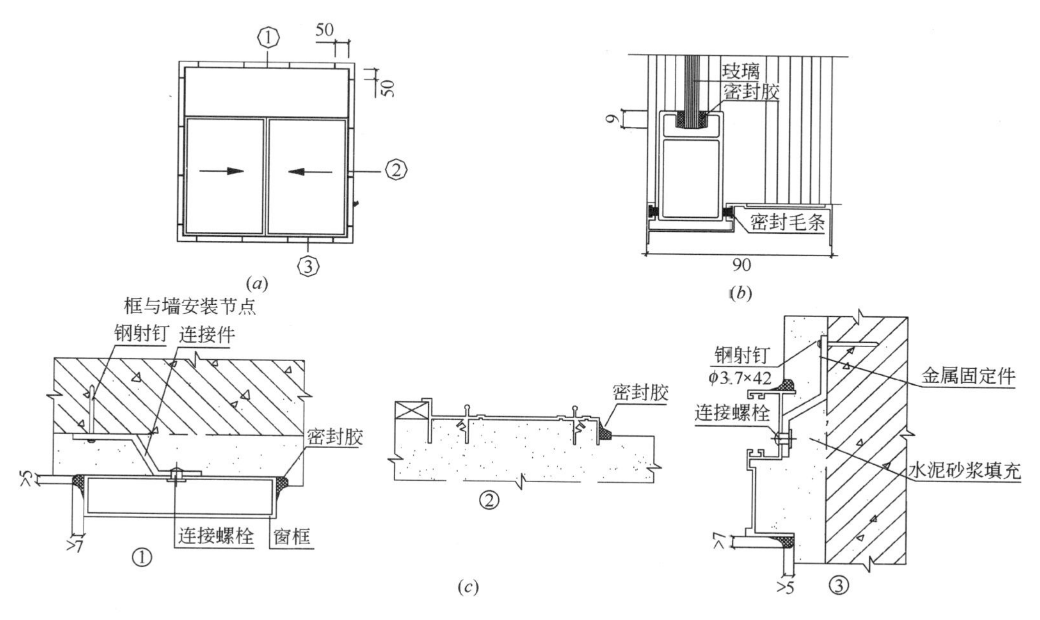

图 6-25 推拉窗材料、规格与安装(单位：mm)

(a)推拉窗立面安装图；(b)框与玻璃装配节点；(c)框与墙安装节点

密封材料：橡胶或橡塑密封条，硅酮、聚硫或聚氨酯密封胶结构胶。如隐框铝合金窗采用硅酮结构胶。

(2) 铝合金窗安装技术说明

① 连接件要牢固、安全，预埋件应作防腐处理，最好采用不锈钢材料。

② 窗洞口尺寸与窗框缝隙：无贴面清水墙≤15mm，普通抹灰墙≤20mm，贴面砖≤25mm，挂石材墙≤50mm。

③ 连接部位要密封、防水，外窗在中横框和下框要设有排水孔。

④ 窗的允许最大面积、玻璃厚度、开启形式应考虑抗风压能力。

第七章　墙　体　材　料

墙体材料是室内环境设计应用量极大的材料。根据我国“十五”规划要求和“十五”建材工业发展方向，采用先进技术和装备改造传统产业，用自重轻、安装快、施工效率高、抗震性能好、装饰性强、耗能低、可再生利用、环保及多功能的新型墙体材料替代消耗能源大、污染环境严重的传统材料。

新型墙体材料包括空心砖、块、板三大类，其性能指标包括强度性能、泛霜性能、耐久性能、干燥收缩值、孔洞率、吸水率和相对含水率、软化性能和碳化性能、粘结性能、耐火极限(遇火稳定性、燃烧性能)、隔声量、隔热性能，以及尺寸偏差、外观质量等。

第一节　轻　质　墙　板

轻质墙板包括石膏纤维板、纸面石膏板、硅酸钙板、GRC 轻质多孔条板、GRC 平板、石膏空心板和压力加气混凝土板等。其中石膏纤维板、纸面石膏板、硅酸钙板广泛应用于室内墙体，而且大量地应用于顶面吊顶体系。

一、石膏纤维板

石膏板纤维板是由熟石灰(半水石膏)、纤维(废纸纤维、木纤维或有机纤维)及多种添加剂(淀粉、硫酸钾、密封剂、生石灰等)和水，通过缠绕法、辊压法、抄取法和半干法等成型方法，并干燥而成。

石膏板纤维板可分为：单层均质板、三层板(上下两层均质板，芯层为膨胀珍珠岩、纸纤维和胶料组成)、轻质石膏纤维板，常用于室内墙体，具有尺寸稳定性能好，防火、防潮、隔声性能以及可钉、可锯等二次加工性能，可调节室内空气湿度，不产生有害人体健康的挥发性物质。

二、嵌装式石膏板

嵌装式石膏板是以石膏粉为主要原料，纤维增强材料和其他添加剂(如胶粘剂、发泡剂、缓凝剂、防水剂等)与水一起混合搅拌成石膏浆料，经浇注成型、干燥而成。板材的含水率为 3%～5%，断裂荷载(N)为 13～20，单位面积质量的平均值不大于 16.0kg/m^2。板材正面有平面和多种具有立体感的几何纹理和图案(图 7-1)，背面有带嵌装企口和平板两种。常用规格有：500mm×500mm，厚 25mm；600mm×600mm、600mm×300mm、600mm×1200mm、900mm×450mm，厚 28mm。

嵌装式石膏板与 T 形轻钢龙骨或铝合金龙骨或 T 形烤漆龙骨组成吊顶体系，用于办公楼、商场、餐厅、楼层走道、工厂车间等，无须嵌缝处理或面层装饰，安装简单，更换方便，造价低廉，同时，便于空调风口、灯具的安装，以及空调、消防设施和照

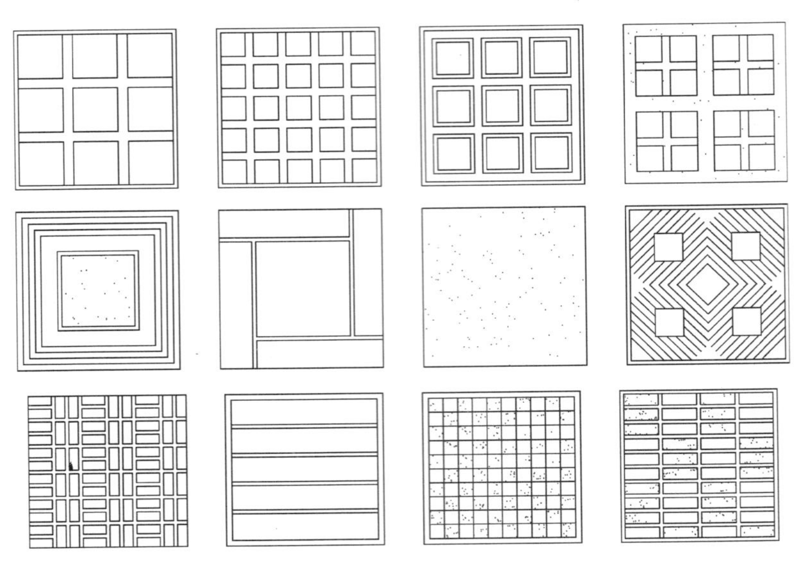

图 7-1 石膏板表面纹理与图案

明电器的检修与保养。

1. 嵌装石膏板的应用与技术要求

(1) 材料组织

① 板材：分为有企口和无企口的规格石膏板(如 500mm×500mm、600mm×600mm等)。板材质量要求：无裂纹、缺陷、明显气孔、污痕，色彩均匀，图案完整等。

② 吊顶龙骨：常采用不锈钢、镀锌板或铝合金T形龙骨(主、副)、边角龙骨(如图7-2)。

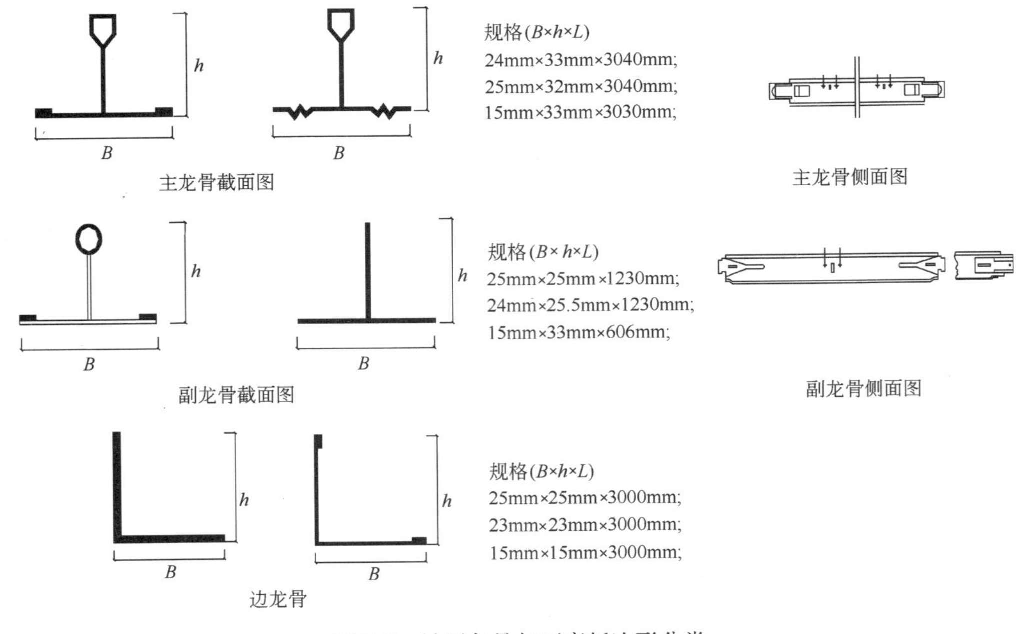

图 7-2 吊顶龙骨与石膏板边形分类

③ 配件：吊杆或吊索、吊挂件等。

（2）安装要求

① 吊顶龙骨壁厚需在 1.2mm 以上。

② 将 $\phi4$～$\phi8$ 吊杆或吊索牢固地固定在楼板上，间距为 900～1200mm。

③ 吊挂件应将 T 形龙骨固紧。主龙骨间距 600mm（或 500mm、900mm），横跨在主龙骨上的 T 形次龙骨间距按板的另一边长切割，次龙骨可调节。

④ 顶面与墙面之间留伸缩缝，有保温隔热要求的顶面，需在吊顶结构上加设保温隔热层。

2. 嵌装石膏板边形与吊装方式，如图 7-3。

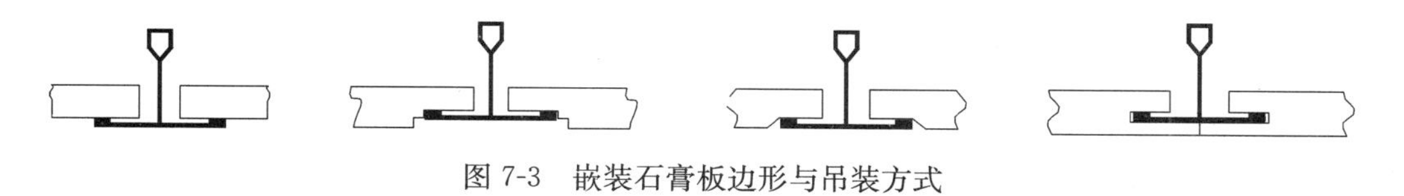

图 7-3 嵌装石膏板边形与吊装方式

3. 龙骨石膏板顶棚吊顶组合方式，如图 7-4。

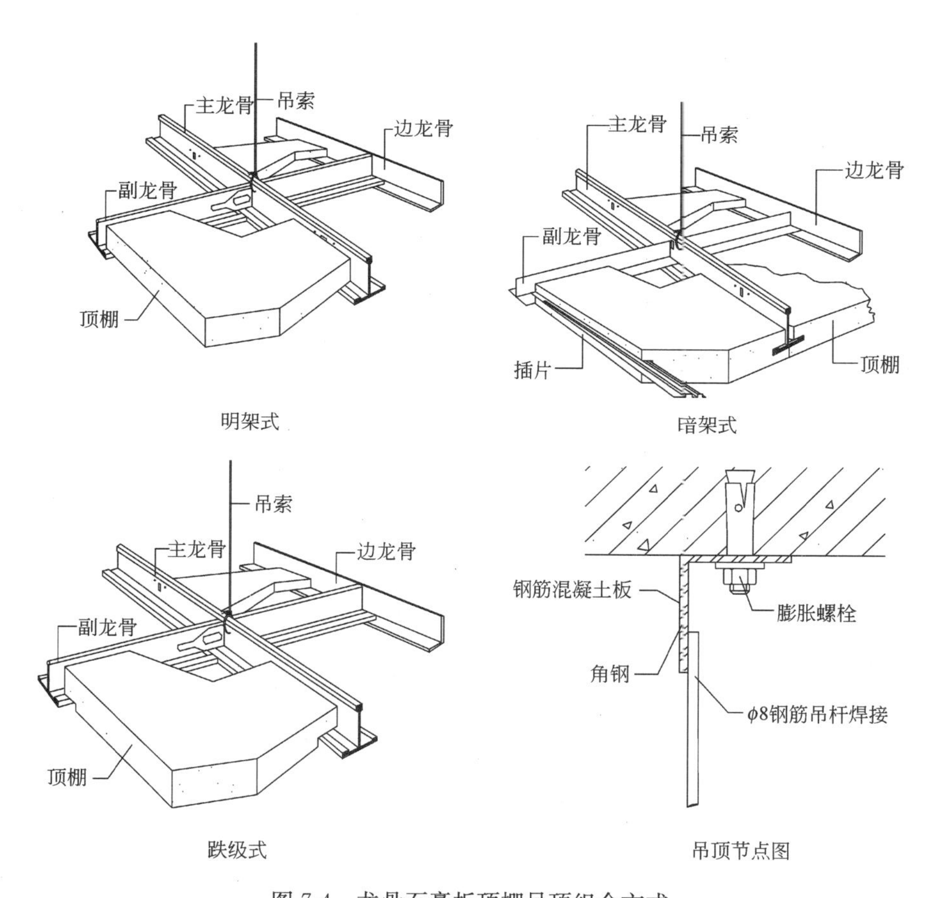

图 7-4 龙骨石膏板顶棚吊顶组合方式

三、纸面石膏纤维板

纸面石膏纤维板是以熟石灰(用天然半水石膏 $CaSO_4 \cdot 2H_2O$，或化学石膏工业副产品石膏如磷石膏、烟气脱硫石膏等煅烧成熟石灰)为主要原料，加入适量纤维和添加剂制成板芯，在切割、焊接、切边、包边(四面包以特制的专用护面纸，并牢固地与板芯粘结)等工艺制成的一种轻质板材。板材具有质轻，板面平整，机械强度高，防火、防水、防潮、防裂、抗翘曲、隔声，保温节能、环保等优良性能，而且能自动调节室内的干湿度。墙体内可安装管道和电线，与 U 形、C 形轻钢龙骨和其他配套材料，如金属配件、石膏腻子、接缝带等构成吊顶体系和轻质隔墙体系。纸面石膏纤维板相关产品标准参见 GB/T 9775—1999《纸面石膏板》。

1. 纸面石膏纤维板分类

(1) 按石膏纤维板的边形种类可分为：直角边石膏板、楔形边石膏板、45°倒角边石膏板和半圆角边石膏板(图 7-5)。

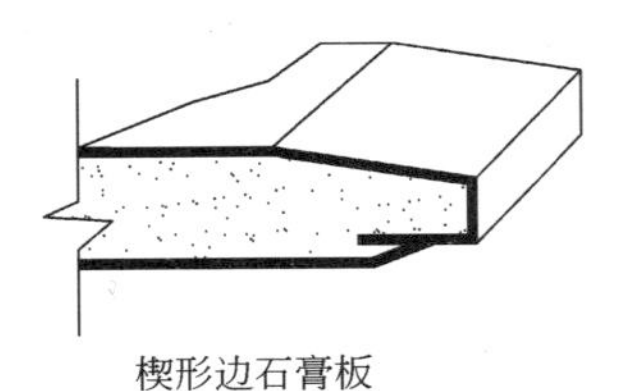

楔形边石膏板

楔形边的斜坡和石膏板的平面形成一个小空间，便于牢固地接缝处理

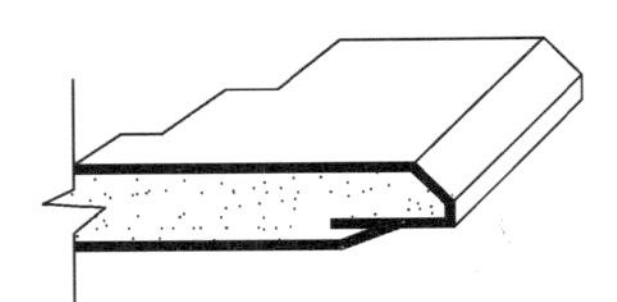

45°倒角边石膏板

石膏板的两侧边缘有微小的倒角，嵌缝处理时，可不用接缝胶带

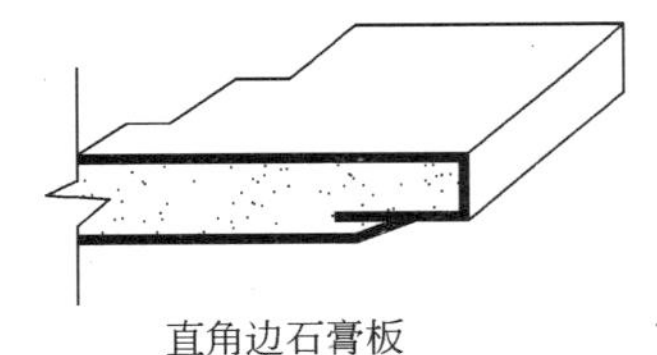

直角边石膏板

石膏板的两侧边缘与侧面呈90°垂直，即整板厚度均匀一致，接缝处采用嵌缝材料

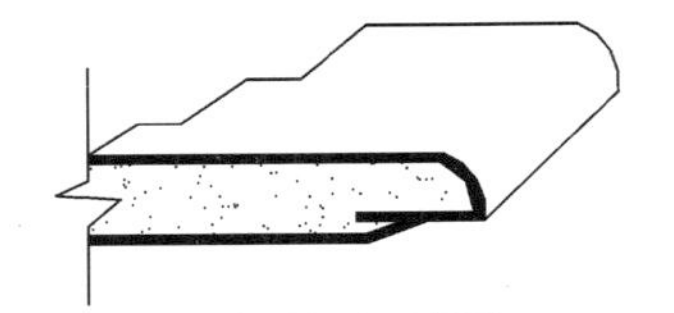

半圆角边石膏板

石膏板两侧边缘呈半圆形，板材相接时圆角边形成的空间便于接缝处理。并有助于补救接缝错位、板边损伤、框架翘曲等问题

图 7-5 石膏板边形种类

(2) 按石膏纤维板的功能作用分为：普通纸面石膏纤维板、耐水纸面石膏纤维板、耐火纸面石膏纤维板和有孔吸声纸面石膏纤维板。

① 普通纸面石膏纤维板

普通纸面石膏纤维板是指用于一般没有特殊防火或防水要求的墙体或吊顶的石膏板。板内大约有 1%的游离水，当石膏板遇火时，这部分水首先汽化，消耗部分热量，延缓了背火面温度的上升。另外，石膏板的主要成分为 $CaSO_4 \cdot 2H_2O$ (二水硫酸钙)，板中含有 20%的结晶水分，它可以在遇到火灾时产生蒸汽，降低板面温度，起到防火的作用。石膏板越厚或层数越多，结晶水含量就越高，耐火极限就越长。普通纸面石膏板本身具有多种不燃的素质，是一种应用普遍，用量又大，而且又较为经济的石膏板材。

② 防火纸面石膏纤维板

防火纸面石膏纤维板是在石膏板的生产过程中加入了一定量的玻璃纤维和其他添加剂，能够有效地在遇火时增强板材的完整性，具有阻隔火焰蔓延的作用。玻璃纤维的耐火温度可达1000℃。能够较长时间地起到加强筋的作用，大大地延长石膏板剥落的过程，从而提高其整体结构的耐火极限。

③ 防水纸面石膏纤维板

防水纸面石膏纤维板是在石膏板的生产过程中，在板芯中加入了有机硅防水剂和对护面纸经特殊耐水处理，载体使用了聚乙烯醇使护面纸与芯材的粘结强度增加，从而在板材的表面和内部形成大量朝外的憎水型分子结构，使石膏板具有防水能力，其吸水率在5%左右。但防水石膏板主要作用是防潮湿，不宜作“防水材料”，也不可浸泡或直接暴露在潮湿的环境里。防水纸面石膏板适用于湿度较大且空气流通好的卫生间、淋浴室和厨房等隔断，使用时必须与水隔开，表面还需作防水处理和粘贴瓷砖。

④ 有孔吸声纸面石膏纤维板

有孔吸声纸面石膏纤板是以纸面石膏板为基础板材，由穿孔石膏板背覆材料、吸声材料及板后空气层等组合构成，用于有吸声要求或独特装饰效果的室内吊顶和墙面，如体育馆、排练厅、演播厅、影剧院、办公区以及娱乐休闲场所等。其规格有600mm×600mm，或根据设计要求确定板面的大小。板材的孔型分圆孔、长孔和方孔。圆孔型孔径ϕ6mm、ϕ8mm、ϕ10mm，孔距18mm、22mm、24mm；长孔型孔长70～80mm，孔宽2～8mm，孔距10～20mm；方孔型边长为12～18mm，孔距10～15mm。孔型排列本身就是一种装饰，如图7-6。

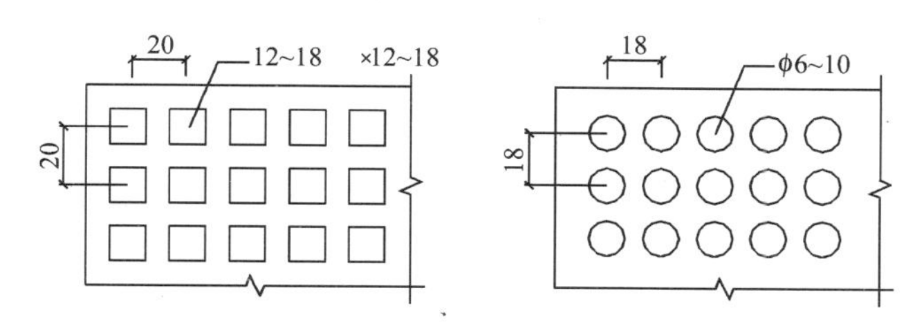

图7-6　有孔吸声板孔型排列(单位：mm)

2. 纸面石膏纤维板规格与技术性能

(1) 纸面石膏纤维板的规格

纸面石膏纤维板的规格见表7-1。

纸面石膏纤维板的规格(mm)　　**表7-1**

名　　称	长	宽	厚
普通纸面石膏板	2400～3300	900～1200	9.5、12、15
耐水纸面石膏板	2400～3300	900～1200	9.5、12、15
耐火纸面石膏板	2400～3300	900～1200	9.5、12、15

注：通常用于隔墙的石膏纤维板厚度为12mm或15mm，用于吊顶的石膏纤维板厚度为9.5mm或12mm。

(2) 纸面石膏纤维板技术指标

纸面石膏纤维板技术指标见表 7-2。

纸面石膏纤维板的技术指标 表 7-2

名 称	技 术 指 标		
板厚(mm)	9.5	12	25
单位面积质量(kg/m²)	≤9.5	≤12	≤25
挠度(⊥纤维)(mm) 挠度(//纤维)(mm)		≤0.8 ≤1.0	
断裂强度(⊥纤维)(kg) 断裂强度(//纤维)(kg)	≥45 ≥15	≥60 ≥18	≥50 —
耐火极限	普通纸面石膏纤维板 5～10 分钟，防火纸面石膏纤维板>20 分钟		
燃烧性能	难燃性材料		
含水率(%)	≤2		
导热系数(W/m·K)	0.167～0.18		
隔声性能(dB)	26	28	—
钉入强度(kg/cm²)	10	20	—

注：以上参考龙牌石膏纤维板技术指标值。

轻钢龙骨石膏板隔墙的耐火极限和隔声性能因隔墙石膏板的厚度、石膏板构成的层数以及是否填充材料(如岩棉)而不同，石膏板厚、层数多以及填充材料的隔墙防火和隔声性能好，否则就相对地减弱。

3. *纸面石膏纤维板应用与技术要求*

纸面石膏纤维板配件材料与应用

① 石膏腻子

粘结石膏腻子：粘结石膏粉的主要成分是由精细的半水石膏粉和一定量的胶料添加剂制成，而粘结石膏腻子是粘结石膏粉和水(1∶0.4)配比后，搅拌成均匀黏稠的膏状物，主要用于石膏板贴面墙和其他需要牢固粘结的部位。

嵌缝石膏腻子：是由石膏粉与水按 1∶0.6 比例配比后，搅拌成均匀的糊状物，主要用于隔墙或吊顶石膏板接缝、钉孔填平以及修补偶然出现残缺的部位。

② 接缝带(图 7-7)

接缝带分为纸带(有孔和无孔)、玻璃纤维网格带和无纺布。

有孔纸带：有孔纸带纸质为带小孔的牛皮纸，宽为 50mm，每卷 30～100m，用于接缝处，增强接缝的拉力作用。使用前用清水中将纸带湿润，并在一面刷上防霉胶贴于接缝面。

玻璃纤维网格胶带：是一种以玻璃纤维制成的胶带，宽为 50mm，每卷 100m。胶带纬向线粗，与经向线结合牢固。胶带是网格状，有一面涂有不干胶，故能与嵌缝石膏腻子较好地粘合在一起，因而是一种非常方便的接缝材料。

无纺布：即不经过纺纱、机织所制成的布。它是采用天然纤维、化学纤维以及各种短纤维为原料，经过成网机构制成均匀一致的纤维网。

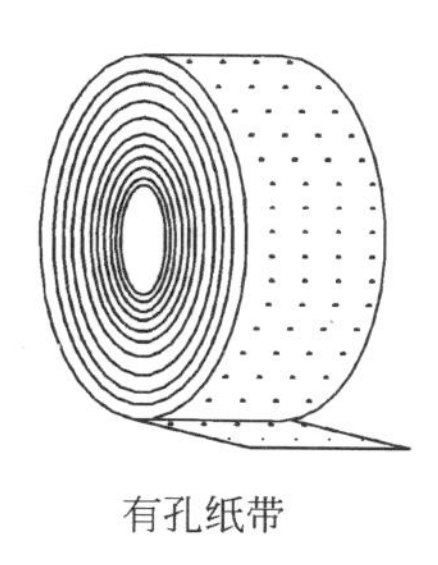
有孔纸带

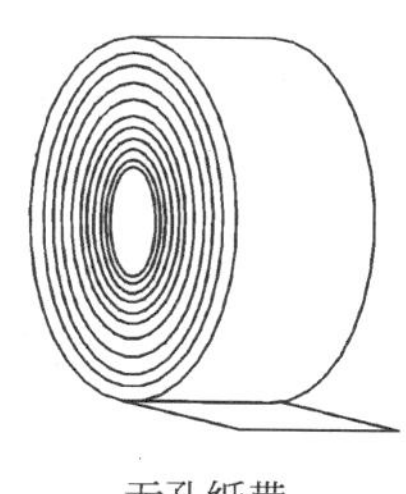
无孔纸带

玻璃纤维网格胶带

图 7-7 接缝带

③ 轻钢龙骨

轻钢龙骨：是采用薄型镀锌钢板轧制而成的金属骨架。按龙骨的截面形状分为 U 形(主龙骨)、C 形(次龙骨)和扣盒子龙骨；按使用体系分为吊顶龙骨和隔墙龙骨；按材料分为镀锌钢板(带)龙骨、冷轧钢板(带)龙骨和彩色喷塑钢板龙骨；按隔墙组成部件分为沿顶沿地龙骨、竖龙骨、加强龙骨、通贯横撑龙骨和配件；按轻钢龙骨体系分为 LL—无配件体系、QL—有配件体系、QL—无配件体系三种。

● 吊顶轻钢龙骨

吊顶轻钢龙骨的类型和截面尺寸，见表 7-3。

吊顶轻钢龙骨的类型与截面尺寸 **表 7-3**

类别	名　称	截面简图	截面尺寸(mm)	质量(kg/m)	说　明
上人吊顶龙骨	主龙骨(U形)		960×27×1.5	1.366	除承载吊顶结构本身质量外，还可承受 80～100kg 集中活负载。常与不上人吊顶龙骨配合使用
	次龙骨(C形)		60×27×1.5	1.27	
不上人吊顶龙骨	主龙骨(U形)		25×20×0.5	0.37	专作复合龙骨使用
			50×20×0.63	0.488	
			60×27×0.63	0.61	作承载龙骨与复合龙骨使用
	次龙骨(C形)		50×15×1.5	0.87	

● 吊顶轻钢龙骨配件(图 7-8)。

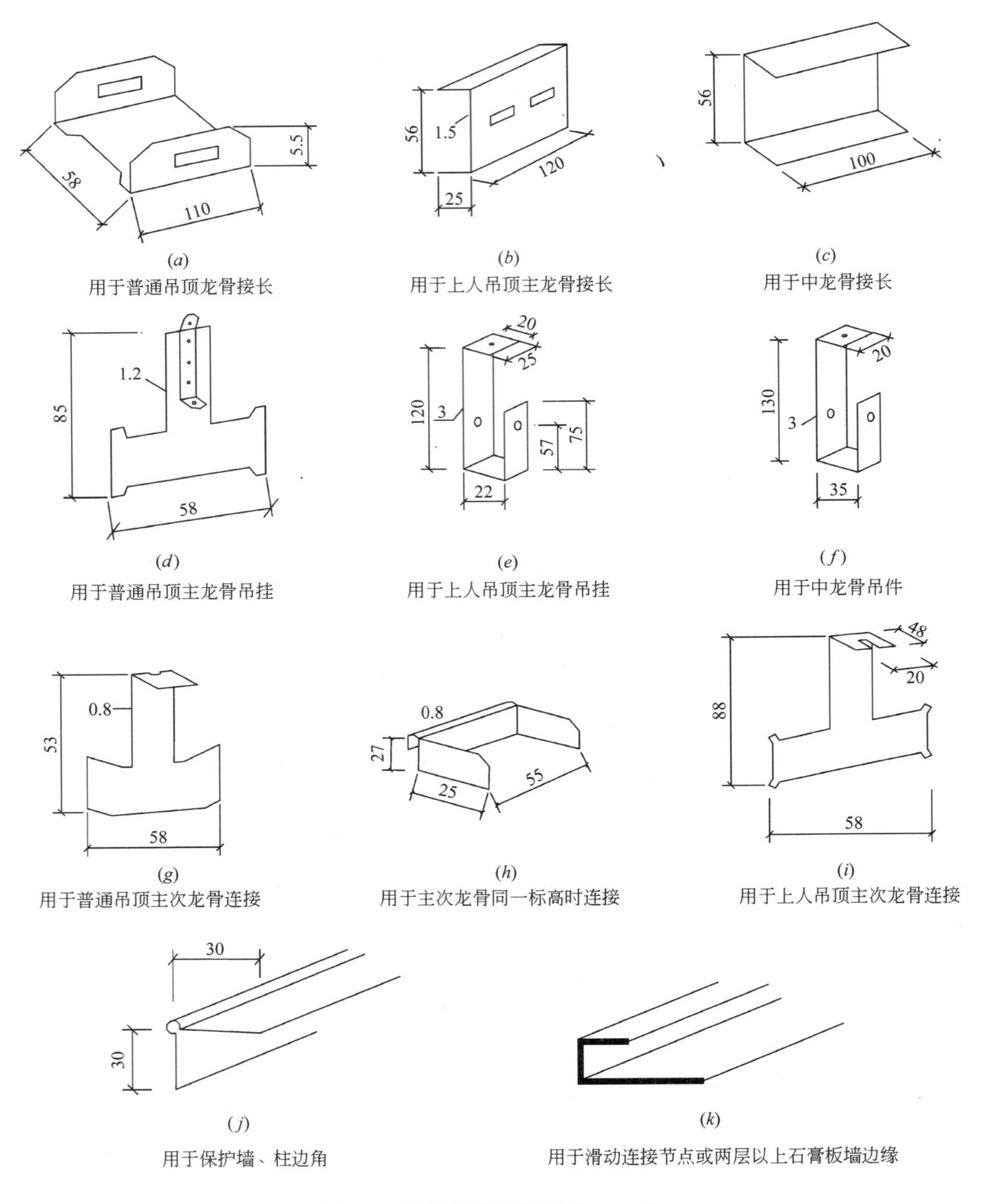

图 7-8 吊顶龙骨配件(单位：mm)

(*a*)～(*f*)接长件；(*g*)～(*i*)连接件；(*j*)金属护角；(*k*)金属包边

● 隔墙龙骨

隔墙龙骨包括 U 形横龙骨、C 形竖龙骨和扣盒子龙骨，见表 7-4。

隔墙龙骨的类型与截面尺寸 **表 7-4**

名称	代号	截面简图	截面尺寸(mm)	质量(kg/m)	说 明
竖龙骨	U50		50×40×0.63	0.80	用于隔墙的沿地沿顶龙骨，与C形龙骨配合使用
	U75		75×40×0.63	0.96	
	U100		100×40×0.63	1.12	
	U150		150×40×0.63	1.43	
横龙骨	C50		50×50×0.63	1.03	与U形龙骨配合使用
	C75		75×50×0.63	1.18	
	C100		100×50×0.63	1.34	
	C150		150×40×0.63	1.66	
扣盒子龙骨	C47.8		47.8×35×0.63	0.79	可单独作竖龙骨，也可两件相扣组合使用，如门框
	C62		62×35×0.63	0.88	
	C72.8		72.8×35×0.63	0.95	
	C97.8		97.8×35×0.63	1.11	
空气龙骨		25 25 88		0.57	直接安装在墙体上

4. 纸面石膏纤维板轻钢龙骨吊顶体系构造

(1) 上人吊顶

上人吊顶必须考虑到检修人员在吊顶结构上进行灯具、空调、消防等检修时，能够承受80～100kg集中活载荷(如图7-9(*a*)～(*e*))。

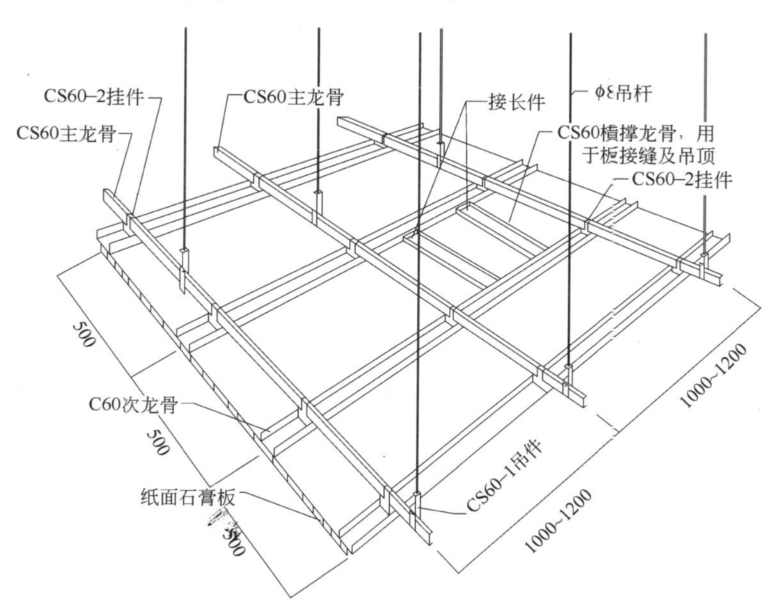

说明：湿度超过70%时,应在石膏板长边接缝处加水平龙骨与次龙骨连接。

图 7-9 上人吊顶(一)

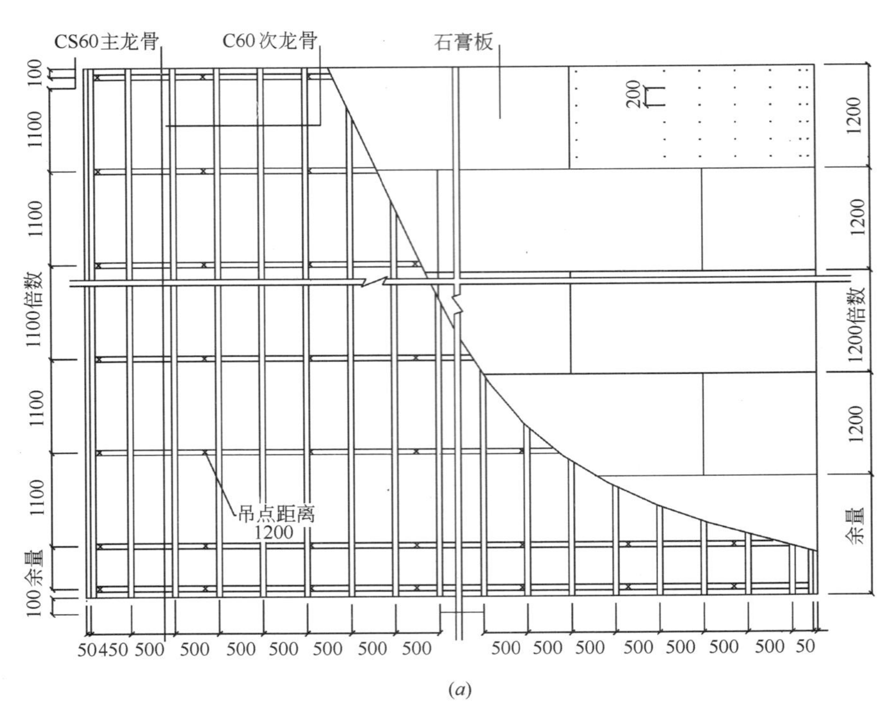

(a)

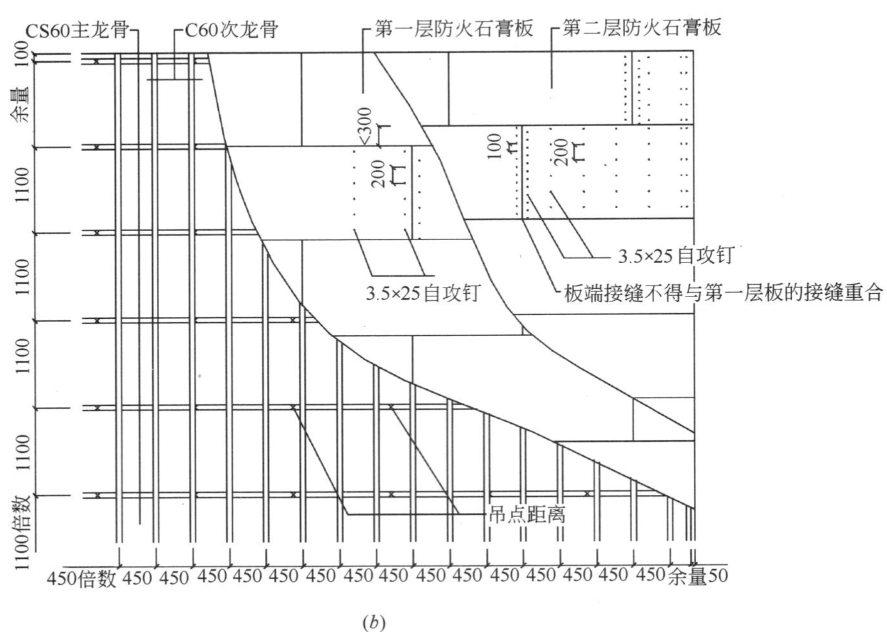

(b)

图 7-9 上人吊顶(二)

(a)上人吊顶轻钢龙骨与板材布置图；(b)有防火要求的上人吊顶布置图；

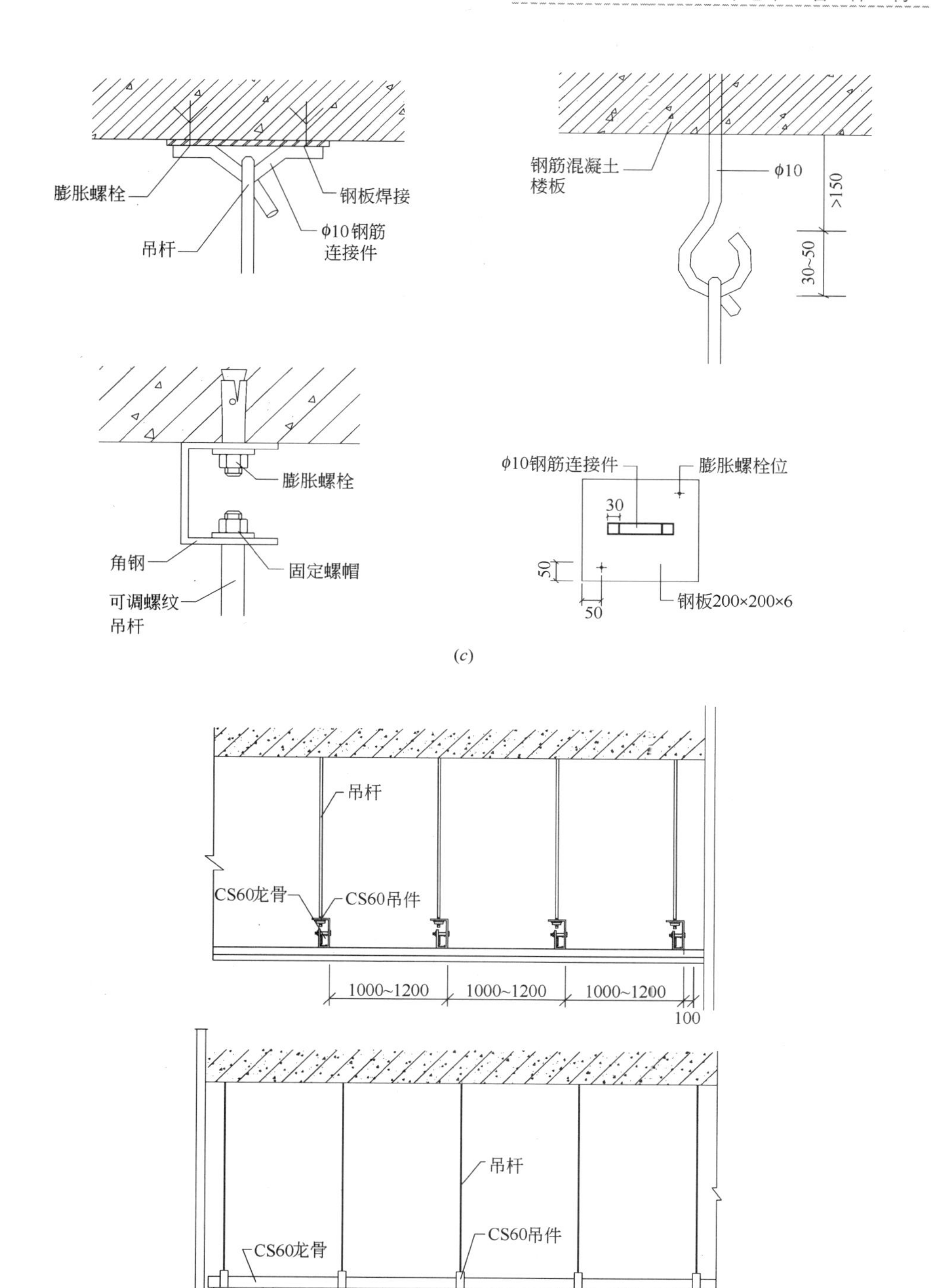

图 7-9 上人吊顶(三)

(c)吊杆与楼板固定节点；(d)吊点构造

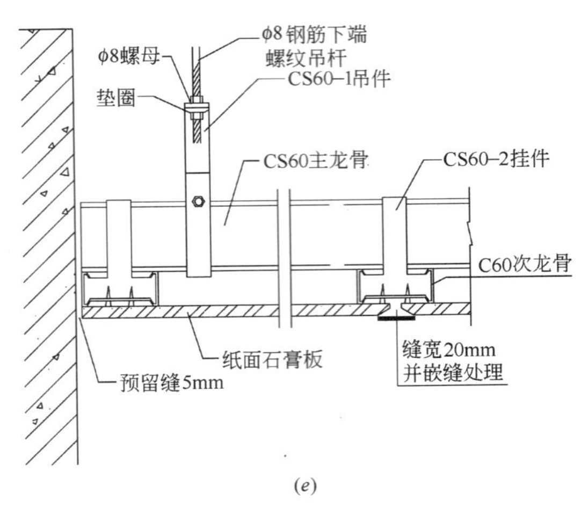

(*e*)

图 7-9 上人吊顶(四)

(*e*)上人吊顶节点图

安装技术要求：

① 轻钢龙骨主龙骨的间距为 1000～1200mm，主龙骨上的挂件间距为 500mm；次龙骨间距为 500～600mm，板的端边必须落在次龙骨上。龙骨架吊杆 $\phi8$ 的间距为 1200mm。

② 次龙骨与墙体连接处留 100mm 的膨胀缝。

③ 吊顶通常采用 9.5mm 或 12mm 厚的石膏板。安装石膏板时要错缝安装，石膏板与墙面应留 6mm 间隙。螺钉距板边 10～16mm，并以 200mm 间距封钉。

④ 对一般防火要求的吊顶可使用防火石膏板，并用 2 层 12mm 厚的板错缝安装；对于更高防火要求的吊顶，则采用 1 层 12mm 厚和 1 层 15mm 厚的防火板错缝安装，并增加龙骨，加强龙骨架的稳固性和承重能力。

⑤ 有保温要求的吊顶，需采用岩棉等绝缘材料作为保温层。

⑥ 所有空调、消防管道与电器线管应在吊顶封板前全部完成，并预留检修孔。

(2) 不上人吊顶

不上人吊顶是指吊顶结构除自重和少量附加电器设备外，不承受其他负荷，但留有不供人踩踏的检修孔(如图 7-10(*a*)、(*b*)、(*c*)、(*d*))。

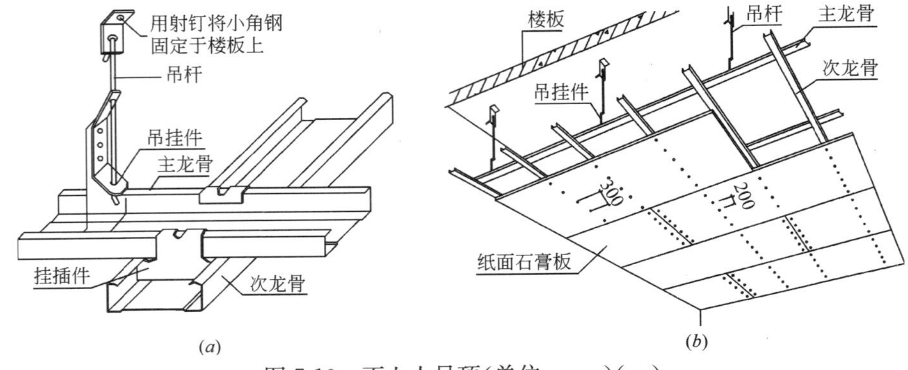

(*a*) (*b*)

图 7-10 不上人吊顶(单位：mm)(一)

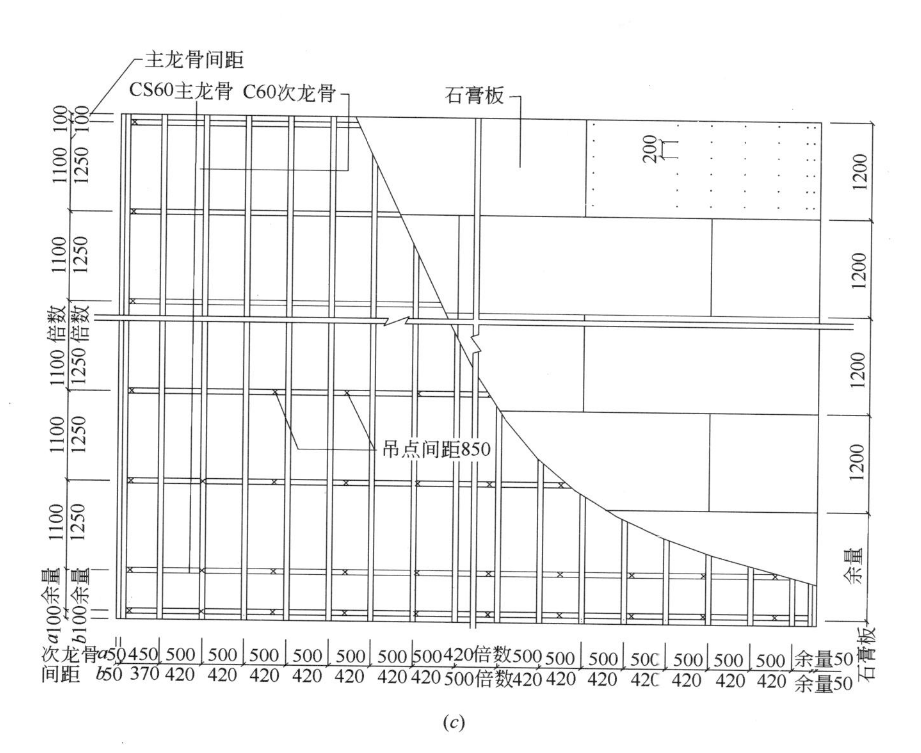

(*c*)

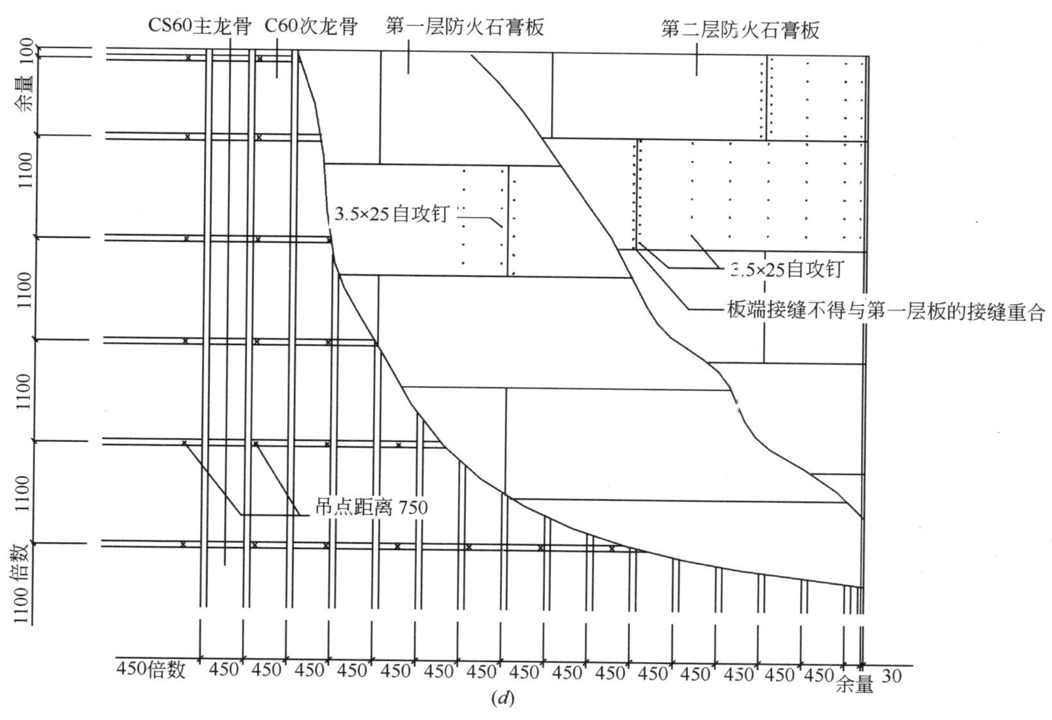

(*d*)

图 7-10 不上人吊顶(单位：mm)(二)

(*c*)不上人轻钢龙骨与板材布置图；(*d*)有防火要求的不上人吊顶布置图

安装技术要求：

用吊杆把主龙骨固定在楼板上，主龙骨间距 1100～1250mm，调好水平，用挂插件把次龙骨固定在主龙骨上，间距为 420～500mm。

石膏板要错缝安装，板与墙面应留 6mm 缝隙，石膏板边缘与其连接相对齐，且石膏板纵向与次龙骨呈垂直放置，用 3.5mm×25mm 自攻螺钉将其固定在次龙骨上。石膏板中部螺钉间距 300mm。螺钉与板边缘的距离不小于 10mm，也不大于 16mm，石膏板边缘接缝处钉距 200mm 对钉。

吊顶上的所有电器管线必须在安装石膏板前全部完成，并预留检修孔。

5. 纸面石膏板吊顶与木制窗帘连接构造（图 7-11）

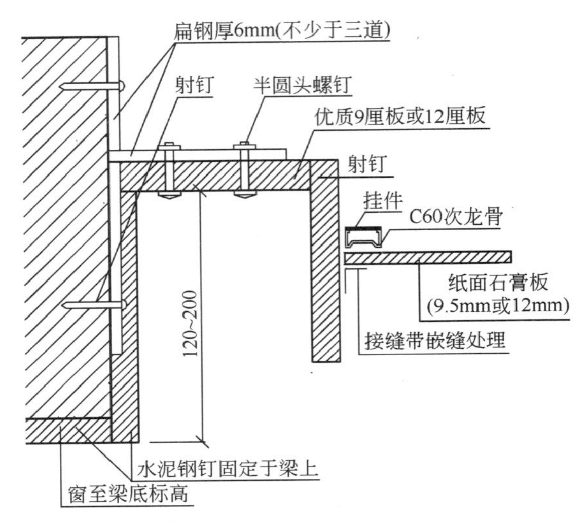

图 7-11　纸面石膏板与木制窗帘相接构造

6. 轻钢龙骨石膏板窗帘盒构造（图 7-12）

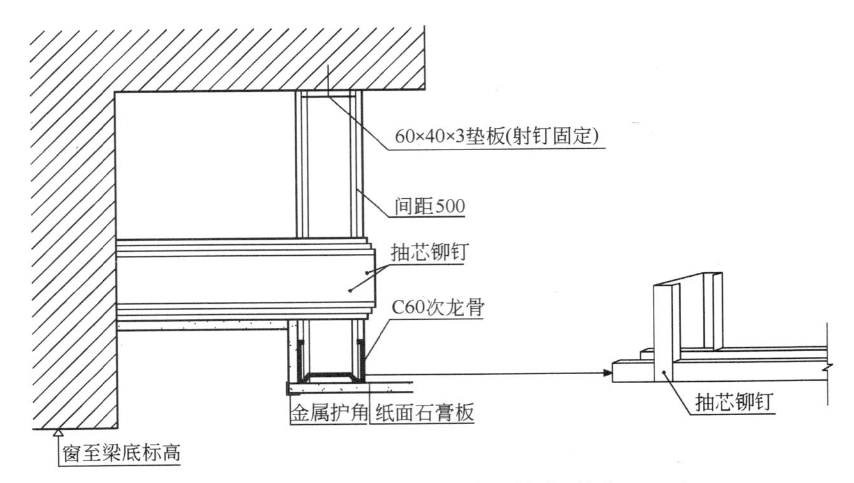

图 7-12　轻钢龙骨石膏板窗帘盒构造（单位：mm）

7. 轻钢龙骨石膏板吊顶与照明灯具的安装构造(如图 7-13)

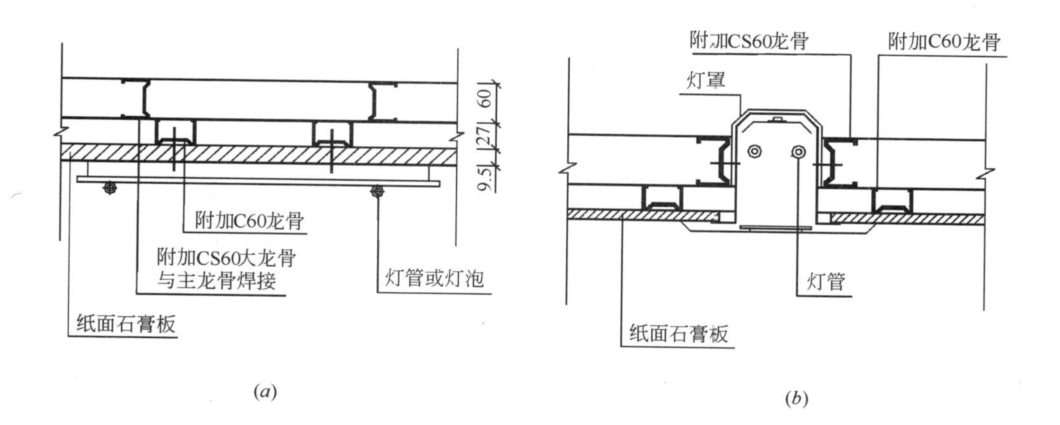

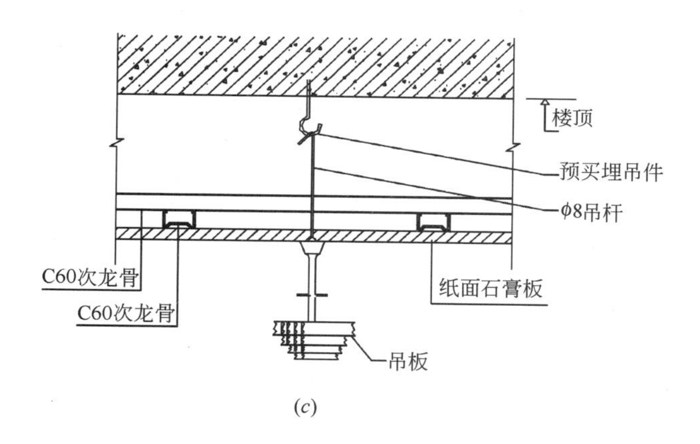

说明：
灯具及电器装置的安装必须固定在吊顶结构的附加龙骨或支撑件上，不得与顶部结构直接固定，并增加吊杆和吊挂件的数量，以保证顶部结构的牢固性和安全性。

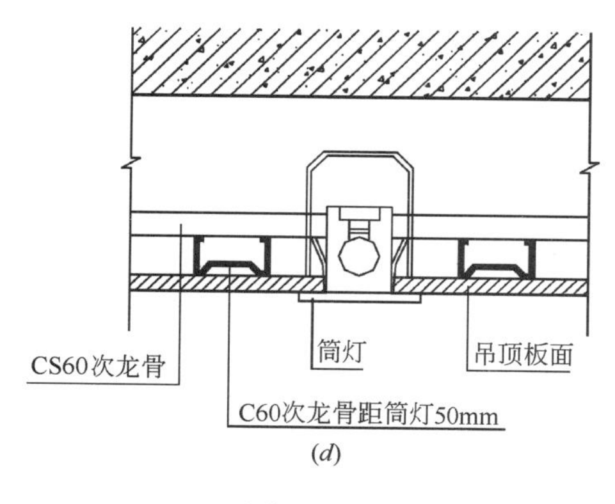

说明：
嵌入筒灯可不附加龙骨，但需在筒灯孔洞的四周附加一个由防火材料构成的框架

图 7-13 吊顶与照明灯具的安装(单位：mm)
(a)吸顶式灯具安装；(b)嵌入式灯具安装；(c)吊灯安装；(d)嵌入式筒灯

8. 轻钢龙骨石膏板顶面跌级构造(图 7-14)

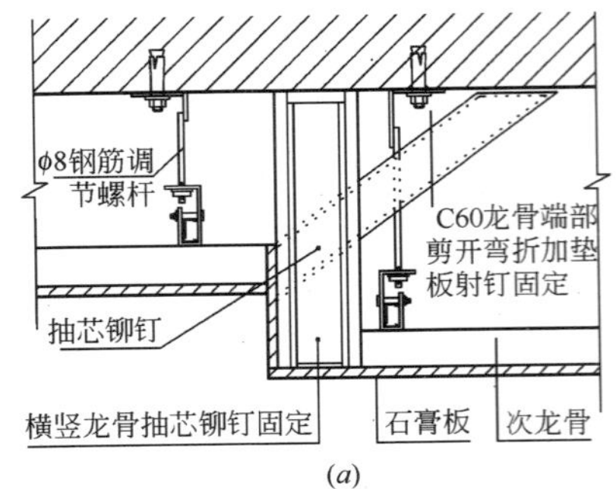

(*a*)

说明：
钢筋螺杆吊杆不仅稳固性好，而且可以利用螺纹的作用灵活地调整龙骨所需要的高度及水平位置。

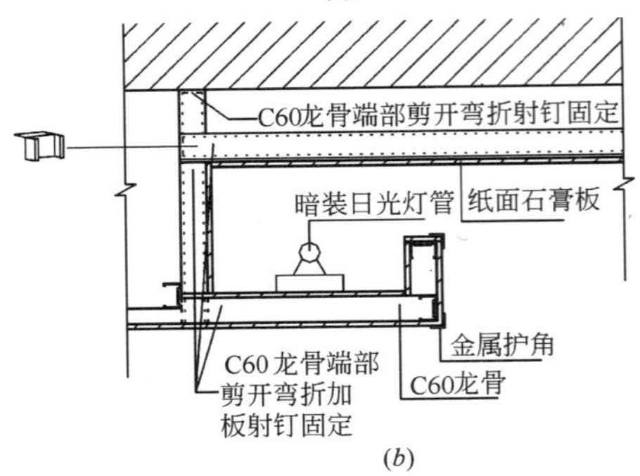

(*b*)

说明：
明装或暗装的灯具电缆线必须套在专用的阻燃管内。

图 7-14　顶面跌级构造

(*a*)二级吊顶；(*b*)带灯槽的二级吊顶

9. 纸面石膏板在墙面或墙体上的应用与构造

纸面石膏板可直接粘结或通过轻钢龙骨固定在原有的砌体或混凝土墙面上，或与轻钢龙骨等材料组合构成各种隔墙体系。

(1) 纸面石膏纤维板在墙面上的应用

纸面石膏纤维板直接应用在墙面上，一是用粘结石膏做成支点，有规律排列后，将石膏板直接粘结在水泥或砌体墙面上；二是用石膏板条做龙骨架，粘贴在墙面上，或用轻钢龙骨、空气“__⊓__”龙骨钉固在墙面上后，再安装石膏板。

① 直接贴面安装如图 7-15。

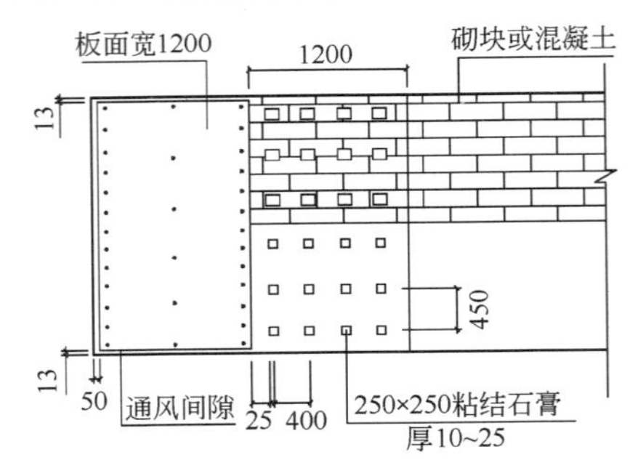

说明：
粘结石膏可采用250mm×50mm方形块或直径为50mm的圆块，厚10~25mm，距板边至少25mm。纵方向的间距，12mm厚石膏板为600mm，9.5mm厚石膏板为400~450mm，横向间距为300~400mm。石膏板与地面和顶面要留13mm的间隙，以保证适当的通风。墙体不平时，要用拉线或直尺确定平面度，并布置和粘结石膏板垫块(75mm×50mm)找平墙面。

图 7-15　直接贴面安装(单位：mm)

② 板条辅助安装如图 7-16。

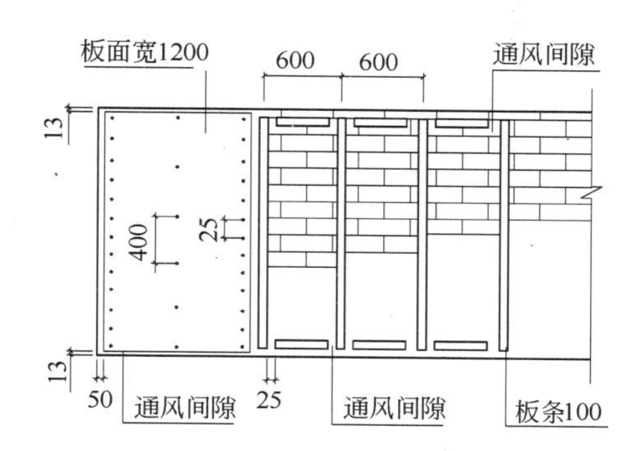

说明：
石膏板条辅助粘结在墙面上，不仅可以弥补原墙面的平整度，而且代替轻钢龙骨并具有较好的绝缘性能。板条宽为100mm，水平板条与地面和顶面之间留13mm通风间隙。垂直板条间距为600mm，且不应超过板面允许的跨度，板边需落在板条上

图 7-16　板条辅助安装（单位：mm）

③ 石膏板轻钢龙骨安装如图 7-17。

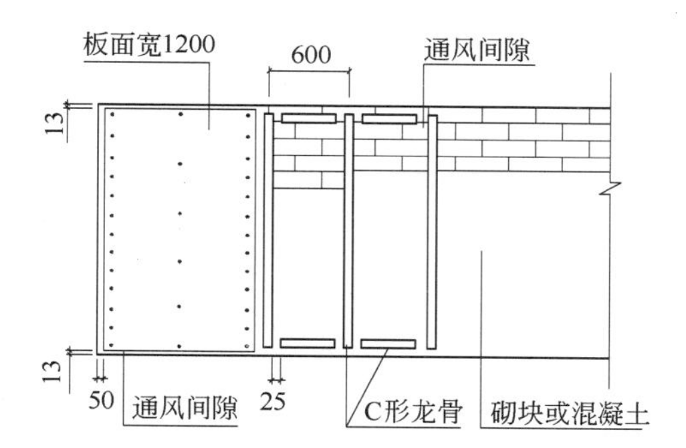

说明：
墙体基面不平时，用粘结石膏板垫板进行找平处理。用射钉或水泥钢钉直接将C形竖向轻钢龙骨与小段横向轻钢龙骨固定在墙体(混凝土或砌体墙)上。小段横向龙骨两端与竖向龙骨之间留25mm通风间隙，石膏板封合后，在上下端也要留13mm的通风间隙。

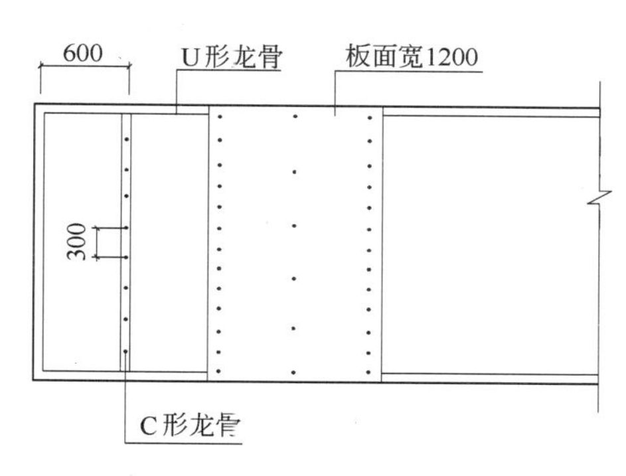

说明：
用膨胀螺丝(间距600mm)或U形龙骨夹(间距1200mm)将U形龙骨沿顶棚和地面固定，C形竖向龙骨卡入天地沿边龙骨中，并根据板面的厚度确立间距，通常12mm厚石膏板间距为600mm，9.5mm厚石膏板间距为400mm。石膏板接缝必须落在竖龙骨上。若采用木质龙骨时，需按消防要求将木龙骨涂上防火涂料，然而再封板。

图 7-17　石膏板轻钢龙骨安装（单位：mm）

④ 石膏板空气龙骨“_⎍_”安装如图 7-18。

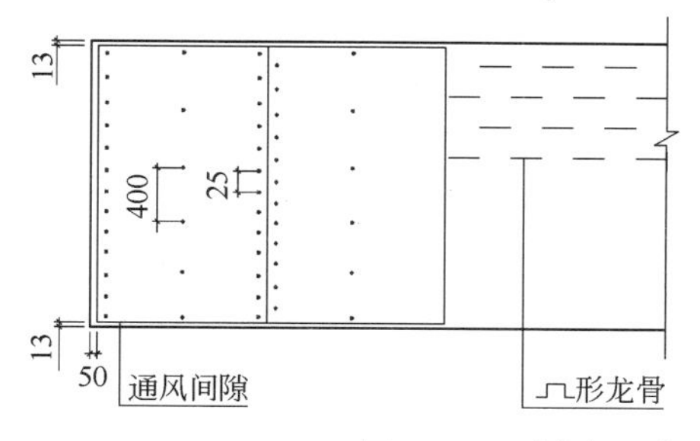

说明：
墙体基面不平时，需用水泥砂浆进行找平处理，干后，将空气龙骨“_⎍_”交错地钉固在墙面上。板面螺钉有计划地落在空气龙骨“_⎍_”面上。封板时，石膏板与地面和顶面应留13mm通风间隙。

图 7-18　石膏板空气龙骨“_⎍_”安装（单位：mm）

(2) 纸面石膏纤维板轻钢龙骨隔墙体系

① 单层石膏纤维板轻钢龙骨隔墙构架如图 7-19。

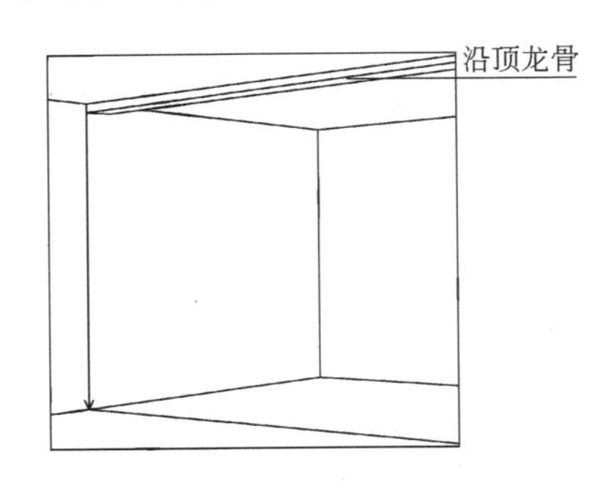

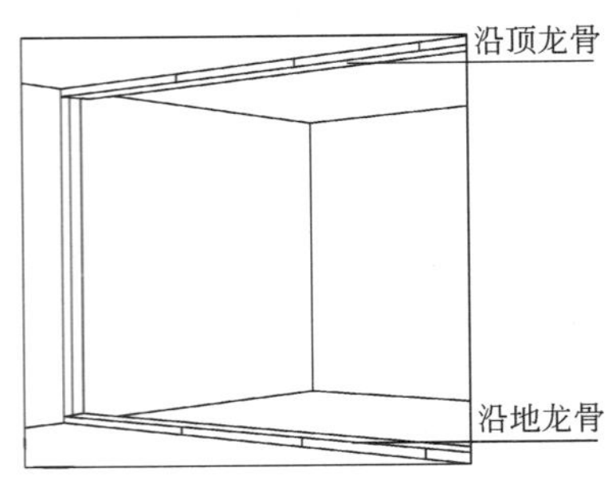

说明：
根据设计定位画线，并用射钉将沿顶棚(或梁)、沿地和沿墙轻钢龙骨固定，并用密封膏或泡沫密封条作密封处理。射钉固定点间距：墙竖直方向最大1000mm，顶棚与地水平方向500~800mm，并与竖龙骨位置错开。

(*a*)

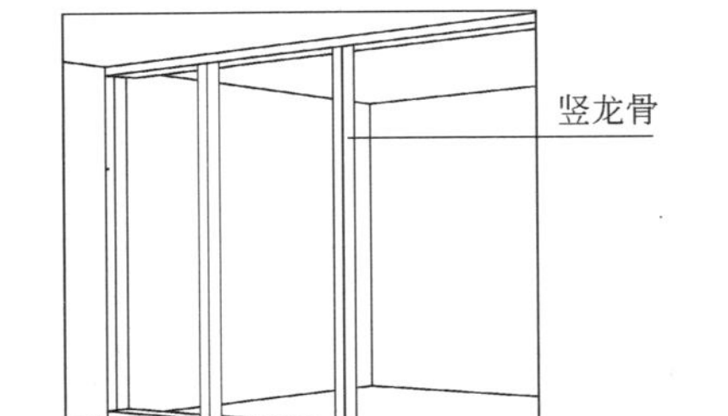

说明：
将C形竖龙骨的两端插入沿地沿顶龙骨内，间距为400~600mm。对于有防火要求的墙体，竖龙骨的长度比上下端实际尺寸短30mm，以便在其上下两端各留15mm的膨胀缝。

(*b*)

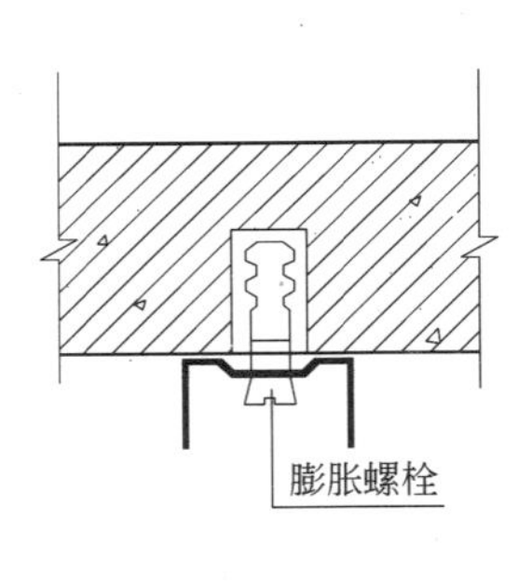

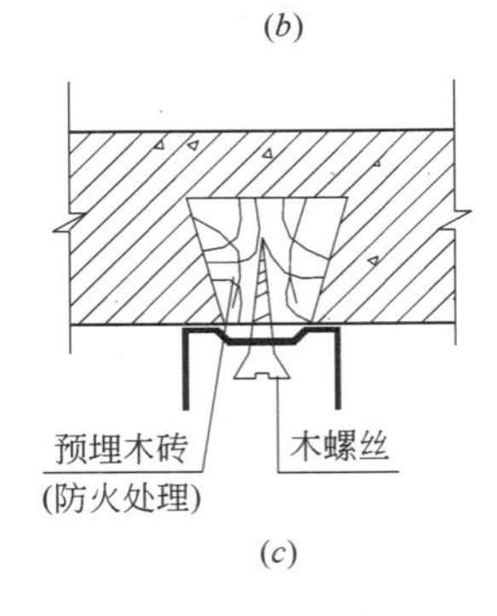

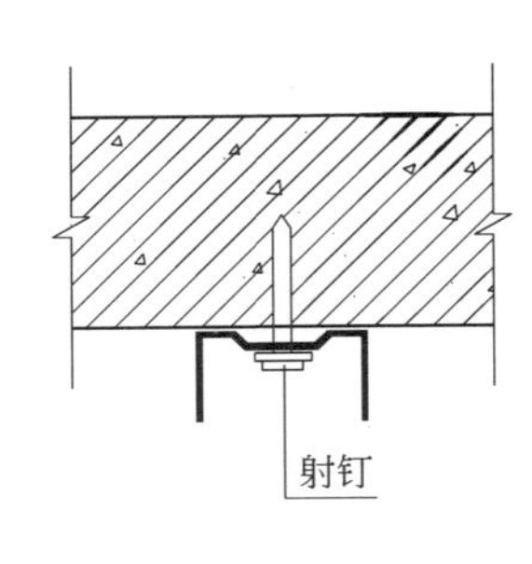

(*c*)

图 7-19 单层石膏纤维板轻钢龙骨隔墙构架

(*c*)沿地沿顶轻钢龙骨钉固节点

② 单层石膏纤维板轻钢龙骨隔墙构造体系如图 7-20。

③ 双层石膏板轻钢龙骨隔墙构造体系如图 7-21。

④ 隔墙内管道线安装构造如图 7-22。

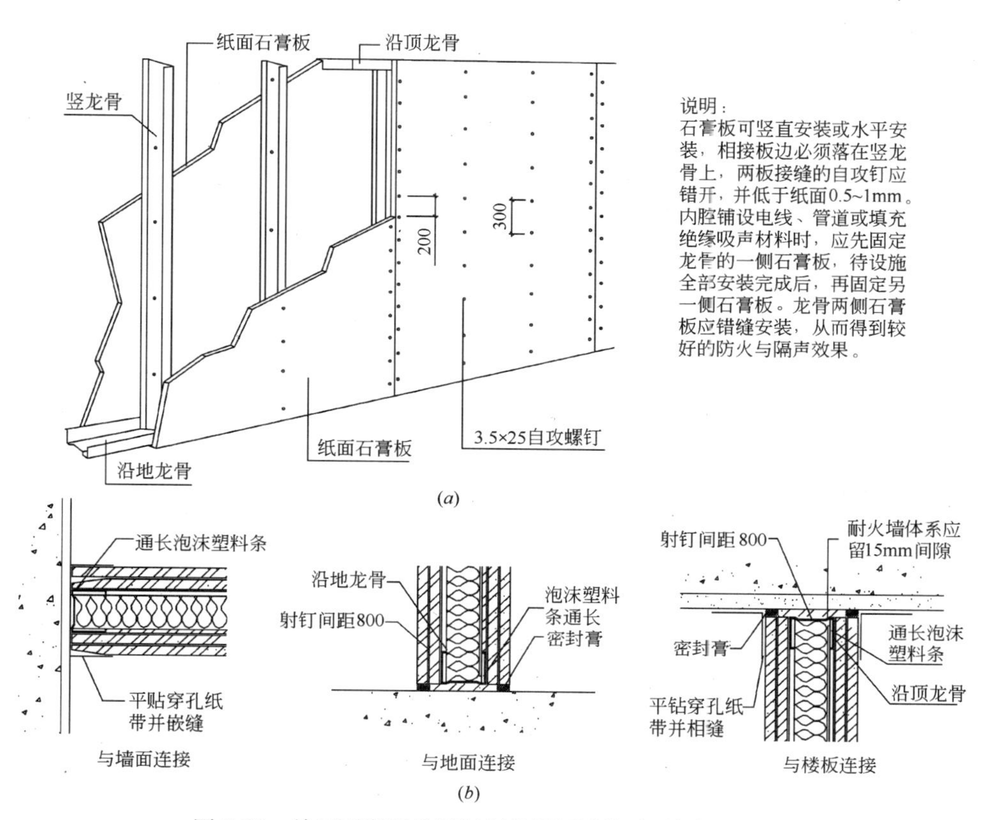

图 7-20 单层石膏纤维板轻钢龙骨隔墙构造(单位：mm)

(b)安装节点图

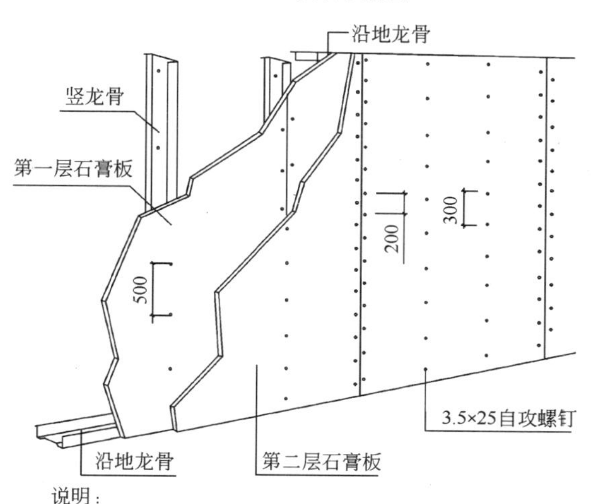

说明：
第一层与单层石膏板的安装方法相同。
第二层石膏板的板缝应与第一层板的板缝错开，并用3.5mm×35mm防锈自攻螺钉固定在竖龙骨上，也可使用粘结石膏或其他粘结强度较高的胶粘料粘贴，但必须应用于通风良好的区域。胶粘材料应是对人体无毒害的环保型胶料。

(a)

图 7-21 双层石膏纤维板轻钢龙骨隔墙构造(单位：mm)(一)

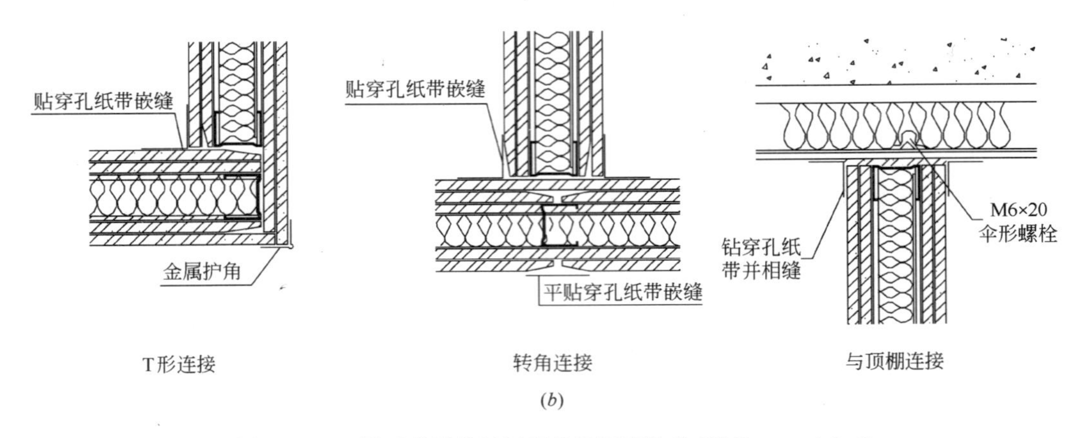

图 7-21 双层石膏纤维板轻钢龙骨隔墙构造(单位：mm)(二)
(b)安装节点图

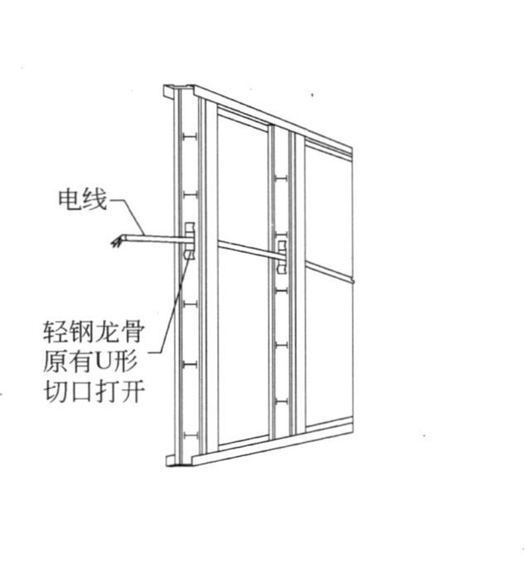

说明：
体积较小的设备管线通过隔墙时，如电话线、电视线、音响线等，可以直接穿过竖龙骨侧面的H形切口。如安装较小的用电线管，需采用防火石膏板封合。

(a)

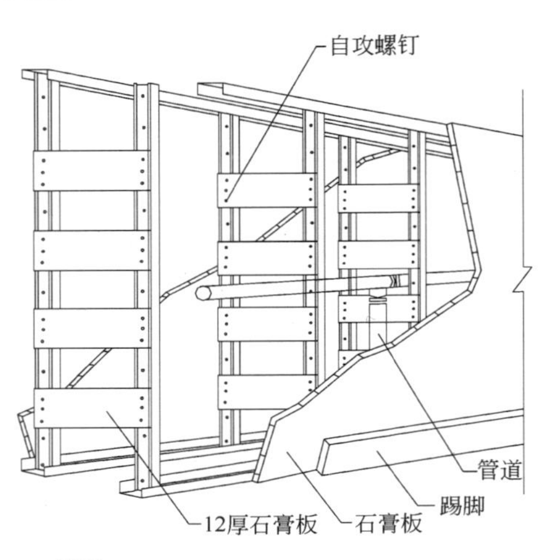

说明：
体积较大的线管道通过隔墙时，隔墙需采用双排轻钢龙骨与石膏板构成，并用12mm厚、300mm宽的石膏板作为横档加固两竖排龙骨。石膏板安装方法与普通墙体相同。有防火要求的隔墙必须采用防火石膏板封合。

(b)

图 7-22 隔墙内管道线安装构造

⑤ 石膏纤维板应用于曲面墙或圆柱面安装构造如图 7-23。

⑥ 石膏纤维板轻钢龙骨与门洞安装构造如图 7-24。

(3) 纸面石膏板接缝处理与贴面材料应用

当用纸面石膏纤维板作为吊顶、隔墙基面时，嵌缝处理非常重要。嵌缝质量的好坏，不仅对防火、隔声、隔热、保温等作用产生影响，而且影响其他贴面材料的表现效果。嵌缝的处理，应根据板缝的特点采用不同的处理方法。板面平整度好，有利于其他材料的应用与表现，如涂料的涂装，墙纸(布)、地毯、薄木片、瓷砖等材料的贴面。

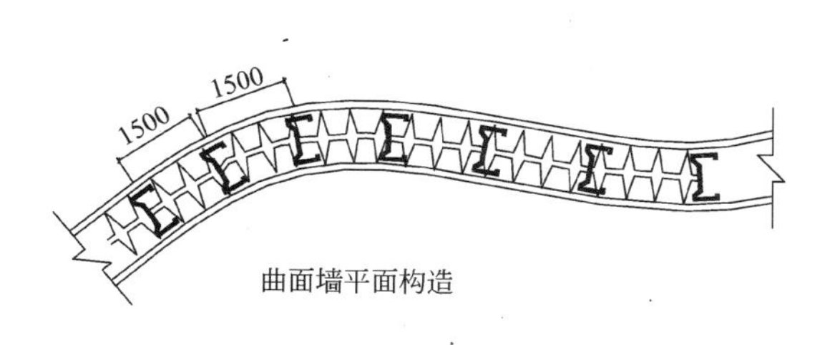

说明：
石膏板应横向安装，因横向更易弯曲和增强曲面墙支撑稳定性的作用。曲面墙的半径越大，石膏板弯曲越容易。竖龙骨的间距应根据曲面半径的大小来确定，通常半径越小，竖龙骨越密些。沿地沿顶龙骨要根据不同的曲率半径将龙骨的一侧剪成三角形的缺口。

(*a*)

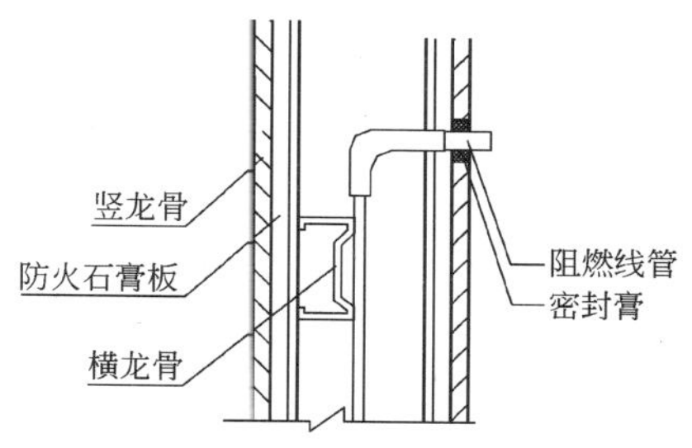

说明：
用于照明等线管伸出墙时，必须与石膏板保留间隙，并采用密封膏封合。

(*b*)

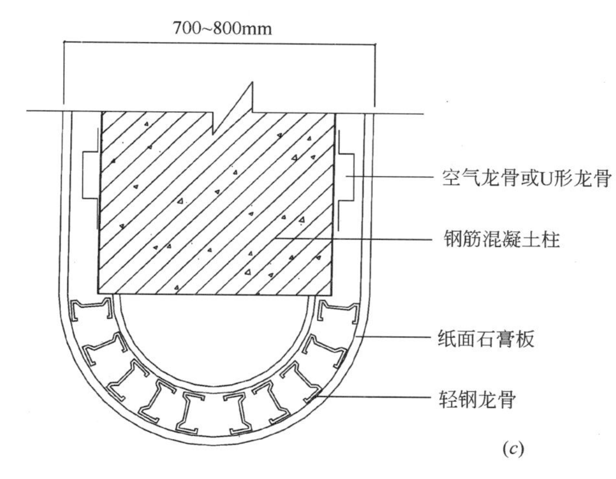

说明：
圆柱曲面较小，因此，在安装时，竖龙骨要密些，从而增强曲面的支撑稳定性。石膏板安装前应将面纸和背纸湿润，并使整个结构湿润，放置数小时后使之变柔软，但不能浸泡。也可每隔25mm处用刀刻画石膏板的背纸，使之弯曲，弯曲前必须确定所需板面的大小。沿地沿顶龙骨需根据不同的曲率半径将龙骨的一侧剪成三角形缺口。

(*c*)

图 7-23 石膏纤维板应用于曲面墙或圆柱面安装构造(单位：mm)
(*a*)曲面墙平面构造；(*b*)单层隔墙内管道安装；(*c*)圆柱面平面构造

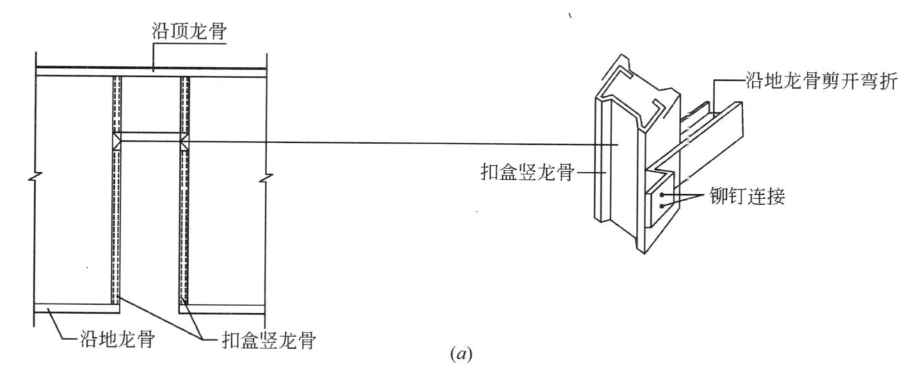

(*a*)

图 7-24 石膏纤维板轻钢龙骨与门洞安装构造(一)
(*a*)门洞构造

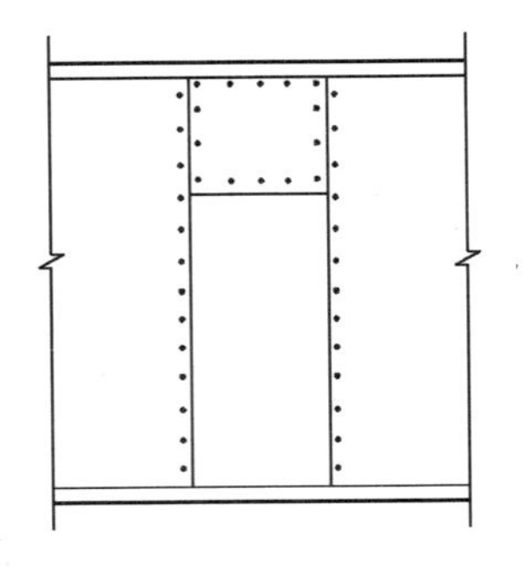

说明：
当门的跨度较大时，门框上部需增加竖龙骨或同时加斜撑。

(*b*)

图 7-24 石膏纤维板轻钢龙骨与门洞安装构造(二)

(*b*)石膏板安装

纸面石膏纤维板接缝处理如图 7-25。

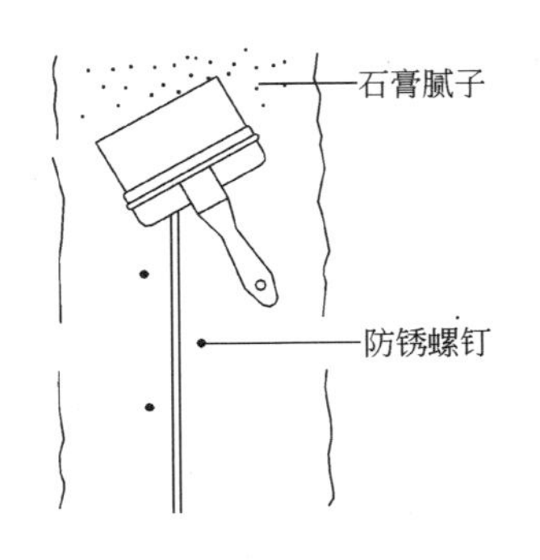

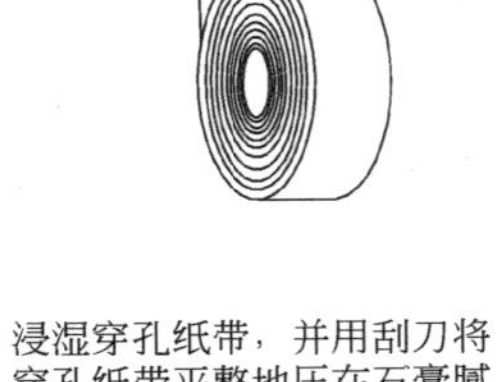

腻子覆盖接缝纸带

在两块板的接缝处用刮刀将嵌缝石膏腻子(1mm厚)嵌入板缝中。干后打磨，再刮一道石膏腻子，宽度超出接缝纸带20~30mm。

浸湿穿孔纸带，并用刮刀将穿孔纸带平整地压在石膏腻子上，腻子从孔中挤出，并且括平。

覆盖石膏腻子，待每一道干后，再覆盖下一道，覆盖2~3道，厚度不超过2mm。干后，用砂纸磨平嵌缝边缘，嵌缝中间部分略高。

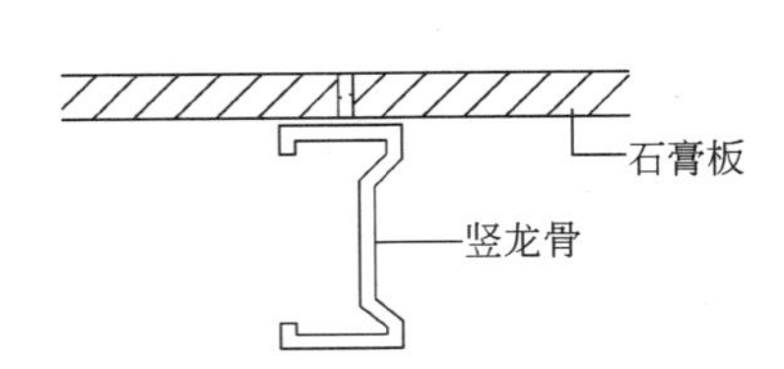

直角边留缝

可以直接将石膏腻子均匀地嵌入板缝中，并与板面齐平。也可以将直角板边刨成斜坡后，再作嵌缝处理。

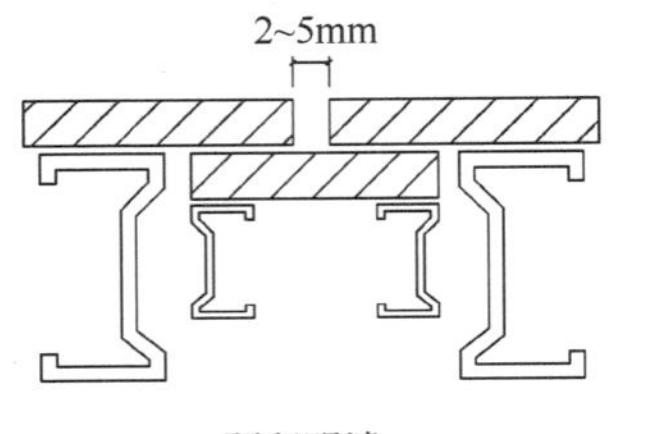

预留明缝

为了装饰需要，对预留的明缝不作嵌缝处理。

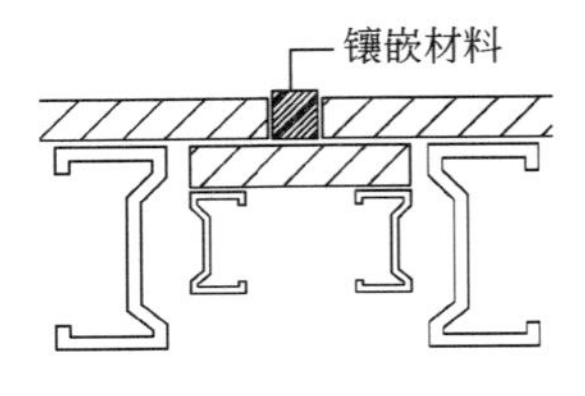

留缝镶嵌

镶嵌材料可以是不锈钢、铝合金，木条或各种塑料条等。

(*a*)

图 7-25 石膏板接缝处理(一)

(*a*)直角边接缝处理

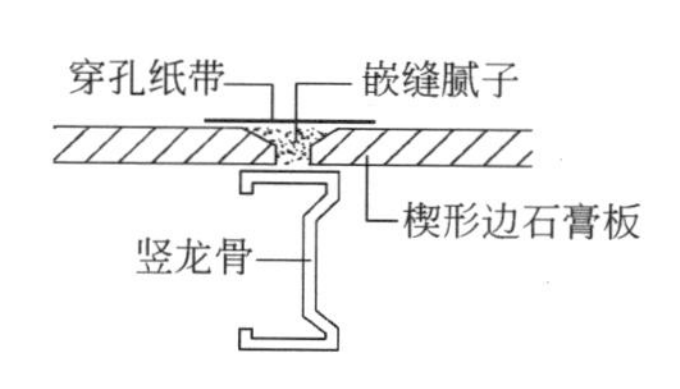

将石膏腻子均匀饱满地平嵌在楔形边板缝中，并将湿润的接缝带平压在腻子上。在接缝带上刮嵌缝腻子时，必须待上一道完全干后再进行下一道。最后打磨时勿将石膏板护面纸磨破。

(*b*)

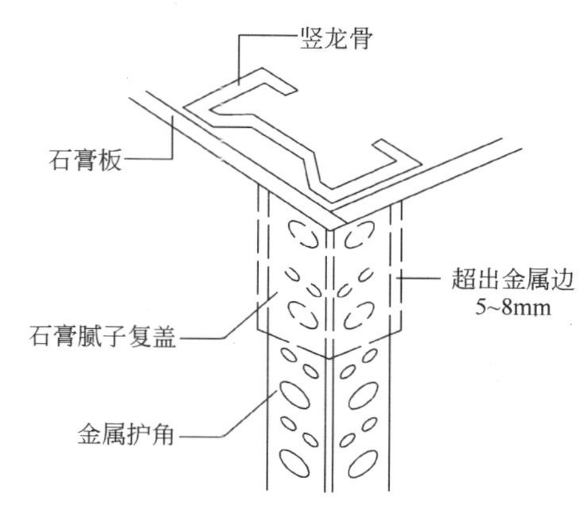

用12mm防锈圆钉固定金属护角，再用石膏腻子覆盖，并逐渐与石膏板平滑连接，干后，用砂纸打磨。覆盖石膏腻子可进行1~2道。

(*c*)

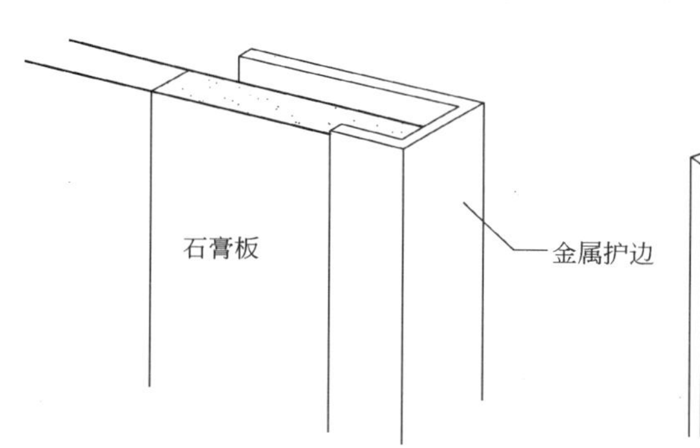

把金属镶边条固装在墙上，长边的长脚钉在龙骨上后，把石膏板插入槽内，并用镶边的短脚紧钳住。金属镶边起固定和装饰作用。

(*d*)

石膏腻子覆盖

湿润的穿孔纸带平压

用石膏腻子抹入阴角后，再将湿润接缝带平压上，并在接缝带上抹一层腻子，干后，打磨。按实际需要，覆盖石膏腻子可进行1~2道。

(*e*)

图 7-25 石膏板接缝处理(二)

(*b*)楔形边接缝处理；(*c*)阳角嵌缝处理；(*d*)金属镶边；(*e*)阴角嵌缝处理

四、石膏装饰线

石膏线是由石膏粉、增强剂和水加工制成。易于加工，施工简便，价格低廉，并具有防火、防潮、保温、隔音、隔热功能。由于线角体内布有塑料牵筋和玻璃纤维网格布或玻璃纤维丝，因而具有较高的强度。

石膏线是室内环境设计常用材料之一，具有一定的装饰作用，通常用于室内顶棚与墙面两个界面的交接处。其造型较为丰富(图 7-26)，表面可作色彩或金粉(铜粉)涂饰处理。若处理不当，会显得俗气，从而影响装饰效果。

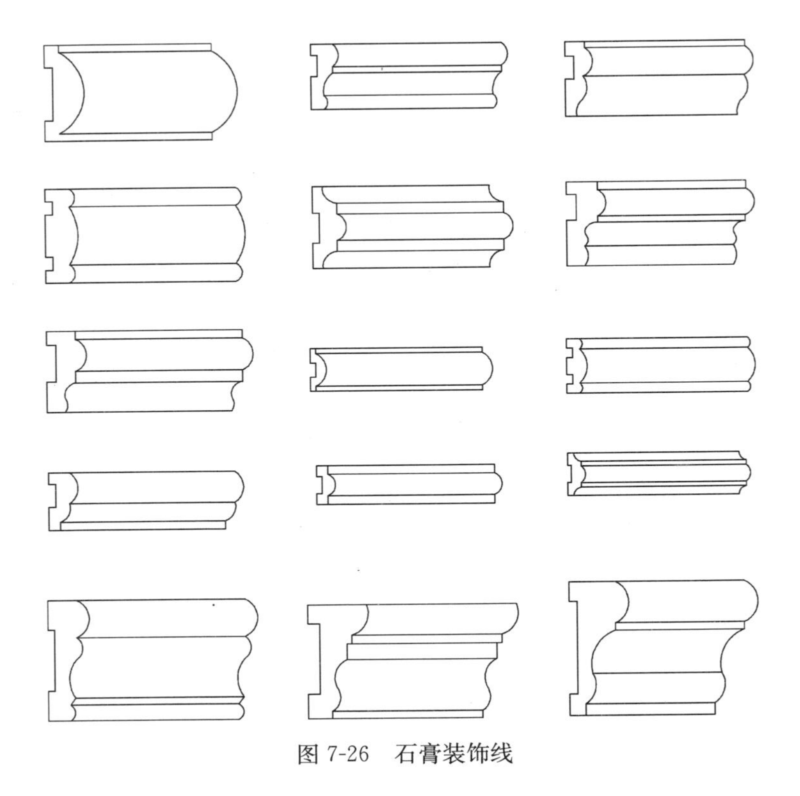

图 7-26 石膏装饰线

1. 石膏装饰线质量要求

(1) 图案花纹深浅

一般石膏浮雕装饰产品图案花纹的凹凸应在 10mm 以上，且制作精细。这样，在安装完毕后，再经表面刷漆处理，依然能保持立体感，体现装饰效果。

(2) 表面光洁度

由于石膏浮雕装饰产品的图案花纹，在安装刷漆时不能再进行磨砂等处理，因此对表面光洁度的要求较高。只有表面细腻、手感光滑的石膏浮雕装饰产品安装刷漆后，才会有好的审美效果。

(3) 产品厚薄

石膏是气密性胶凝材料，石膏浮雕装饰产品必须具有相应厚度，才能保证其分子间的亲和力达到最佳程度，从而保证一定的使用年限和在使用期内的完整、安全。

2. 石膏装饰线工艺要求

(1) 石膏阴角线成 45°斜角连接，拼接用胶粘结，并用防锈螺钉固定。防锈木螺钉打入石膏线内，并用腻子抹平。

(2) 相邻石膏花饰的接缝用石膏腻子填满抹平，螺丝孔用白石膏抹平，等石膏腻子干燥后，由油工进行修补、打平。

(3) 石膏装饰线物品应平整、顺直，不得有变形、裂痕、污痕等现象。1 米内接缝不显明。

(4) 严防石膏花饰遇水受潮变质变色。

第二节 其他复合墙板

一、纤维增强硅酸钙板

纤维增强硅酸钙板，又称为“硅钙板”或“硅酸钙板”。它是由硅质材料(石英粉、硅藻土等)、钙质材料(水泥、石灰等)、增强纤维(纸浆纤维、玻纤、石棉等)等作为主要原料，经制浆、成坯、蒸养、表面砂光等工序制成的轻质板材。其中原料配比和蒸养控制是硅酸钙板生产的关键技术。由于硅质、钙质材料在高温高压的条件下，反应生成托贝莫来(TOBERMORITE)石晶体，其性能极为稳定，故以这种晶体为主要成分的硅酸钙板具有比强度高、变形率低、湿胀率小、防火、防潮、防蛀、防霉、耐久、隔热与可加工性能好等特性。应用于建筑内部墙板、吊顶板、护墙、家具衬板、防火门衬板、活动地板、桌面板、物品柜、厨厕墙板等，经表面防水处理可用作建筑物的外墙板。

1. 硅酸钙板产品参数(表 7-5)

产品标准可参考 ICT 564—2000《纤维增强硅酸钙板》。

硅酸钙板产品参数 **表 7-5**

名　　称	产　品　参　数
规格(mm)	1200×2400×(4～12)、1800×900×(4～10)(6 以上板材表面砂光)
材　　质	托贝莫来石晶体、水泥、石英砂、增强纤维等。
特　　性	不燃 A 级(GB 8624—1997)
耐火极限	2.53 小时(GB/T 9978—1999)
表观容重	1.35g/cm^3
含 水 率	＜10%
热传导系	平均 0.24W/MK(JC/T 564)
隔 声 量	45db(GBJ 75—84)
抗折强度	＞13MPa(GB/T 7019—1997)
湿 涨 率	＜0.19%(GB/T 7019—1997)
干 缩 率	＜0.09%(GB/T 7019—1997)
放 射 性	符合标准(GB 6566—2000)

2. 硅酸钙板施工技术要求

硅酸钙板经过高温蒸压养护和烘干控制板材的湿涨干缩率，板材具有较强的稳定性，能有效防止隔墙、吊顶发生开裂的现象。在硅酸钙板隔墙、吊顶系统中，板材是主要材料，与轻钢龙骨、自攻螺丝、填缝料、吊杆及吊件、连接件、封边纸带等组合构成。硅酸钙板与纸面石膏板是两种用途相近，材质完全不同的材料，但在安装方法有许多相通之处(可参考纸面石膏板施工工艺)。安装要求如下：

(1) 龙骨厚度必须 0.6mm 以上，如果龙骨壁厚不够，在系统安装施工时变形大，难以恢复，易引起系统板材开裂。

(2) 板材接缝处必须有龙骨，龙骨排布须按施工说明进行，如缺少横撑龙骨，墙体系统会带来质量隐患。

(3) 板材用防锈自攻螺丝(螺帽平头)固定在龙骨上，螺丝间距离应在 200～300mm 之间，如果 500mm 甚至更大间距排布螺丝，板材安装不稳固。

(4) 自攻螺丝与板边的距离应为 15mm，距板角为 50mm，螺帽应下沉 1～2mm。如果螺丝距板边太近，在安装螺丝时，由于应力集中，容易把板材边打破，或造成暗裂。

(5) 填缝料须为弹性填缝料，不能用水泥砂浆等材料。

(6) 通常情况下，板材接缝处封闭填缝料采用接缝纸带，但在潮湿环境下应使用玻纤网带。

(7) 吊顶对周围墙体来说是一个完全独立的系统，不能与周边墙体固定在一起。

(8) 对于隔墙来说，凡是建筑结构留有伸缩缝的地方，也同样要在该处留置伸缩缝。

二、GRC 轻质墙板

1. GRC 轻质多孔条板

GRC 轻质多孔条板，又名“GRC 空心条板”(或称 GRC 多孔板)，它是以耐酸玻璃纤维为增强材料，以硫铝酸盐水泥轻质砂浆为基材，通过挤压、成组立模、喷射、预拌泵注、铺网摸浆等成型工艺制成的具有若干个圆孔的条形板。产品标准可参考：ICT 666—1997《玻璃纤维增强水泥轻质多孔隔墙条板》。

GRC 轻质多孔条板应用于建筑室内外非承重墙体(如分室、厨房、厕浴间、阳台等)，抗压强度≥100MPa 的板材，可用于建筑室内加层或两层以下的内外承重墙体部位。

2. GRC 轻质平板

GRC 平板(玻璃纤维增强低碱度水泥轻质板)由耐碱玻璃纤维、低碱度水泥、轻集料与水为主要原料制成。该板材具有密度低、韧性好、耐水、不燃、易加工等特点，可应用于建筑室内隔和吊顶。板材表面经压化、或被覆涂层等装饰处理后，可用作墙体装饰面板。目前，采用“喷射—抽吸法”、“布浆—脱水—辊压”等先进技术，生产可用于建筑外墙的 GRC 轻质板。

3. GRC 轻质复合外墙板

GRC 复合外墙板是以低碱度水泥砂浆作基材，耐碱玻璃纤维作增强材料作面层，内设钢筋混凝土肋，内芯填充高热阻绝热材料制成的轻质复合墙板。这种板材具有强度、韧性、抗渗透、耐候、防火、绝热和隔声性能优良，以及自重轻、规格尺寸大面层造型丰富、加工方便等优点。通常应用于室内外墙非承重挂板。

三、金属面夹芯板

金属面夹芯板是以金属板作面板，分别以硬质聚氨酯泡沫塑料、聚苯乙烯泡沫塑料或岩棉(用高温熔融而成的人造无机棉，如玄武岩或辉绿岩)作芯材，经过压型、折边、灌注和切断等“连续式”生产工艺制成。该类板材包括金属面聚氨酯夹芯板、金属面聚苯乙烯夹芯板、金属面岩棉夹芯板等。具有质轻、强度高、高效绝热、施工方便等特点。金属表面带有彩色涂层，因此，该类板材又具有较好的防腐性、耐久性以及装饰性，可用作室内外墙面或分隔断。

四、纤维水泥(硅酸钙)板预制复合墙板

纤维水泥(硅酸钙)板预制复合墙板是以薄型纤维水泥板或纤维增强硅酸钙板作为面板，以普通硅酸盐水泥、粉煤灰、泡沫聚苯乙烯粒料、化学外加剂与水等拌制成的混合料作填充芯材，采用成组立模注浆成型工艺成型。该板材具有自重轻、隔声、绝热效果好，施工方便、快捷和功能多等优点，可用作室内外墙面或分隔断，产品标准参考：GB/T 10699—1998《硅酸钙绝热制品》。

另外，复合墙板还有：钢筋混凝土绝热材料复合墙板、石膏板复合墙板、玻璃纤维增强石膏板外墙保温板、BT 型(又称聚苯板，由水泥砂浆、镀锌钢丝网、钢筋、聚苯乙烯泡沫塑料等材料制成)外保温板、钢丝网架聚苯乙烯保温板、装配式龙骨外墙外保温板等。

第三节 砌块与砖材

砌块与砖材广泛应用于墙体(承重墙、隔断墙、吸音墙和音障等)、柱、花园围墙、门窗、栏杆以及楼板与屋面系统等。目前，我国对该类材料的生产工艺加强了技术改进，运用先进的装备水平和产品应用技术水平，提高了节能降耗、环境保护意识。

一、砌块

砌块包括普通混凝土小型空心砌块、蒸压加气混凝土砌块、轻集料混凝土小型空心砌块、粉煤灰小型空心砌块、石膏砌块、空心黏土砌块、泡沫混凝土砌块等。

1. 普通混凝土小型空心砌块

普通混凝土小型空心砌块是以水泥、集料石子、细集料砂、水(或必要时加入外加剂)，按一定比例计量配料、搅拌、成型、养护而成。具有自重轻、强度高、耐久性能好、外形尺寸规整和保温隔热性能优良等优点。主要应用于承重墙、隔断墙、吸声墙、音障、柱、花园围墙、门窗、栏杆以及楼板与屋面系统等。产品技术性能执行标准：GB 8239—1997《普通混凝土小型空心砌块》。

2. 轻集料混凝土小型空心砌块

轻集料混凝土小型空心砌块是以水泥、轻集料(陶粒、陶砂、自然矸石、膨胀珍珠

岩、聚苯乙烯膨珠和炉渣等)、水为主要原料，必要时加入普通砂、掺和料和外加剂，按一定比例计量配料、搅拌、成型、养护而成。具有质轻、强度高、保温隔热和抗震性能好、利废等特点，被广泛应用于建筑结构内外墙体，特别是在保温隔热要求较高的维护结构墙体上的应用，它是一种有发展前景的节能型的新型墙体材料。产品技术性能执行标准：GB 15229—94《轻集料混凝土小型空心砌块》。

3. 轻质石膏砌块

轻质石膏砌块是以建筑石膏(磷石膏、烟气脱硫石膏，或用高强石膏粉、部分水泥替代)为原料，加入轻集料、填充料、纤维增强料、发泡剂等，经过料浆拌和、浇注成型、自然干燥或烘干制成。具有耐火、保温隔热性能好、轻质、强度高施工性能优越等特点。主要应用于室内框架结构、隔墙等非承重墙体。若采用固定及支撑结构，墙体可承受一定的荷载(如吊柜、热水器及其他挂件等)。掺入特殊添加剂的防潮砌块，可用于浴室、厕所等湿度较大的空间墙体。

轻质石膏砌块主要产品有：石膏泡沫砌块、石膏充气砌块、石膏夹心砌块、石膏珍珠岩保温砌块等，每一种石膏砌块材料有其自身的特点与应用范围。

4. 泡沫混凝土砌块

泡沫混凝土砌块是用物理机械方法将泡沫剂、胶凝材料(如水泥、石灰)、集料(石子、砂、炉渣)、掺和料(粉煤灰、矿渣)、外加剂和水等制成的料浆中，经混合、浇注成型、养护而成。由于其含有大量的封闭孔隙，因而表现出良好的物理力学性能，即具有轻质(密度在300～700kg/m^3)、防火、耐久性能好(抗冻和碳化性能)保温、隔热、隔湿和吸声等功能。泡沫混凝土砌块主要应用于框架结构墙体填充隔热用途和屋面隔热层。

二、砖材

砖材从生产工艺、材料运用和孔型设计上可分为黏土烧结多孔砖和空心砖、蒸压灰砂砖、粉煤灰烧结砖、蒸压粉煤灰砖、煤矸石烧结砖、页岩砖烧结和煤渣砖等。

1. 黏土烧结多孔砖和空心砖

黏土烧结多孔砖和空心砖是以黏土为主要原料，经开采、拌料、成型、干燥、焙烧等工艺制成，具有良好的保温隔热、节能、承重、围护功能，高强、价廉和朴实的装饰美，主要应用于建筑墙体、室外围墙、室外墙面装饰等。多孔砖应用于承重墙，空心砖应用于非承重墙。

黏土烧结多孔砖和空心砖，因孔型、排列方式和生产工艺不同，热工性能和强度也不同，如孔形为圆孔多孔砖和空心砖，易生产，但在相同孔洞率条件下热工性能差。容重越轻、外壁与肋越薄则热导率越小，力学性能有所下降。因此，在应用中综合考虑，合理选择。

微孔砖：是指在生产配料时加入锯木屑或其他硬质可燃物，或者在挤出成型前加入膨胀聚苯乙烯微珠，这些可燃物焙烧时被烧掉，砖体内形成密封状微孔，这种砖不但节能省土，而且具有良好的保温隔热性能。

模数多孔砖：模数多孔砖是根据建筑模数标准制定尺寸，为现代建筑配件、构件、装饰等标准化创造了条件；通过改善多孔砖的孔型结构，提高了墙体的保温隔热性能。模数多孔砖与配砖一起组合成符合模数的各种墙体。

2. 蒸压灰砂砖

蒸压灰砂砖是以石灰石和砂为主要原料，经磨细、配料、混合搅拌、砖坯成型、蒸压养护等工序制成，是一种性能优良、生产节能、产品规格多种的新型材料。砖的颜色有素色和彩色，结构稳定性好，除应用于承重墙和非承重墙外，还有灰砂面砖、屋面砖、饰面砖和各种异形砖(如：U形砖、圆形砖、承口砖和气孔砖)、轻质灰砖、灰砂砖等。

3. 蒸压粉煤灰砖

蒸压粉煤灰砖是以粉煤灰、石灰、石膏(天然石膏或工业副产石膏)以及骨料(工业废渣、砂及细石料)为原料，经坯料制备、压制成型、高压蒸气养护等工艺过程制成的实心粉煤灰砖，砖的规格为240×115×53。该砖抗压强度较高，性能较稳定。常应用于环境基础工程。

4. 煤矸石烧结砖

煤矸石烧结砖是以煤矸石(泥质、碳质、砂质、砂岩类等)为主要原料，并掺入少量黏土、页岩、粉煤灰等辅料，经碎料、搅拌配料、混合搅拌、成型、切坯、码坯、干燥、焙烧等工艺制成。煤矸石烧结砖又分为实心砖、多孔砖和空心砖三大类，其中煤矸石烧结实心砖为主导产品，具有多孔、节能、高强和装饰等特点。多孔与节能紧密相关，孔形和孔形排列直接影响砖的热工性能；高强与装饰密切相关，高强指标是结构和安全等工程质量的保证，强度高的煤矸石多孔砖耐久性能好，如用煤矸石多孔砖构筑的清水墙具有良好装饰效果，朴实美观。

第八章　陶　瓷

我国陶瓷生产历史悠久、成就辉煌，为人类的文明和发展作出了巨大的贡献。随着现代科学技术的发展和审美需求的提高，各种陶瓷产品的开发设计表现出一种既科学、环保绿色化，如向高瓷化程度(全玻璃质超薄型)、尺寸大型化、强度高、抗菌、调湿、净化空气、易洁、蓄光安全、节能等方向发展，又大胆、浪漫的设计风格，如具有多种规格和外形特征，或色彩丰富、图案变化多样，或淡雅，或仿石、仿古，自然、古朴典雅。

陶瓷主要指用于建筑室内外构件、卫生设施和墙、地面铺面的陶瓷制品。

第一节　陶瓷材料的分类与性能

一、陶瓷材料的分类

陶瓷材料的分类方法较多，通常可按用途、结构、性能或化学组成进行分类。

1. 按用途或结构分类

① 墙地砖：墙面砖(室内墙面砖和室外墙面砖)、地面砖(室内地面砖和室外地面砖)；

② 陶瓷洁具：用于厨房的洗涤槽或洗涤盆，用于卫生间的大便器、小便器、水箱、洗面器、浴盆及肥皂盒、手纸盒等；

③ 装饰陶瓷：陶瓷壁画(釉上彩壁画、釉下彩壁画、唐三彩壁画、高温花釉壁画、浮雕陶瓷壁画和镶嵌陶瓷壁画)、琉璃(瓦、砖和构件)、园林陶瓷(花台、绣墩、花瓶、圆桌、花窗、花格砖、栏杆砖)等。

2. 按性能分类

按性能可分为：高强度陶瓷、高温陶瓷、耐磨陶瓷、耐酸陶瓷、结构陶瓷、磁性陶瓷、电介陶瓷、压电陶瓷、生物陶瓷、导电陶瓷和超导陶瓷等。

3. 按化学组成分类

按化学组成可分为：氧化物陶瓷(氧化铝陶瓷、氧化锆陶瓷、氧化镁陶瓷)、氮化物陶瓷(氮化硅陶瓷、氮化铝陶瓷、氮化硼陶瓷)、碳化物陶瓷(碳化硅陶瓷、碳化硼陶瓷)、复合陶瓷(氧氮化硅铝陶瓷、镁铝尖晶石陶瓷)、金属陶瓷(铁、镍、钴陶瓷)以及纤维增强陶瓷等。

二、陶瓷材料的性能与特征

陶瓷材料是以天然矿物和人工制成的化合物为原料，按一定配比称量配料，经混合磨细、成型、干燥、修坯、施釉、高温烧结而成。它属于无机非金属材料，具有很多优良的性能，如质地坚硬、耐高温、耐磨、耐酸、耐碱、耐环境大气腐蚀、抗冻、不褪色，以及绝缘、吸水、透气等。它的釉色美丽、质感丰富，并以此满足人们的审美需求。

1. 力学性能

(1) 强度

陶瓷材料的强度是指陶瓷抵抗外加负荷的能力。它具有多种强度指标，如抗压强度、抗拉强度、抗折强度、抗剪强度、抗冲击强度等。由于陶瓷材料的组织中存在晶界及气孔等缺陷，陶瓷材料的实际强度比理论强度低得多。

(2) 断裂韧性

断裂是陶瓷裂纹扩展的结果。表 8-1 为陶瓷材料的断裂韧性比较值。

陶瓷材料的断裂韧性比较值 **表 8-1**

陶瓷材料	断裂韧性($MPa\sqrt{m}$)	陶瓷材料	断裂韧性($MPa\sqrt{m}$)
Al_2O_3 瓷	279～4.65	Si_3N_4 瓷	3.72～4.65
SiC 瓷	2.79～3.4	MgO 瓷	2.79

(3) 硬度

硬度是指陶瓷材料表面的局部抗压强度，陶瓷材料的硬度是各类材料中最高的。陶瓷材料的硬度在高温下仍较高，因而，其耐高温性和耐磨性非常优良。表 8-2 为常用陶瓷材料硬度对比值。

常用陶瓷材料硬度对比值 **表 8-2**

材 料 名 称	硬度(HV)	材 料 名 称	硬度(HV)
塑料	～17	氧化铝瓷	～1500
铝合金	～170	碳化钛瓷	～3000
钢	300～800	金刚石	6000～10000

2. 陶瓷材料的热性能

(1) 热膨胀系数

陶瓷材料的线膨胀系数小，为 10^{-5}～10^{-7}/K。膨胀系数大的陶瓷材料，当温度急剧变化时，可能发生瓷体炸裂。

(2) 抗热冲击性

抗热冲击性是指陶瓷能承受温度急剧变化而不破坏的能力。抗热冲击性与陶瓷的热膨胀系数、热导率、弹性模量、机械强度、断裂韧性及材料产品的形状、尺寸等因素有关。如果在热冲击下陶瓷抵抗热冲击的能力较低，则会发生龟裂甚至受到破坏。

3. 光泽度

光泽度是指陶瓷材料表面对可见光的反射能力。表面施釉的陶瓷平整光滑、无针孔等，因而对光的反射能力强，光泽度高；表面未施釉的陶瓷质地略粗，肌理均匀，对光的反射能力弱，光亮度低，或呈亚光；表面施无光釉的陶瓷处理对光的反射能力弱，其表面不仅平滑光洁，而且视觉效果柔和。大面积采用无光釉面陶瓷(如陶瓷面砖)可以避免因陶瓷表面的反光而眩目。

第二节 常用陶瓷制品的分类与应用技术

常用陶瓷制品可分为墙地砖、卫生陶瓷两大类。

一、陶瓷墙、地砖

陶瓷墙、地砖是指由黏土和其他无机原料为主要原料，采用干压法或湿压法成型工艺制成的陶瓷薄板。它是相对于其他具有较强体积感的陶瓷制品而言的陶瓷平面材料，其厚度与长宽相比尺寸差别较大。它不仅是一种性能优良的遮盖物，而且可以融合艺术的表现手法，大胆而又巧妙地利用釉料的缺陷：釉泡、釉裂、脏点、透明与乳白的混合、印刷缺陷等形成独特的视觉效果，给人以新颖、别致、独到的美感。

1. 陶瓷墙、地砖的分类

陶瓷墙、地砖可按其外观特征、用途和功能性能等进行分类。

(1) 从表面质感可分为：有光与无光釉面砖、麻面砖、磨光砖、抛光砖、压花浮雕砖、防滑砖、几何点线面砖、金属光泽面砖等，以及釉裂砖、釉泡砖、脏点砖等具有独特装饰效果的墙、地砖。

(2) 从外观形状可分为：正方形、长方形、三角形、扇形、梯形、多边形以及异形等，也可切割加工成各种拼花所需要的形状(图 8-1)。

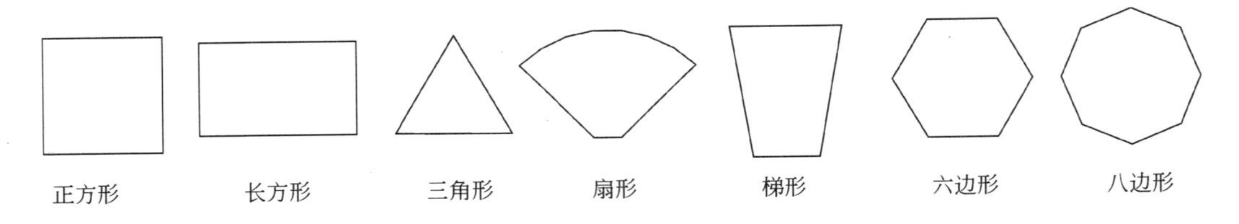

图 8-1 墙地砖的基本形状

(3) 从用途上可分为：墙面砖(室内外)和地面砖(室内外)。

① 墙面砖

墙面砖分为釉面砖和无釉面砖。釉面砖一种是以瓷土为主要原料加压成型或浇注成型，干后通过温度 1200～1280℃素烧而成，釉烧温度为 1150～1200℃；二是节约能源，降低产品成本，利用廉价低质原料，生产低温快烧釉面砖。该坯料的素烧温度为 1100℃，釉烧温度为 1050℃。此外，利用各种矿物、工业废渣和尾矿等为原料开发出各种不同的低温快烧釉面砖，焙烧温度降到 1000℃。

● 釉面墙砖

因釉色颜料种类较多，以及不同釉色的混合，故可生产出多种素色(单一色)和彩色釉面砖。在素色面砖上贴各种图案的花纸，通过低温焙烧后，能得到更多的花色品种，装饰效果丰富多彩。釉面墙砖按光泽又可分为亚光釉面墙砖、无光釉面墙砖。

釉面墙砖又分为外墙釉面砖和内墙釉面砖。外墙釉面砖要求坯体质地密实，吸水率控制在3%～6%(室外应小于3%)，并具有性能稳定、耐候性好、抗冻能力强等特点，其品种有石光釉砖、陶瓷锦砖、窑变釉砖、金属光泽(金色、银色、虹彩等)釉砖和其他有彩系釉砖等；内墙釉面砖为多孔精陶坯体，坯体较薄，瓷化程度相对室外低些，表面釉质细腻。其品种有陶瓷锦砖、有彩系釉面砖，以及各种印花图案釉面砖、独特窑变釉面砖。

常用规格(mm)有：室外釉面砖，200×100×(7～10)、150×75×(7～10)、100×50×7、250×50×9、100×100×7、108×108×8；室内釉面砖，110×110×4、152×152×4、200×200×4、200×300×4、150×300×4、250×360×4等；腰线砖，250×80×4、200×80×4；踢脚线，100×(400～600)、120×(400～600)、150×(400～600)，厚度为8～12。

● 无釉墙面砖

无釉墙面砖是指不施釉的纯陶墙面砖，采用难熔黏土压制成型后焙烧而成。其表面粗犷无光，不透明，具有一定的吸水率。常以素色为主，自然纯朴。纯陶墙面砖常用于酒吧、餐厅、茶艺馆等室内墙面。要求坯体质地密实，吸水率应控制在3%～6%(室外应小于3%)，并具有良好的耐火、耐寒、耐热、耐酸碱、抗渗透、抗风化等性能。其厚度比室内饰面砖厚8～20mm。

常用规格(mm)有：室外面砖，200×64×8、95×64×18、200×100×9、152×75×10、120×100×8；室内面砖，115×52×4、200×100×4、240×115×4、240×52×4、227×60×4、150×70×4；曲角砖，a=52、70，b=52、115、150、175、240，c=13～30，a=90°、135°。

② 地面砖

地面砖分为施釉和不施釉两类。有釉地面砖从表面光亮度又可分为亮光地面砖、无光地面砖，以及立体、印花、裂纹釉等具有独特装饰效果的地面砖。不施釉地面砖由优质黏土制成，如素面陶瓷锦砖、红地砖、无釉瓷质砖，其质地粗糙无光，表面有均匀斑点、疙瘩，防滑性能好。

地面砖应具有强度高，坚固耐磨，瓷化程度高或全玻璃质，防滑、吸水率低(通常陶瓷锦砖吸水率在0.2%以下，无磨光砖吸水率在1%以下，劈离砖吸水率为1%～3%，无釉地砖吸水率小于3%)等优良性能，

通过现代技术改进的全瓷化瓷质地砖，又称玻化砖。通过高温烧结，完全瓷化生成了莫来石等多种晶体。具有超强度、超耐磨性(是普通瓷砖的4.5倍)和抗弯曲性、抗污性强，防滑性好，吸水率低(小于0.07%)，以及极好的抗化学侵蚀性能，重负载能力。可用于家居、写字楼、餐馆等地面铺贴，特别适合于化工、食品、仪器、设备制造等车间、仓库以及室外广场、停车场等地面铺贴。

全瓷化瓷质砖可分为：纯色系列、彩点系列、聚晶系列、梦幻系列和特种系列。

纯色系列：珍珠白、象牙白、淡黄、土黄、橙黄、杏红、樱桃红、珊瑚红、棕褐色、浅灰、浅绿、中绿、深绿、橄榄绿、浅蓝、深蓝、宝蓝、黑色等。规格(mm)：

200×200、300×300、400×400、500×500、600×600、900×900。

彩点系列：白麻、灰白麻、黑麻、隐清麻、水清绿麻、黄麻、玉红麻、杜美红麻、红棕麻、满天星。规格(mm)：200×200、300×300、400×400、500×500、600×600。

聚晶系列：表面纹理如同花岗石，有巴黎白、米黄白、琉璃石、挪威红、巴黎红、印度红、翡翠绿、孔雀绿、绿宝石、红松石、黑珍珠。规格(mm)：300×300、400×400、500×500、600×600。

梦幻系列：砖面为仿自然界流水、行云、石纹等图案，有云海石、紫云石、孔雀石、凤凰石、黄瀑布、白云石、金沙滩、黄玛瑙、云瀑石。规格(mm)：300×300、400×400、250×400、500×500、600×600、300×600、600×900。

特种系列：用于踏步、踢脚线及卫生间、洗漱区、游泳池等潮湿地面的防滑砖(图 8-2)。规格(mm)：200×200×(12～15)、300×300×(12～15)、150×300。

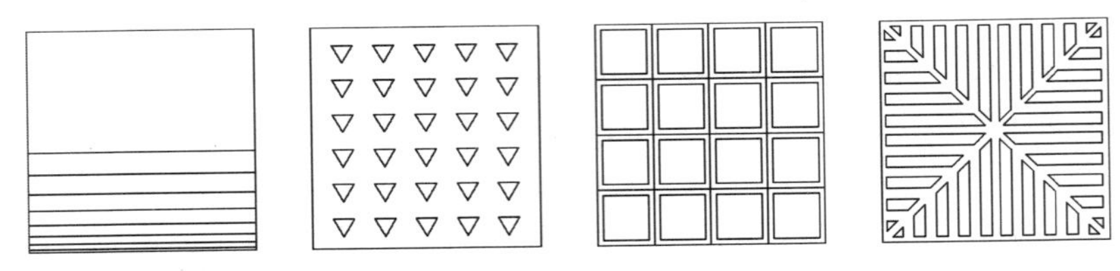

图 8-2　特种防滑砖

广场砖系列：用于公共广场、盲道等，砖面呈密集的麻点和排列的几何点、线以及凹凸防滑面(图 8-3)。有白麻石、灰麻石、黄麻石、黄棕麻、黑麻、红麻。规格(mm)：100×100、100×200、200×200、300×300，以及三角形、扇形、梯形等，厚度有 12、15 等。

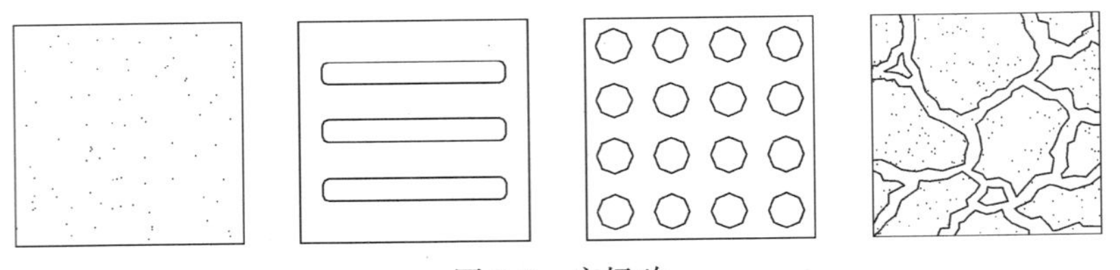

图 8-3　广场砖

③ 陶瓷锦砖

陶瓷锦砖又名陶瓷马赛克或纸皮砖，是以优质瓷土为主要原料，采用半干法压制成型后，再经 1250℃ 高温烧结而成。具有抗腐蚀、耐磨、抗压、耐水、吸水率小(0.2%以下)、不褪色、易清洗等特点，其颜色和形状有多种，如图 8-4。

陶瓷锦砖分有釉及无釉两种。按其断面又分凸面和平面两种，凸面陶瓷锦砖多用于室外墙面，以及室内浴室、洗手间、厨房、游泳池等壁面铺装；平面陶瓷锦砖多用于地面铺设，其镶贴图案如图 8-5。陶瓷锦砖由于单位面积很小，用于大面积镶贴时，形成一种视觉肌理效果，又加上色泽丰富，因此，又常用作室内外装饰壁画。也可用于面积较小的地面，起点缀作用。

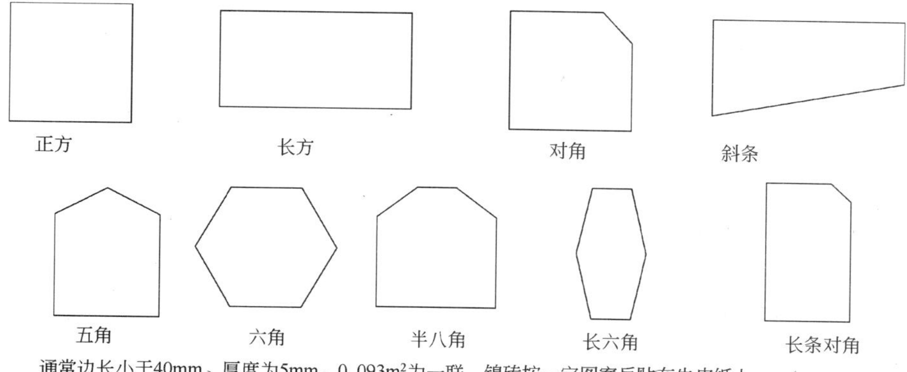

图 8-4 陶瓷锦砖的基本形状

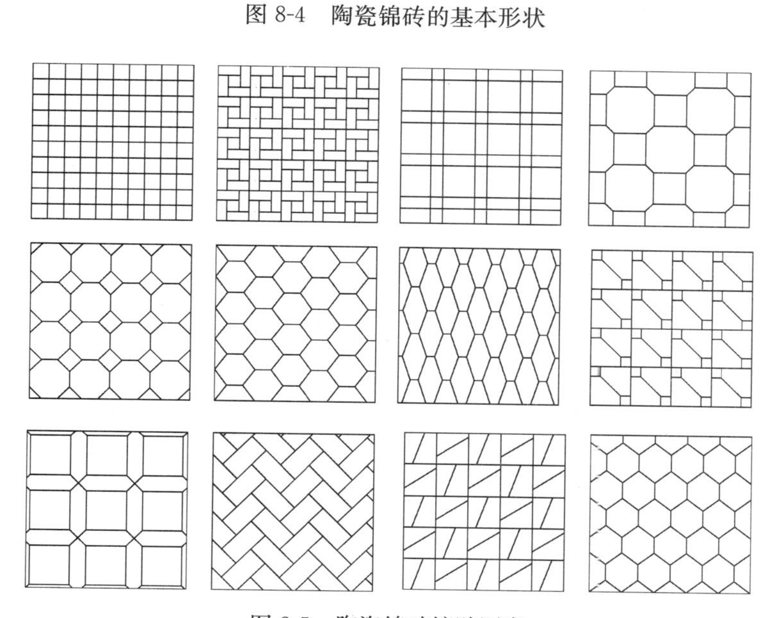

图 8-5 陶瓷锦砖镶贴图案

④ 劈离砖

劈离砖是目前发展起来的新型饰面砖。它是将一定配比的原料，经粉碎、炼泥、真空挤压成型，再经干燥后高温烧结而成。其坯体坚实、强度高，表面强度大、耐磨、防滑，耐腐抗冻，冷热性能稳定，吸水率低(1%～3%)。背面凹槽纹与粘结水泥砂浆形成楔形结合，从而增加铺贴的牢固度，如图 8-6。

劈离砖表面质感变化多样，釉色丰富。其常用规格(mm)有：240×52、240×115、194×94，厚 11；190×190、240×52、240×115、194×52、194×94，厚 13。

劈离砖可用于餐厅、酒吧、候车室、停车场、走廊、人行道、广场、公园、游泳池等地面铺设，以及各类建筑物外墙镶贴。

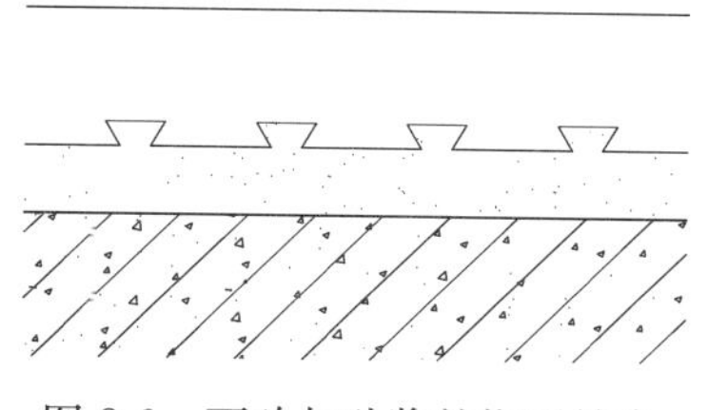

图 8-6 面砖与砂浆的楔形结合

2. 陶瓷墙、地砖应用技术及要求

(1) 陶瓷墙、地砖的选购

建筑室内外墙面、室内外地面以及不同的室内功能空间(如客厅、厨房、卫生间、阳台及其他公共空间)地面等采用的陶瓷面砖也不一样。选购时应充分考虑釉色、尺寸偏差、色差、表面质量(如无杂斑、孔洞)、变形大小(如平整度、边直度)、吸水率和强度等。

(2) 陶瓷墙、地砖铺设形式

陶瓷墙、地砖的排列方式、尺寸、釉色、形状、质地以及缝线的粗细的不同，产生的视觉效果也不一样。在实际应用中，应根据应用对象、面积大小或空间功能要求等进行选择和利用(如图 8-7～图 8-9)。

图 8-7　墙面砖镶贴形式

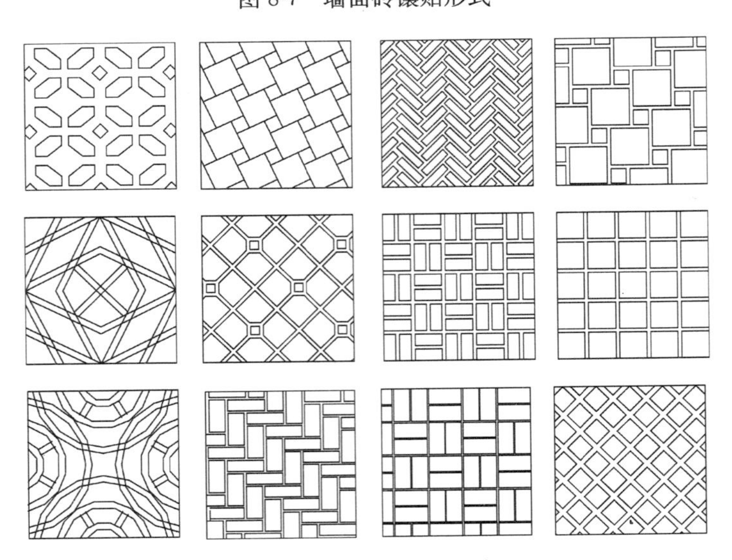

图 8-8　地面砖镶贴形式

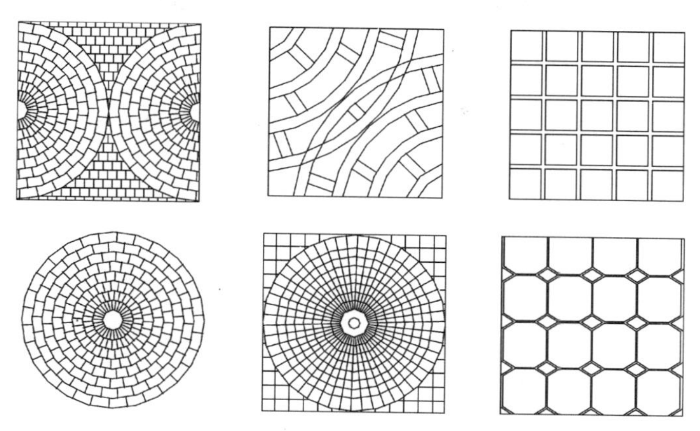
图 8-9　室外广场地面砖镶贴形式

(3) 陶瓷墙、地砖缝线形状

墙地砖有规律地铺设时，形成骨格缝线。骨格缝线的大小和形状都会产生不同的视觉美感。但在处理时必须注重与饰面砖镶贴形式的整体性和协调感，而不是强调单一的缝线效果。缝线的形状有凹圆形、V 形、上斜形、下斜形、齐平形和凹平形，其中凹圆形和齐平形缝线适合于地面。如图 8-10。

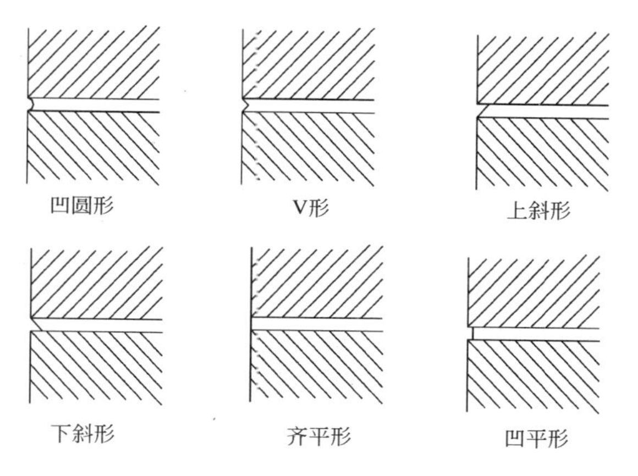

图 8-10　饰面砖缝线形状

(4) 嵌缝材料

嵌缝材料有水泥砂浆、水泥灰浆、环氧树脂和干粉状彩色接缝剂等。水泥砂浆和水泥灰浆适用于各种缝线，环氧树脂适用于凹圆形、齐平形缝线，干粉状彩色接缝剂是由精细的结晶体、大理石粉、改性水泥、增水剂、增塑剂、颜料等配制而成，适用于各种缝线，且无毒无味，保色性好。

(5) 陶瓷墙、地砖铺设工艺与技术要求

① 地砖铺设工艺及要求

A. 基层为水泥地板。

a. 基层处理

用水泥砂浆找平，或在原已找平的基层上凿毛(深 5～15mm)。

b. 材料

瓷砖：瓷砖的耐磨强度、厚度应根据地面的载重量与是否踩踏频繁进行选择。瓷砖在使用前应按大小分级选取，同一类尺寸应贴于同一层或同一面墙上；浸入清水中(2 小时左右)充分吸水并阴干，吸水后清除釉裂瓷砖。

防水薄膜：采用聚乙烯薄膜(0.1mm)或油毡作基层防水处理，尤其适合于商业性餐饮区、卫生间、浴室、厨房及一层潮湿地面。专用的防水薄膜是用来防静电处理。

砂浆垫层：1份水泥、6份湿沙，用水混合作为垫层，垫层厚度要均匀。

增强材料：焊接钢丝网或等号钢。

粘结层：水泥砂(细砂)浆，配比为：水泥：沙＝1：2或1：3(体积比)；聚合物水泥砂浆，配比为：水泥：沙：107胶＝1：2：0.03(质量比)；厚度在5～10mm之间。

c. 伸缩缝线

缝线的填充材料可采用水泥灰浆、环氧树脂、干水泥灰或专用嵌缝胶。干水泥灰适应室内缝线小的地面，当瓷砖铺设后，粘结层未干时，将干灰抹入，让其吸收粘结层的水分凝固，或在潮湿空气中自行凝固。缝线的宽度应根据表现的对象来确定。通常室内地面缝线宽度在3～4mm以下，优质玻化瓷砖直线边的偏差较小，铺设后的缝线一般<2mm，需要缝线做装饰时，可为8～10mm。室外地面缝线宽度在10～15mm。缝线在瓷砖铺设后1～2小时填充。缝线面应低于瓷砖面，尤其广场地面缝线面应低于瓷砖面3～5mm，有利于排水。如图8-11、图8-12。

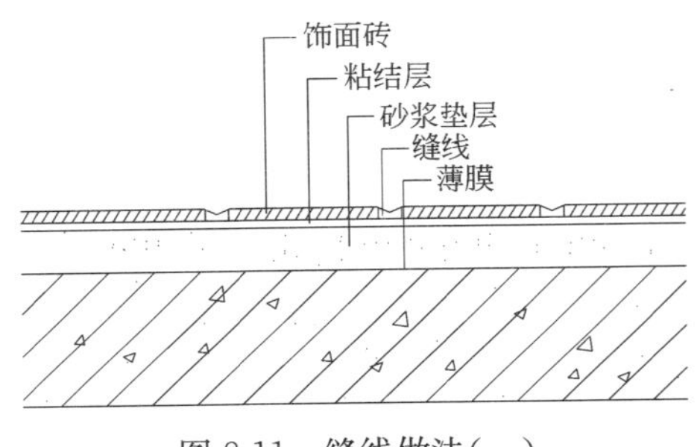

图8-11 缝线做法(一)

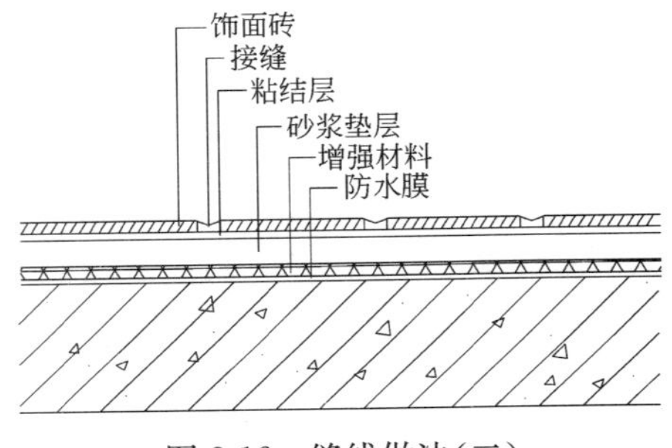

图8-12 缝线做法(二)

B. 基层为混凝土地板。

直接在混凝土基层上铺设瓷砖，要求混凝土基层均匀、平整、坚固。铺设前洒水湿润，但不能有积水。这一方法也适合在原有瓷砖或水磨石的基层地板上铺设，但在铺设前需要在原有的瓷砖或水磨石的面层上锤凿起毛，并去除或修补松动部分。其他与图8-11相同。如图8-13。

C. 基层为木制地板。

木制基层结构可分为：单层木板(与增强材料结合)、双层木板、木板与胶合板结合等类型。木制基层结构大多是建立在钢架结构或钢木结构的楼层上。如图8-14～图8-16。

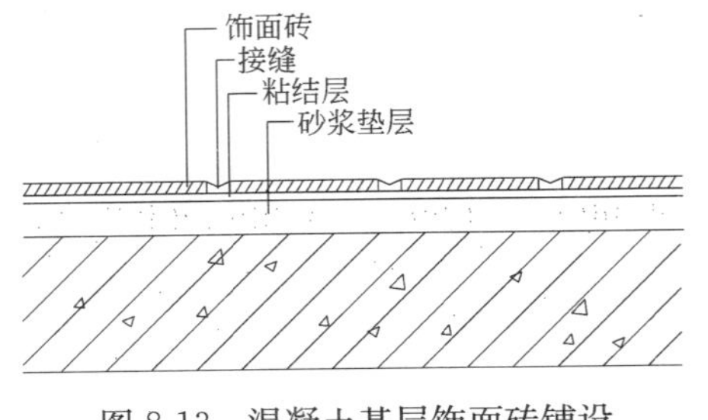

图8-13 混凝土基层饰面砖铺设

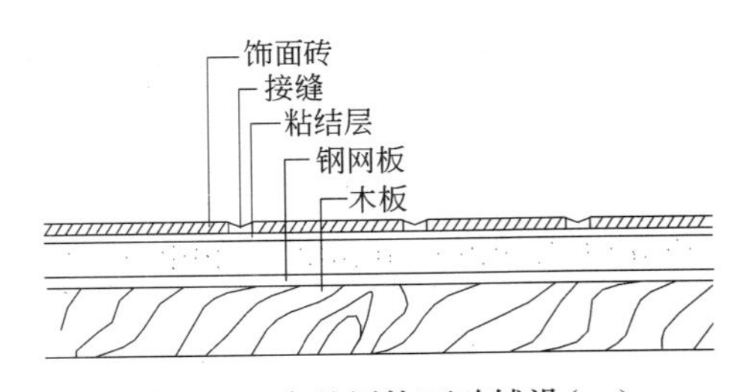

图8-14 木基层饰面砖铺设(一)

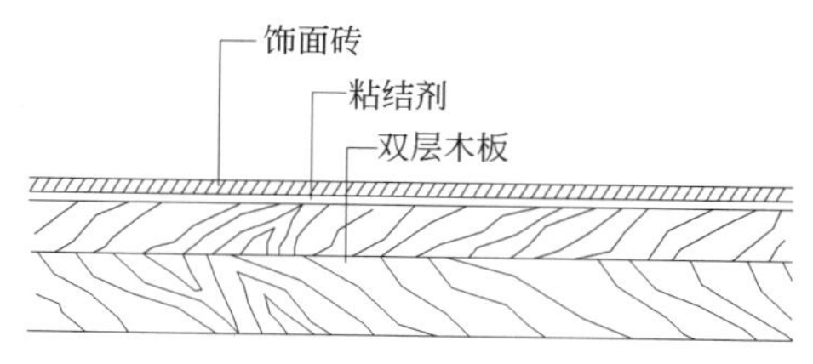

图 8-15 木基层饰面砖铺设(二)

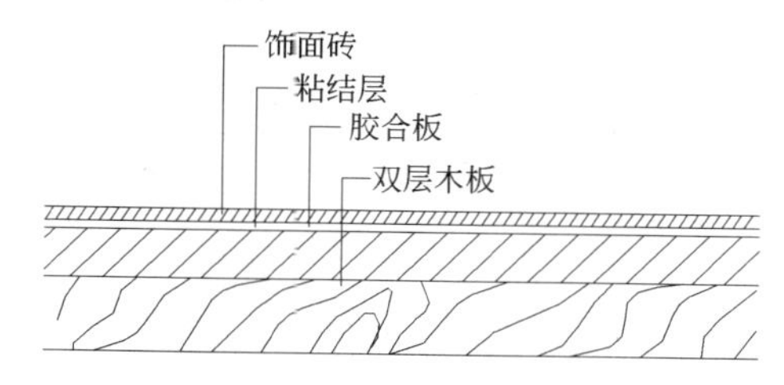

图 8-16 木基层饰面砖铺设(三)

粘结层：单层木板与钢网板结构的基层，采用水泥灰浆或聚合物(107 胶)水泥砂浆；双层木板结构基层，采用有机胶粘剂；木板与胶合板基层结构采用聚合物水泥砂浆。其他与图 8-14 相同。

② 墙砖铺设工艺及要求

A. 墙体为混凝土或砌体。

a. 墙面处理：

墙面干净、坚固、找平。已找平的墙面要湿水、凿痕，原有涂层要去除干净。

b. 材料：

瓷砖：瓷砖的耐磨强度、厚度应根据地面的载重量与是否踩踏频繁进行选择。瓷砖在使用前应按大小分级选取，同一类尺寸应贴于同一层或同一面墙上；浸入清水中(2 小时左右)充分吸水并阴干，吸水后清除釉裂瓷砖。

砂浆找平层：在已用砂浆找平且干透的墙面凿痕(深 5～15mm)、湿水后，可直接铺设瓷砖。在原混凝土或砌体上铺设时，需要做水泥砂浆找平层，水泥：沙＝1：3～4，或水泥：石灰：沙＝1：1：5(体积配比)，厚度不超过 2mm。

粘结层：水泥灰浆、聚合物水泥砂浆或聚合物水泥浆。聚合物水泥砂浆的配比为：水泥：沙：水：107 胶＝1：(2～3)：0.5：(0.02～0.03)(0.02～0.03 表示渗入的 107 胶为水泥质量的 2%～3%)；聚合物水泥浆的配比为：水泥：107 胶：水＝1：0.05～0.25：0.3。厚度为 2～3mm。如图 8-17、图 8-18。

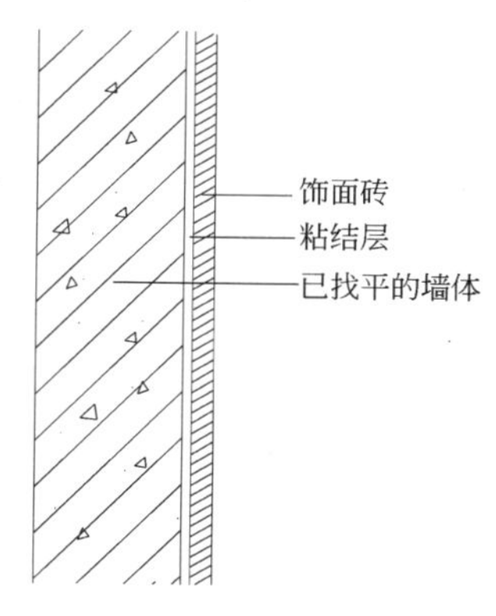

图 8-17 混凝土墙面砖铺设

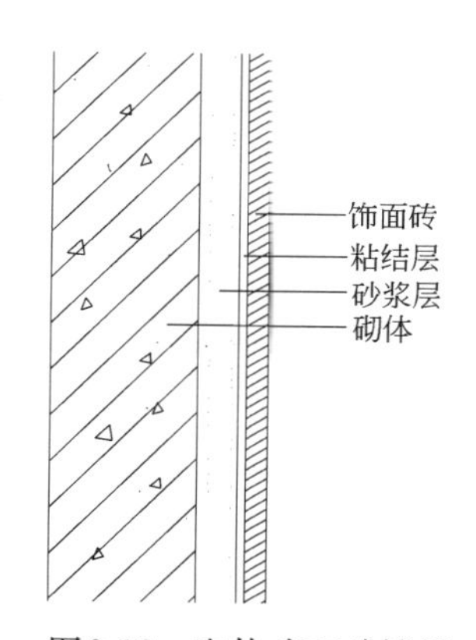

图 8-18 砌体墙面砖铺设

3. 墙体为木立筋板层结构

① 墙体处理。

木立筋板层结构要干燥、坚固，并作防潮防腐处理。

② 材料。

瓷砖：瓷砖的耐磨强度、厚度应根据地面的载重量与是否踩踏频繁进行选择。瓷砖在使用前应按大小分级选取，同一类尺寸应贴于同一层或同一面墙上；浸入清水中(2 小时左右)充分吸水并阴干，吸水后清除釉裂瓷砖。

防潮层：采用油毡或聚乙烯塑料薄膜(0.1mm 厚)。

增强材料：钢丝网或其他金属拉网，需进行防锈处理。

刻痕打底层：采用水泥砂浆(体积配比：1∶2 或 1∶3)粉刷在钢丝网板上，并刻痕，有利于砂浆层凝结牢固。

砂浆层：采用水泥砂浆，配比为：1∶3 或 1∶4；水泥石灰砂浆，体积配比为：1∶0.5∶5 粘结层：水泥灰浆、水泥砂浆或聚合物水泥砂浆，其配比与(1)相同。如图 8-19。

4. 墙体为轻钢龙骨石膏板结构。

① 墙体结构。

墙体采用单层或双层纸面纤维石膏板固定在轻钢龙骨结构架上，石膏板的厚度有 9mm、12mm，其板面接缝采用狭带钉或嵌缝石膏嵌缝后，再使用玻璃纤维网胶带。适合于干燥轻质隔墙。浴室、卫生间等潮湿处则采用防水纸面石膏板，嵌缝材料应采用防水密封膏。如图 8-20。

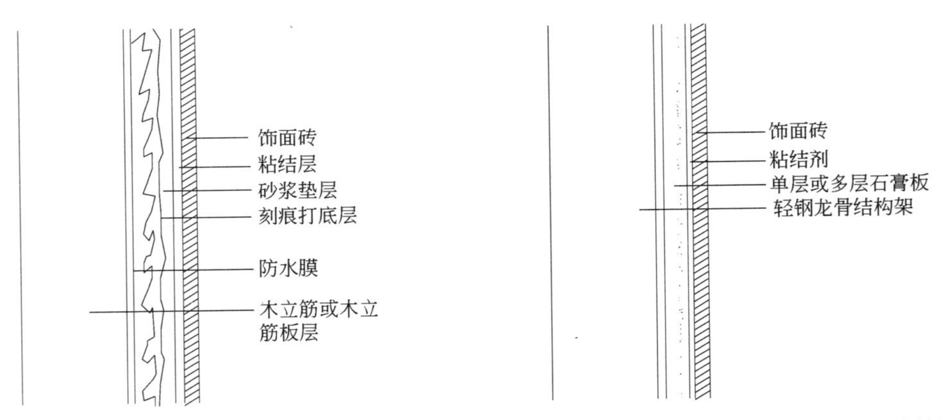

图 8-19 木立筋或木立筋板层墙面饰面砖铺设　　图 8-20 轻钢龙骨石膏板墙面饰面砖铺设

轻钢龙骨：薄型镀锌钢板扎制成的金属骨架，壁厚为 0.63mm，由 U 形(横龙骨)和 C 形(竖龙骨)组成。

② 材料。

瓷砖：瓷砖的耐磨强度、厚度应根据地面的载重量与是否踩踏频繁进行选择。瓷砖在使用前应按大小分级选取，同一类尺寸应贴于同一层或同一面墙上；浸入清水中(2 小时左右)充分吸水并阴干，吸水后清除釉裂瓷砖。

胶粘剂：饰面砖与石膏板采用有机胶粘剂，粘结前，可先在石膏板上涂刷一层。

缝线处理：饰面砖铺设 24 小时(待有机溶剂完全挥发)后，进行嵌缝处理。

二、卫生陶瓷洁具

卫生陶瓷洁具是以黏土、石英、长石等为原料，经过洗选、粉碎、研磨、除铁后注浆成型，并经干燥、施釉和高温烧制而成。其造型美观，釉色种类较多。随着现代科学技术的提高和环保要求，卫生陶瓷洁具朝着节水型、环保型、多功能型和造型美观的方向发展。常用卫生陶瓷洁具分为五大类(见表 8-3)。

陶瓷洁具的分类 **表 8-3**

卫生陶瓷洁具	洗面器	挂式	
		立柱式	
		台式	
	大便器	坐便器	冲洗式
			虹吸式(带水箱)
			虹吸射流式(带水箱)
			漩涡虹吸式(联体式)
		蹲便器	
	小便器	虹吸式	
		压水式	
		落地式(嵌入地面)	
	水槽		
	其他(肥皂盒、手纸盒、毛巾架托等)		

1. 台式洗面器(图 8-21)。

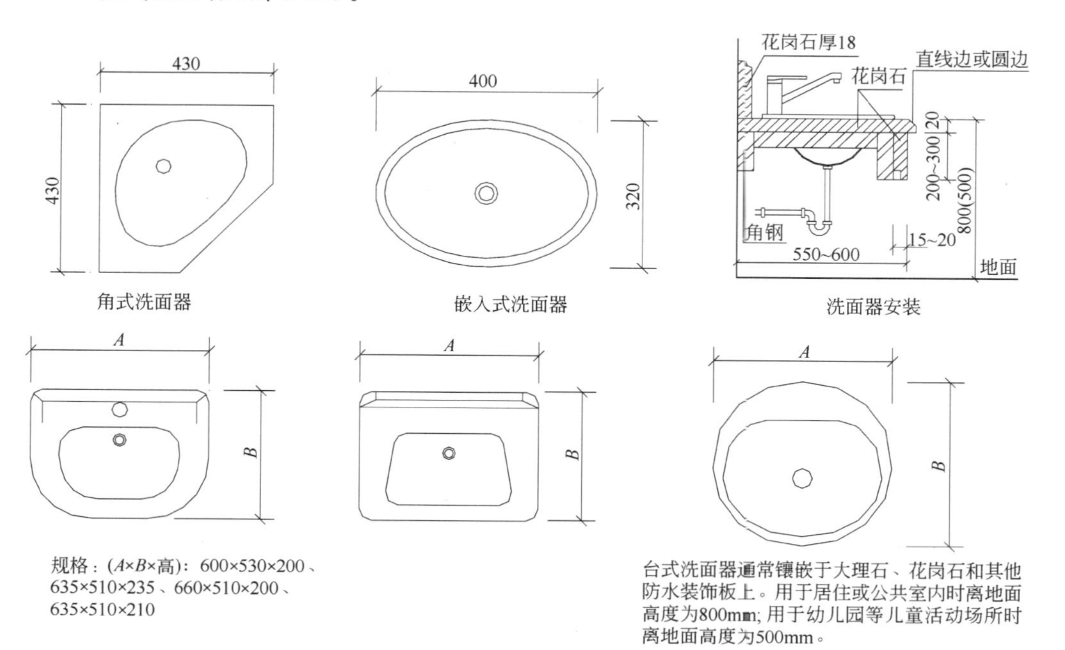

图 8-21 台式洗面器(单位 mm)

2. 立柱式洗面器(图 8-22)

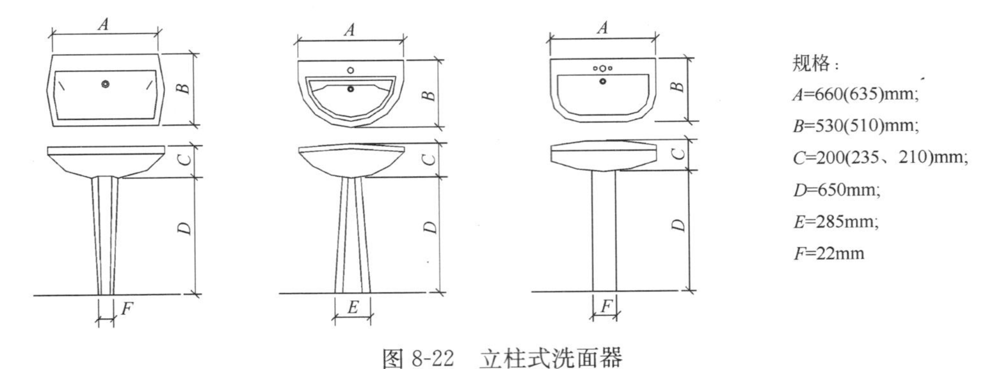

图 8-22 立柱式洗面器

3. 大便器

(1) 坐便器种类(图 8-23)

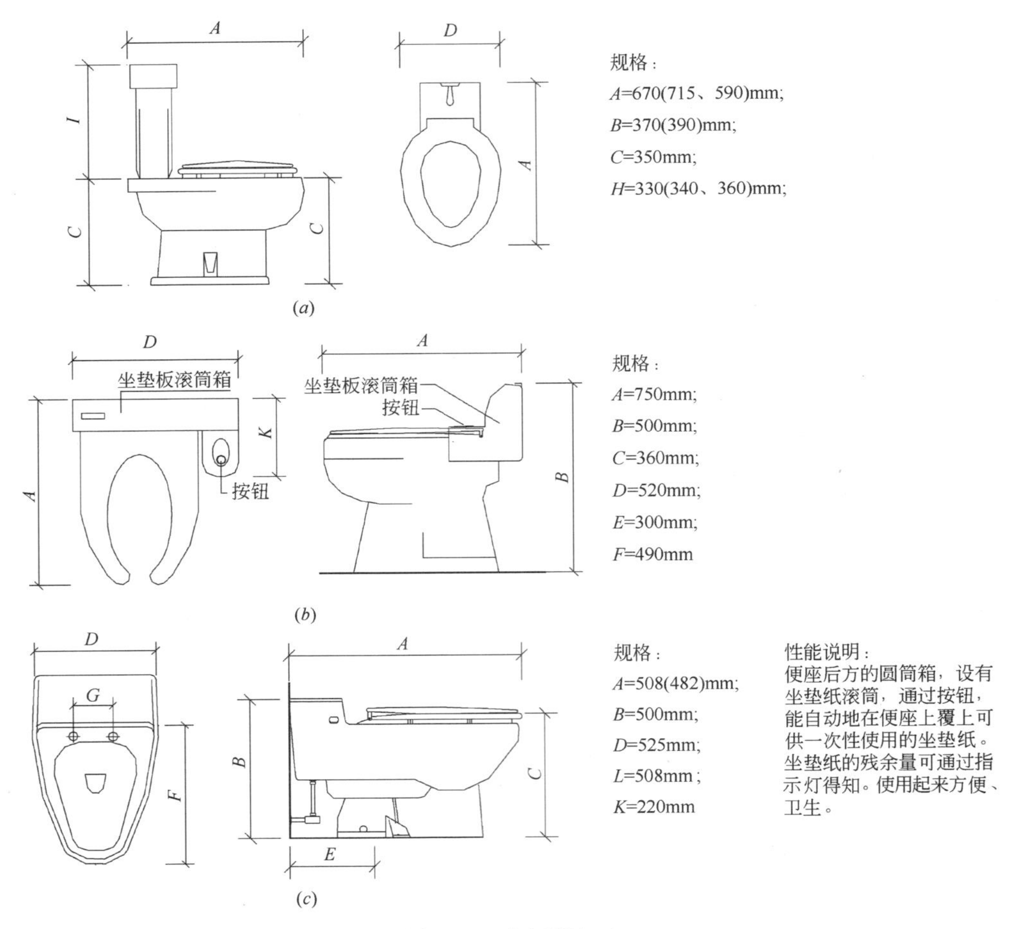

图 8-23 坐便器(一)

(a)分体式坐便器；(b)联体式坐便器；(c)坐垫纸自动供应坐便器

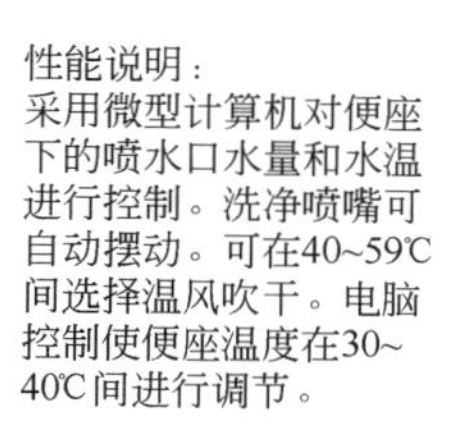

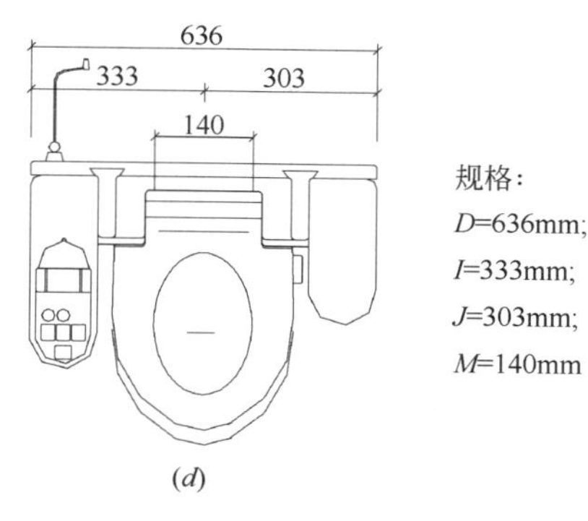

图 8-23 坐便器(二)

(*d*)温水自动清洗坐便器(TOTO)

坐便器包括冲洗式、虹吸式(喷射虹吸式、旋涡虹吸式)、存水弯式。

冲洗式：经济型，但噪声大，易堵塞，池内水封较低，并易积垢。

喷射虹吸式：噪声小，池内水面大，冲洗效率高，不易堵塞；

旋涡虹吸式：又称联体式(池和水箱是一体)。噪声小，池内无干表面，排污能力强，造型更加简洁美观，尽管价格较贵，但使用普及。

存水弯式：噪声适中，不易被堵塞，不易积垢。

(2) 坐便器安装工艺要求

① 坐便器要安装在坚硬平整的地板(如混凝土地面)上，底部周围用水泥或玻璃胶进行封合，防止污水外溢。选择坐便器要充分考虑建筑工程预留给排口位置和尺寸。

② 坐便器排污口必须与建筑工程预留排污口对接，以防排污时污水遗漏。

③ 坐便器固定前，准确画出底部轮廓线及螺丝孔位置，并采用防锈螺丝固定，固定时，不宜太紧，以免损坏洁具表面。

4. 蹲便器(图 8-24)

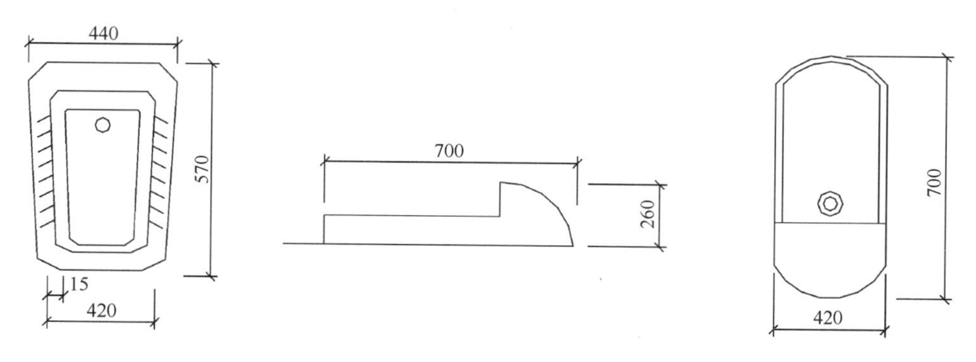

图 8-24 蹲便器(单位：mm)

5. 小便器(图 8-25)

小便器常应用于公共卫生间，按冲洗形式分为：虹吸式、压水式、电子感应式。

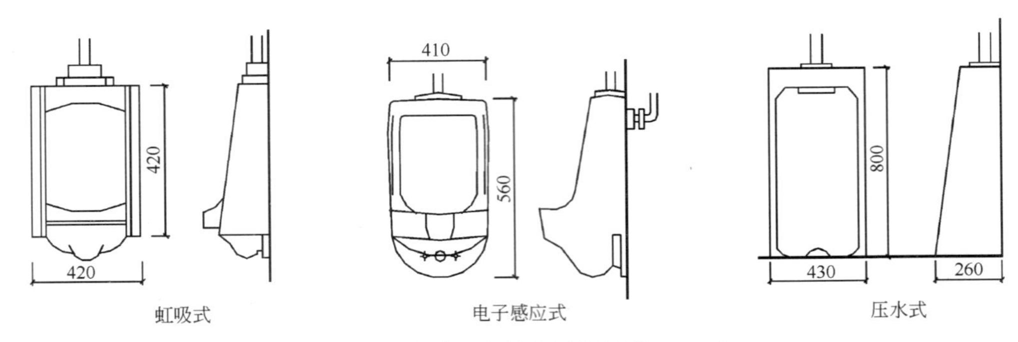

图 8-25 公共卫生间小便器(单位：mm)

6. 卫生陶瓷洁具的色彩

卫生陶瓷洁具的色彩有：白、灰白、骨色、粉红色、淡蓝色、杏仁色、淡绿色、淡青色、玫瑰色、紫罗兰色、群青色、黑色、黄色、枣红色、咖啡色、深绿色、蓝色等。卫生陶瓷洁具的色彩应与饰面砖的色彩进行搭配。

三、卫生陶瓷洁具应用布局形式

卫生陶瓷洁具用于卫生间时，应根据卫生间空间的大小、形状、使用对象、给排水管位置以及与墙地砖色彩的协调性等确定洁具的数量，选择洁具种类和布局形式。

1. 空间较小的卫生间陶瓷洁具布局形式(图 8-26)

图 8-26 卫生间平面布置(一)

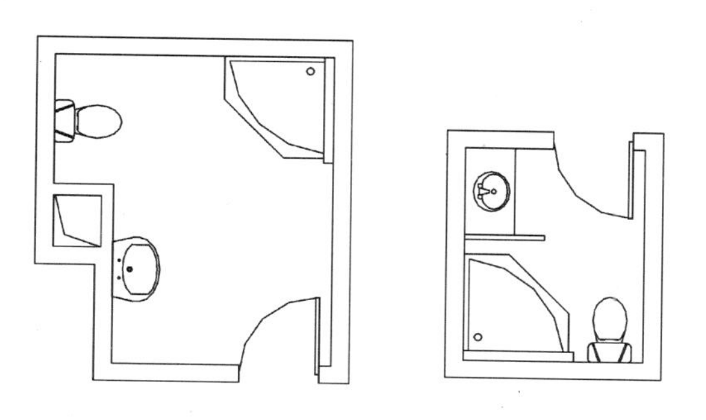

图 8-26　卫生间平面布置(二)

2. 公共卫生间陶瓷洁具布局形式(图 8-27)

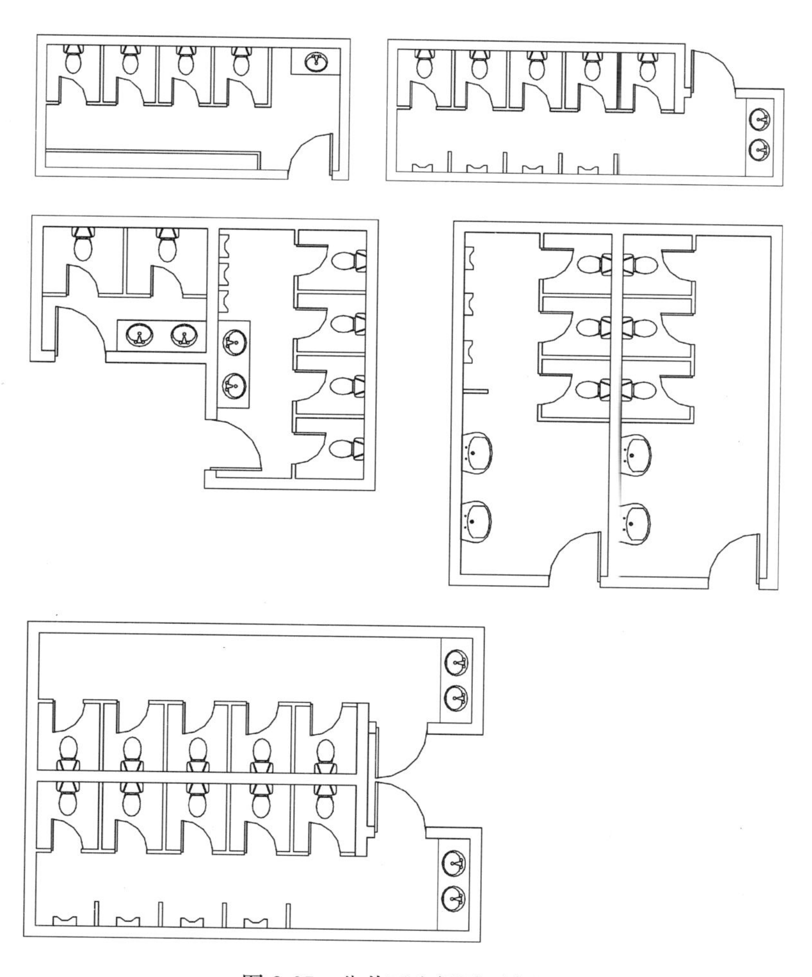

图 8-27　公共卫生间平面布置

四、陶瓷墙、地砖污垢处理

陶瓷墙地砖铺设或使用后往往会留下一些污垢，从而影响砖面美观。污垢类型不同采用的处理方法也不一样，污垢处理(见表8-4)。

饰面砖污垢处理 **表8-4**

污 垢 类 型	去 污 剂
油脂、油垢	碱性清洁剂
墨渍、咖啡、果汁	漂白剂(次氯酸稀释剂)
锈渍、水泥	稀盐酸或磷酸溶液
石灰垢	酸性清洁剂
酒类(啤酒、葡萄酒)	碱性清洁剂
冰激凌	碱性清洁剂
记号笔	有机溶液(丙酮、三氯乙烯)

第九章 玻 璃

玻璃是环境设计材料的重要组成部分。玻璃从传统意义上的仅承受自重、风压和温度应力荷载，向具有节能、安全、装饰、隔声等多种功能的发展，即玻璃的功能作用不单纯是采光、透光，而且向控制光线、调节热量、节约能量、阻隔噪音、低辐射、抗紫外线、挡尘粒；降低建筑物结构自重等多功能发展，并且具有更优良的抗弯曲性能、抗冲击强度和表面抗菌自洁功能，从而达到安全和环保要求。

玻璃多种功能的改善则极大地提高了玻璃材料的绿色度，各种新型玻璃采用高新技术进行深加工，使玻璃的光学、电学、声学、力学、防火性能及装饰效果得到很大提高，如：控制太阳能进入室内的热反射玻璃和吸热玻璃；阻隔红外线辐射减少高温场能量流动的低辐射玻璃；高效保温的中空玻璃和真空玻璃；太阳能集热器和太阳能光伏电池所采用的高透过玻璃；能减轻电磁污染的屏蔽玻璃；当受到外力撞击时，产生裂纹但仍保持完整性而不会掉落(玻璃碎片仍与 PVB 中间膜粘在一起)造成人身伤害的夹层(夹膜 PVB)玻璃；不用擦洗对环境有改善的自洁玻璃；具有保温隔热功能且对节能具有显著作用的热反射玻璃、吸热玻璃、低辐射玻璃和中空玻璃；对人体健康有益的抗菌玻璃；对安全有格外作用的防盗防火夹层玻璃或高强钢化玻璃等。玻璃所具有的这些功能是评价玻璃绿色化程度的标准。

随着增强技术的发展，玻璃的许应力不断得到提高。目前，经综合增强(风钢化与化学钢化结合)的玻璃强度可达到 1000MPa 以上，玻璃强度的大幅度提高，扩大了玻璃在环境设计中的应用范围，如增强钢化玻璃或综合增强钢化玻璃应用于结构构件，从无框玻璃门、采光屋顶到点支式幕墙、裙楼围蔽、采光篷、雨篷、观光电梯、出入口通道顶盖、玻璃地面、玻璃楼梯踏板、室内隔断、家具以及楼梯、阳台、平台走廊的栏板等。

玻璃表面通过后期工艺加工，如磨砂、喷砂、彩绘、刻花、压花、喷花、镀膜、丝网印刷等，成为一种独特的富有装饰艺术效果的材料，从而丰富了玻璃材料在环境设计中的表现形式和内涵。但过多地使用玻璃，会增加反光点，产生光污染，从而影响环境质量。因此，对玻璃的使用，应合理地选择和运用。

第一节 玻璃的分类与性能

玻璃是由石英砂、纯碱、重晶石、长石及石灰石等为主要原料，在 1550～1600℃高温下融、拉制或压制成型，经一定方法冷却，并不经结晶而冷却成固态的非晶态物质。在玻璃原料中加入某些辅助性原料，或经过特殊的工艺处理等，可制得具有各种特殊性能的玻璃。

一、玻璃的分类

玻璃的种类很多，分类方式也多样，通常按其化学成分、使用功能和制造方法进行分类。

1. 按化学成分分类

按化学成分可分为：石英玻璃、钠钙玻璃、硼硅酸盐玻璃、高硅氧玻璃、铝镁玻璃、钾玻璃、铅玻璃、镁铝硅系微晶玻璃与硫系、氧硫系等半导体玻璃和硅酸盐玻璃、硼酸盐玻璃、磷酸盐玻璃等品种。其中钠钙玻璃、铝镁玻璃在环境设计中的应用十分普遍。

2. 按使用功能分类

按使用功能可分为：节能玻璃、安全玻璃、装饰玻璃和其他功能玻璃。

(1) 节能玻璃

涂层型节能玻璃(热反射玻璃、低辐射玻璃)、结构型玻璃(真空玻璃、中空玻璃、多层玻璃)、吸热玻璃、太阳能玻璃。

(2) 安全玻璃

钢化玻璃、夹层玻璃、夹丝玻璃、贴膜玻璃。

(3) 装饰玻璃

深加工平板玻璃(磨砂玻璃、压花玻璃、雕花玻璃、镀膜玻璃、彩釉玻璃、泡沫玻璃、镭射玻璃)、熔铸玻璃(玻璃马赛克、玻璃砖、微晶玻璃、槽形或U形玻璃)。

(4) 其他功能玻璃

隔声玻璃、屏蔽玻璃、电加热玻璃、液晶玻璃、光致变色玻璃等。

3. 按制造方法分类

按制造方法可分为：玻璃砖、槽形玻璃、玻璃马赛克、微晶玻璃、玻璃面砖等品种。

二、玻璃的性能

由于玻璃是非晶态结构，即无定型非结晶体，其物理性质和力学性质等是各向同性的。

1. 相对密度

玻璃的相对密度与其化学组成有关，且随温度升高而有所减小。普通玻璃的密度为2.45～2.55g/cm^3，其密实度$D=1$，孔隙率$P=0$，因而玻璃应是绝对密实的材料。

2. 力学性能

(1) 抗压强度

玻璃的抗压强度取决于其化学组成、杂质含量及分布、材料产品的形状、表面状态和性质、加工方法等。玻璃的理论强度高，约为10000MPa，但实际抗压强度却很低，约为理论强度的1%以下，一般为600～1200MPa。二氧化硅(SiO_2)含量高的玻璃有较高的抗压强度，而氧化钙(CaO)、氧化钠(NaO)和氧化钾(K_2O)等氧化物是降低玻璃抗压强度的因素。

(2) 抗拉强度

玻璃的抗拉强度很小，为 40～118MPa。因此，玻璃在冲击力的作用下容易破碎，是典型的脆性材料。

(3) 弹性模量与硬度

玻璃的弹性模量为(6～7.5)×104MPa，为钢的 1/3，与铝相接近。在常温下，玻璃具有的弹性模量非常接近其拉伸强度，因而脆而易碎。随着温度的升高，弹性模量下降，出现塑性变形。一般玻璃的硬度比较大，其莫氏硬度在 4～7 之间。

3. 光学性能

玻璃是一种高度透明的材料，具有一定的光学常数、光谱特性，吸收或透过紫外线、红外线，感光、光变色、光存储和显示等重要光学性能。

当光照射在玻璃上时，表现出透射、反射和吸收的性质，即光线能透过玻璃(透射)，使我们能看到其他的物体；或光线被玻璃阻挡，按一定角度反射出来(反射)，产生反光；或光线透过玻璃后，一部分光能量被损失(吸收)，降低了亮度，使我们看到的物体有些模糊。

玻璃透光率的高低是衡量玻璃的重要性能，然而透光率的高低受玻璃本身的质量、厚度、层数以及玻璃着色、表面加工处理等有关，如玻璃随着厚度、层数的增加，透光率减小，洁净无色透明玻璃比着色透明玻璃(在玻璃的生产中加入少量着色剂)和磨砂玻璃的透光率大。

4. 电学性能

常温下玻璃是绝缘体，有些玻璃则是半导体材料。当温度升高时，玻璃的导电性迅速提高，熔融状态时则变为良导体。

5. 热性能

玻璃的导热性很差，导热系数一般为 0.4～1.2W/(m·K)，是铜的 1/400，常用的普通钠钙玻璃的导热系数为 0.92W/(m·K)。热膨胀系数较小，一般在 5.8×10^{-7}～150×10^{-7}之间。所以玻璃抵抗温度急冷急热的性能差，但对急热的稳定性比对急冷的稳定性强。

6. 化学稳定性

玻璃具有较高的化学稳定性。通常情况下，大多数玻璃材料能抗除氢氟酸以外的各种酸类物的侵蚀，但玻璃耐碱腐蚀能力较差。玻璃长期在大气和雨水中也会受到侵蚀，化学稳定性变差，从而导致玻璃的破坏。

第二节 常用玻璃的特性与用途

一、平板玻璃

平板玻璃又称单光玻璃，属于钠钙玻璃类，起透光、挡风雨、隔声、防尘等作用，具有一定的机械强度，但性脆易碎，紫外线通过率低。主要用于普通门窗、隔断等。

1. 传统平板玻璃

传统平板玻璃的生产沿用“垂直引上法或水平引上法”，该方法使熔融的玻璃液垂直向上或水平方向引拉，经快冷后切割而成。然而，此法生产的玻璃容易产生玻筋，当物像透过玻璃时会产生变形；另外，生产的玻璃厚度不均匀，板面易产生麻点、落灰等，所以，它已被浮法玻璃所取代。

2. 浮法玻璃

浮法玻璃是现代最先进的平板玻璃。它是将熔融的玻璃液从熔炉中引出流入盛有熔锡的浮炉，并在干净的锡液表面上自由摊平，玻璃上表面受到火磨区的抛光，从而使玻璃两个面平整，最后经退火炉退火冷却，并进行切割，从而获得表面平稳、十分光洁、厚度均匀、无玻筋和玻纹的玻璃。

浮法玻璃具有平整度好、透光率高等优点。其折射率约为1.52，透光率为85%～90%，紫外线大部分不能透过，但红外线易通过。其产品规格有厚度0.55～25mm、原板宽度为2.4～4.6m，从而满足各类大小板材的应用，尤其是大面积的隔挡墙，减少拼缝或龙骨间接阻隔视线的不透通感，使整体美观等。浮法玻璃除直接用于门窗、幕墙和隔断外，大多数深加工玻璃以它作为原材料制成，如热反射玻璃、镜面玻璃等。

3. 磨光玻璃

磨光玻璃又称镜面玻璃，它是将“引上法”生产的平板玻璃经表面磨平、抛光而成。磨光玻璃又分单面和双面磨光玻璃两种，其表面平整光滑，物像透过玻璃不变形，透光率大于85%。磨光玻璃用于门窗、隔断，或在其背面涂汞，制作镜面玻璃，但这种传统涂汞制镜方法现已基本淘汰。

二、深加工平板玻璃

平板玻璃抗冲击强度和耐热耐冷性能较差，质脆、易碎、使用不安全，保温隔热、隔声、抗紫外线等性能也不能满足现代环境设计要求。因而，通过高新技术对平板玻璃进行深加工，使平板玻璃的光学、电学、力学、声学、安全等性能以及表面装饰效果等得到大幅度提高。

常用深加工平板玻璃有：钢化玻璃、夹层玻璃、热反射玻璃、隔热玻璃、光致变色玻璃、夹丝玻璃、太阳能玻璃、中空玻璃、镀膜玻璃、微晶玻璃、玻璃砖等。

1. 钢化玻璃

(1) 钢化玻璃的分类与规格

钢化玻璃又称强化玻璃，是指对普通平板玻璃进行热处理后，在玻璃表面形成压应力层，具有高强度和热冲击性能的玻璃。按其加工可分为热处理钢化玻璃(物理钢化玻璃中的风钢化玻璃)和化学钢化玻璃(一般不作安全玻璃使用)；按原片可分为普通平板、浮法、磨光、吸热、热反射等多种钢化玻璃；按形状可分为平面钢化玻璃、曲面钢化玻璃和异形钢化玻璃；按表面加工可分为磨光钢化玻璃、不磨光钢化玻璃。

钢化玻璃的规格见表9-1(厚度)和表9-2(长×宽)。

钢化玻璃的厚度(mm) 表 9-1

种 类	厚 度	
	浮法玻璃	普通玻璃
平面钢化玻璃	4 5 6 8 10 12 15 19	4 5 6
曲面钢化玻璃	5 6 8	5 6

钢化玻璃的长和宽(mm) 表 9-2

种 类	长×宽
平 面	1300×800
曲 面	220×700 1300×1300
平 面	1300×1300
曲 面	2200×680
平 面	1300×800
曲 面	2150×1200

注：平面钢化玻璃的弯曲度，弓形时不超过 0.5%，波形时不超过 0.3%。另外，目前钢化玻璃的最大尺寸可以达到 50000mm×3500mm。

(2) 钢化玻璃的特性与用途

钢化玻璃主要有热处理钢化玻璃和化学钢化玻璃两种。

① 热处理钢化玻璃

热处理钢化玻璃是将玻璃加热到一定的温度(低于软化温度)，然后迅速冷却，使玻璃内部产生很大的且分布均匀的永久内应力，这个过程称为玻璃的淬火或玻璃的钢化，从而提高玻璃的强度和热稳定性。此外，在钢化过程中玻璃表面上微裂纹受到强烈的压缩，也使钢化玻璃的机械强度得以提高。热处理钢化玻璃比普通平板玻璃的弯曲强度提高 2～5 倍，抗冲击强度提高 5～10 倍。

② 化学钢化玻璃

化学钢化玻璃是采用大直径离子置换玻璃表层的小直径离子，大离子嵌入表面后使玻璃层产生压应力，从而增强玻璃的强度。化学钢化玻璃的强度可达到普通平板玻璃的 2～10 倍，且薄玻璃的增强效果优于厚玻璃。

通常采用热处理钢化和化学钢化结合的综合增强方法来增强玻璃的强度，使玻璃的强度达到 500～1000MPa 以上；弹性比普通玻璃大得多；热稳定性较高，比普通玻璃可提高到 165～310℃，最大安全工作温度为 288℃，能承受 204℃的温差变化；透光率可达 85%～90%。高强度意味着高安全性，当玻璃破裂时，能成为一个布满裂缝的集合体，即炸裂成分离的小颗粒块状，质量轻，不含尖的锐角，不易伤人。从而扩大了玻璃在环境设计中的应用范围。如玻璃除应用于门窗、幕墙、隔断、屏蔽、橱窗、天篷、雨阳篷和装饰外，还应用于结构构件，从无框玻璃门、采光屋顶到点支式幕墙、玻璃地面、玻璃楼梯踏板、水箱挡板、家具等。玻璃的表现效果整体、通透和明净，使物体与物体、物体与空间、空间与空间之间紧密联系。

钢化玻璃一旦制成，就不能进行任何冷加工处理如切割、磨削、打孔、边角不能碰击扳压等。因此，在实际应用中只能按成品尺寸规格选用或按设计要求进行定制，即在钢化前完成。

2. 热反射玻璃

热反射玻璃是指既具有较高的热反射性能，又保持良好的透光性能的浮法平板玻璃、钢玻璃、夹层玻璃等。

(1) 热反射玻璃的分类

① 按颜色分类：灰色、金色、银色、青铜色、古铜色、茶色、棕色、褐色、深蓝色、深绿色和浅蓝色、浅绿色等多种色彩的热反射玻璃。热反射玻璃的颜色由成膜金属材料的颜色确定。

② 按镀膜工艺分类：*a*. 用热分解法、真空法、化学镀膜法在玻璃表面涂以普通金属(Cu、Cr、Fe、Ni、Zn 等)及其氧化物或贵重金属(Ti、Au、Ag、Pd 等)及合金膜、不锈钢膜的热反射玻璃。为了提高膜的附着强度、膜层性能、成膜速度，真空离子阴极磁控溅射法已取代真空蒸镀法、溶胶凝胶法。*b*. 用电浮法、等离子交换法向玻璃表面层渗入金属离子以置换玻璃表面层原有的离子而形成热反射膜的热反射玻璃。

③ 按性能结构分类：中空热反射、夹层热反射玻璃等。

④ 按热反射金属膜功能作用分类：日光反射膜、遮阳防热膜和低辐射膜等多种热反射玻璃。

(2) 热反射玻璃的特性

热反射玻璃又称镀膜玻璃或镜面玻璃，它具有良好的遮光性和隔热性能，对太阳反射热具有较高的反射能力，热辐射反射率为 30%～40%，是普通平板玻璃的 4 倍左右。其导热系数为透明玻璃的 80%，透光率为 45%～65%。具有视线的单向性，在白天视线只能从室内光线暗的一方看到室外光线亮的一方的景物，起到遮蔽及帷幕作用。能使周围的景物映在大面积的玻璃幕墙上，从而构成美丽而奇妙的景观。

为提高热反射玻璃的光学、电学、声学、力学性能及表面装饰效果，现代高科技将热反射玻璃的成膜材料由普通金属(Cu、Cr、Fe、Ni、Zn 等)向贵重金属(Ti、Au、Ag、Pd 等)及合金膜、不锈钢膜演化；膜的性能由综合性能向特种性能演化；制膜工艺淘汰真空深积法、溶胶凝胶法，并向真空离子阴极磁控溅射法演化，提高膜的附着强度和其他性能；玻璃原片由单一浮法玻璃向钢化玻璃、夹层玻璃等多品种演化。

热反射玻璃应用于门窗、挂镜、门牌、天篷及幕墙等，且用量非常大。

3. 吸热玻璃

吸热玻璃是一种可以吸收大量的红外线辐射能，但又同时保持良好透明度的平板玻璃。它是在普通钠一钙硅酸盐玻璃中加入一定量的有吸热性能的着色剂，如氧化铁、氧化镍、氧化钴以及硒等，或在玻璃表面上喷镀氧化锡、氧化锑、氧化钴等吸热和着色的氧化物薄膜而制成。

吸热玻璃的颜色有：蓝色、天蓝色、茶色、银灰色、蓝灰色、金黄色、绿色、蓝绿色、古铜色等，不同颜色的吸热玻璃，其透光率和吸热率也不同(表 9-3)。

不同颜色吸热玻璃的性能 **表 9-3**

品种 (5mm 厚)	可见光透过率(%)	吸热率(%)	品种 (5mm 厚)	可见光透过率(%)	吸热率(%)
普通平板玻璃	87.6～88	8.0	青铜色吸热玻璃	50～63.5	30～50
蓝色吸热玻璃	72.2～85	43.7	灰色吸热玻璃	50～58.4	30～42

吸热玻璃能吸收大量的红外线，因而用于门窗、隔断或幕墙时，能减少室内热量，降低室内温度；能吸收紫外线，防止室内家具、日用器具、书籍等表面褪色、变质；能吸收太阳可见光，减弱光线的强度，使室内光线变得柔和，起到防眩光作用。

4. 中空玻璃

中空玻璃是由两层或两层以上的平板玻璃构成，四周采用胶接、焊接或熔接的方法密封，中间为干燥的空气层或充入其他气体。组成中空玻璃的原片可以采用普通平板、钢化、压花、热反射、吸热和夹丝玻璃等，原片厚度通常为 3mm、4mm、5mm、6mm。玻璃的间距根据导热性和气压变化时对强度的要求而定，内腔充以各种漫射光线的材料、气体、导电介质后，则可获得更好的声控、光控、隔热等效果。

(1) 中空玻璃的分类与规格

中空玻璃按构造可分为两片或多片中空玻璃；按原片可分为平板、夹层、钢化、吸热、压花、热反射、夹层等多种中空玻璃；按色彩可分为无色、茶色、蓝色、灰色、灰绿色、灰蓝色等多种中空玻璃。中空玻璃的规格(正方形和矩形)见表 9-4。

中空玻璃的规格 **表 9-4**

类 型	长×宽(mm)	原片厚度(mm)	空气厚度(mm)
正方形	1200×1200、1300×1300、1500×1500、1800×1800	3、4、5、6	6、9、12
矩 形	1500×1200、1500×1300、1800×1300、2000×1300、2400×1500、2400×1600、2500×1800、2400×1800、2500×2000、2600×2200	3、4、5、6	6、9、12

(2) 中空玻璃的特性与用途

中空玻璃具有隔热、保温、隔声、防结露和透光等主要特性。

通常中空玻璃的可见光透视范围为 10%～80%，光反射率为 25%～80%，透光率为 25%～50%；具有较好的隔声性能，一般可使噪音下降 30～40dB，减低噪声的 1/2，隔声性能与组成中空玻璃的原片种类、层数、厚度以及噪音的种类、强度等有关；具有防结露性能，气温在－20～25℃时，玻璃表面不会产生凝结水；具有优良的隔热保温性能，它与平板玻璃和其他材料的传热系数比较见表 9-5。中空玻璃的安装构造见图 9-1。

中空玻璃与其他材料传热系数比较 **表 9-5**

材料名称	传热系数 W/(m²·K)	材料名称	传热系数 W/(m²·K)
3mm 透明平板玻璃	6.45	21mm 三层透明中空玻璃(3＋6＋3＋6＋3)	2.43
5mm 透明平板玻璃	6.34	33mm 三层透明中空玻璃(3＋12＋3＋12＋3)	2.10
6mm 透明平板玻璃	6.28	100mm 厚混凝土墙	3.26
12mm 双层透明中空玻璃(3＋6＋3)	3.59	240mm 厚一面抹灰砌墙	2.09
18mm 双层透明中空玻璃(3＋12＋3)	3.22	20mm 厚木板	2.67
22mm 双层透明中空玻璃(5＋12＋5)	3.17		

中空玻璃是一种重要的节能材料，主要用于铝合金、塑钢、木制等各类门窗和建筑幕墙。中空玻璃的应用越来越普遍，有的国家还规定所有的建筑物窗玻璃都必须采用中空玻璃，而不采用普通单层玻璃。

5. 夹层玻璃

夹层玻璃是在两片或多片平板玻璃(普通平板、钢化、浮法、吸热、热反射玻璃等)之间夹PVB(聚乙烯醇缩丁)塑料胶膜，经加热、加压、粘合而成的平面或曲面的复合玻璃，如图9-2。

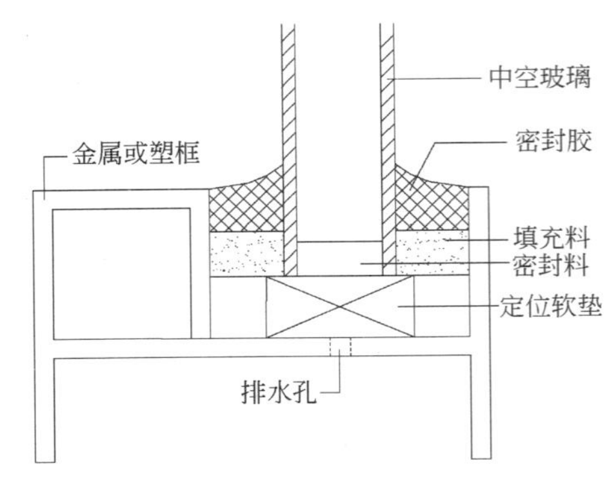

说明：

窗框本身以及窗框与玻璃的密实性在很大程度上影响隔热、保温和隔声性能。密封材料应避免使用醋酸类型的硅酮密封料、油性腻子，以免与中空玻璃周边的密封料发生用。软垫采用具有一定硬度的氯丁橡胶。

图9-1 中空玻璃安装构造

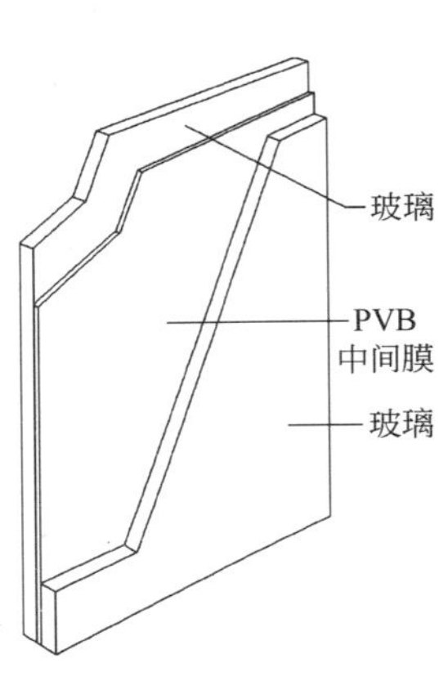

图9-2 夹层玻璃构造

夹层玻璃的主要特性有：

① 具有防爆和抵抗极强风压的能力。当受到外力撞击时，玻璃布满裂纹，玻璃碎片不会掉落，仍与PVB胶膜粘结在一起，安全性能良好。

② 能降低室外各种低频或高频噪声。

③ PVB中间膜能吸收至少99.5%的紫外线，故能防止室内织物、墙纸、地板等材料老化褪色。

④ 对室内的光线和温度起到优异的调节作用，减少空调和取暖的能耗。

夹层玻璃用于门窗、阳台、隔墙、幕墙、无顶盖天篷、观光电梯、楼梯栏板、平台走廊栏板、水族馆和游泳池的观察窗等，尤其适用于落地墙或窗。不仅可以起到降低噪声、吸收紫外线和隔热保温的作用，而且可以增加采光面，避免安装安全栏杆和窗帘布，充分地享受室外的一切景观。

6. 夹丝玻璃

(1) 夹丝玻璃的构成与特性

夹丝玻璃又称防碎玻璃或钢丝玻璃，是一种安全性能较高的玻璃。它是将普通平板玻璃加热到红热软化状态，再将预热处理的钢丝网或钢丝压入玻璃中间而制成。钢丝网在夹丝玻璃中起着增强作用，在玻璃遭受冲击或温度剧变时，破而不缺，裂而不散，避免有棱角的小块飞出伤人；当火灾蔓延，夹丝玻璃受热炸裂时，仍能保持固定，起到隔阻火势的作用。

（2）夹丝玻璃的应用与工艺要求

夹丝玻璃切割后在截面露出的会属丝会产生锈蚀而延伸到玻璃里面的金属丝，使金属丝体积膨胀导致玻璃破裂(称锈裂)。因此，在安装玻璃前用防锈涂料或贴异丁烯条作防锈处理，如图 9-3。

夹丝玻璃用于门窗或隔墙，与铝合金或塑料型材进行组装时不宜采用醋酸系列硅酮密封胶作密封材料，如图 9-4。

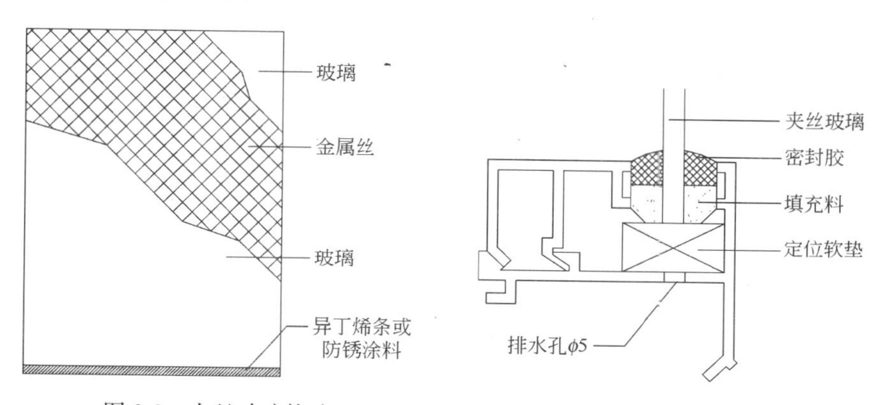

图 9-3 夹丝玻璃构造

图 9-4 夹丝玻璃安装构造

7. 压花玻璃

压花玻璃又称花纹玻璃或滚花玻璃。它是将熔融的玻璃液在冷却过程中，通过带图案的辊轴连续对辊压延而成。压花玻璃可分为一般压花玻璃、真空镀膜压花玻璃和彩色膜压花玻璃等。

压花玻璃又可分为单面压花和双面压花，表面呈深浅不同的花纹图案，具有立体感，而且提高强度 50％～60％。当光线通过玻璃时产生漫射，因而具有透光而不透视的特点。彩色膜压花玻璃是采用有机金属化合物和无机金属化合物进行热喷涂而成，彩色膜色泽美丽。花纹立体感比一般压花玻璃更强，而且给人一种华贵、富丽之感。它应用于宾馆、餐厅、酒吧及娱乐休闲场所的门窗、屏风、隔断等，增添艺术氛围。

8. 玻璃砖

玻璃砖又名特厚玻璃，按其构造分为空心玻璃砖和实心玻璃砖两种。实心玻璃砖是采用机械压制而成的，空心玻璃砖是采用箱式模具经高温压铸而成，两块玻璃以熔接或胶结成整体的空心砖。四周密封，内部充以干燥空气。空心玻璃砖的透光率为 35％～60％，应用范围比实心砖广泛。空心砖用的玻璃有光面的和各种颜色的，也有在内侧面和外表面压成各种花纹的，如井格纹、太阳纹、砂纹、云形纹、钻石纹、流星纹、双星纹、橘皮纹、直线纹、斜条纹、荷尾纹、平行纹、菱形纹、水波纹等，从而赋予独特的采光性。

空心玻璃砖具有良好的耐火性能，单层墙与乙种防火门有同等的耐火性能，双层墙则有1小时的耐火性能；具有优良的热控作用，与普通窗玻璃比，其隔热效果好，尤其在闷热和夏季日照光强烈的时候，空心玻璃砖能取得颇佳的隔热效果。因为隔热性能好，在防止雾化上也有出色的作用，如在室内温度20℃、湿度为60%的情况下，室外温度即使在－2℃时也不雾化；隔声性能好，作为穿透性隔声材料，在柔光材料中性能最优秀，当马路上的噪声在低频率区域（125Hz）时，能调节到安静的办公室的水准，在高频率区域(2000Hz)时，可调节到夜间住宅的水准，因此，常用于嘈杂的公路、铁路或工厂周围的防护隔声墙上；具有独特的采光性，当光通过空心玻璃砖的时候，使光线扩散或向一定方向折射。

玻璃砖用于屏风，可以借助另一个生活空间的天然光，并使之变得柔和稳定；用于歌舞厅、卡拉OK厅等娱乐场所的非承重隔墙、隔断或背景装饰，加添无限情趣，表面和内侧不同纹理的玻璃砖，在各种灯光的照射后，通过折射、反射和透射作用，营造出五彩斑斓、富丽辉煌的环境氛围。

玻璃砖的规格和主要技术参数见表9-6。

玻璃砖主要技术参数 **表9-6**

规格(mm)			耐压性(MN/cm^2 最小值)	传热系数(J)	质量(kg/块)	隔音(dB)	透光率(%)
长	宽	厚					
190	190	80	75	9.82	2.4	40	35
190	190	95	75	11.66	2.7	40	33
240	115	80	60	10.45	2.1	45	40
240	240	80	75	9.61	3.8	40	28
145	145	80	65	8.57	1.5	45	
145	145	95	80		1.7		
115	115	80	90		1.04		

9. *泡沫玻璃*

泡沫玻璃是以玻璃碎屑为基料加入发泡剂混合粉末，并经熔融、膨胀、成型制得的轻质多孔玻璃。具有不燃、耐火、不腐、防透水、隔声和隔热等性能；易加工，可进行锯、切、旋和钉等机械加工。这种玻璃的气孔率达80%～95%，气孔多为封闭型，孔径为0.1～5mm或更小。热导率为0.035～0.145W/(m·K)，抗压强度为0.5～8.0MPa，容重为150～500kg/m^3，使用温度为240～450℃。

泡沫玻璃按用途可分为隔热泡沫玻璃和吸声泡沫玻璃等，其色彩有白色、黄色、棕色和黑色等，常用于墙体保温和幕墙板。

泡沫玻璃与釉面钢化玻璃结合可制成玻璃预制板，具有隔热、隔声、质量轻等性能，既可用作墙体骨架结构填充料，又可用于室内吊顶和其他饰面装饰。

三、其他玻璃材料

1. 彩色玻璃

彩色玻璃一是在玻璃原料中加入一定量的金属氧化物，按平板玻璃生产工艺制成的透明彩色玻璃；二是用4～6mm厚的平板玻璃经过清洗、喷釉、烘烤、退火而成的不透明彩色玻璃，或采用有机高分子涂料(用三聚氰胺或丙烯酸酯为主剂，加入1%～30%的无机或有机颜料制成)喷涂在平板玻璃背面，在100～200℃温度下烘烤10～20分钟后即可制成。

彩色玻璃主要用于门窗、隔断、楼梯栏板(经钢化处理的平板彩色玻璃)及有着独特装饰要求的其他部位。

2. 镭射玻璃

镭射玻璃是以玻璃为基材，经特殊工艺处理而成。它是利用光栅原理，在光源映照下，产生衍射七彩光，随着观赏角度的不同，或光源入射角的不同，在同一感光点或感光面上出现不同的色彩变化，给人以华贵高雅、富丽堂皇和神奇的视觉效果与美感的享受。

镭射玻璃的颜色有银白色、蓝色、灰色、紫色、红色、绿色、黑色等多种，具有硬度大、耐磨性强、抗冲击和良好的耐温性能，其性能指标见表9-7。

镭射玻璃的性能指标 **表9-7**

性能指标	普通夹层	钢化夹层
硬度(莫氏)	5.5	8.0
热膨胀系数(110℃)	8×10^{-5}，10×10^{-5}	8×10^{-5}，10×10^{-5}
耐磨强度及抗冲击强度		高于大理石、瓷砖2倍
抗老化	50年以上	50年以上
抗拉强度(MPa)	30	30
抗剪强度(MPa)	25	25
抗酸碱性	好	好
温性	-60～240℃	-60～240℃

镭射玻璃多用于歌舞厅、酒吧等娱乐休闲场所的地面、墙面、柱面、天花、吧台、隔断，商业(专卖店等)门面、外墙面，环境雕塑贴面，以及与喷泉、灯光、电子音响组合构成，从而具有一种独特的装饰艺术效果。

3. 丝网印刷玻璃

丝网印刷玻璃是采用图案电子分色的菲林或照相放大底片，在丝网板上感光制板，然后用多色彩印机将图案和色彩对特种玻璃进行套印，最后经钢化处理而成。这种玻璃图案形象逼真、色彩光亮夺目，可以仿各种花岗石、大理石纹理，具有很好的装饰性。

4. 水晶玻璃

水晶玻璃又称石英玻璃，它是用玻璃珠(二氧化硅 SiO_2 和其他添加剂为主要原料烧熔结晶而成)在耐火材料模具中熔化制成的一种富有装饰性的材料。其抗热震性、化学稳定性、电绝缘性和耐大气腐蚀性较好，除氢氟酸和热磷酸外，无论高低温，对任何浓度的其他酸几乎都有很好的耐腐蚀特性。水晶玻璃的吸水率为1%～3%，其规格(单位mm)有：597×197、597×795、297×197、397×297、300×300、300×150，厚度为15～20。常应用于墙面、地面或制作壁画等。

5. 微晶玻璃

微晶玻璃是用矿渣及其他玻璃原料混合熔化后经结晶化处理，研磨抛光而形成的复合材料。它集玻璃与陶瓷各自的优良性能为一体，质地细腻、平滑光亮、色泽柔和均匀，纹理美观；抗冲击、耐磨、耐腐蚀，吸水率几乎为零；无放射性污染，使用安全；变废为宝，节能、降耗、保护环境。因此，微晶玻璃成为继天然石材、金属板材(如塑铝复合板)及其他玻璃板之后的高档饰面材料。微晶玻璃板应用于墙面、柱面、地面、楼梯踏板、柜台面(宾馆、酒店、餐厅等柜台面)、洗漱台面、门套、隔断等。

微晶玻璃与大理石、花岗岩、塑铝复合板的性能比较见表9-8。

微晶玻璃与大理石、花岗岩、塑铝复合板性能比较 **表9-8**

材料名称	优 点	缺 点
大理石、花岗岩	表面光亮如镜(尤其是抛光花岗石)，纹理丰富多样、自然美观，华贵庄重，高档大方	颜色深浅不一，反差明显，耐侵蚀、抗风化能力差，易磨损，尤其日晒雨淋和空气中酸性气体腐蚀后，表面光泽下降。另外，放射性强度超标
塑铝复合板	质轻，表面光泽柔美，色彩多样，隔声隔热、耐温、阻燃、易加工成形	易被氧化、不耐腐蚀
微晶玻璃	表面具有天然石材的质感，光泽柔和均匀、无色差，耐磨、耐腐蚀，无放射性污染，节能环保	硬度大，质脆

6. 磨、喷砂玻璃

磨、喷砂玻璃又称毛玻璃。磨砂玻璃是以平板玻璃为基材，用手工将硅砂、金刚砂、石榴石粉等研磨材料加水研磨而成。喷砂玻璃又分喷砂毛玻璃和喷砂花玻璃，喷砂毛玻璃是采用空气压缩机和喷枪将细金刚砂、硅砂等喷射到玻璃的表面而形成；喷砂花玻璃是在平板玻璃上贴上设计图案(大多为抽象的几何图案，如图9-5)，在无须喷

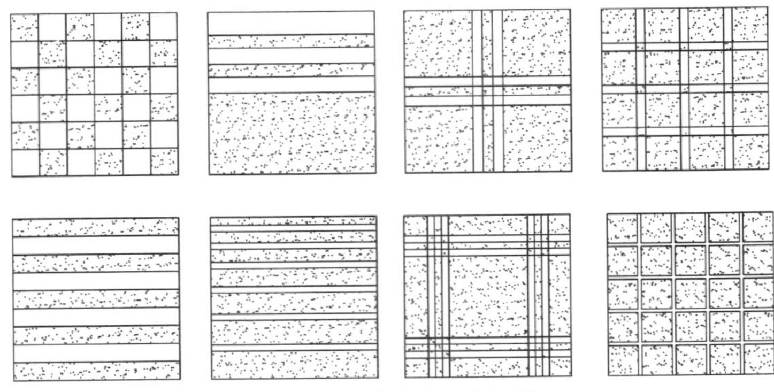

图9-5 喷砂玻璃几何图案

砂部分抹以护面层或胶纸，喷砂处理后，撕掉护面胶，从而形成原玻璃面与毛面图案的对比。在喷砂处理的过程中，还可根据设计要求，使图案达到深浅不一的浮雕效果。表面立体感的强弱与玻璃的厚度有关，厚玻璃可塑造立体感强的浮雕效果。采用专用的玻璃彩绘颜料对已喷砂处理的图案进行彩绘，从而得到喷砂彩绘玻璃。

磨、喷砂玻璃透光不透视，以保持室内的私密度。表面为均匀的点状肌理，透过光线时产生漫射，而变得柔和，避免产生眩光。

磨、喷砂玻璃可用于办公区、快餐厅、商场、歌舞厅等隔断和有私密度要求的卫生间、浴室、财务室、办公室等门窗，以及照明器面罩和黑板等。

7. 瓷质玻璃

瓷质玻璃又称“瓷质板”，是多晶材料。它是由无数微米级的石英晶粒和莫来石晶粒在高温时与其融为一体的陶瓷玻璃体结合为致密的整体，晶粒和玻璃体之间具有相当高的结合强度。

瓷质板具有高光泽度、高硬度、吸水率低、色差小，以及色彩丰富等优点，其力学指标、色差、图案变化优于大理石、花岗石等材料，可用于墙面、柱面、地面及家具台面等，尤其适应外墙，耐日晒、雨淋、风沙等侵蚀。

8. 玻璃马赛克

玻璃马赛克又称玻璃锦砖或玻璃纸皮砖。它是以酸性氧化物(SiO_2)、碱土金属氧化物(CaO)等为主要原料，并加入辅助剂(助熔剂、着色剂等)，经熔融法或烧结法制成。熔融法熔化温度比普通玻璃低，一般在1300～1400℃。烧结法是以玻璃废料为原料，经破碎后加入适量着色剂和胶粘剂搅拌混合、压制成型和烧结而成。

(1) 玻璃马赛克的性能特征

玻璃马赛克质地坚硬，耐热、抗冻，防水、耐酸碱，耐气候性好，光泽持久不变，施工方便。它是一种乳浊或半乳浊材料，不透明、不反光，颜色种类多而绚丽，有乳白色、灰色、蓝色、绿色、橘黄色、红色、紫蓝色、黑色等颜色，多用于建筑物墙面，尤其适用于外墙的铺设，用于家居厨房或卫生间，与现代橱柜进行搭配更具有现代感。其规格分单块尺寸和整块纸皮尺寸，单块尺寸(单位mm)：20×20、25×25、25.4×25.4，厚为3.4，整块纸皮尺寸(单位mm)：327×327、314×314、305×305、328×328、324×324。

(2) 玻璃马赛克的应用与技术要求

① 基面处理

清除基面浮尘、疙瘩、油污等，基面为混凝土时应锤凿起毛，并用水泥砂浆找平。

② 材料

玻璃马赛克：正面为平面，背面为凹陷沟纹(图9-6)，以提高与基面的粘结牢度。粘结剂：水泥浆或高强胶粘剂，浅色玻璃马赛克用白水泥或石英砂作粘结层。

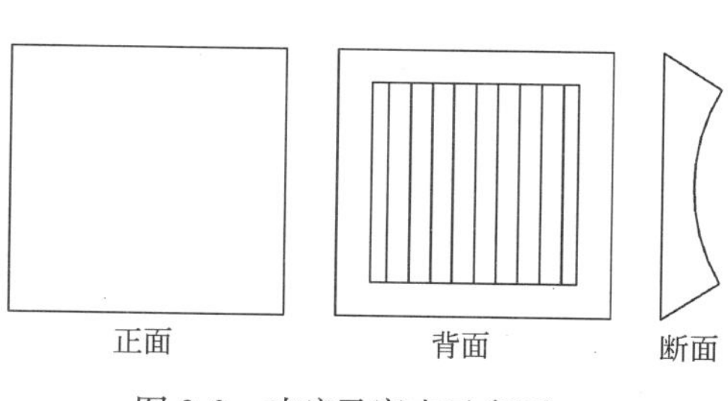

图9-6 玻璃马赛克示意图

③ 擦缝与清洗

镶贴 1～2 天后，清除缝隙中松散砂粒等，再用水泥砂浆抹入缝隙中，并将砖面上的多余砂浆清除，否则毛面嵌入砂浆会失去表面光泽。缝隙干透后可用布或棉纱蘸稀盐酸擦洗一遍，再用清水冲洗干净。

④ 养护

玻璃马赛克镶贴后，洒水养护 3～4 天，防止收缩脱落。在其表面喷罩丙烯酸或有机硅防水剂，以防止“白碱”析出表面，影响美观。

第三节 玻璃的应用与技术要求

一、瓷质玻璃应用技术要求

瓷质板的常用规格见表 9-9。

瓷质板的常用规格(mm) **表 9-9**

公称尺寸	规格尺寸		
	宽	长	厚
650×900	614	894	13
800×800	794	794	13
1000×1000	994	994	13
800×1200	794	1194	13

瓷质板的应用与安装技术要求：

瓷质板用于幕墙的时候，常采用扣槽式干挂法。

基面：混凝土墙体或钢筋混凝土梁柱、钢架、钢丝网水泥砂浆加固砌体等。

材料：瓷质板、不锈钢或铝合金挂件、密封胶、环氧树脂浆液、水泥和聚乙烯发泡材料及不锈钢螺栓、不锈钢胀锚螺栓等。

技术要求：当基面为混凝土墙或钢筋混凝土梁柱时，挂件与基面连接采用 M8×100 不锈钢胀锚螺栓；当基面为钢架或钢丝网、水泥砂浆加固的砌体时，挂件与基面连接采用 M8×100 不锈钢胀锚螺栓(图 9-7)；当基面为钢架或钢丝网水泥砂浆加固的砌体时，挂件与基面连接采用 M8 不锈钢螺栓贯通连接(图 9-8)。扣槽式扣齿板与基面连接不得少于 2 个锚固点，锚固点的间距不大于 500mm。离地面 2m 高以下的每块干挂瓷质板中部需加设一个加强点，并与基面连接，连接件与瓷质板接合部位的面积不宜小于 $20cm^2$，并满涂胶粘剂。

嵌缝密封胶颜色应与板面色彩相接近，嵌缝饱满平直，缝隙宽窄一致。

二、玻璃落地墙工艺及技术要求

玻璃落地墙(外墙与室内隔墙)又称全玻璃幕墙(或全玻璃落地窗)，它是采用玻璃作为支撑框架和平面材料，固定在一层顶棚与地面上或楼层的楼板与顶棚上。系无框玻璃墙(或落地窗)体系。全玻璃落地墙由于采用通长大块玻璃，没有骨架，因而具有很好的透通感，视线无阻、开阔，立面造型简洁，整体感很强。它广泛地用于高档宾

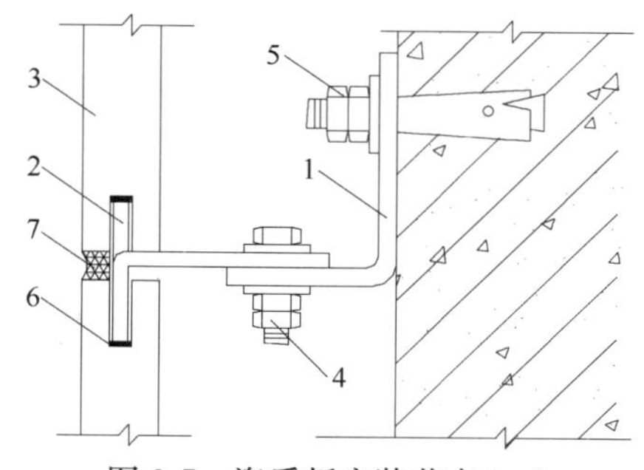

图 9-7 瓷质板安装节点(一)

1—不锈钢连接件；2—不锈钢扣齿板；3—瓷质板；4—螺栓；5—胀锚螺栓；6—环氧树脂；7—密封胶

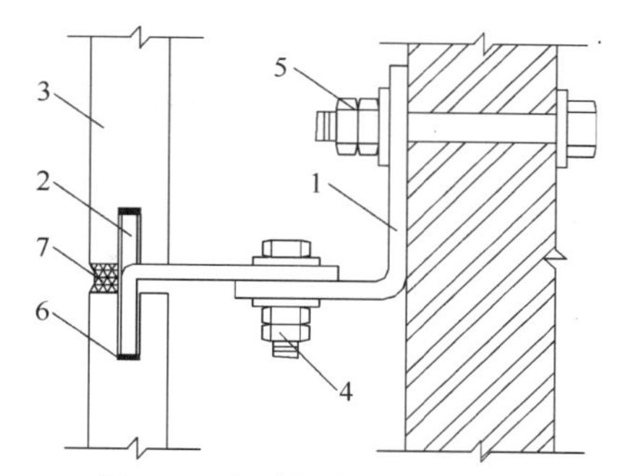

图 9-8 瓷质板安装节点(二)

1—不锈钢连接件；2—不锈钢扣齿板；3—瓷质板；4—螺栓；5—M8 不锈钢螺栓；6—环氧树脂；7—密封胶

馆大厅、餐厅、高级办公楼、超级商场、大型水族馆、大型电子计算机房、电视制作及发射机房、微波机房，以及现代豪华别墅等。

全玻璃落地墙根据安装构造方式分为坐地式和吊挂式两种。

1. 坐地式全玻璃落地墙

坐地式安装适用于高度小于 5m 的全玻璃落地墙，通长玻璃安装在上、下镶嵌槽内，玻璃与上部镶嵌槽顶之间需要留出一定的空间，使玻璃有伸缩变形的余地。起承重作用的是下部底槽与底座。这一安装方式的缺点是玻璃在自身质量的作用下易产生弯曲形变，造成视觉上的图像失真。图 9-9 为坐地式全玻璃幕墙节点图。

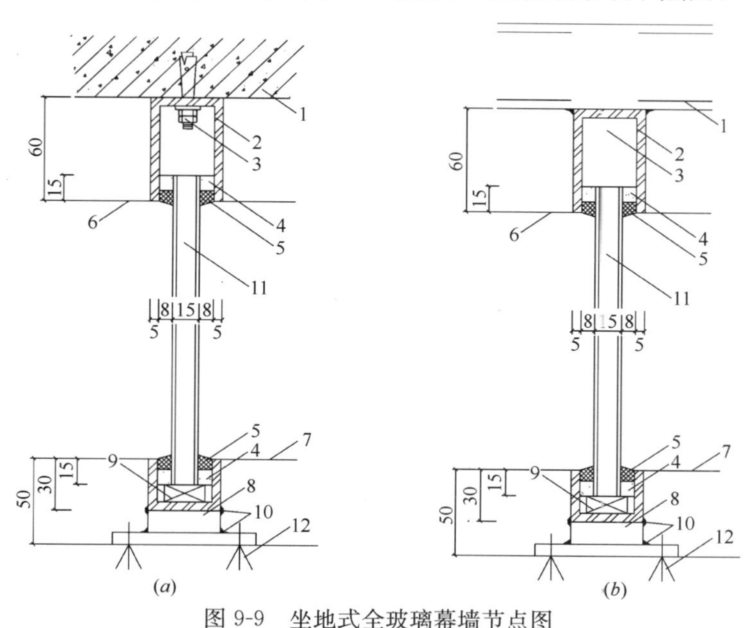

图 9-9 坐地式全玻璃幕墙节点图

(a)钢槽与混凝土楼板直接相接；(b)钢槽通过角钢吊架与楼板

1—混凝土楼板或角钢吊架；2—5mm 厚钢顶框；3—胀锚螺栓(或焊接点)；4—氯丁橡胶条；5—嵌缝胶；6—吊顶面；7—饰面层；8—垫钢；9—定位软垫；10—焊接点；11—15mm 厚玻璃；12—防锈胀锚螺栓

技术说明：

全玻璃落地墙所用玻璃多为安全性能好的浮法镀膜玻璃、热处理钢化玻璃或夹层钢化玻璃。玻璃的厚度、单块面积的大小、肋玻璃的宽度和厚度均应经过计算。在强度和刚度方面，应满足在最大风压和一定程度的外力撞击情况下的使用要求。当落地墙高度大于4m时，应采用条形加强玻肋，厚度不小于19mm，以加强面玻璃的刚度。加肋玻璃与面玻璃相交构造形式(图 9-10)。加肋玻璃与面玻璃相交部位留出间隙，并用硅酮系列封胶(透明体)注满间隙(图 9-11)。

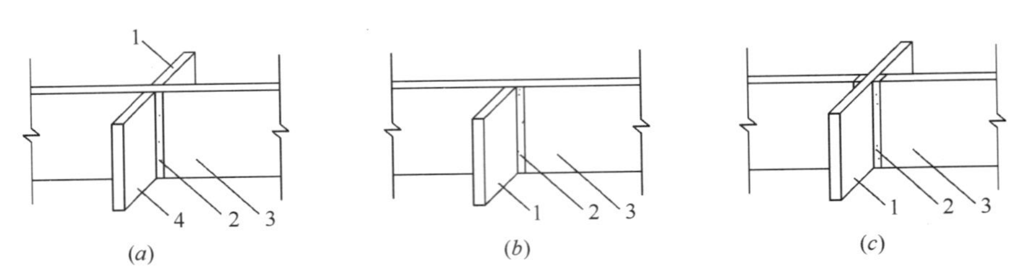

图 9-10 加肋玻璃与面玻璃相交构造形式

(*a*)双肋；(*b*)单肋；(*c*)通肋

1—加肋玻璃；2—硅酮密封胶；3—面玻璃；4—加肋玻璃

说明：相交部位留出间隙，并用硅酮系列密封胶(透明体)注满间隙。

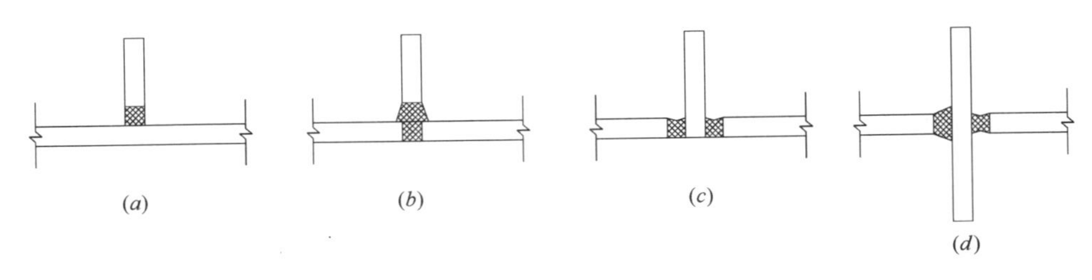

图 9-11 密封胶在肋玻璃与面玻璃相交部位的处理形式

(*a*)后置式；(*b*)骑缝式；(*c*)平齐式；(*d*)突出式

2. 吊挂式落地玻璃墙

(1) 玻璃尺寸范围

吊挂式安装适用于高度大于5m的全玻璃落地墙。这种安装方法是在落地墙的上端设置专用金属夹具，将通长玻璃吊挂起来，从而避免玻璃在自身质量作用下弯曲变形。玻璃与下部钢槽底之间要留有伸缩空间(图 9-12)。通常在下列情况下采用吊挂式安装：

玻璃厚度为10mm，幕墙高度＞4m；玻璃厚度为12mm，幕墙高度＞5m；

玻璃厚度为15mm，幕墙高度＞6m；玻璃厚度为19mm，幕墙高度＞7m。

(2) 构成材料与技术要求

① 承重吊挂结构构件

钢吊架和钢横梁受力构件：采用型钢结构(应符合国家有关现行设计规范)，钢材

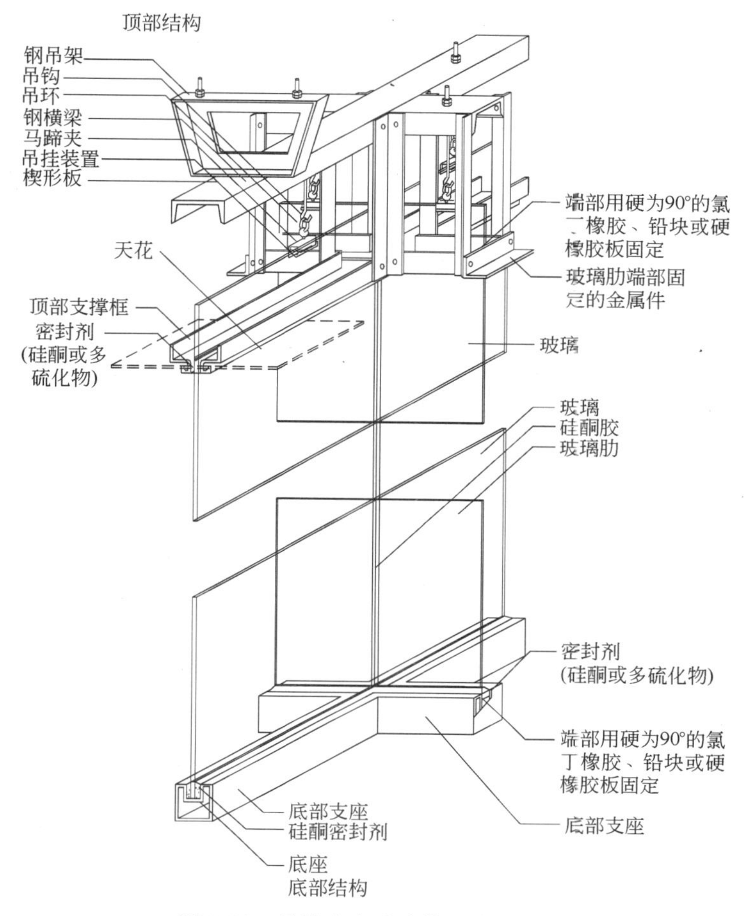

图 9-12　吊挂式全玻璃落地墙结构图

应为优质碳素结构钢。

悬挂吊杆、马蹄形吊夹具和吊夹铜片：吊杆和吊夹具体根据悬挂负载分别选用普通标准型和重型两种。吊夹铜片是用特殊专用胶固定在玻璃受力位置上。

内外金属夹扣：用型钢制作，夹扣长应与玻璃宽度尺寸相匹配，安装时应在玻璃悬挂前固定好内金属夹扣，待玻璃悬挂就位后再用螺栓固定好外金属夹扣。

② 玻璃

面玻璃：采用浮法镀膜玻璃、钢化玻璃、夹层钢化玻璃，厚度为 15mm、19mm、25mm，常用玻璃厚度为 19mm。玻璃外露边缘应采用精磨。

肋玻璃：采用浮法镀膜玻璃、钢化玻璃、夹层钢化玻璃等，厚度应大于 19mm。

③ 金属边框

埋入地下或墙面内的边框应采用 3mm 厚不锈钢槽钢，而不宜采用镀锌槽钢，因镀锌冷弯薄壁槽钢表面镀锌层容易剥离。

④ 玻璃结构胶和嵌缝胶

玻璃结构胶：多采用道康宁 781 硅酮结构胶，用于面玻璃与肋玻璃相交处，并共同形成组合断面，以抵抗风力等外荷载的作用。

中性硅酮密封胶：用于玻璃与金属边框、夹扣之间。

玻璃嵌缝胶：多采用道康宁 793 硅酮嵌缝胶。

第十章　石　　材

石材是人类历史上应用最早的材料，储量大、分布广。从旧石器时代到新石器时代，从原始人类将石材打造成石斧、石凿用作谋生的工具，到居住在石洞，并将石材应用于建筑、桥梁、园林、雕塑等，千百年风吹雨打，依然留存。作为人类历史上永恒的艺术品，石材的应用发挥到了极致，构成了人类社会文明史的重要组成部分。

石材具有独特的天然结构、质感和美丽的色泽、优异的自然纹理，并具有坚硬、抗压强度高、耐磨、耐久、抗冻等优良性能。未经加工处理的石材纯朴粗放、自然天成，经研磨、抛光后的石材表面光泽亮丽、高雅华贵。因而，石材具有保护建筑结构和美化功能作用，广泛用于地面、墙面、柱面、楼梯踏步、栏杆、隔断、家具台面，以及特殊表现效果等。

石材分为天然石材和人造石材两大类。

第一节　天　然　石　材

天然石材是指从天然岩体中开采而得的荒料，经过锯切、研磨、酸洗、抛光等工艺加工而成的块状、板状材料。由于天然石材的构造、力学性能、加工方式、外观形态及应用范围的不同，因而分类方法也不一样。

一、天然石材的分类

1. 按石材的地质形成过程分类

按石材的地质形成过程可分为：岩浆岩、沉积岩、变质岩。

（1）岩浆岩

岩浆岩是指岩浆浸入地壳中和喷出地表冷凝而成的岩石。这类岩石在地球上的数量最多，有花岗岩、正长岩、辉长岩、斑岩、橄榄岩、玢岩、辉绿岩、玄武岩、火山岩、凝灰岩。在岩浆岩中，花岗岩是一种分布最广的酸性火成岩，按其形成的矿物粒度分为细粒花岗岩、中粒花岗岩和粗粒花岗岩。

（2）沉积岩

沉积岩是在地表条件下，由母岩风化的产物。一般成层状，具有层理结构。如泥板岩、砂岩、碳酸岩等。

（3）变质岩

变质岩是地壳中原来的岩石，受构造运动、岩浆活动或地壳内热流变化等内动力的影响，在不同的温度和压力下，其矿物成分和结构发生不同的变化而形成的岩石。这种岩石密实，而且有更多的结晶出现，甚至可以进一步转变成更高级的变质岩，如板岩、片麻岩、石英岩、叶蜡石等。

2. 按石材的力学性能分类

一是不承受任何机械载荷的内墙饰面薄型板材，可减轻墙的承重，其厚度一般为15～18mm，该类板材安装方便、省力省料；二是承受一定载荷的铺地和外墙板材，其厚度为20～40mm，并要求其具有耐磨性好、抗冲击力强等较高的物理力学性能；三是用于大型纪念碑、塔、柱、环境雕塑等自身承重的石材，具有一定要求的体积感。

3. 按石材的性能和使用范围分类

(1) 用于室内墙面的大理石，属碳酸盐类石材。尽管多数结构致密、坚韧细腻、硬度适中、有一定的韧性和碎性，但易受化学介质的影响，耐磨、耐晒、耐寒、耐风雨性能不够强，故不宜用于室外墙面和行人过多的公共场所室内、外地面。

(2) 用于内、外墙面和地面的花岗石，属硅酸盐类石材，极耐酸性腐蚀。结构均匀密实，质地坚硬，耐磨、耐压、耐火及耐大气中的化学侵蚀。然而，花岗石含有对人体产生危害的微量的放射性元素——氡，氡的含量按红色、肉红色、灰色、白色、黑色依次递减。花岗石的放射性强于大理石。因此，不宜大面积用于居室、医院病房和长时间工作的办公区等室内地面，以及厨房橱柜台面等，若应用在其他室内空间环境中，则需空气流通，降低“氡”的浓度。

4. 按石材的形态分类

(1) 按石材的外观形态分为：板材、线材、体材和碎材。

板材，指铺贴于墙面、柱面、地面和家具表面等规则形的饰面板材，以及边角贴面板料和地面拼花等不规则形的饰面板材。

线材，分为直线材和曲线材，常用于楼梯扶手、腰线、踢脚、花台、服务台等。

体材，指应用于柱、碑、门牌、栏杆等规则的几何体型材和应用于环境雕塑、园林装饰等不规则的异形材。

碎材，指石材加工成规格型材过程中留下的不规则碎石或进一步加工成的石米、石粉等，以及天然鹅卵石。

(2) 按石材的表面特征分为：研磨、抛光、锤凿等加工饰面板和表面光洁、圆滑的鹅卵石，以及表面粗犷、凹凸不平的层状和点状结构的天然石材。

二、常用天然石材的种类、规格与性能特征

1. 饰面板

(1) 大理石饰面板

大理石是由石灰石再结晶而产生的变质岩。大理石饰面板材是用大理石原材料经锯切、磨光等加工而成的。质地坚硬，耐磨、耐高温，有一定的吸水性。但耐晒、耐寒、耐风雨性能不强，耐磨性不如花岗石。因此，不宜用于室外墙面或地面，适用于室内墙面、卫生间、洗手间台面和服务总台、吧台等家具饰面。大理石的性能指标见表10-1。

大理石性能指标　表 10-1

容　重	2600～2800kg/m³	硬　度	45～60
抗压强度	60～180MPa	吸水率	<1%
抗折强度	7.5～24MPa	耐用年限	150年
抗剪强度	18MPa	光泽度	45～95

注：大理石的产地不同，其性能指标也有不同。光泽度与大理石的等级有关。如一级汉白玉光泽度为90，二级汉白玉为80。

① 大理石的纹理与色彩

大理石的纹理是在形成过程中局部堆积物产生的，有斑点纹、条纹、网纹、水波纹、云纹，或几种纹理的混合。大理石的色彩种类较多，通常有铁氯化物形成的粉红色、红色、黄色和棕色，沥青类物质产生的灰色、蓝灰色和黑色，云母、亚氯酸盐和硅酸盐产生的绿色。

大理石饰面板的种类与表面特征见表 10-2。

大理石饰面板的种类与表面特征　表 10-2

名　称	表面特征
细花白	灰白色底，斑点稀疏，偶尔有条状纹
大花白	白色底，灰蓝色条形花纹穿插，奔放，对比明显，光泽含蓄
爵士白	白色或灰白色底，光泽含蓄，花纹如行云流水，整体构成如同山水画
汉白玉	白色底，颗粒细密均匀，石英、云母晶莹闪亮，富丽华贵
金花米黄	浅黄底，细斑点纹，微晶结构，偶尔有晶状缝线，表面光泽好
旧米黄	浅黄底，但比金花米色深，斑点纹粗，偶尔出现微晶斑点
珍珠米黄	淡灰紫色调，斑点如珍珠，分布较为均匀，但偶尔有瑕疵
梦露红	粉红色底，微晶纹与浅白色纹，偶尔有斑点纹
红粉佳人	淡紫红色，美丽富贵，花纹如高山流水
挪威红	红色底，花纹如白色云朵，密集地漂浮着
啡　网	黑棕色调，深沉、稳重，纹理交织如网，高档面材，价格昂贵
紫罗红	紫红色底，深沉、含蓄，不规则且具有动感的白线纹相互交错，高贵美丽
大花绿	深绿色底，不规则的白色和墨绿色线纹与深绿色斑点组合，如清泉石上流

注：同一种大理石的命名会有所不同。

② 大理石饰面板常用规格

大理石饰面板的规格分为定型板和不定型板。定型板通常由国家统一编号或生产企业以代号自定规格；不定型板是由设计师根据设计要求委托生产企业进行加工，包括精磨边、启槽、钻孔、拼花，墙面、柱子踢脚板和腰线，以及家具边缘装饰线等特种造型加工。表 10-3 为正方形、长方形(或条形)大理石饰面板常用规格。

正方形、长方形(或条形)大理石饰面板常用规格(mm) 表 10-3

名称	规格(长×宽×厚)	名称	规格(长×宽×厚)
地面饰面板	300×300×20 400×400×20 500×500×20 600×600×20 800×800×20	楼梯或台级踏步踏板	(800～1200)×(260～400)×20
地面波打线	(300～800)×(200～300)×20	楼梯或台级踏步踢脚板	(800～1200)×(120～200)×20
墙面饰面板	300×150×20 300×300×20 400×200×20 500×500×20 600×300×20 600×600×20 900×600×20 1200×900×20	墙面或柱面踢脚板	(600～800)×(120～200)×(20～30)

③ 大理石饰面板的平整度、角度与尺寸公差

大理石饰面板的平整度、角度与尺寸公差，是影响表现质量的重要指标，必须符合国家标准。

大理石饰面板的平整度偏差允许值见表 10-4，角度偏差允许值见表 10-5，尺寸偏差允许值见表 10-6。

大理石饰面板平整度偏差允许值 表 10-4

平板长度(mm)	最大偏差值(mm)	
	一级品	二级品
<400	0.3	0.5
≥400	0.6	0.8
≥800	0.8	1.0
≥1000	1.0	1.2

大理石饰面板角度偏差允许值 表 10-5

板材长度	最大偏差值(mm)		附注
	一级品	二级品	
<400	0.4	0.6	侧面不磨光的拼缝板材，正面与侧面的夹角不得大于 90°
≥400	0.6	0.8	

大理石饰面板尺寸偏差允许值(mm) 表 10-6

产品类别名称	一级品			二级品		
	长	宽	厚	长	宽	厚
单面磨光板	0 −1	0 −1	+1 −2	0 −1.5	0 −1.5	−2 +3
双面磨光板	±1	±1	±1	+1 −2	+1 −2	+1 −2

(2) 花岗石饰面板

花岗石是一种分布最为广泛的涂层酸性火成岩，具有明显的晶状纹理。主要是由

石英(20%～40%)、长石(40%～60%)和云母、角闪石等组成，莫氏硬度6～7级。按其结晶颗粒的大小又分为"伟晶"、"粗晶"和"结晶"三种。其特点为构造致密，硬度大，强度高，耐磨，耐压，耐温，抗冻，耐风化，耐酸碱及耐大气中的化学侵蚀能力强，属酸性岩石，极耐酸性腐蚀。其性能指标见表10-7。

花岗石性能指标 **表10-7**

容重	2600～3000kg/m³	吸水率	0.2%～1.7%
抗压强度	150～260MPa	抗冻性	100～200次冻融循环
抗裂强度	13～19MPa	耐用年限	200年左右
抗折强度	8.5～26MPa		

花岗石饰面板分亮面板和无光面板。亮面板是花岗石原材料经锯切、研磨、酸洗、抛光等加工而成的；无光面板是花岗石原材经锯切后，再按所需规格切割而成，切割的面材不经磨光处理，保持其原始的质地风格，或表面经过剁斧、机刨、粗磨、凿毛等加工处理后，获得独特的表面质感效果。

花岗石属于高档的饰面材料，有华贵高雅的装饰效果，有"石烂需千年"的美称，广泛地用于墙面、柱面、地面、楼梯踏步、栏杆栏板、台阶、洗漱台面、家具台面及各类服务总台和吧台台面、立面等。花岗石饰面板的种类与表面特征见表10-8。

花岗石的种类与表面特征 **表10-8**

名称	表面特征
芝麻灰	灰色底，黑色、深灰色细点花纹，分布均匀，光泽好
粗点白麻	浅灰色底，略偏绿，粗点花为主，细点花纹分布其中
美利坚白麻	灰白色底，斑点有粗、细之分，斑点色彩有黑色、深灰色、绿色、红色
济南青	墨绿色底，深灰色细点花纹，分布均匀
中国黑	纯黑底，斑点细微、紧密，分布均匀，微晶闪烁，光泽亮丽
珍珠黑	黑底，如水迹斑点，较粗，比地更黑，分布均匀，光泽较好
黑金砂	纯黑底，颗粒状纹，粒度又分细、中和粗，色泽深沉，微晶闪烁，高雅富丽
中国红	红色底，斑点花纹，又分细点、中点，分布均匀
印度红	深红与黑斑点相间分布，斑点又分大、中、小，表面光亮如镜，微晶闪烁
南非红	大红与黑斑点相间分布，较为均匀，表面光泽好，偶尔有微晶
紫晶石	紫黑色调，斑点粗犷、紧密，表面光亮如镜，晶粒状闪烁其内
啡钻	粗犷的棕色斑点与黑色斑点组合，分布较均匀，晶粒大小不一样
蓝麻	黑底透蓝，斑点较粗、紧密，晶粒较大，表面光亮如镜，华贵美丽
金彩麻	金黄底，黑色斑点，微晶闪烁，表面亮丽
紫彩麻	紫色与黑色斑点组合，色调高雅，微晶闪烁，华贵富丽
绿星	深绿底，斑点粗大，表面晶莹闪亮

注：以上为研磨、抛光后的饰面板材表面特征。

① 花岗石饰面板常用规格

花岗石饰面板表面加工方法有剁斧、喷砂、机刨、粗磨和研磨抛光等。然而最常用的是色泽光亮、晶粒显露的磨光镜面板。在实际应用中，设计师除从生产企业以代号自定的规格中进行选取外，往往根据设计要求委托生产企业进行加工，同样包括精磨边(圆边、直线边或曲线边)、开孔、拼花、柱脚板、踢脚板以及各种装饰腰线、边线等。表10-9为正方形、矩形花岗石饰面板常用规格。

花岗石饰面板常用规格(mm) **表10-9**

名　　称	规格(长×宽)	名　　称	规格(长×宽)
地面饰面板	300×300，400×400，500×500，600×600，800×800	楼梯或台阶踏步踏板	(800～200)×(260～420)
地面波打线	(300～800)×(200～250)	楼梯或台级踢脚板	(800～1200)×(120～200)
墙面饰面板	300×300，400×200，400×400，500×500，600×300，600×600，800×600，900×600，1200×900	墙面、柱面、踢脚板	(600～800)×(120～200)

注：花岗石地面饰面板的厚度通常为20mm，内墙面饰面板的厚度为15～18mm，踢脚板或外墙饰面板的厚度为20～40mm。

② 花岗石饰面板的平整度、尺寸与角度公差

花岗石饰面板的平整度、尺寸与角度公差是影响表现质量的重要指标，必须符合国家规定的标准。花岗石饰面板平整度允许公差见表10-10，尺寸允许公差见表10-11，角度允许偏差见表10-12。

花岗石饰面板平整度允许公差(mm) **表10-10**

平板长度	粗面和磨光板材		机刨和剁斧板材	
	一级品	二级品	一级品	二级品
<400	0.3	0.5	1.0	1.2
≥400	0.6	0.8	1.5	1.7
≥800	0.8	1.0	2.0	2.2
≥1000	1.0	1.2	2.5	2.8

花岗石饰面板尺寸允许公差(mm) **表10-11**

产品名称	一　级　品			二　级　品		
	长	宽	厚	长	宽	厚
粗磨和磨光板材	+0 −1	+0 −1	±2	0 −2	0 −2	+2 −3
机刨和剁斧板材	0 −2	0 −2	+1 −3	0 −3	0 −3	+1 −3

花岗石饰面板角度允许偏差(mm) 表 10-12

平板长度（矩形、正方形）	粗磨和磨光板材		机刨和剁斧板材	
	一级品	二级品	一级品	二级品
≤400	0.4	0.6	1.0	1.2
>400	0.6	0.8	1.5	1.7

注：板材正面与不磨光侧面的夹角不应大于 90°。

2. 线材

线材是从原石材中经过特殊的机械加工而成，有直线材和弧线材。线材与线材、线材与板材的组合运用，使设计造型更加丰富多样。线材常应用于楼梯扶手、栏杆、墙面或柱面腰线、踢脚线、门套(如电梯门套、大厅门及通道门门套、高级办公大楼门套等)，以及服务台、吧台边缘装饰等。线材的造型如图 10-1。

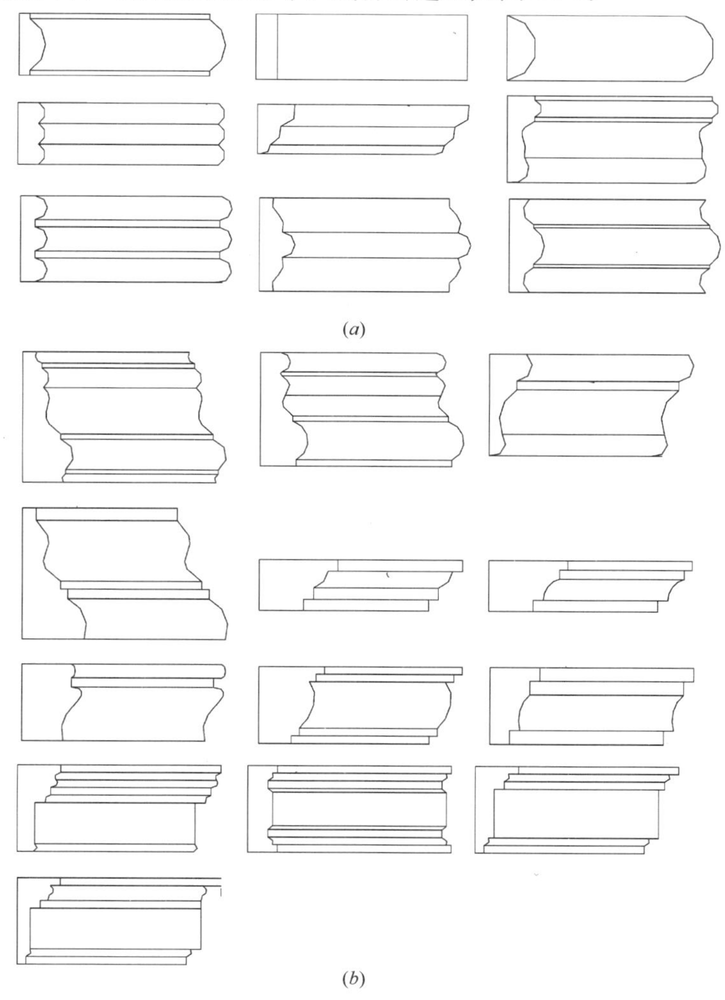

图 10-1 线材的造型

(*a*)腰线、门套线；(*b*)踢脚线

三、大理石、花岗石饰面板应用与技术要求

1. *石材锯切加工*

石材所具有的天然色彩和形成的纹理层是不一样的，因而对荒料（通常为方形石）锯切加工时，应根据纹理的特征进行切割。沿着岩层平行切割与沿着岩层垂直切割，最终产生的纹理效果是不一样的，如大理石。而斑点纹的石材只沿一个方向切割，如花岗石。大理石饰面板的锯切方式如图 10-2。

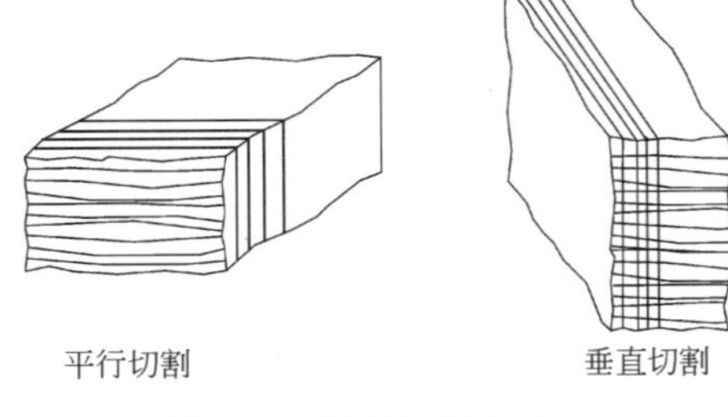

图 10-2 石材锯切方式

2. *饰面板表面处理*

从大理石、花岗石荒料锯切而成的板材，通过研磨、抛光后，亮丽的表面呈现出石材完美的色彩和纹理特征。然而，从设计的角度，为了更加丰富石材所表达的含义和较完美地体现石材的视觉美感，往往对切割后不经磨光处理的坯板或已抛光处理的亮面板（局部处理）采用其他的加工手法，如剁斧、锤凿、机刨、粗磨、粗锯切、喷砂等，从而保持石材原始纯朴的质地风格，同时起防滑作用和使板面无反射光。

（1）剁斧

采用锤子或斧子将锯切坯板或锯切抛光板（局部）表面打毛，形成点状、线状纹理或点、线状混合纹理（图 10-3、图 10-4）。

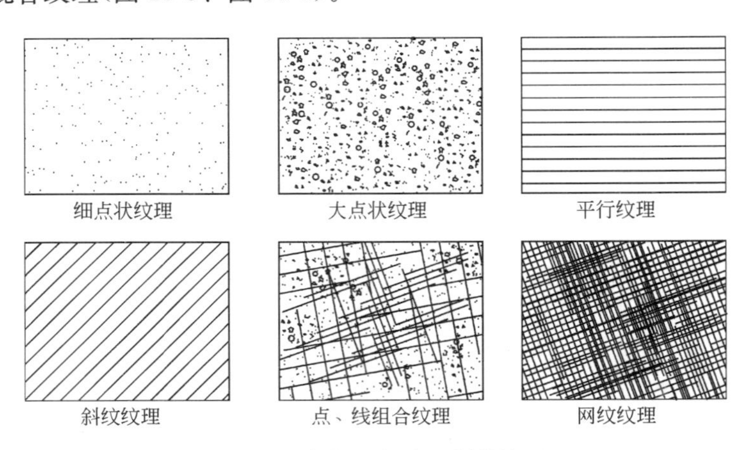

图 10-3 锯切坯板表面剁斧纹理

剁斧处理的板材，具有表面肌理粗犷、装饰性强、防滑、无反射光等特点，作为贴面材料常应用于柱面、墙裙、楼梯踏板、栏杆挡板、台阶踏步、吧台立面、装饰墙面（局部）和室外广场、园林地面等。

（2）机刨

板材经过机械加工后，表面平整，无反射光，且有相互平行的刨纹。该类板材

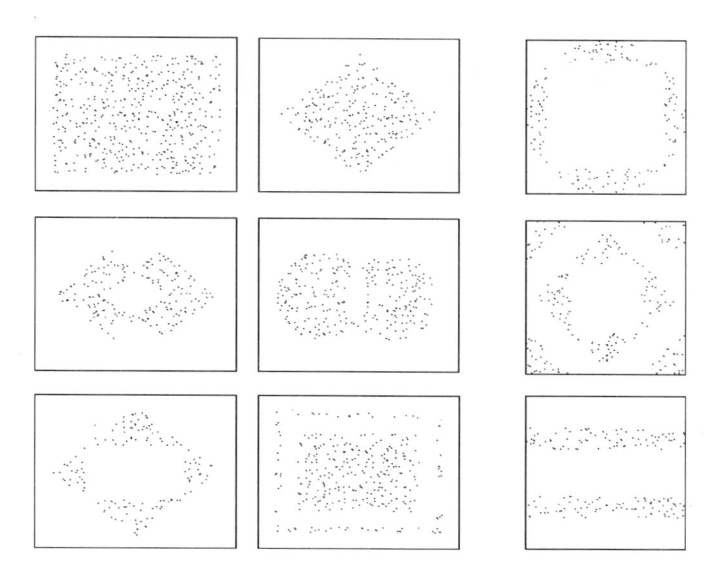

图 10-4 抛光板表面剁斧纹理

表面刨纹肌理美观，且具有防滑功能，通常用于地面、楼梯踏步、台阶踏步、基座等。

(3) 粗磨

板材经粗磨后，表面光滑，偶尔有轻微的磨痕、反射光。

(4) 喷砂

表面由喷砂形成的颗粒肌理，有粗粒面和细粒面，无反射光，喷砂饰面板使用效果素雅朴实。

(5) 锯切

由排锯或圆盘锯而产生的平行、圆环形刻痕，表面无反射光。

3. 饰面板铺设工艺与技术要求

(1) 饰面板在混凝土地面上的铺设

① 基层处理

清除基层表面灰尘、污垢和油渍等，并浇水湿润。光滑面应锤凿起毛，用水泥砂浆找平直径大于 25mm 的孔洞或凹陷处。

② 材料与规格

饰面板：由于板材表面有天然瑕疵和加工质量的偏差，因而出现等级不同的饰面板，通为 A、B、C 或 D 级。铺贴时，力求选取完整、优质的板材。规格通常有 600mm×600mm、800mm×800mm，厚度为 20mm，或按设计要求定制。

水泥砂浆垫层：1∶3(体积比)水泥砂浆，湿度为用手捏团，松开后能自然散落。垫层厚度为 1.5～2.0mm，并刮平。

粘结层：水泥灰浆，稠度要适宜，刮于板材的反面，厚度为 1mm 左右，铺设时，用橡皮锤轻敲平整。

防水薄膜：可用油毡或聚乙烯膜作防水处理，在其他作业中也可以不使用，如图 10-5。

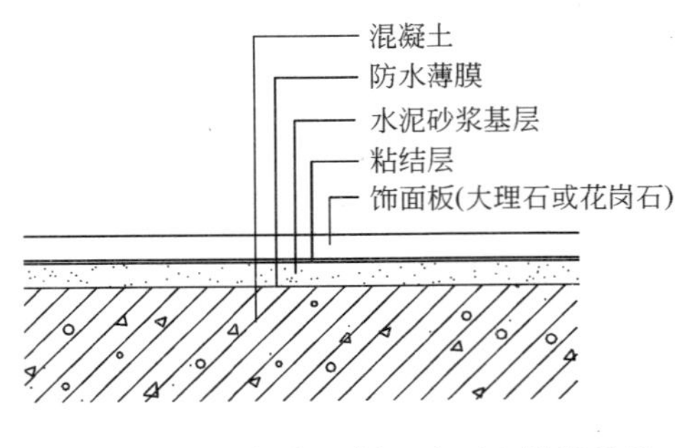

图 10-5　饰面板在混凝土地面上铺设构造

③ 板材等级鉴别

A 级：板材完整无瑕，即无缺角、地质缝，纹理清晰无瑕疵。加工质量优良，板面平整，边线无偏差等。锯切加工采用较好的设备。

B 级：板材特征与 A 级相似。但表面上有少量的天然瑕疵，加工质量上有些偏差，锯切加工采用较好的设备。

C 级：板面上常有地质缝、小孔洞或天然瑕疵。加工质量有些偏差，使用时需经过修补。

D 级：板面具有大量的天然缺陷，而且加工质量较差，使用时需要进行选取或修补。

④ 饰面板图案拼接

饰面板材用于地面铺设时，通常采用相同或相近纹理的饰面板进行拼接，或采用不同色彩、色泽、纹理的饰面板进行拼接。拼接时，应注意色彩、纹理以及面积大小的对比与协调性，尽量选择耐磨度相近的饰面板拼接。拼接角与板材边线力求在同一水平面上，偏差小于 1mm，(图 10-6)。边角板料是大理石和花岗石规格板加工后的剩余料，其色泽、纹理和外形变化更加丰富多样，在拼接时，更具有灵活性，但同时要注意整体与协调感(图 10-7)。

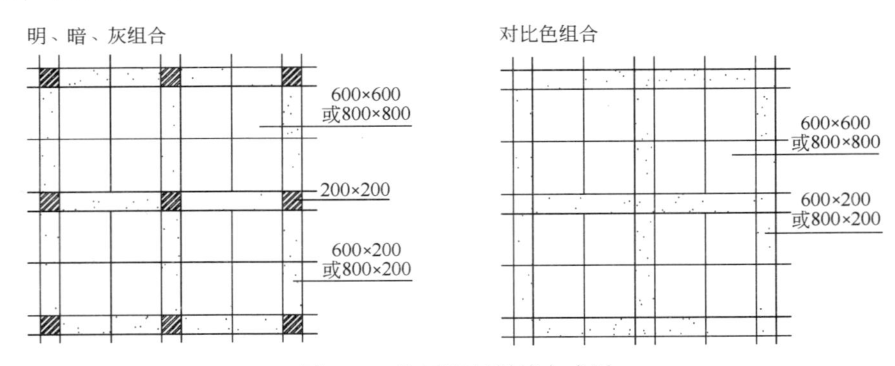

图 10-6　饰面板材拼接方式图

⑤ 墙面、柱面饰面板与缝线造型(图 10-8)

(2) 饰面板与软材料的对接

饰面板与地毯(最好为圈绒地毯)对接时，应先铺好饰面板，然后确定地毯水泥砂浆垫层高度，待垫层完全凝固后，再铺设地毯。饰面板与地毯对接时，地毯面应稍高出饰面板，对接处采用塑料或金属(铝合金或不锈钢)分格条，防止踩踏时板边产生碎裂(图 10-9)。

(3) 饰面板在室内墙面上的铺设

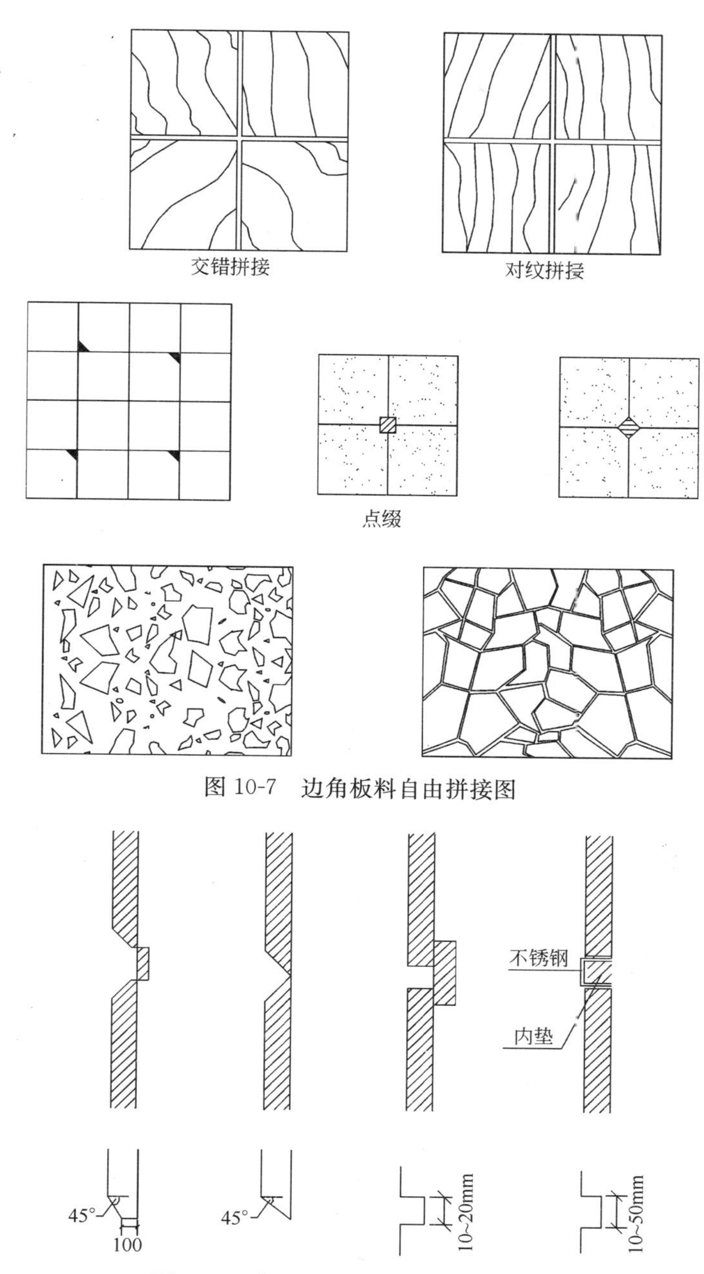

图 10-7 边角板料自由拼接图

图 10-8 墙面、柱面饰面板与缝线造型

墙体：钢筋混凝土或砌体墙。

基层处理：清除基层表面灰尘、污垢和油渍等，并浇水湿润。光滑面应锤凿起毛，直径大于 25mm 的孔洞或凹陷处须用水泥砂浆找平。

材料与安装方法：

① 小规格板材粘贴安装

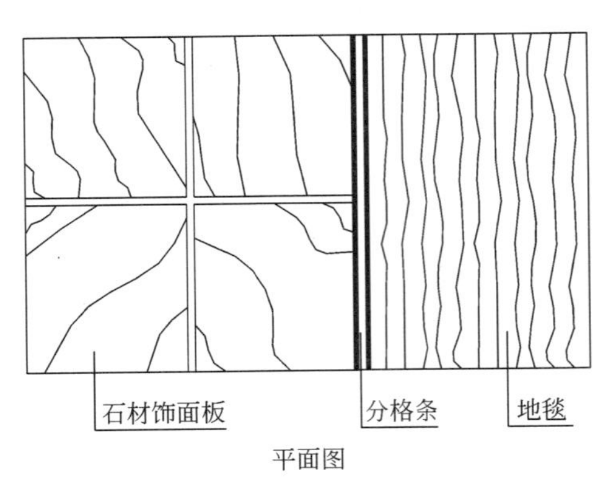

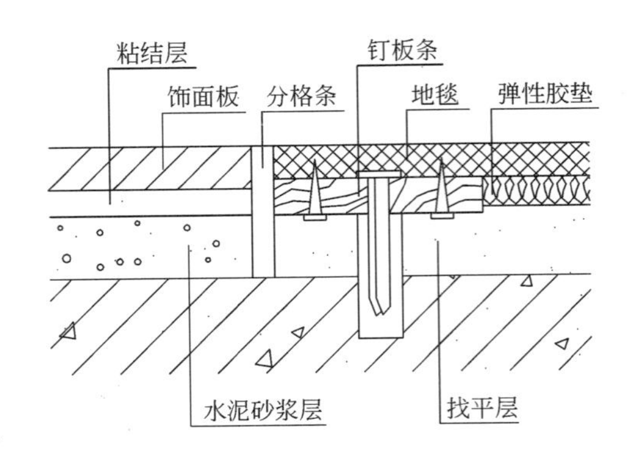

图 10-9 饰面板与地毯对接

材料：小规格板材边长≤400mm，厚度为 1.5～1.8mm。选择优质、均匀板材。

粘结剂：107 水泥浆(107 胶掺量为水泥质量的 10%～15%)或环氧树脂水泥浆。粘贴时将粘结剂均匀地抹在板材的背面，厚度为 2～3mm。如图 10-10。

优点：施工简捷，无须打眼以及预埋钢件等。

基层要求：因粘结层较薄，故对基层表面要求有较好的平整度和垂直度。粘贴前，采用 1∶2∶5(体积比)的水泥砂浆，分两次完成找平，厚度为 10～12mm。

用“AH-3”(环氧树脂聚合物，又称万能胶，A、B 等量双组分混合)大理石胶粘剂粘贴，每块板背面布置 5 个贴点，如图 10-11。抹胶厚度应大于饰面板与墙体基层间的净空距离(5～6mm)。为增强胶与饰面板和基层的粘结强度，可在饰面板、结构墙或金属骨架上粘贴部位钻孔(ϕ10mm～ϕ12mm)。

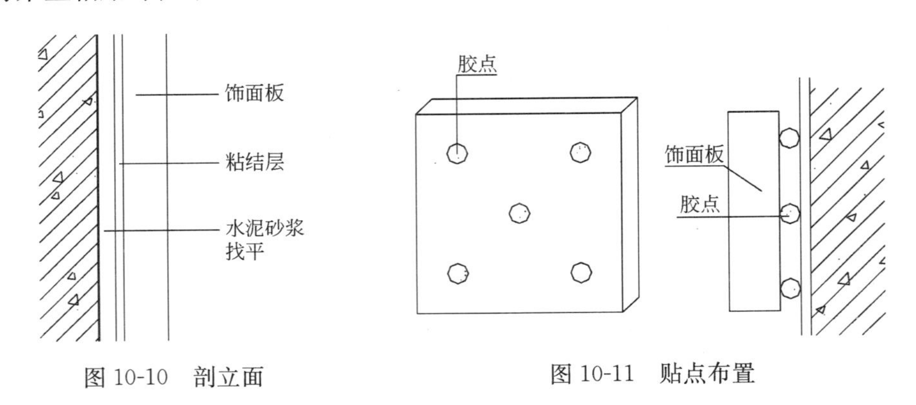

图 10-10 剖立面

图 10-11 贴点布置

优点：粘结强度大，耐水、耐候性好，有较强的韧性和伸缩性，无毒、无腐蚀。

② 大规格板材湿挂法安装

材料与规格：大规格板的边长通常为 500～1200mm，厚度为 1.8～2.0mm。板材与基层缝隙为 15～50mm。安装前需在饰面板的背面钻孔(ϕ5～6mm)或退槽，便于挂件连接，如图 10-12。

水泥砂浆：体积比为 1∶3。采用分层灌浆，第一次浇灌高度不宜超过饰面板的

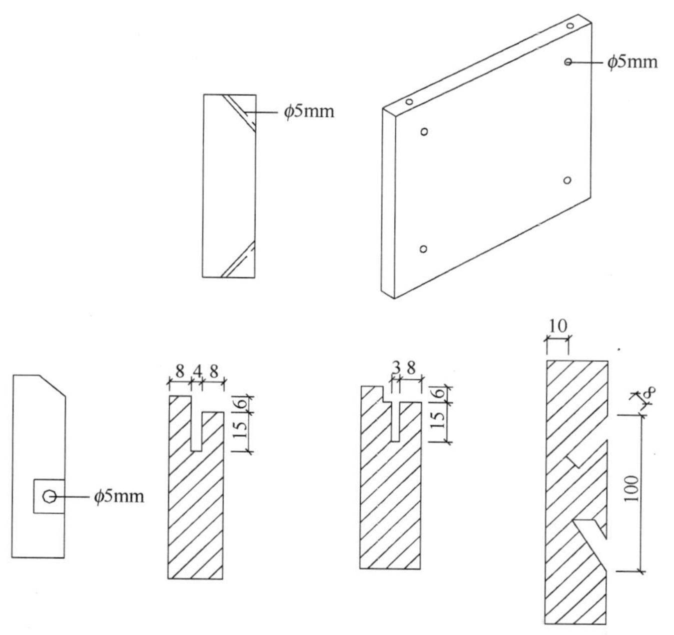

图 10-12 饰面板背面钻孔与退槽(单位：mm)

1/3，待 2 小时后，作第二次浇灌，高度为饰面板的 1/2，第三次灌至低于板材上面 5cm 处为止，留有空隙作为上层板材灌浆的结合层。灌浆时防止空鼓和板材错位。

预埋件与支撑托架：支撑钢托架由角钢、扁钢、膨胀螺栓组成。预埋件，防锈钢筋 ϕ6mm～ϕ8mm，铜丝或钢丝穿入饰面板斜孔后，捆扎在钢筋上。但不宜用铁丝捆扎，否则锈蚀从饰面板板缝或背面透出。

嵌缝：嵌缝要密实，采用与饰面板色彩相同或相近的色浆，保持色泽统一。

大规格板材湿挂法安装节点如图 10-13。

③ 饰面板干挂法安装

干挂法可用于室内墙面和室外幕墙不超过 30m 高的饰面板的安装。干挂法具有施工快捷、无污染、无后处理工序等优点，避免了湿挂法湿砂浆透过石材析出“白碱”而污染板面，以及出现空鼓、错位、离层和脱落(水泥、混凝土与石材的收缩率不同)等现象。

干挂法又分直接式干挂法(图 10-14(*a*))、骨架式干挂法(如图 10-14(*b*))等。

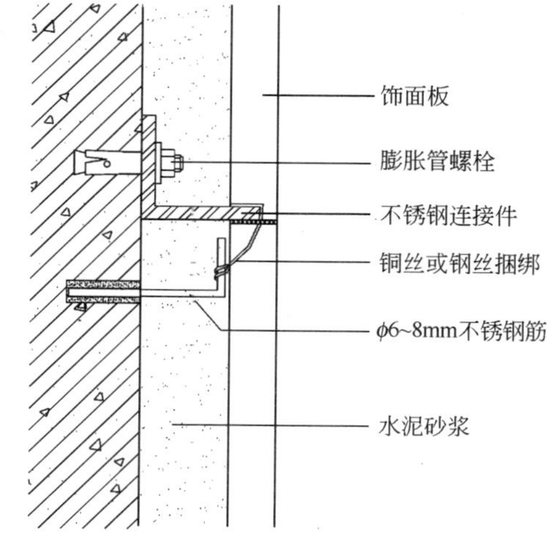

图 10-13 湿挂法安装节点

基体：

直接式干挂法必须是高强度的结构墙体才能承受饰面板传递的力，墙面的垂直度和平整度比普通结构墙体精度要求高。骨架式干挂法则用于加气混凝土、黏土空心砖、

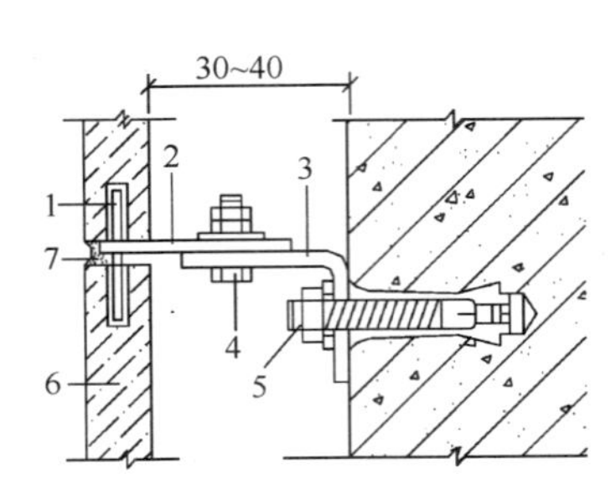

1—定位不锈钢销钉 $\phi 6\times50$；2—舌板；
3—不锈钢挂件；4—不锈钢螺栓；
5—重荷膨胀螺栓；6—石材板；7—嵌缝胶

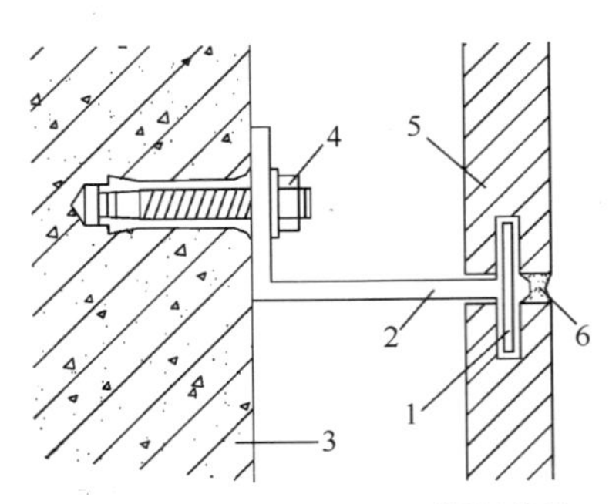

1—2mm 厚不锈钢板；2—不锈钢挂件；
3—墙面刷防水涂料；4—重荷膨胀螺栓；
5—石材板；6—嵌缝胶

(*a*)

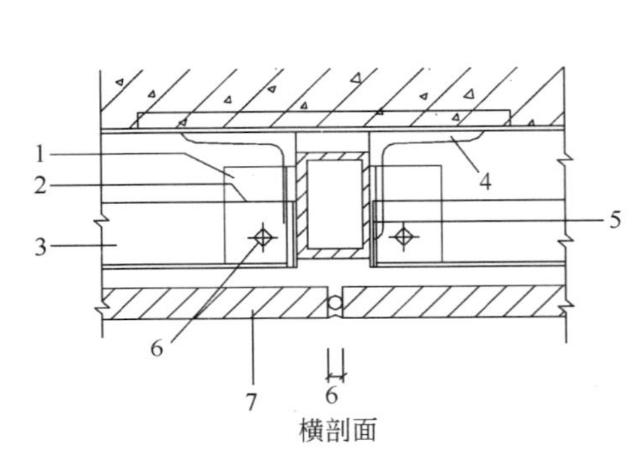

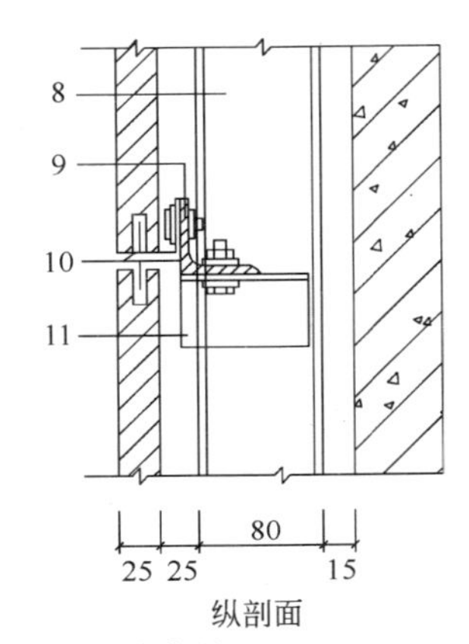

1—钢角码 50×50×5×80；2—焊接；3—钢横梁 50×50×5；4—钢角码 50×50×5×90；
5—钢立柱 8；6—M6×33 螺栓；7—石材板；8—钢立柱 8；9—钢横梁 50×50×5；
10—不锈钢销钉挂件；11—钢角码 50×50×5×80

(*b*)

图 10-14 饰面板干挂节点图(单位：mm)

(*a*)直接式干挂法；(*b*)骨架式干挂法

煤渣混凝土空心砌块等轻质材料墙体，金属骨架承受饰面板幕墙的自身质量、地震、风等荷载。

材料：

饰面板：饰面板可达 1.36m×2.00m。安装时，避免板材边角磨损和破裂。板材的平整度、角度和尺寸公差必须符合国家标准。

配件：连接件、膨胀螺栓等采用不锈钢或铝合金成型扣件。

密封胶：先用泡沫塑料条填实板缝一半，另一半用打胶枪填满密封胶。

幕墙板缝：通常竖向板缝为 4～10mm，横向板缝为 10mm。

4. 饰面板表面污染与处理措施

大理石、花岗石饰面板具有良好的质感、优异的自然花纹、美丽的色泽，高雅华贵，因而表现的范围越来越广泛。然而，板材表面的污染如泛白、锈斑、水渍、龟裂、化学腐蚀，以及受各种自然气候因素的作用会降低其表现的质量，影响外表美观，缩短使用寿命。因此，需要采取措施进行预防和处理。

（1）泛白

泛白现象又称泛碱现象，是由于镶贴石材板采用湿贴法或湿挂法安装后，湿砂浆能透出石材析出“白碱”而污染板面，这种现象多出现在外墙和潮湿空气中的内墙石材表面。处理方法有：一是采用干挂法；二是对石材进行防护处理，主要是面涂和背涂。面涂是采用水性或油性防护剂、致密剂，使石材表面致密；背涂是采用环氧树脂胶、环氧砂浆或石材专用处理剂涂布石材背面及周围侧边，封闭石材孔洞，防止水分渗透，隔离碱性水泥砂浆与石材的直接接触。

（2）锈斑

锈斑的形成一是由于在开采与加工中，钢锯的锈水渗入石材的结晶体中而造成的；二是在运输、安装的过程中，与铁制物接触或使用铁制挂件时，铁制物遇水氧化后粘敷在石材表面或从石材的毛细孔透出，产生锈斑；三是由于石材本身含有赤铁矿或硫铁矿，这些铁质矿物接触空气被氧化后产生“锈水”从石材孔洞中渗出，造成石材表面变黄。预防方法有：安装时尽可能采用干挂方式，干挂配件采用不锈钢材料；锯切后要立即清洗锈水；安装前采用树脂胶涂布石材背面，以使石材具备防水功能。

（3）龟裂

因天然石材的物理力学性能较离散，存在许多微细裂隙，当长期经受风吹、雨淋、日晒后，会产生龟裂。尤其是大理石，耐候性差。另外，由于水泥、混凝土与石材的收缩率不同，也容易形成裂纹。预防措施有：采用石材专用增强剂进行养护，使其强度增加，硬度和光泽度也同时得到提高。

（4）水渍、湿痕

当石材采用湿贴或湿挂法安装时，水泥砂浆中产生的具有腐蚀性的碳酸钠（俗称苏打）能大量地吸附从缝隙或石材表面毛细孔渗入的水分，从而造成石材背面水泥砂浆终年不干，并渗透到石材表面，随着温度和湿度的变化，呈现出不同范围的水渍、湿痕。预防措施有：采用湿法施工前，用防护剂对石材逐块进行防护处理，增强其防水抗污的性能。另外，板缝处处理要严密，对充分干燥的板面进行打蜡处理，提高抗渗透能力。

（5）化学腐蚀

这是由于工业废气和汽车排放的尾气造成空气污染，如增加空气中的 SO_2、SO_3、NO_x 等成分，它们溶解在水中与碳酸盐石材反应生成可溶性盐或微溶盐，使石材表面呈泡沫状脱落。预防措施有：对石材进行防水和养护处理。

（6）冻损

冻损是由于安装灌浆、擦缝不密实以及石材本身的毛细孔等原因，使石材板吸入水分，当温度降低到液态水结冰时，产生冻结膨胀而造成石材裂损，并失去表面光泽，甚至受外力撞击破裂坠落，影响安全。预防措施有：对石材板逐块进行全方位的树脂胶涂布，并进行严格的嵌缝处理。

(7) 苔藓植物生长及微生物破坏

潮湿的石材板和基面上有机质含量较高，为苔藓植物的生长创造了条件，并且容易生长微生物，从而导致石材变色、起霉斑，降低石材的强度和使用寿命。预防措施有：做好排水工程，防止石材表面积水，在石材板镶铺前用防护剂全面地进行防护处理。

第二节 艺 术 石 材

艺术石材是指经过开采的天然岩石或无机材料配制加工而成的仿天然岩石。其表面粗犷凝重，纹理起伏自然、多变，色泽丰富、绚烂多彩，为设计师提供了创造出高贵典雅、神秘浪漫的独特风格的广阔表现空间。在日渐钢筋水泥化的都市里，符合现代人向往自然、回归自然的审美需求。

一、艺术石材的分类

艺术石材分为天然艺术石材和人造艺术石材

1. 天然艺术石材

天然艺术石材包括从天然岩体中开采出来的具有特殊的片理层状结构的板岩、砂岩、碳酸岩、石英岩、片麻岩，以及鹅卵石、化石等种类。它们具有耐酸、耐寒、吸水率低、不易风化等特点，是一种自然防水、会呼吸的环保石材。

(1) 板岩

板岩从外观颜色和质地分为红锈板、粉锈板、彩霞板、鱼鳞板、银棕板、绿晶板、星光板、灰纹板、紫锈板、玉锈板、水锈板等。

(2) 砂岩

砂岩表面砂质粗犷，色彩淡雅且为倾向色，如平板砂岩呈淡黄、绿砂岩呈淡灰绿、波浪砂岩呈淡红、白砂岩呈灰白、脂粉红砂岩呈浅粉红。

(3) 石英石系列

石英石系列从受光照后的变化和色泽分为变色石英石、云黑石英石、黑岩石英石、红石英石、绿石英石等。

变色石英石：受不同的光度或角度折、反射时，表面会随时改变颜色。

云黑石英石：颜色较深沉，且有光泽。

黑岩石英石：呈暗黑色，质硬，天然麻面，质地粗犷。

红色石英石：淡红色，质地粗犷。

绿石英石：淡绿偏玫瑰红色，质地粗犷。

(4) 鹅卵石

鹅卵石表面光洁、圆滑，色泽丰富、素雅。常用尺寸有：小卵石为1～3cm；中卵石3～10cm；大卵石10cm以上。

(5) 云母石

云母石亦称梦幻石，有金色、银色两种，表面呈凹凸感。在光照下，闪烁辉煌，高贵华丽。

(6) 化石系列

象牙石：细白螺结晶化石，白色，性能稳定，不易变色，耐候性强。

米黄石：贝壳结晶为主体的化石，有珍珠米黄、浅米黄色。

深米黄：芝麻米黄等色彩。较脆，硬度不高。

2. 人造艺术石材

人造艺术石材是以无机材料(如耐碱玻璃纤维、低碱水泥和各种改性材料及外加剂等)配制，并经过挤压、注制、烧烤等工艺而成。其表现风格参照天然文化石。粗犷凝重的砂质表面和参差起伏的层状排列，造就逼真的自然外观和丰富的层理韵律，更能赋予表现对象光与影的变化，营造出高品位的室内环境。

人造艺术石材有仿蘑菇石、剁斧石、条石、鹅卵石等多个品种。具有质轻、坚韧、耐候性强、防水、防火、安装简单等特点。人造艺术石应无毒、无味、无辐射，符合环保要求。

二、艺术石材的应用与技术要求

1. 艺术石材的应用

艺术石材的应用范围广泛，如：酒吧、茶馆、娱乐休闲场所、家居等室内外墙面和地面、吧台立面、门牌，以及园林装饰等。艺术石材纹理特征与镶铺形式见图 10-15。

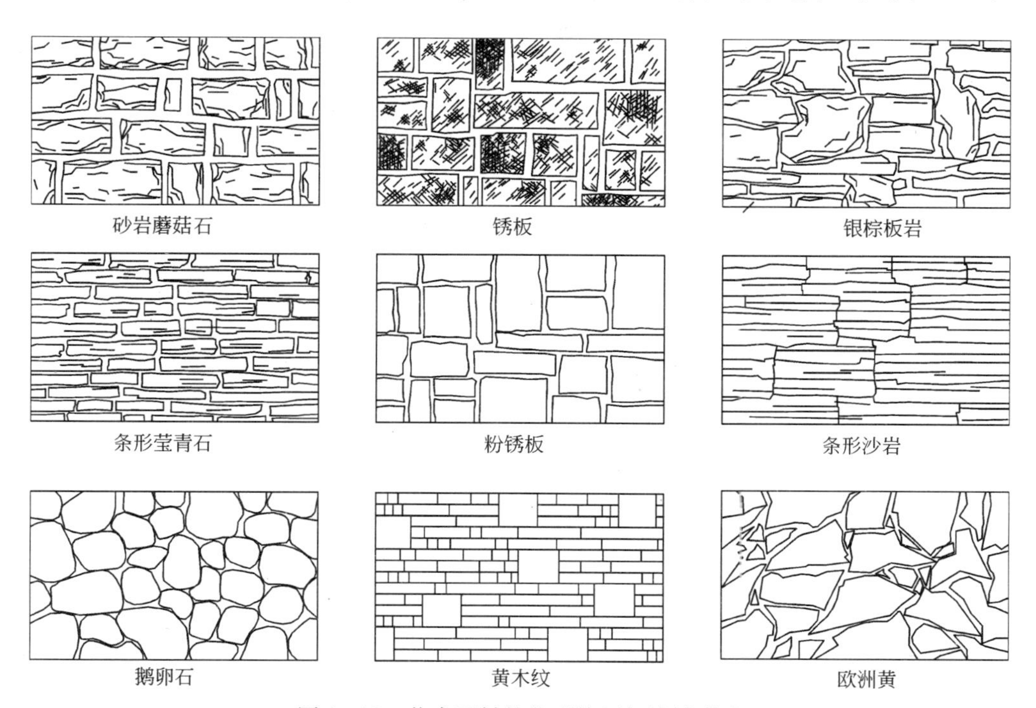

图 10-15 艺术石材的纹理特征与镶铺形式

2. 艺术石材镶贴工艺与技术要求

基面：混凝土墙、砌体墙，或混凝土地、水泥砂浆地采用粘贴法镶铺。

基面处理：清除基面灰尘、污垢和油渍，并浇水湿润。光滑面应锤凿起毛，有孔洞或凹陷处用水泥砂浆修补。

垫层：1∶3(体积比)水泥砂浆。

嵌缝：艺术石材表面凹凸不平，因此，进行嵌缝处理时，应防止嵌缝剂进人石材表面凹陷处，否则难以清洗干净而影响美观。通常采用勾缝条勾缝，以避免污染石材表面。

粘结层：采用配套专用胶粘剂或 107 水泥砂浆(107 胶掺量为水泥质量的 10%～15%)、环氧树脂水泥浆。配制时，浓度要适宜。粘结层的厚度应根据艺术石材的外形特点确定，如鹅卵石、条形艺术石材粘结层比规则板材的粘结层厚。

表面护理：保护剂，避免石材表面产生黄锈、霉斑、返碱和潮湿阴影现象，保护石材的天然色泽，尤其适用于砂岩、石英岩、石灰石、蛇纹石等。润泽剂，可以增强用于地面的天然石材的色泽，如鹅卵石、青石板、锈板等；抛光剂，能保护铺设墙面、地面的普通或带色板岩，防止人为划伤，并增添板岩表面的色泽效果。

艺术石材在墙面上的镶贴见图 10-16。

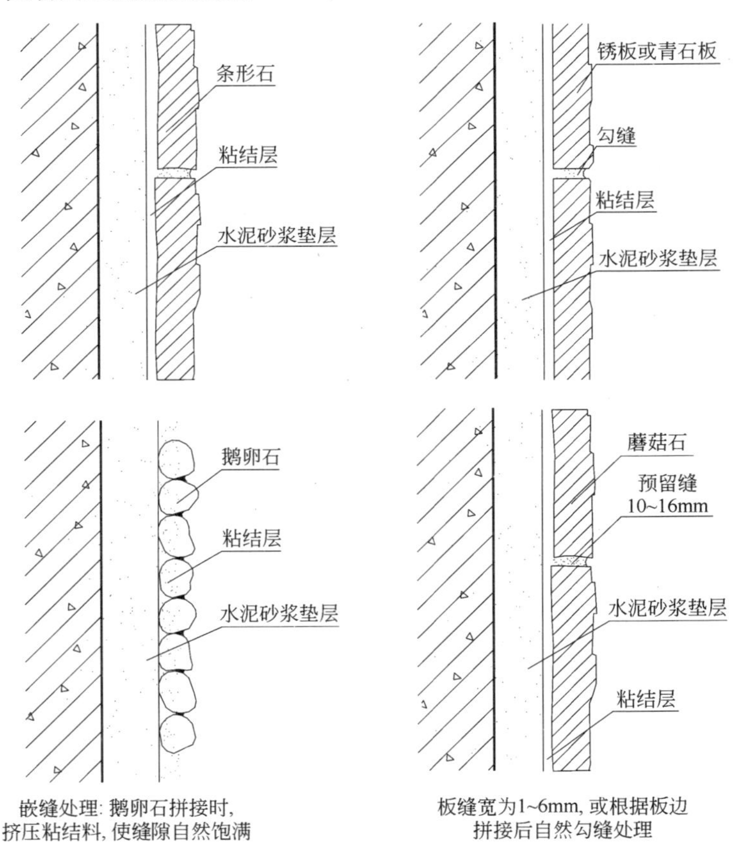

图 10-16 艺术石材在墙面上镶贴

艺术石材在地面上的镶贴见图 10-17。

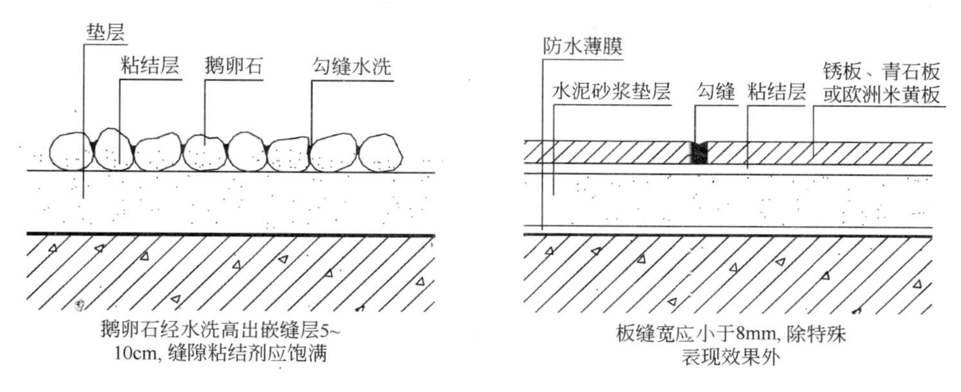

图 10-17　艺术石材在地面上镶贴

第三节　人造饰面石材

人造石是人造大理石、人造花岗石和水磨石的总称。

一、人造大理石、花岗石

人造大理石、花岗石是一种用于地面和墙面的预制的组合材料。它是由大理石、花岗石或石英石等碎骨料与其他胶粘剂结合共同制成的。具有质轻、强度高、耐磨、耐腐蚀、抗污染以及较好的加工性能。在价格上比天然的大理石、花岗石便宜；在花色上，种类较多，不仅可以模仿天然石材的纹理和色彩，而且可以通过人工加工处理，使纹理和色彩更加多样化。尽管如此，人造大理石、花岗石在表现效果上难以与天然的石材媲美，达不到自然美丽的装饰效果，在强度、耐磨度和光洁度上，也不如天然大理石、花岗石。

1. 人造大理石、花岗石的分类

人造大理石、花岗石按其结合成分和加工方法分为 5 类。

(1) 水泥型人造大理石、花岗石

水泥型人造大理石、花岗石是以各种水泥（硅酸盐水泥或铝酸盐水泥）为粘结剂，以砂为细骨料，以碎大理石、花岗石为粗骨料，经配料、搅拌、注模成型，并加压蒸养、磨光、抛光而成。其表面光泽度较高，防潮、耐磨、耐候性好，抗风化能力强，价格低廉，易于清洗。但抗腐蚀性能差，易于微裂。

(2) 聚酯树脂型人造大理石、花岗石

聚酯树脂型人造大理石、花岗石是以不饱和聚酯为胶粘剂，以大理石、花岗石的碎石、石屑作为填充料，经搅拌混合，浇注成型，在固化剂的作用下，再经脱模烘干、研磨、抛光等工序制成。具有良好的物理和化学性能，耐磨、耐蚀，防水、抗污，质地美观，光洁度高，色彩种类多，因而用途较广泛。

(3) 复合型人造大理石、花岗石

复合型人造大理石、花岗石是用无机材料和有机高分子材料的混合物粘结成型后，再把坯体浸入有机单体中，使其在一定的条件下聚合而成。其底材为性能稳定的无机材料，面层为聚酯和大理石、花岗石粉制作，具有质轻、耐磨、防水、质地美、光洁度高、价廉等特点。

(4) 烧结人造大理石、花岗石

该方法与陶瓷工艺相似，将斜长石、石英、辉石、方解石粉和赤铁矿粉及高岭土等按一定的比例进行混合，用泥浆法制备坯料，用半干压法成型，在窑炉中以 1000℃左右的高温焙烧而成。其质地坚硬，强度高，耐磨、耐温、耐污、防水、防潮等性能好。

(5) 高温结晶型人造石

采用多种高分子材料与 85%天然石料混合，并经高温再结晶而成，是一种新型的高分子聚合材料。具有许多优良的性能：

① 强度高：既具有天然石材的硬度和质感，又具有天然石材无法比拟的韧性和整体感。

② 耐污染：表面无毛细孔，污渍无法渗入，易清洁。

③ 防火、耐高温：经高温处理，表面耐温 280～550℃，不燃烧。

④ 防水性：不吸水、不腐蚀。

⑤ 防静电，耐酸碱，抗刮擦。

⑥ 无毒无味，无放射性。

⑦ 易加工：可自由切割、弯曲、钻孔、粘结，板材经加热后即可进行各种造型。

⑧ 色泽多样，且均匀，花纹自然，表面光洁平滑，造型整体感强。

⑨ 轻质，较天然石材轻，铺设简便。高温结晶型人造石广泛用于整体餐橱柜、柜台面、卫生间和浴室洗手台、办公桌面。又是优良的地板材料，外柔内刚，耐磨性强，防滑，脚感舒适，因而又称“石塑地板”，是一种新型的环保材料。其性能指标见表 10-13。

高温结晶型人造石性能指标 **表 10-13**

类 别	单位	性 能 指 标	类 别	单位	性 能 指 标
拉伸强度	MPa	14.1	密 度	g/cm^3	1.72
平均弯曲度	MPa	45.6	吸 水 率	%	0.2
最小弯曲度	MPa	36.6	耐化学腐蚀	—	无痕迹
巴氏硬度	度	62	抗火类别	级	FH1
热 膨 胀	%	0.05	耐急冷急热	—	无裂纹、气泡和褪色现象
白度回复率	%	85			

2. 人造大理石、花岗石的用途与规格

人造大理石、花岗石多用于地面、墙面、柱面、楼梯踏步、栏杆栏板、台阶，以及普通的卫生洁具等，其规格有：(200～600)mm×(200～1200)mm，厚度为 8mm、12mm、15mm、20mm、25mm、30mm 等，或按设计要求到生产厂家定制。安装方式：内墙面采用粘贴法或湿挂法，室外幕墙则采用干挂法。

二、水磨石

水磨石是一种用于地面、楼梯踏步、踢脚板、台面、隔断、水池等处的现浇或预制的组合材料。它是以水泥(或其他粘结材料)、颜料和碎石子为原料，经过搅拌、浇注成型及养护、打磨、抛光等工序制成。水磨石抗压强度为 35～45MPa，光泽度为 30～50。其价格低廉，为普通饰面材料。

1. 水磨石的分类

水磨石可按其构成的材料、色彩、形状及生产工艺的不同进行分类。

(1) 按生产工艺可分为预制水磨石和现浇水磨石。预制水磨石由生产厂家按一定的形状或设计要求进行生产，有正方形、长方形、三角形、菱形、六边形等规则板和带曲线形边的异形板(图 10-18)。其安装方式可采用粘贴法、湿挂法或干挂法(墙面)，现浇水磨石是在施工现场进行加工，适应于大面积的地面、墙裙、窗台、楼梯踏步、台面等。

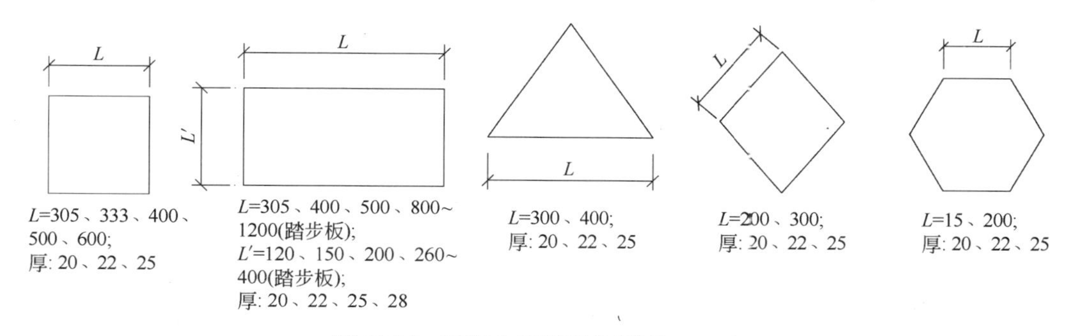

图 10-18 预制水磨石形状(单位：mm)

(2) 按胶凝材料可分为硅酸盐水泥型水磨石、铝酸盐水泥型水磨石和硫铝酸盐水泥型水磨石。铝酸盐水泥型水磨石结构紧密，表面光滑、光亮，呈半透明状，抗风化、耐久性、抗潮性都很好。

(3) 按面层水泥可分为普通水磨石和彩色水磨石。用普通水泥(硅酸盐水泥)与石子混合制成的称为普通水磨石，用白色或其他彩色水泥与石子混合制成的水磨石称为彩色水磨石。彩色水磨石有灰白、淡绿、淡红、橘红、米黄、锦墨、淡蓝、棕色、浅绿、深绿等多种色彩。由于色彩的多样，因此，在地面现浇或用预制板铺设时，可以构成各种几何拼花图案。由于受其他组合材料色彩的影响，水磨石的表面色彩大多淡雅，整体协调性好。

(4) 按表面石子的形状及大小构成的纹理可分为细面小尖石子水磨石(石子颗粒直径在0.3～1.2mm)、小圆石子水磨石(石子颗粒直径在3.5～8mm)、粗面大尖石子水磨石和大圆石子水磨石(石子颗粒直径在15～20mm)，如图10-19。

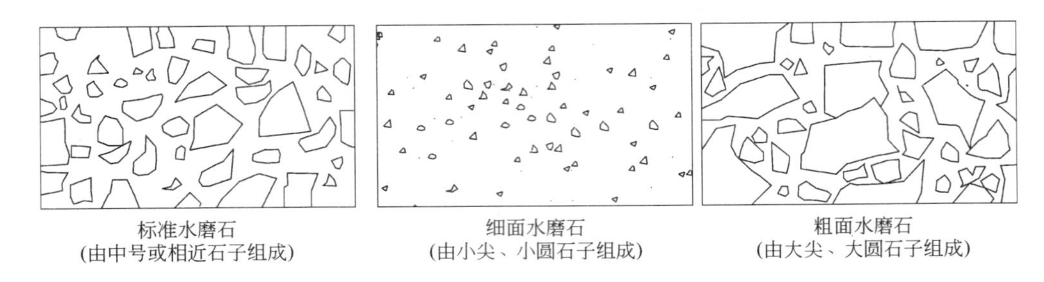

图10-19 表面形状及大小不同的水磨石

(5) 按用途可分为地面、隔断、柱础、花台、楼梯踏步、栏杆栏板、墙裙、踢脚板、门窗套、洗漱台面、水池等水磨石。水磨石的用途不同，要求的造型和规格也不一样。

2. *水磨石的应用与技术要求*

基面：为混凝土结构。

材料：预制水磨石板：颜色要接近统一，不允许有显著的色差；表面气孔不大于1.5mm，且气孔稀疏；表面平整度好，无棱角缺陷，拼挤时，缝隙应≤1.0mm。

现浇水磨石：选用普通硅酸盐水泥、铝酸盐水泥或彩色水泥；石渣(石子)采用多种色泽的天然大理石、花岗石、白云石、方解石等，但不得含有风化石粒，使用时应冲洗干净；颜料，选用耐碱、耐光的矿物颜料，含量不得超过水泥量的12%，并进行试配。

分格镶条：又称嵌缝条。预制水磨石板铺贴或现浇水磨石时应按单位面积留有伸缩缝，并根据等级的不同选择金属(黄铜、铝合金、不锈钢)、玻璃或硬质聚氯乙烯等不同档次的镶嵌分格条进行镶嵌，镶嵌分格纵横交叉处应留出2～3mm空隙。镶嵌条用于楼梯踏步时需高出踏步表面1～2mm，起防滑作用(图10-20)。镶嵌条的规格见表10-14。

分格镶条规格(mm) **表10-14**

名称	规格(长×宽×高)	名称	规格(长×宽×高)
不锈钢条	1200×10×1.2 1000×12×1.5	铜条	1200×10×(1.2～1.3) 1000×12×1.5 1000×14×1.5 1000×12×2.0 1000×12×2.5
铝合金条	1200×10×(1.0～2.0)		
玻璃条	～10×3.0		

地板蜡或工业蜡：用于保护预制或现浇水磨石表面，必须在完全干燥的水磨石面层上使用。

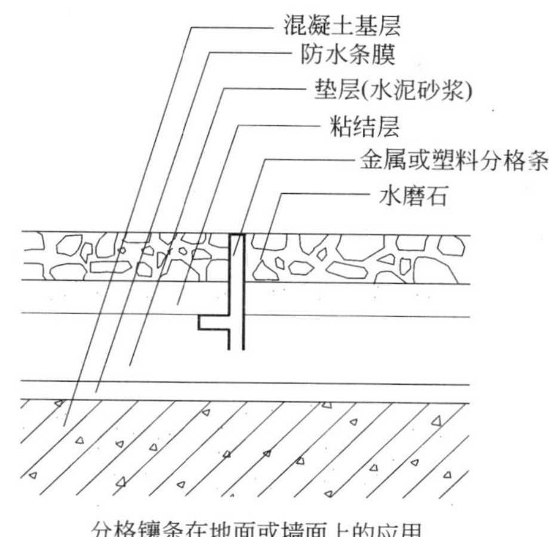

分格镶条在地面或墙面上的应用

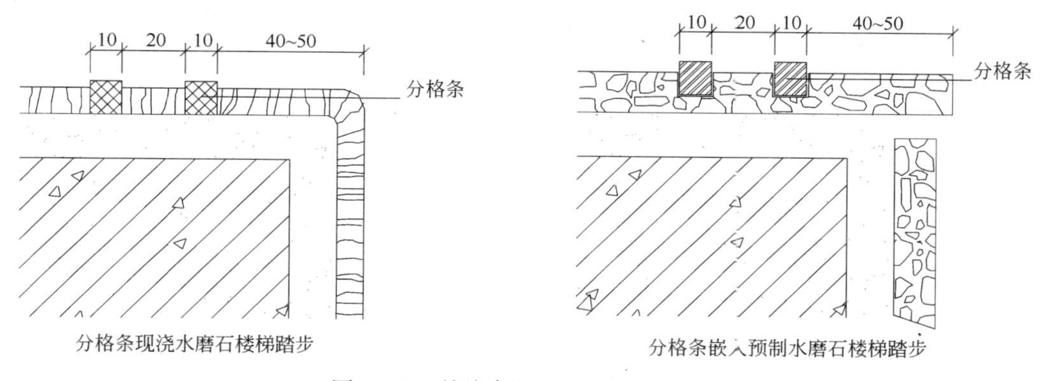

分格条现浇水磨石楼梯踏步

分格条嵌入预制水磨石楼梯踏步

图 10-20 镶嵌条的用法(单位：mm)

第四节 石材应用绿色化

石材具有独特的天然结构、质感，色泽美丽，纹理自然、优异，并以其坚硬、抗压、强度高、耐磨、耐久、抗冻等优良性能深受人们的青睐。然而，石材的品种不同，其性能、使用的范围、尺寸要求、安装技术也不同。因此，使用石材时应考虑对品种的选择和使用的环境条件，同时在使用前进行必要的养护处理，预先进行一些化学处理或涂敷处理，以提高石材耐化学介质腐蚀的性能。另外，石材在应用中，注重环保健康，避免石材的放射性影响，从而实现石材应用的绿色化。

1. 石材品种的选择

大理石，属碳酸盐类石材，多数结构致密，坚韧细腻，硬度适中，有一定的韧性和碎性，常用于室内墙面、柱面及室内家具台面等。由于大理石易受化学介质的影响，耐磨、耐晒、耐寒、耐风雨性能不够强，尤其像化石碎屑、角砾岩等结构不均匀或含有黄铁矿的石材，易受雨水、含硫气体的腐蚀，故不宜用于室外墙面、地面，也不宜用于行人过多的公共场所室内地面、楼梯或台阶踏步。

花岗石的主要成分是石英、长石等，属硅酸盐类石材，具有良好和稳定的抗化学介质腐蚀能力，使建筑得到长期持久的保护。其结构均匀密实，质地坚硬，具有耐磨、耐压、耐火、抗污染等优良性能，且颜色较深，故常用于室内外墙面、地面、楼梯或台阶踏步。

2. *根据石材的性能特征选择应用范围与环境条件*

使用石材时，应根据应用场合和环境条件进行正确选择，如在室外或北方，由于下雨或下雪，地面不宜采用抛光石材；由于石材的硬度不同，其使用的部位不同，如地面、楼梯或台阶踏步应选择耐磨性较高的石材。

饰面石材的运用既是保护建筑结构的一个重要目的，又是美化建筑物外貌的主要因素。因此，在石材的选择阶段应充分考虑石材的结构、质感、纹理和颜色等。另外，裂纹较多的石材不能选用。

石材结构是指构成石材的不同矿物质的特殊晶体状态，石材的晶体状态决定石材的质感和纹理的视觉效果。

石材纹理决定石材的外部形态，是天然石材固有的艺术形态，石材纹理的排列、粗细、明暗不同，其视觉效果也不同。

石材的颜色是石材的天然属性，在石材的使用中，石材的颜色要与建筑风格、周围环境相协调。

石材的质感，可以通过不同的加工工艺在石材表面制造出丰富多样的质感，它不仅具有防滑功能，而且可以与造型结合，表现出不同的艺术魅力。

3. *石材尺寸的选择*

石材尺寸的选择，一是根据空间面积的大小进行选择，如：1000mm×1000mm、800mm×800mm、600mm×600mm 等大面积单体板材应用于大空间面积，500mm×500mm、300mm×600mm、300mm×300mm 等小面积单体板材应用于小空间面积，单体板材面积的大小直接影响铺贴的视觉效果；二是根据抗风载能力选择板材厚度，当石材铺贴面积确定后，板材的自重与厚度有关。板材的自重既影响建筑物的结构，又影响板材安装系统的选择，所以在设计时要认真考虑这一因素。

4. *石材安装技术要求*

石材安装技术不仅涉及美观，而且更重要的是涉及建筑结构和环境安全。

① 对于饰面石材安装，通常采用粘贴法和干挂法两种安装方法。粘贴法又分为水泥砂浆湿式粘贴和采用化学胶粘剂干粘法。

水泥砂浆湿式粘贴法(图 10-5)：施工简单，安装成本低，但易造成饰面石材“白花现象”，污染石材表面，影响整体表现效果(应用前通常对板材进行涂覆保护处理)。另外，石材与混凝土的收缩率不同，气温的变化回引起龟裂或板材脱落，此安装法尤其不宜应用于高或大面积墙面。

化学胶粘剂干粘法：具有施工快捷，操作简单等特点，适合小规格板材或薄型板材的安装。

干挂法(图 10-14)：是指采用金属构件作为饰面石材固定系统的施工方法，主要应用板材的外墙安装，特别是高层建筑外墙饰面板材的安装。该方法安全可靠，抗震性好，克服了石材表面“白花现象”，维修更换方便，配合保温施工工艺，使建筑物的保温隔热性能更加优良，节约能源。

② 饰面石材应用时，应充分考虑石材的自重、板材之间接缝形式的选择、风力影响、材料的热膨胀以及周围环境中空气或水流的化学成分等。

5. 避免石材的放射性影响

大理石和花岗石都含有对人体产生危害的天然放射性核素，这些天然的放射性核素主要是铀系、钍系中的“氡”的同位素，不同种类岩石放射性核素的平均含量有很大差异，花岗石的放射性核素大于大理石。故花岗石不宜大面积用于居室、医院病房和长时间工作的办公区等室内地面，以及厨房橱柜台面等。若应用在其他室内空间环境中，则需空气流通，以降低“氡”的浓度。另外，岩石“氡”的含量按红色、灰色、白色、黑色依次递减。

因此，使用石材时，应根据应用环境进行选择。有关部分石材放射性核素含量参考数据见表 10-15。

部分石材放射性核素含量参考数据 **表 10-15**

样品名称	C_{Ra}	C_{Th}	C_K	类别①	样品名称	C_{Ra}	C_{Th}	C_K	类别①
珍珠花	27.5	82.2	1326.0	A	孔雀绿	27.5	48.7	1275.2	A
芙蓉绿	21.8	23.8	977.8	A	新疆红	22.5	30.8	1238.0	A
万山红	28.0	27.7	1018.0	A	印度红	218.9	280.1	1399.9	C
中国绿	4.2	5.5	1510	A	闽珍珠红	40.1	117.1	1392	A
桂林红	241.2	246.9	1549.2	C	绥中白	16.1	15.8	988	A
西丽红	92.3	105.6	1362	A	虎皮花	32.6	63.9	1599	A
琴溪红	96.4	109.5	1273	A	虎贝	71.0	104	1608	B
枫叶红	159.8	161.0	1345	B	绿钻	21.2	28.5	266	A
将军红	11.4	40.1	1473.0	A	川红	119	184	1395	B
杜鹃红	146.8	230.7	3208	C	惠东红	138.8	175	1468	B
牡丹红	54.7	96.0	1136.6	A	黑冰花	10.7	9.6	273.4	A
玫瑰红	143.2	182.5	1310	B	马兰红	102.7	189.5	1196	B
台湾红	58.6	52.8	1175.6	A	丁香紫	116	110	1619	A
万寿红	4.0	3.6	8.2	A	台山红	109.1	173.8	1338	A
西班牙米黄	4.0	未检出	未检出	A	枫叶红	127.1	141.8	1249.3	B
啡网	25.5	未检出	未检出	A	蓝宝石	79.3	73.8	998	A
黑白银	14.1	未检出	18.6	A	南非红	49.8	142.6	1328	B
蓝钻	48.6	50.7	790.7	A	粉红岗	147.5	170.8	1520	A
爵士白	7.8	未检出	未检出	A	虎皮黄	85.0	63.7	1238	A
芝麻白	103.9	38.9	800	A	济南青	5.5	4.3	131.1	A

续表

样品名称	C_{Ra}	C_{Th}	C_K	类别①	样品名称	C_{Ra}	C_{Th}	C_K	类别①
高原红	38.6	108.2	1498.0	A	山峡绿	17.8	30	534	A
蒙山青	56.9	87.1	1110.1	A	元帅红	24.7	43.2	1215	A
石榴红	59.4	102.9	1285.0	A	山峡红	57.5	208	1400	A
孔雀绿	37.3	44.5	988	A	文登白	40.6	21.1	978	A
杜鹃绿	483.5	792.6	3313	超C类	瑞雪	32.8	52.8	878	A
芝麻白	12.7	32.5	1152	A	汉白玉	6.5	4.5	15.3	A
泰山白	62.0	88.9	1158	A	艾叶青	1.6	2.2	10.4	A
夜里雪	7.5	9.0	400	A	西陵红	26	47.5	1132	A
石岛红	56.6	141.3	1268	A	贵妃红	34.5	57.7	1357	A
泰山花	27.0	54.0	1231.0	A	三宝红	42.1	98.4	1723	A
泰山红	90	83.2	1104	A	双井红	16	16.2	1805	A
太花白	27.8	65.6	1164	A	石岛红	63.9	172.5	1442	B
梦幻白	44.2	52.8	1102	A	莲花青	15.0	13.0	652.5	A
鲁锦花	119.5	157.2	1282	A	高粱红	36.3	51.5	1753	A
樱花红	104.7	104.5	1205.8	A	关西红	47.0	95.5	948	A
佛山红	34.8	55.2	1157	A	白花岗	107.5	15.9	711.5	A

① A、B、C为石材放射性级别，A级放射性最小，为国家推荐级别，C级放射性最大，为国家禁止生产及使用的石材。

第十一章　塑　　料

塑料是以合成或天然高分子化合物(俗称树脂)为主要成分，添加某些助剂(如增塑剂、润滑剂、固化剂、稳定剂等)和必要的辅助材料，经一定温度和压力塑制成型的各类规格的高分子有机化合物材料。

塑料是当代室内、外环境设计应用广泛的化学合成材料，如塑料壁纸、塑料地毯、塑料墙板、塑料门窗、塑料百叶窗帘、塑料家具、塑料管材与管件等。其主要原因：一是该类材料在常温、常压下能保持其形状不变，有利于提高建筑物的质量与功能；二是具有显著的节能作用；三是可设计性好，加工和施工方便。

第一节　塑料的分类与基本性能

一、塑料的分类

由于塑料的化学组成、分子结构、使用功能、外观形态、耐热等级和加工方式的不同，其分类方式也不一样。

(1) 按化学组成分为：聚乙烯、聚丙烯、聚氯乙烯、聚苯乙烯、聚碳酸酯、聚酰胺等。

(2) 按分子结构分为：结晶性塑料，如聚乙烯、聚丁烯-二 等；非晶态塑料，如聚氯乙烯、聚苯乙烯、ABS 塑料、聚碳酸酯、聚丙烯等。

(3) 按外观形态分为：块材(地砖)、卷曲材(地毯)、板材(扣板)、方材(线管)、管材(线管、水管)及异形材(门、窗型材)。

(4) 按断面形态分为：开放式型材、拼合式型材、闭合式中空型材、镶嵌式型材、实心型材等。

(5) 按机械强度分为：硬塑料(玻璃态)、半硬塑料和软塑料(高弹态)，以及黏流态塑料(胶粘剂、涂料)。

(6) 按使用功能分为：塑料地毯、塑料墙板、塑料墙纸、塑料顶棚、塑料线管、塑料水管和塑料门窗、隔断材料等。

(7) 按受热后性能分为：热塑性和热固性塑料两种。

热塑性塑料受热后软化、熔融，冷却后定型，具有可塑性，其过程为物理变化，如 PVC、PS、PE、PP、ABS、PMMA、POM、PCHE 和 PA 等。

热固性塑料受热后先软化，然后固化成型，随后不能再软化，其过程为化学变化，如 UE 和 EP 等。

(8) 按应用范围分为：通用塑料和工程塑料两类。

通用塑料通常指用量较大、价格低的塑料，主要有聚烯烃、PVC、PS、PE 和氨基塑料等。

工程塑料主要有聚酰胺(尼龙，PA)、聚碳酸酯(PA)、聚甲醛(POM)、聚苯醚(PP)、聚对苯二甲酸丁二醇酯(PBT)、超高分子质量聚乙烯(UHMW-PE)等。

(9) 按加工方式分为：挤出成型、注射成型、压制成型、压延成型、吹塑成型、真空成型、滚塑成型、热成型、喷涂成型、二次加工成型塑料等。

① 挤出成型塑料：原料在一定温度和压力下熔融、塑化，连续地通过一个成型孔，成为固定断面形状的塑料型材。挤出成型方法多用于热塑性塑料和少量热固性塑料的加工。如板材、管材、片材、棒材、薄膜、单丝、网、复合材料、电线包覆及异形材料等。

② 注射(注塑)成型塑料：是指将配好的物料，经过融化、加压注射充模、冷却、开模等流程成型的塑料。

③ 压制成型塑料：包括模压成型塑料和层压成型塑料两种。

模压成型塑料，是将配好的物料加入塑模中，经过闭模、加热、加压，使物料在塑模中塑化成型，并在模中冷却硬化而成。模压成型方法多用于热固性塑料的加工。

层压成型塑料，是将树脂与各种填料等逐层而有规则地加入成型模中，预制成坯料，再放入压机上，加温加压使其粘结固化、冷却而成。层压成型方法多用于生产塑料板材。

④ 压延成型塑料：将热塑性物料，在热辊筒中辊压、塑化而成。压延成型方法用于生产塑料薄膜、薄板、壁纸等。通常软塑料型材厚度 0.05～0.5mm，硬塑料型材厚度 0.25～0.7mm。

⑤ 吹塑成型塑料：又分为挤出吹塑塑料和中空吹塑塑料。

挤出吹塑成型塑料，是指将配好的物料，经过塑化、加压挤出、压缩、冷却等流程成型的塑料。根据成膜方向的不同，又分为上吹法、平吹法和下吹法三种。上吹法主要用于 PVC 吹塑薄膜；平吹法主要用于 PE、PS 和 PVC 吹塑薄膜；下吹法主要用于 PP 和 PA 等吹塑材料。

中空吹塑成型塑料：是指将配好的物料，经过挤出、闭模、压缩、冷却、开模等流程成型的塑料。该成型方法可用于各种中空塑料的生产，如 PE、PVC、PS、PP 和 PC 等。

常用工程塑料的名称与缩写代号见表 11-1。

常用工程塑料的名称与缩写代号 **表 11-1**

化学名称(中、英文)	习惯名称	代 号
聚乙烯 Palyethylene	聚乙烯	PE
聚丙烯 Polypropylene	聚丙烯	PP
聚氯乙烯 Polyvinylchloride	聚氯乙烯	PVC
聚苯乙烯 Polystyrene	聚苯乙烯	PS

续表

化学名称(中、英文)	习惯名称	代 号
聚丁烯-1 Poeybutene-1	聚丁烯-1	PB
丙烯腈-丁二烯-苯乙烯共聚物 Acrylonitrile-Butacliene-Styrene	ABS 塑料	ABS
聚碳酸酯 Polycarbonate	聚碳酸酯	PC
聚酰胺 Polyamide	尼 龙	PA
聚甲基丙烯酸甲酯 Poly Methyl methacrylate	有机玻璃	PMMA
有机硅 Silicone	聚硅氧烷	SI
酚醛塑料 Phenol-Formaldehyde	酚醛塑料	PF
环氧树脂 Epoxy Resins	环氧树脂	EP
共聚聚酯	共聚聚酯	PETG
聚砜 Polysulfone	聚 砜	PSF
发泡性聚苯乙烯 Expandable Polystyrene	发泡性聚苯乙烯	EPS
增强塑料 Reinforced Plеastics	增强塑料	RP
高密度聚乙烯 High Density Poeyethlene	高密度聚乙烯	HDPE

二、塑料的基本性能

塑料具有质轻、耐腐蚀、耐热、抗冲击、抗拉伸、抗弯曲、保温节能等优良性能。塑料的种类繁多，其性能各具特点，但主要取决于高分子化合物的组成、分子量、分子结构、物理状态与成型工艺等。

塑料的许多性能优于金属材料、木材以及其他传统材料，如塑钢门窗比铝、钢门窗质轻，耐腐蚀，节能 30%～40%；塑料复合地板比木制地板更耐磨、防潮、防腐。高科技的“纳米塑料”将取代金属材料，其耐磨性是钢铁的 7 倍，是黄铜的 27 倍，耐热性比原塑料提高 150℃。现代生产技术和先进的加工设备，不仅极大地改善了塑料的使用性能，而且提高了塑料的外观质量，使塑料在环境艺术设计中更具表现力。

塑料的基本性能具体表现在力学性能、化学性能、热性能和电性能等方面。

1. 密度

塑料的密度一般为 830～2200kg/m^3，密度在 1000～1500kg/m^3 范围的塑料品种较多，只有钢铁的 1/8～1/4。有些塑料的密度比水还小。

2. 比抗拉强度

比抗拉强度是按单位质量计算的强度。塑料的密度比金属小得多，但比抗拉强度比一般金属高。塑料与金属材料的密度和比抗拉强度对比见表11-2。

塑料与金属材料的密度和比抗拉强度对比　　表11-2

材料名称	密度(kg/m³)	比抗拉强度(抗拉强度/密度)
铜	7190	502
铝	2730	232
铸铁	7870	134
尼龙66	1100	640
聚苯乙烯	1050	394

3. 击穿强度

单位厚度介质发生击穿时的电压称为击穿强度。塑料的击穿强度较高。

4. 弯曲强度

弯曲强度是使材料弯曲断裂的应力。聚酰胺塑料弯曲强度可达210MPa，玻璃纤维布层压塑料可达350MPa。

5. 耐磨性

塑料的摩擦系数小，因此它的耐磨性强，如聚四氟乙烯塑料、尼龙等具有较强的耐磨性。

6. 膨胀系数

塑料的线膨胀系数较大，一般为金属的3～10倍。

7. 耐腐蚀性能

大部分塑料对酸碱等化学药品有良好的抗腐蚀性能。如聚四氟乙烯塑料能承受各种酸碱的侵蚀。

8. 耐热性

塑料的种类不同其耐热性也不一样。热塑性塑料如聚乙烯、聚苯乙烯耐热性差，但耐低温性能好；玻璃纤维增强的热塑性塑料耐热性一般；少数塑料如聚砜耐热性较好。

9. 导热性

塑料的导热性不好，导热系数一般为0.23～0.70W/(m・K)，而钢的导热系数为52W/(m・K)。

塑料属于有机材料，也有不足和缺点，如机械强度、耐热性、刚性、硬度比较低，抗静电性差等。因此，在塑料的生产过程中，通过加入其他添加剂，改善和提高塑料的加工和使用性能，如：添加阻燃剂，使包含炭和氧的塑料具有阻燃性；添加抗静电剂，使具有很高的体积电阻和比表面电阻、高电阻性能，并带有大量来自其他介质的静电荷的塑料具有抗静电性；添加成核剂，使塑料的结晶度增加，从而增加塑料的弹性模量、硬度、拉伸强度、屈服点和抗冲击强度。成核剂聚合物还能增加光学性能如透明度、半透明度。成核剂的作用对聚丙烯(PP)、聚酰胺(PA)比较好，而对聚乙烯

(PE)、聚丁烯-1(PB)较小。

第二节 常用塑料型材的种类、性能与用途

一、塑料板材

1. 聚氯乙烯(PVC)板

(1) 聚氯乙烯吸塑板

聚氯乙烯(PVC)吸塑板是以PVC树脂为主要成分，并加入一定量的抗老化剂、改性剂等助剂，经混炼、压延、真空吸塑等工艺制成。具有质轻、防水、阻燃、机械强度好、耐老化、色泽柔和、美观大方、易清洗和易安装等特点。其规格有方形块材500mm×500mm×0.5mm，条形扣板100mm×6000mm×(10～12)mm、180mm×6000mm×(12～15)mm。适用于室内墙面和顶面。其主要性能指标见表11-3。

聚氯乙烯吸塑板性能指标 **表11-3**

项目		性能指标
抗张强度	纵向	70MPa
	横向	63MPa
伸长率	纵向	18.33%
	横向	19.17%
直角撕裂强度	纵向	16MPa
	横向	19MPa
厚度	100mm×6000mm(宽×长)	10～12mm
	180mm×6000mm(宽×长)	12～15mm

(2) PVC中空板

PVC中空扣板是以聚氯乙烯为主要原料经挤出并加工而成的中空薄板。具有质轻、防潮、防霉、防蛀、耐腐蚀、阻燃、安装方便等特性，其表面光洁平滑，纹理有仿自然木纹、几何纹、点状和素面(单色)等，色彩淡雅，并带有配套的角线、压边线，装饰效果完整，广泛用于室内壁面、顶棚和隔断等。

(3) 聚氯乙烯透明装饰板

是以聚氯乙烯为主要原料，加入适量助剂，经挤出成型而成。通过加入有机或无机染料后可显示各种颜色。表面有小波纹或光滑平整，透明度较高。具有防霉、防腐、防潮、透光等性能。应用于室内顶棚天花、背景墙和室内、外展示牌，以及环境指示牌等。在光的直照下或在立体造型内部灯光的透射下，充分显示材料的特性，色彩鲜明，视觉效果好。

2. 钙塑板

钙塑板是以聚氯乙烯、轻质碳酸钙、亚硫酸钙为主要原料，并加入发泡剂、活化

剂、交联剂、抗氧剂、紫外线吸收剂、着色剂等加工制成。钙塑板主要有聚丙烯(PP)和聚乙烯(PE)钙塑板，具有质轻、保温绝热、防潮、耐腐、阻燃等优良性能；表面光滑平整，花色美观、淡雅，装饰效果好，拆装方便。应用于室内壁面、隔断和顶棚。户外活动房屋、岗亭及其他户外环境用材，广泛采用全钙塑板材制作。

钙塑型材还有管道、门窗、百叶窗、墙纸、保温绝热材料等。

3. ABS 塑料板

ABS 塑料板是苯乙烯(S)丁二烯(B)、丙烯腈(A)的共聚物，具有强度高、质轻、表面硬度大、非常光洁平滑、质地美、易清洁、尺寸稳定、抗蠕变性好等性能。ABS 板通过现代技术的改进，增强了耐温、耐寒、耐候和阻燃的性能。

ABS 塑料板主要用于室内壁面、顶面、隔断和家具等。ABS 塑料的主要性能见表 11-4。

ABS 塑料的主要性能 **表 11-4**

项　目	超高冲击型	高强度中冲击型	低温冲击型	耐热型
密度(kg/m³)	1050	1070	1020	1060～1080
吸水率(24h)(%)	0.3	0.3	0.2	0.2
热变形温度(0.4MPa)(℃)	96	98	98	104～116
热变形温度(1.86MPa)(℃)	87	89	78～85	96～110
线胀系数($\times10^{-5}$/K)	10.0	7.0	8.6～9.9	6.8～8.2
燃烧性(>1.27mm 厚)(mm/s)	—	—	0.55	0.55
抗拉强度(极限)(MPa)	35	63	21～28	53～56
抗拉强度(屈服)(MPa)	—	—	21～28	53～56
拉伸弹性模量(GPa)	1.8	2.9	0.7～1.8	2.5
弯曲强度(MPa)	62	97	25～46	84
弯曲弹性模量(GPa)	1.8	3.0	1.2～2.0	2.5～2.6
压缩强度(MPa)	—	—	18～39	70
硬度(洛氏 HR)	100	121	65～88	108～116

4. 有机玻璃(PMMA)板

有机玻璃又称聚甲基丙烯酸甲酯，是热塑性塑料的一种，有极好的透光性，在塑料中透明性能最好，可透过 92%以上的太阳光，还能透过 73.5%的紫外线。该塑料质轻，相对密度为 1.19，强度较高，比无机玻璃高 7～8 倍；有强烈的耐紫外线和大气老化性能；有一定的耐热性、抗寒性和耐气候性；耐腐蚀性、绝缘性能良好；在一般条件下尺寸稳定性能好。还可以根据设计要求，按不同造型采取吹塑、挤压等热压成型。缺点是耐热性不高，表面硬度低，易擦伤、划伤，易溶于有机溶剂。

有机玻璃从品种上可分为：有色有机玻璃和无色透明有机玻璃板。

有色有机玻璃：是在有机玻璃中加入有机或无机染料后显示颜色，如彩色透明板、彩色半透明板、彩色不透明板。有机玻璃的主要性能指标见表 11-5。

有机玻璃的主要性能指标　　表 11-5

项　目	有机玻璃		项　目	有机玻璃	
	浇注	模型		浇注	模型
密度(kg/m^3)	1170～1200	1170～1200	洛氏硬度(HR)	80～100	85～105
*透光率(%)	91～92	91～92	软化点(℃)	94	94
吸水率(%)	0.40	0.40	热变形温度(℃)(18kg/cm^2)	95	95
抗拉强度(MPa)	56～81.2	49～77			
弯曲强度(MPa)	120	—	热膨胀系数(×10^{-5}/K)	7	—
弹性模量(GPa)	2.45～3.15	3.15	收缩率(%)	—	—
伸长率(%)	3.5～7	3～10	击穿电场强度(kV/mm)	—	—
冲击强度 有缺口(J/cm^2)	2.18～2.7	1.63～2.7	表面电阻(Ω)	—	—
			体积电阻率(Ω·cm)	>10^{15}	>10^{14}

* 无色透明有机玻璃透光率。

无色透明有机玻璃：透明度好，使用安全，常用于各种顶棚、门窗玻璃、展示柜面罩、楼梯踏步和栏板、隔断、照明器外罩等。板材规格有：1000mm×1300mm、1220mm×2440mm，厚度1～20mm。有色有机玻璃应用于字牌、门牌、灯箱、标志及各种立体造型，是一种具有良好视觉效果的表现材料。

5. 塑料贴面板

塑料贴面板是由印有各种色彩图案的特殊纸，浸以不同类型的热固性树脂溶液经热压而成。其表面平整光滑，色泽艳丽，图案种类多，且具有耐温、耐磨、耐冲击、耐酸碱、防水等特点，可用于室内壁面、家具贴面等。特种塑料贴面板具有抗静电、高耐磨、阻燃等优异性能。塑料贴面板按表面光泽还可分为亮面和亚光面贴面板。其规格有：920mm×1950mm、1230mm×2450mm，厚0.6mm、0.8mm、1.0～4.0mm。

6. 聚苯乙烯泡沫塑料吸声板

聚苯乙烯泡沫塑料吸声板是以可发性聚苯乙烯泡沫塑料加工而成。具有轻质、隔热、保温、隔声、吸声等优点。应用于有特殊吸音要求的室内顶面或墙面。其规格有300mm×300mm×15mm、500mm×500mm×(15～20)mm、600mm×600mm×20mm。

7. 共聚聚酯板(PETG)

共聚聚酯板是以PETG树脂为基材生产的实芯板材。采用目前先进的塑料板材共挤出生产线生产，产品为普通型和共挤抗紫外线型两类。

共聚聚酯板透明度高，韧性强，比普通有机玻璃坚韧15～20倍，比抗冲改性的有机玻璃坚韧2～5倍。具有耐化学、耐候性能，表面含有紫外线吸收剂保护层，用以保护板材免受紫外线的有害影响。

共聚聚酯板易于加工成型，加工性能优于通用有机玻璃和抗冲改性有机玻璃，可采用锯切、模切、钻孔、冲孔、剪切、铆接、铣削及冷弯等加工方法进行加工。它作为玻璃的替代材料而广泛地用于门窗、隔断和楼梯栏板，以及各类展示牌、招牌、分隔板、内墙板等。

8. 聚碳酸酯(PC)中空板

聚碳酸酯(PC)中空板又称“阳光板”，是一种新型的高强度、隔热、透光材料。它是采用聚碳酸酯树脂中空结构，两面以PE薄膜作为保护的板材。

聚碳酸酯中空板按外观颜色可分为无色透明和彩色透明板。其规格与颜色见表11-6。

聚碳酸酯板的规格与颜色　　表11-6

厚度(mm)	宽×长(mm)	质量(kg/m²)	常用颜色
4	2100×5800	1.0	
6	2100×5800	1.3	蓝色、绿色、乳白色、湖蓝色
8	2100×5800	1.5	灰色、茶色(棕色)、白色、无色
10	2100×5800	1.7	透明

(1) 聚碳酸酯(PC)中空板特性

聚碳酸酯(PC)中空板具有许多优良性能，如防紫外线，板的表面含有防紫外线(UA)共挤出保护层；抗老化，耐候性好，长期使用仍保持良好的光学特性和机械性能；抗冲击，韧性好，耐冲击强度是有机玻璃的10～27倍，是普通玻璃的100倍，其质量是同厚度玻璃质量的1/12；隔热性能好，高科技保护涂层加上特殊的中空结构，能有效地降低和调节室内温度；中空结构和聚碳酸酯树脂具有良好的隔声特性，从而能有效地降低噪声，隔声性比玻璃提高3～4dB；具有阻燃性，属难燃B1级；透光率可达25%～88%，颜色不同的透光率也不一样；轻质，安装方便，与专用铝合金型材或金属构架结合固定，安全性能好；其柔性和可塑性使之成为拱顶或其他曲面的理想材料，弯曲的最小半径可达到板材厚度的175倍。其主要性能指标见表11-7。

聚碳酸酯的主要性能指标　　表11-7

项　　目	数　　值	项　　目	数　　值
密度(kg/m³)	1200	耐热温度(℃，长期使用)	110～120
抗拉强度(MPa)	66～70	熔点(℃)	220～230
弯曲强度(MPa)	106	燃烧性	难燃
冲击强度(无缺口)	不断	透光率(%)	25～88
热变形温度(℃)	130～140	体积电阻率(Ω·cm)	10^{16}
吸水率(%)	0.13	击穿强度(kV/mm)	17～22
可耐温度(℃)	−100～140	导热系数 [W/(m·K)]	0.193
弹性系数 N/mm²	2100	冷弯最小曲率半径	4mm 厚为 750mm，6mm 厚为 1050mm，8mm 厚为 1400mm，10mm 厚为 1750mm

(2) 聚碳酸酯中空板的应用与技术要求

聚碳酸酯中空板与金属(不锈钢、铝合金)构架结合，用于无顶盖建筑天篷(如游泳池、宾馆大厅、商业大楼等)、展览中心、停车场、候车亭、候机楼、购物广场、高架路隔音屏障、电话亭、温室、雨阳篷以及室内装饰隔断。

螺丝安装法及要求(图 11-1、图 11-2)：

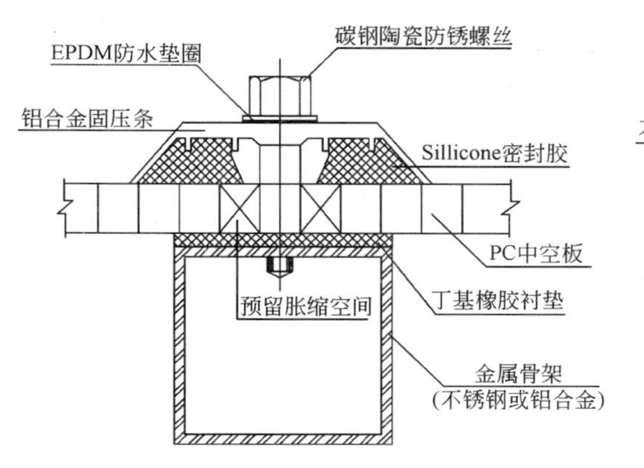

图 11-1 不锈钢固压条安装节点　　图 11-2 配套铝合金固压条安装节点

① 根据表现对象、受力程度、跨度的大小，选择 PC 中空板的厚度、允许曲率半径。

② 裁切板材时应采用电动工具(碳化钨锯片)，避免撕开表面保护膜。

③ 穿孔铆钉应防锈，铆钉钉头不可直接压在板面上，在板与钉头间用垫片或防水胶充填以减小压力，但不可使用 PVC 填胶或衬垫。

④ 以硅胶充满所有孔穴或空隙，并涂覆外露部分，以免清洁时将清洁剂渗入边缘产生延发性龟裂。

⑤ 螺钉固定时不可过紧，否则会引发应力。

嵌入安装法及要求(图 11-3、图 11-4)：

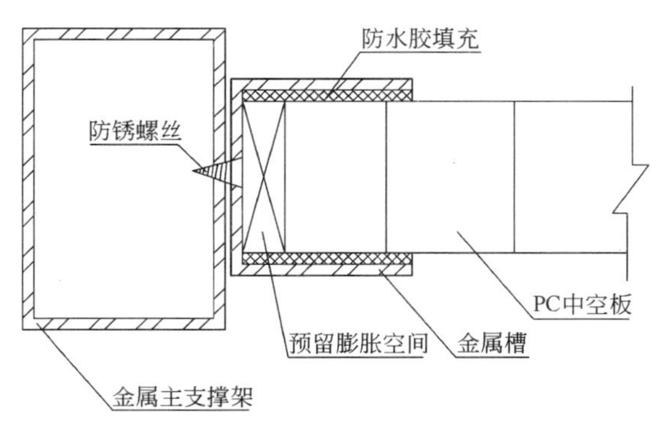

图 11-3 平嵌安装节点

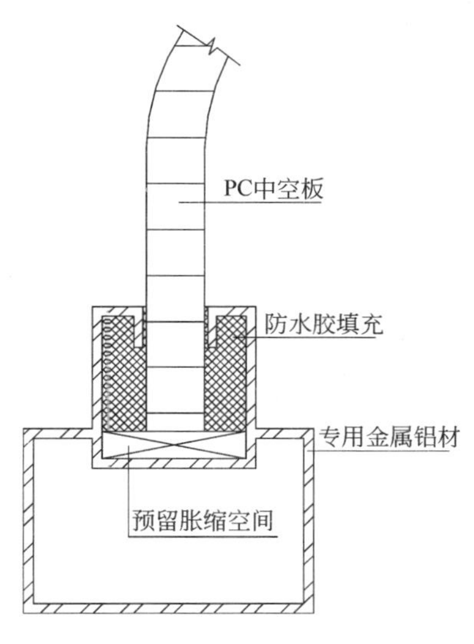

图 11-4 曲面嵌安装节点

① 根据嵌入类型(平嵌或曲面嵌)选择支撑框架、板材厚度和允许曲率。PC板越厚，弯曲难度越大，支撑框架承受的力越大。

② 在PC板嵌入前，切掉嵌入的保护膜，否则会影响填缝料与PC板的胶结。

③ PC板嵌入金属槽内时，须有适当的嵌入量(5～10mm)、胀缩预留空间，以适应板材与金属框架不同的热胀冷缩量。

9. 塑料地板

作为地面材料应满足三个基本要求：一是耐磨性，聚氯乙烯卷材地板耐磨性仅次于花岗石、聚酯地面材料，而优于其他地面材料；二是回弹力，地面材料的坚牢度和柔软度要适当，步履无疲劳感；三是脚感，人行走时脚的舒适感，即以人足温度变化来衡量，通常人足温度下降1℃以内为舒适范围，超过1℃则脚感就不舒服，而塑料地板材料大都在舒适范围内。

地面材料主要包括塑料地板、塑料涂布地面(板)、塑料地毯等。

塑料地板：主要采用PVC树脂，其形式有PVC地砖、软质PVC地面卷材、印花塑料地板和PVC水磨面地板等。

塑料涂布地面：由树脂、填料、颜料等调配成砂浆，然后采用泥工方法施工，在平整的地面上平涂而成。具有施工简便、耐磨、无缝、耐化学腐蚀等特点，可满足卫生标准要求高的空间地面。塑料涂布地面包括：不饱和聚酯树脂涂布地面、环氧树脂涂布地面、聚合物水泥砂浆涂布地面等。

塑料地毯：主要采用PVC、PP树脂，加入相关助剂，经混炼、塑化制成，在某种环境可替代羊毛或化纤地毯。塑料地毯的主要构成材料有毯面纤维、初级背衬、涂层材料和次级背衬材料。其铺设工艺有：摊铺、粘接和拉接等，应用时应根据具体情况进行选择。

10. 塑料防水卷材

塑料防水卷材是以纸板、织物、纤维毡或金属箔等为胎基，浸涂沥青(或改性沥青)而制成的各种有胎卷材，以及用橡胶或其他高分子聚合物为原料制成的各种无胎卷材。具有抗水性、抗裂性、耐化学介质侵蚀性、耐微生物腐蚀性以及热稳定性好等性能特点。

其品种有普通原纸胎基油毡和油纸、三元乙丙橡胶防水卷材、超高分子质量PVC改性CPE防水卷材、聚氯乙烯耐低温油毡等。

二、塑料复合板

1. 塑铝复合板

塑铝复合板采用优质工业纯薄铝作底面板，中间基材为高聚塑料PVC(聚氯乙烯)和PE(聚乙烯)经特殊工艺复合而成。塑铝板又分单面板和双面板，单面板只有一面是薄铝层，双面板的两面都是薄铝层，铝板表面覆有聚偏二氟乙烯抗紫外线、耐老化的涂层，未使用前表面贴有薄塑料保护层。

塑铝板是一种理想的轻质高档材料，板面平整度高。既有金属材料优异的硬度和强度，又有高聚塑料的韧性。其性能优异，如抵御水、气、光侵蚀能力强，长期使用不变形、不变色、不剥离；隔声、隔热、耐撞击和高度的防火性能；易于清洗保养；施工安全方便，可用强力胶粘贴，亦可用钉、铆、螺丝紧固或嵌入安装。

塑铝板表面金属色和金属质感具有时代感，亮丽含蓄，朴素雅致。塑铝板的表面还可以仿天然大理石、花岗石纹理，或通过表面颜料处理后，生产出各种彩色铝板，以增加表现效果。板面光亮度分为亮面、亚光面和半亚光面。全亚光塑铝板应用更加广泛，如应用于现代建筑内外墙面，室内顶面吊顶、间隔、广告招牌、展示台面、家具表面等。其物理性能见表 11-8。

塑铝复合板的物理性能检测数据 **表 11-8**

项　　目	单位	测试数值	备　　注
拉伸强度	MPa	37～40	不同的生产厂家检测的数据会有所区别
拉伸断裂伸长率	%	20	
弯曲强度	MPa	80～86.6	
剥离强度	N/m	9.34×10^3	
耐风压性	kPa	5.0（一级品为 3.5）	
线性热膨胀系数	$℃^{-1}$	3.49×10^{-5}	
热变形温度	℃	＞190	
耐磨性	mg	16	
附着力	%	100	

塑铝复合板安装注意事项：

① PC 中空板不能直接接触水泥地或水泥墙。

② 采用异丙醇或软布蘸酒精清除 PC 板面上的油脂、填缝料、涂料等，勿用苯、汽油、丙酮或四氨化碳清洗脏物。

③ 避免在日光强射下或弯曲时用清洁剂清洗，否则板面会产生裂纹。

2. 塑料复合钢板

塑料复合钢板是采用层压复合法或涂布法将 PVC 与钢板复合，即 PVC 钢板。按复合材料和工艺可分为：涂装钢板、PVC 钢板、隔热塑料钢板、氟塑料钢板等。

三、人造大理石

1. 树脂型人造大理石

树脂型人造大理石是以不饱和聚酯树脂(胶粘剂)、粗细集料为原料，并加入固化剂、引发剂、降收缩剂、脱模剂、颜料等加工而成。

2. 复合型人造大理石

复合型人造大理石是以树脂、水泥、砂子及有关助剂为原料，经过分层成型法和面层、底层成型法两种工艺方法加工而成。按保护层及面层生产工艺成型的称为有机材料层人造大理石，以水泥砂浆成型的称为无机材料层人造大理石。

除此之外，还有无机物石膏人造大理石、硅酸盐人造大理石、白水泥石英砂仿大理石、钢渣人造大理石及烧结人造大理石等。

四、玻璃纤维增强塑料

玻璃纤维增强塑料习称玻璃钢，这里所指的增强塑料是由树脂和增强材料(玻璃纤维如短切玻璃纤维毡、玻璃纤维织物)构成。

玻璃纤维增强塑料又分为热固性玻璃纤维增强塑料(FRP)和热塑性玻璃纤维增强塑料(FRTP)两种。

1. 热固性玻璃纤维增强塑料(FRP)

其品种是以树脂名称而定，如用不饱和聚酯树脂制成的增强塑料称为聚酯 FRP，用环氧树脂制成的称为环氧 FRP，另外还有酚醛 FRP、脲醛 FRP 等，而最常见的有 UP、EP、PE 三大类树脂的 FRP。

FRP 的生产方法是以湿法接触成型或干法加压成型，按工艺特点可分为手糊、层压、模压、缠绕成型等。其应用较广泛，具有轻质高强、耐腐蚀、电性能好、可设计性好等性能特点，但弹性模量低、耐温性差、剪切强度低以及耐老化性能不够理想。

2. 塑性玻璃纤维增强塑料(FRTP)

采用聚酰胺类树脂、聚酯树脂、聚苯醚树脂、聚氯乙烯、聚苯乙烯、聚烯烃等十几种热塑性树脂经过注射、挤出、压制、层压等成型工艺制造而成。这类复合材料的性能特点：一是易加工定型；二是使原非结构的热塑性塑料向结构的工程塑料迈进了一大步，有些性能已跨进了金属材料性能的范畴。

五、异形材——塑钢门窗与间隔型材

塑钢门窗与间隔型材是以改性硬质聚氯乙烯(简称 UPVC)为原料，经挤出机挤出而成，其断面为多种类型的中空结构。异形材切割后组装门窗框时，其内腔衬以型钢加强筋，并用热熔焊接机焊接成型。

塑钢门窗型材具有强度佳、耐冲击、耐候、耐腐、隔热、节能、隔声、阻燃、热膨胀性好、尺寸稳定、绝缘、材质表面细密光滑、清洗方便、易于维护等许多优良特点，其外观色彩以白色为主，并且系列化、规格化、标准化，应用非常广泛，其性能指标见表 11-9。

塑钢门窗的性能指标　　表 11-9

项　目	性能指标	项　目	性能指标
环境温差	−40～70℃	节　能	30%左右(与铝、钢窗比)
耐风压	100～350kg/m²	隔音性	30dB
导热系数	0.16W/m·K，是铝材的 1/1250，钢材的 1/360	电阻率	>10^{15}Ω·cm
		使用寿命	50 年

1．塑钢门

塑钢门按其结构可分为三大类：镶板门、框板门、折叠门。

（1）镶板门

镶板门又称板式门。它是由带榫槽的中空型门心板、增强型材(PVC或金属)、钢筋、门扇边框、门框(主门框与门盖板组成)等拼接组成，如图 11-5。其中门心板厚一般为 40mm，壁厚为 1.0～1.5mm，内筋为 ϕ(0.6～0.8)mm，门框壁厚为 2～2.8mm。带有气窗的门，中间横档则采用 T 形材。镶板门用于有私密度要求的卫生间、浴室、办公室等。

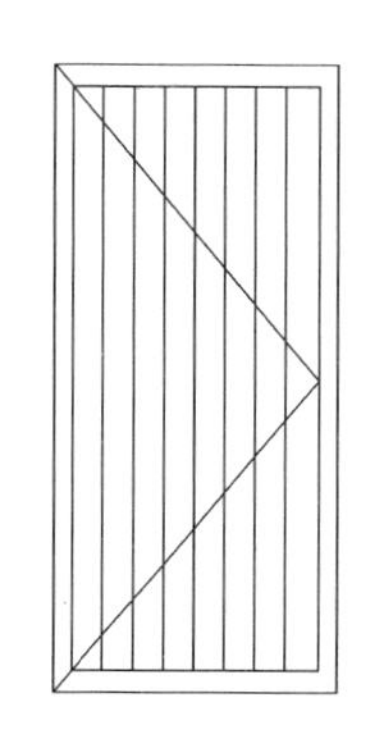

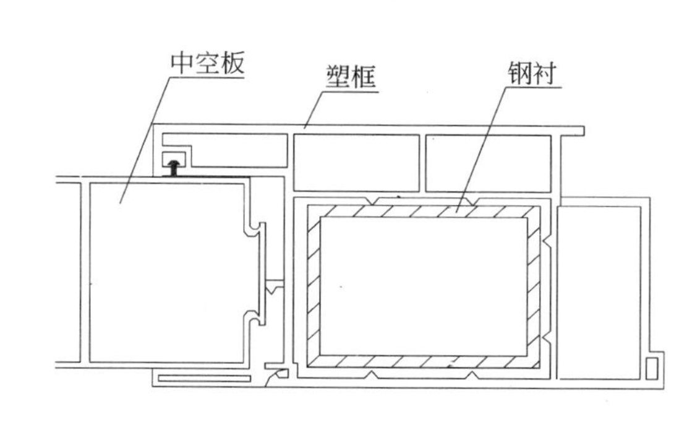

图 11-5 镶板门构造图

（2）框板门

框板门由门框、门扇框、门心板、增强钢筋等组成。门心板可用玻璃或玻璃与中空板上、下组合构成，如图 11-6。此外，还可用泡沫塑料芯材、塑料面层的夹层板作门心板。门扇框的型材壁厚为 2.8～3mm。门框结构与镶板门接近。框板门适用于会议室、商务中心、写字楼和商店等公共场所。

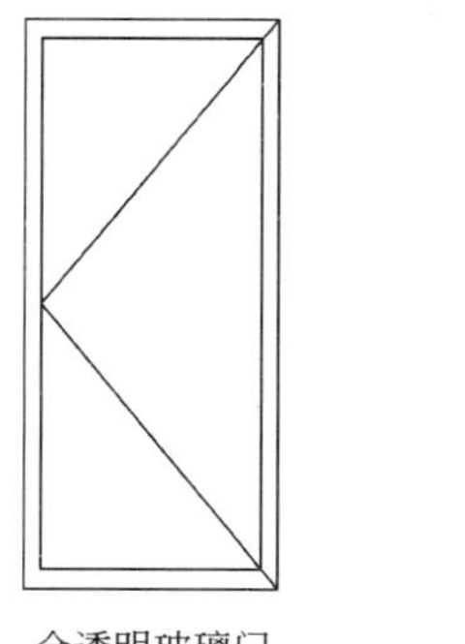

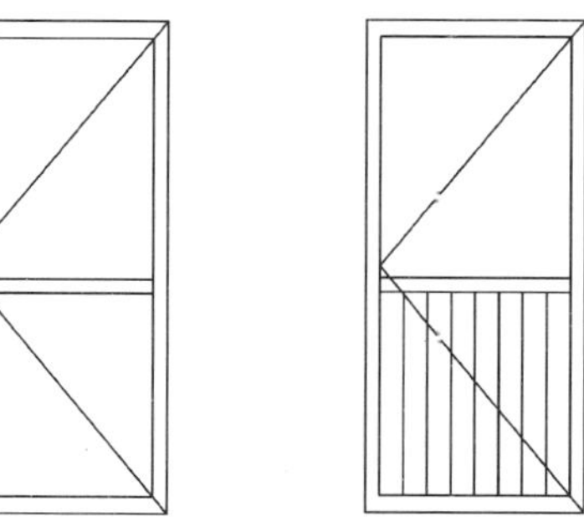

全透明玻璃门　　有横档玻璃门　　玻璃与中空板组合门

图 11-6 平开框板门立面图

(3)折叠门

折叠门是由门框、门板、活动铰链等组成，如图 11-7。

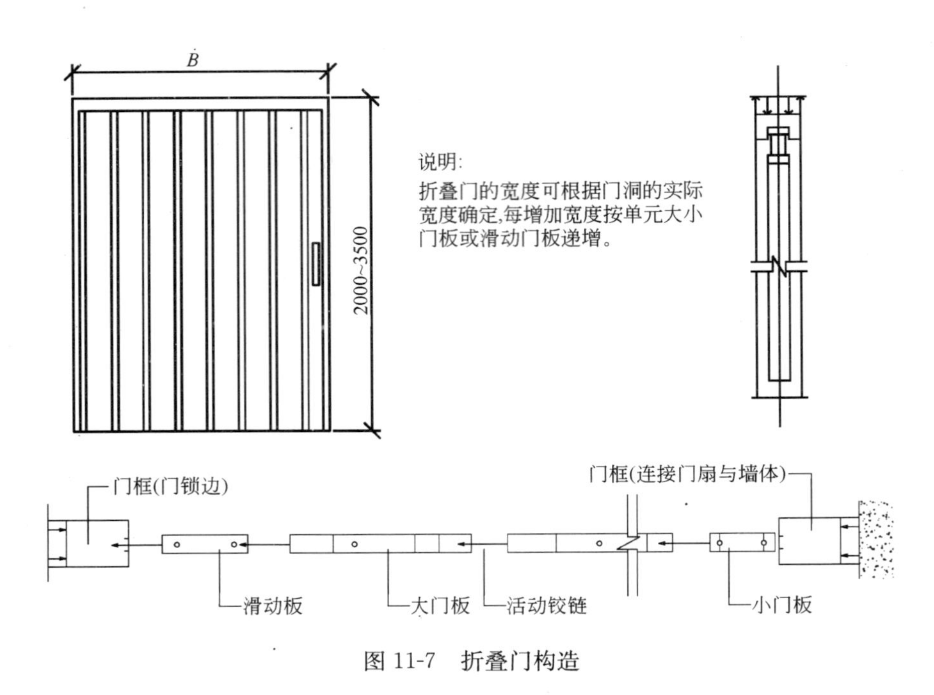

图 11-7 折叠门构造

门框：一面门框与门扇连接，另一面上装门锁(电磁门锁)。门框的上框为滑轨道，两边为卡槽式。

门板：分大门板、小门板和滑动门板三种。

活动铰链：连接大小门板，使门板折叠起来。

2. 塑钢间隔

塑钢间隔由框架、障板、增强型材、钢筋等组成。障板可用护墙板或5mm厚玻璃。塑钢间隔可反复装拆，主要用于宾馆、酒楼、商场、游泳场等淋浴间、卫生间、更衣室和电话间，以及分格数可增可减的办公区活动卡座、快餐厅卡座等(图 11-8)。

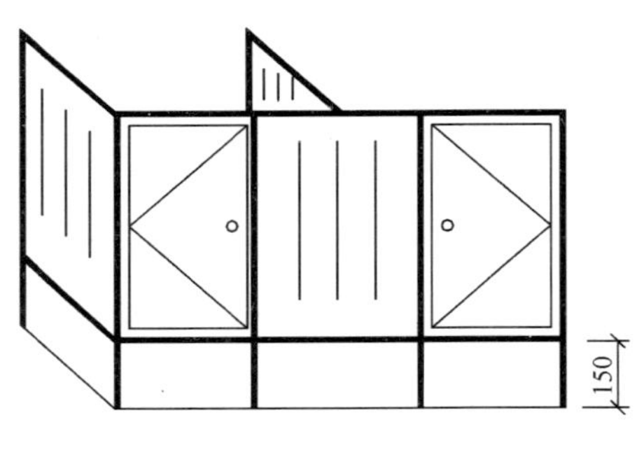

图 11-8 塑钢间隔

3. 塑钢窗

塑钢窗是由窗框、窗扇、压条、钢筋、玻璃和防腐五金件等组成。

(1) 塑钢窗的分类

塑钢窗的分类，一是按结构分为：单框单层玻璃窗、单框双层玻璃窗、双框双层玻璃窗、双框三层玻璃窗等。二是按其开启方式分为：固定窗、平开窗(侧开、上开和下开)、推拉窗(平推和直推)、翻转窗(水平和垂直翻)、滑开窗(水平与垂直滑)、复合窗等，如图 11-9。

(2) 塑钢窗装配图

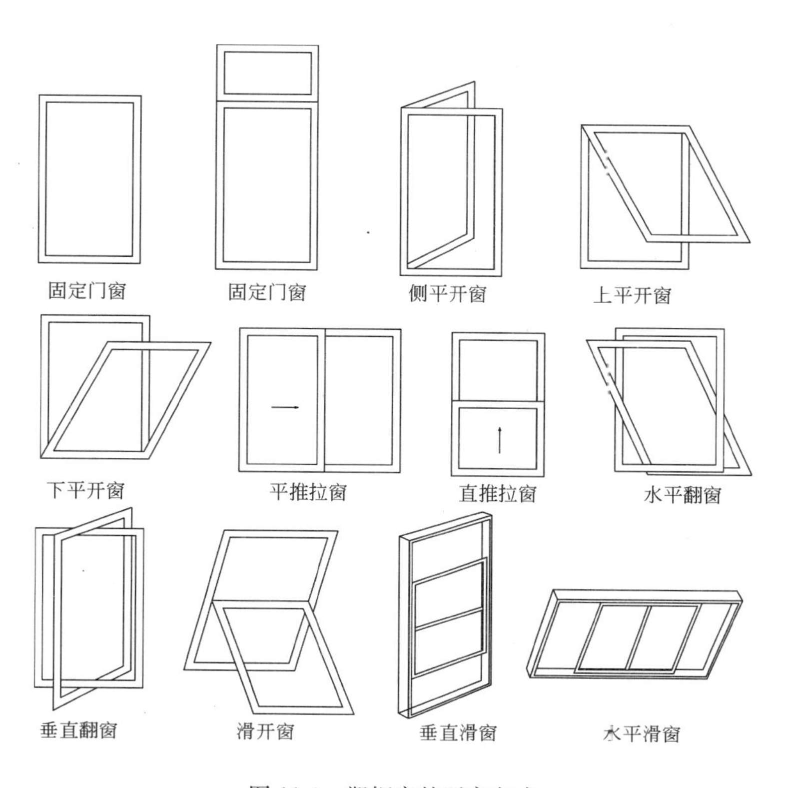

图 11-9 塑钢窗的开启方式

见图 11-10。

(3) 窗框与墙体连接(图 11-11～图 11-13)

窗框的线膨胀系数为 5×10^{-5}/℃，一般每米框膨胀伸长(或收缩)值约为 1.7mm。框与墙体的连接采用弹性连接，以使门、窗框能自由伸缩。

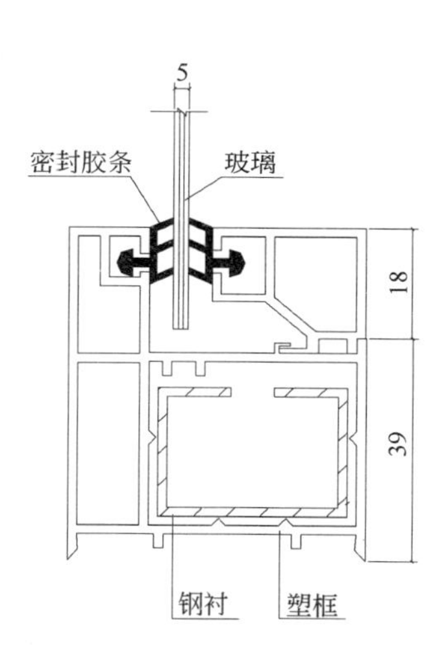

图 11-10 塑钢窗装配图

4. 塑钢门窗辅助材料

(1) 钢衬

PVC 塑料型材的力学性能远比钢、铝、木材差，其弯曲强度是木材的 1/4、铝材的 1/25、钢材的 1/84。为了满足 PVC 塑料门窗的力学性能要求，增强门窗抵抗风的压力、雨侵袭以及承受自身重力的能力，在 PVC 塑料型材的内腔配以型钢加强筋，即所谓钢衬。

钢衬的剖面形状主要有三种形式(图 11-14)，其规格尺寸有多种，并与 PVC 塑料型材内腔的形状和大小相符合。三种形式的钢衬中，抗弯强度最佳的是(c)型钢衬，其次是(b)型和(a)型钢衬，壁厚以 1.2mm、1.5mm、2.0mm 三种居多。

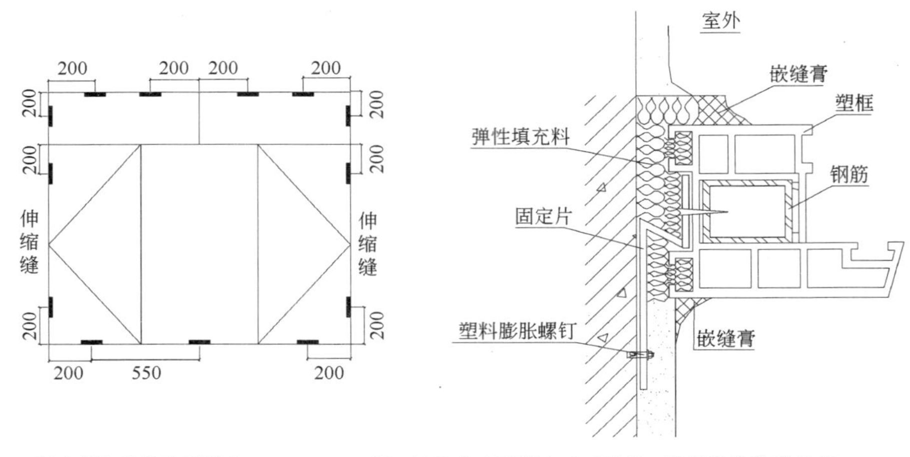

门窗框与墙体的间隙为10～15mm。洞口墙体内应预埋木砖或铁件，预埋件作防腐处理

图 11-11 窗框固定点的设置(单位：mm)

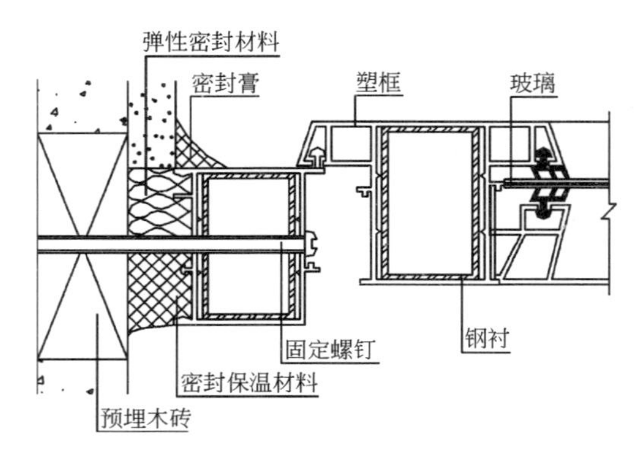

图 11-12 直接固定法

在墙体内预埋木砖(115mm×50mm)，并作防腐处理。将塑钢框放入预留洞口定位，使其横平竖直，用长木螺钉直接穿过框型材与墙体内预埋木砖连接固定

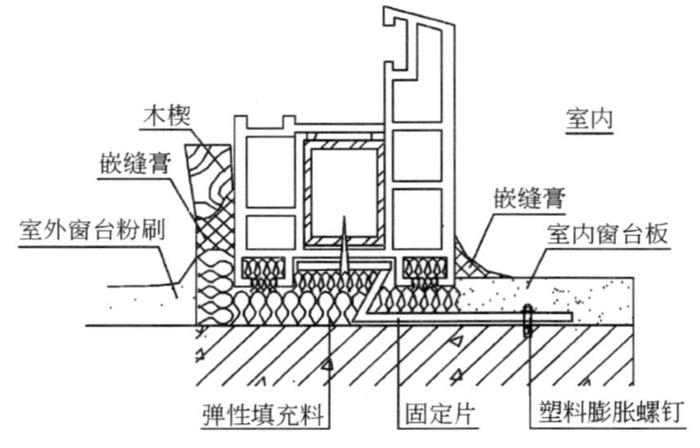

图 11-13 连接件法

采用自攻螺钉将“┌┘”形镀锌钢板连接件与框连接，然后再用膨胀螺栓固定在墙体上，或用木螺丝与墙体预埋木砖固定。也可将“┌┘”钢板与墙体内预埋金属件焊接固定，但焊接时避免框高温受损。接缝处填塞弹性保温材料(发泡剂或泡沫塑料条)。墙面抹灰层与框相接处用弹性密封膏嵌缝

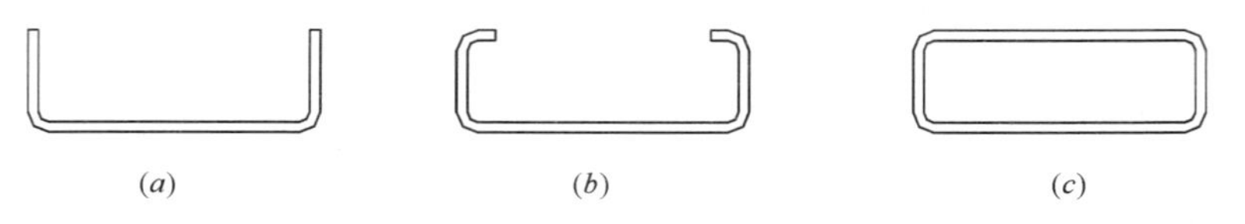

图 11-14 不同形状的钢

(2) 填充料

填塞料有闭孔泡沫塑料、发泡聚苯乙烯、矿棉砖和玻璃棉毡、沥青麻丝和水泥砂浆、PUC(聚氨酯发泡填缝材料)等填充料。填充料具有防渗漏、保温、隔声、防腐等作用。

5．特种塑钢门窗

（1）共挤塑钢门窗

共挤塑钢门窗采用钢塑共挤技术，在整体组装时，四角采用角部钢芯连接(图 11-15)，使塑料与钢衬能有机牢固地结合在一起，大大提高了杆件强度，突破了普通塑钢门窗组装时插入加强钢筋、用焊接法连接的方式。同时，隔热保温、防雨渗透和隔噪声等性能更好。其规格有 40 平开式、50 推拉式等。

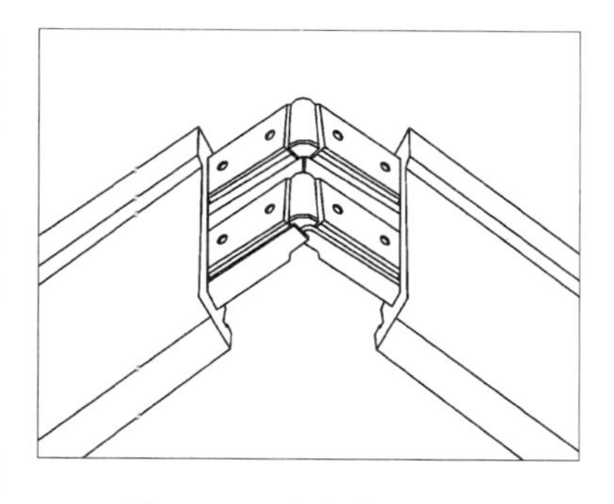

图 11-15 角部钢芯连接

（2）移动式多内腔结构塑钢门窗

移动式多内腔结构塑钢门窗具有理想的隔热和隔噪声效果，环保性能好，双层密封能避免气流穿透，抗老化并能适应各种气候环境的侵蚀，金属加强筋使结构更具坚固性，并具有外腔排水系统。表面光洁，造型美观，易于保养。如图 11-16。

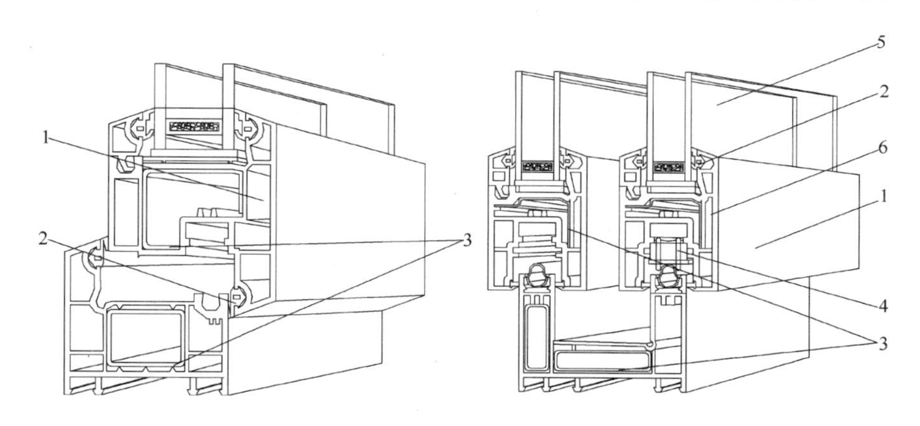

图 11-16 移动式塑钢门窗结构图

1—多内腔结构框；2—双层密封胶条；3—金属加强筋；
4—小五金；5—双层隔绝玻璃；6—外腔排水系统

六、塑料管材与管件

1．塑料管材

（1）塑料管材的分类

按材质分为聚氯乙烯(PVC)管、聚乙烯(PE)管、聚丙烯(PP)管、ABS 管、氯化聚氯乙烯(CPVC)管、聚丁烯(PB)管等。

按可挠性分为硬质塑料管和可挠性管(如波纹管)。

按用途可分为建筑给排水管，电气、电信护套管。

按结构分为均质管和复合管，复合管可以是不同的塑料复合或塑料与金属的复合。

按外部形态分为圆管、波纹管和线槽。

(2) 常用塑料管材的性能与用途

① 硬质改性聚氯乙烯(UPVC)管

硬质改性聚氯乙烯管是以 PVC 树脂为主要原料，配以适量的稳定剂、改性剂、润滑剂填充料等，经捏和挤出成型而制成。

硬质改性聚氯乙烯管具有良好的耐化学腐蚀性能，如耐酸、碱、盐类等，耐油性能超过碳素钢，但不耐酯、酮类和含氯芳香族液体的腐蚀；耐潮湿，不导电；抗拉、抗压和耐磨强度较好，但其柔韧性不如其他塑料管；阻燃性好。广泛用于电气、电信等护套管。聚氯乙烯管中所含铅、镉必须在国家规定的指标以下，树脂中的氯乙烯残留单体必须得到排除，否则，不能作为饮水管。

在聚氯乙烯塑料中按添加增塑剂数量的不同分为Ⅰ型、Ⅱ型、Ⅲ型硬质聚氯乙烯管。Ⅰ型硬管耐温不宜超过 60℃，耐冲击性能也差；Ⅲ型硬管具有良好的抗冲击和耐热性能，其主要用途为用作热水管。

② 聚乙烯管

聚乙烯管具有质量轻、韧性好、强度好、耐腐蚀、耐低温、无毒等性能，是应用广泛的通用性塑料，如饮水管、排水管和换气管等。新型的具有三维网状结构的改性聚乙烯，即称为交联聚乙烯(PEX)，改善了聚乙烯的耐热性、耐溶剂性、耐环境应力开裂性、耐油性等，提高了聚乙烯管材的使用寿命。

③ 聚丙烯管

聚丙烯管是一种最轻的低密度(0.91～0.92g/cm^3)热塑性塑料管，具有强度高、刚性好的特点，对普通无机酸、碱和盐类以及大量的有机化合物有良好的耐化学特性。用于排水管和采暖系统的热水管。

④ ABS 管

ABS 管具有优良的韧性、坚固性，并具有质量轻、耐腐蚀等性能，能长期保持较高的流水率，比铜、铸铁和钢制管好，特殊牌号的 ABS 管还具有很高的耐热性能。ABS 管是卫生洁具系统的下水、排污的理想材料。

⑤ 塑料波纹管

塑料波纹管是指内壁光滑而外壁具有波纹状的管材，如图 11-17。波纹管的主要原料有 PE、PP、PVC、ABS、PC、尼龙和聚氨酯弹性体等。具有质量轻、易弯曲、耐压力、偏平强度大等特点。可用于电线套管和卫生洁具排污管。

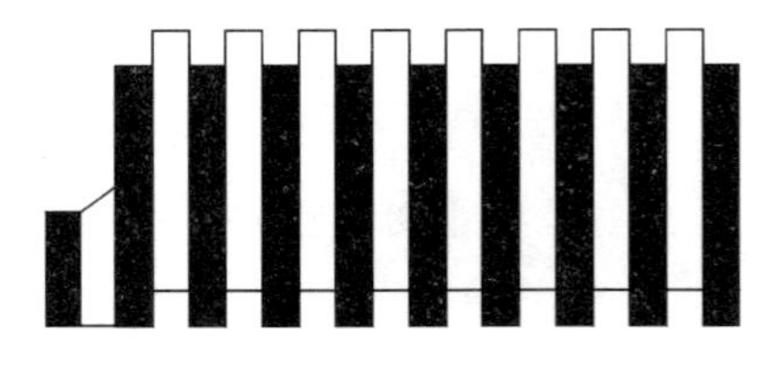

图 11-17 塑料波纹管

⑥ 复合管。

塑料多层复合管：塑料多层复合管是由两层以上不同材质的塑料通过一次或多次挤出包覆而成的管材。它具有多功能性，如综合的机械、化学、阻燃等性能，因而应用的范围更加广泛。

塑钢、塑铝合金复合管：塑钢、塑铝合金复合管是一种新型的复合管，外层为超薄不锈钢或高强铝合金，内层为无毒改性聚乙烯、聚丙烯等塑料，或在金属里衬和外部包覆采用抗酸、碱等化学介质腐蚀的塑料，经过特殊工艺复合而成。它充分地发挥了金属与塑料各自的优异性能，又互补各自缺陷，达到了金属与塑料的完美结合。具有耐腐蚀、不结垢、不结露、对输水介质稳定、阻力小、隔热保温性能好、耐压强度高、使用安全、卫生、外观美观等特点，是室内给排水的理想管材。

2. 塑料管件

塑料管件是管道与管道相连接的部件。在塑料管道系统中，常使用硬质 PVC 塑料管件，它是通过注塑成型工艺制成的。管件的使用，既便于施工安装和拆除维修，又不影响暴露管道在室内的表现效果。管件的种类如图 11-18、图 11-19，管件的规格见表 11-10、表 11-11。

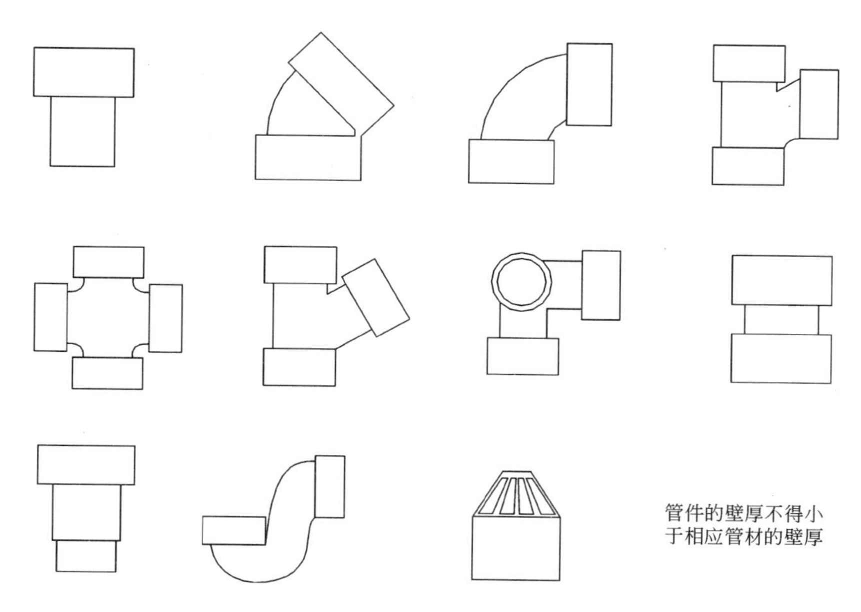

图 11-18 PVC 管件

PVC 管件规格表 **表 11-10**

名 称	外径规格(mm)	名 称	外径规格(mm)
连接件	40、50	斜三通	50×50、75×75、110×50、110×75、110×110、160×160
45°弯头	50、75、110、160	管 箍	50、75、110、160
90°弯头	50、75、110、160	伸缩节	50、75、110、160
90°三通	50×50、75×75、110×50、110×75、110×110、160×160	直角四通	50×50、75×75、110×110、160×160
正四通	50×50、75×75、110×50、110×75、110×110、160×160	P 型存水弯	40、50、110
名 称	外径规格(mm)	通气帽	50、70、110

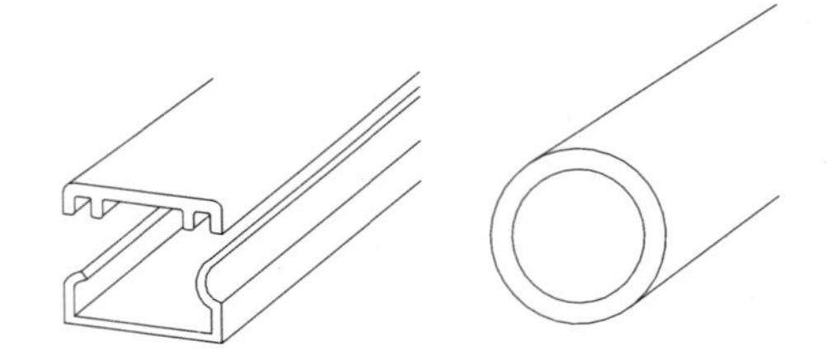

图 11-19 PVC 阻燃电线槽管

PVC 阻燃电线槽管规格 **表 11-11**

名称	规格(mm)
线槽（宽×高）	15×10、25×14、40×18、60×20、100×27
圆管(ϕ)	16、20、25、32、40、50

PVC 阻燃电线槽管适用于室内明装或暗装（埋设于混凝土内或其他墙内），阻燃、防火安全指标需达到国际(IEC)标准，具有优异的抗冲击、绝缘、耐老化、耐腐蚀等性能。

第十二章　涂　　料

涂料是指有机高分子胶体混合物的液体或粉末。涂料经涂装后，在物体表面经过物理变化或者化学反应，形成一层具有一定附着力、机械强度和装饰作用的薄膜。由于我国传统涂料采用植物油和天然树脂熬炼而成，故习称为“油漆”。随着石油化工和有机合成工业的发展，涂料工业增加了新的原料来源，过去单以植物油、天然树脂和其他天然产物为原料的品种，已被现代合成树脂为原料的品种替代。涂料的功能由过去的保护墙体、美化装饰为目的向着高性能多功能水性化绿色化方向发展。特别是随着对高能耗饰面瓷砖应用的限制，涂料的用量特别是外墙涂料的用量，将大幅度增长，涂料的应用范围更加广泛。

第一节　涂料的组成与功能作用

一、涂料的组成

涂料由成膜物质、颜料和辅助材料三部分组成，或由挥发分与不挥发分两部分组成。

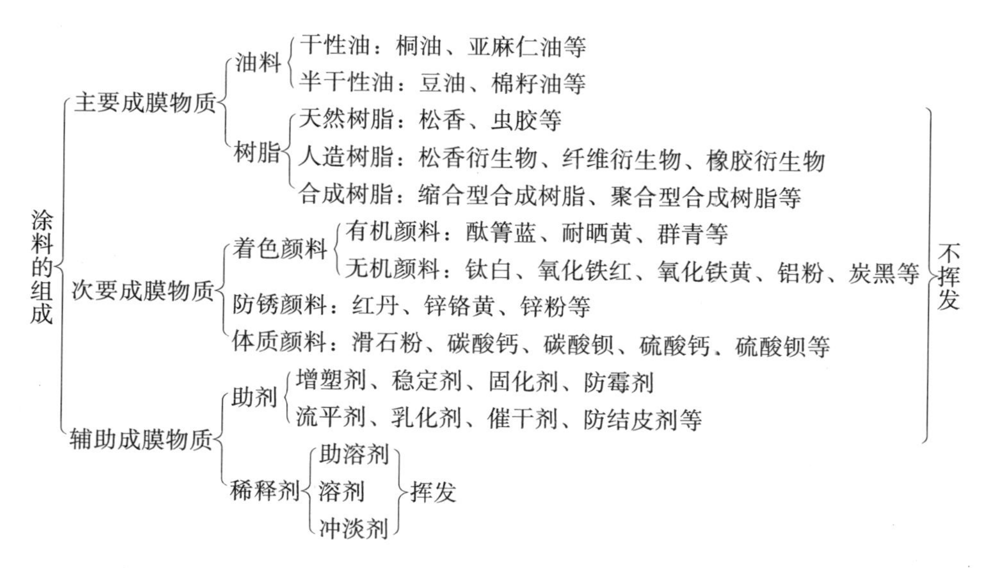

1. 主要成膜物质

涂料的主要成膜物质大多是有机高分子化合物，如油料和树脂(天然或合成树脂)两大类。它是构成涂膜(漆膜)的主体，是决定涂料主要性能的物质，既可单独成膜，又可将其他组分粘结成一个整体，当涂料干燥硬化后，附着在被覆材料的表面上，共同形成均匀坚韧的保护膜。目前主要有合成树脂类，如有机硅改性丙烯酸树脂、纯丙烯酸树脂、水性聚氨酯等以及聚乙烯醇类、聚醋酸乙烯乳液、苯丙乳液、醋丙乳液等合成树脂和乳液。

2. 次要成膜物质

涂料的次要成膜物质主要是指涂料中的体系颜料和着色颜料，即颜料、填料。主要有粉状或超细的非金属矿填料，如钛白粉(国产或进口)、碳酸钙、硅灰石、云母粉、滑石粉等。

颜料不能单独成膜，须与主要成膜物质粘结后共同成膜。它既可使被覆物质表面涂膜的结构更加紧密，增加涂膜的机械强度，又能增加涂膜的厚度，提高涂膜的遮盖力、耐久性、抗老化和抗紫外线的性能。

颜料赋予涂膜多层次和不同对比度的色彩，即色谱齐全，以满足被覆物体表面对不同色彩的要求。颜料的种类很多，按其化学组成可分为有机颜料和无机颜料；按其在涂料中的作用可分为着色颜料、体质颜料和防锈颜料。着色颜料的作用一是着色，如红、黄、蓝、白、黑及其系列，金属光泽等；二是遮盖物面。体质颜料又称填充颜料，其作用是增加涂膜厚度，加强涂膜体质，提高涂膜的耐磨性。防锈颜料主要是用于铁基金属防锈蚀，如传统品种有红丹(铅丹)，防锈性特好，但毒性大，逐渐淘汰或少用，酸性偏硼酸钡可代替红丹，锌铬黄对铝、镁等金属具有优良的防锈性能，也可用于铁基金属表面。

(1) 涂膜颜色

① 透明涂膜颜色

透明涂膜颜色是由被覆基材的色和涂饰过程中对被覆基材采用专用着色剂(合成树脂为主要成膜物质、与不同色粉的半透明颜料)进行染色，或经过水老粉、腻子等工序而共同形成。颜料在涂料中所占的比例是较小的，不能遮盖基材原有的纹理，如采用榉木、枫木、水曲柳、泰柚和树瘤制作家具、门窗、楼梯栏杆时，结合基材本色和涂饰工艺中的水老粉、腻子等涂饰工序，加入少量颜料，从而达到本色透明涂膜的颜色，保持木材本身的特色，使木材纹理清晰显现。

② 不透明涂膜颜色

不透明涂膜是由有色涂料涂饰而成。有色涂料一是由制造厂生产，除红、黄、蓝等原色外，还生产调配好的各种间色、复色与补色涂料；二是根据设计的要求，采用同一类型的有色涂料进行混合调配，从而调配出成千上万种颜色来。但不同类型的涂料不能相互混合调配，否则，原有涂料的性能与状态发生改变，影响使用效果。

(2) 涂膜颜色的表示方法(表 12-1)

涂膜颜色表示方法 **表 12-1**

颜色	红	黄红	黄	绿黄	绿	蓝绿	蓝	蓝紫	紫	红紫	无彩色
代号	R	YR	Y	GY	G	BG	B	PB	P	RP	N

3. 辅助成膜物质

辅助成膜物质尽管不是构成涂膜的主体，但对涂膜的性能起一定的辅助作用。

涂料的辅助成膜物质主要是指各类助剂、溶剂和水，如固化剂、防霉剂、流平剂、催干剂、增塑剂等，以及稀释剂(挥发分)。助剂是为了改善涂膜的性能，如固化剂提高涂膜的附着力，催干剂是为了提高涂膜的干燥速度和质量，增塑剂可克服涂膜硬、脆的缺点等。挥发分在涂料成膜的过程中挥发溢出，不参与涂膜的组成，但在涂料的制造和成膜中使主要成膜物质和颜料能够形成有机高分子胶体的混合物，并保持稳定。在涂装中，稀释剂的选择与用量的多少，会直接影响涂膜的防护性能和装饰效果。

4. 涂料的代号

涂料的代号是用于区别涂料的品种，用汉语拼音字母表示，见表 12-2。

涂料的代号 **表 12-2**

代　号	涂料类别	代　号	涂料类别
Y	油脂类	X	烯树脂类
T	天然树脂类	B	丙烯酸类
F	酚醛类	Z	聚酯类
L	沥青类	H	环氧类
C	醇酸类	S	聚氨酯类
A	氨基类	W	有机硅类
Q	硝基类	J	橡胶类
M	纤维素类	E	其他类
G	过氯乙烯类		

二、涂料的功能作用

1. 保护作用

涂料在被覆材料(金属和非金属)表面形成的涂膜能够隔离空气、水分、阳光、微生物以及其他腐蚀介质，使被覆体免受侵蚀。当非金属材料的表面受到潮湿、虫蛀、外力的摩擦和冲击碰撞时，可起到防护作用；当金属材料表面受到其他介质腐蚀时，可起到防腐作用。

2. 装饰作用

涂料的装饰作用如同其他饰面材料一样，通过色彩、光泽、纹理等方面来实现，但又较其他饰面材料更具独特作用。如透明清漆可提高和加强饰面材料的表现特征，如使榉木、枫木、黑胡桃木、樱桃木等纹理和色泽更加清晰美丽；质感涂料在赋予被覆物表面色彩的同时，还能通过涂装工具使涂膜形成各种独特而又抽象的立体肌理，如图 12-1。有的涂料通过调配色彩和涂装手法使被涂物表面形成仿自然纹理，如木纹、竹纹、大理石纹等；有的涂料使物体表面呈现特殊的荧光、珠光和金属光泽。

图 12-1 涂料的立体肌理

第二节 涂料的分类与性能

一、涂料的分类

涂料的名称及类型很多，其分类方法也多种多样。

1. 按主要成膜物质分类

按主要成膜物质可分为：油性涂料、天然树脂涂料、合成树脂涂料、无机高分子涂料和有机无机复合涂料。油性涂料是指传统的以干性油为基础的涂料；天然树脂涂料有松香、虫胶、乳酪等，以及动物胶、生漆(漆树液)等来自天然物质及其经过加工处理后的物质；合成树脂涂料主要有氨基系、聚酯系、聚氨酯系、丙烯酸系、环氧系、过氯乙烯系等有机高分子涂料；无机高分子涂料主要有硅溶胶类和硅酸盐类；有机无机复合涂料有聚乙烯醇水玻璃涂料、聚合物改性水泥涂料等。

2. 按功能作用分类

按功能作用可分为：防水涂料、防火涂料、防锈涂料、防腐涂料、保温吸声涂料、各类装饰涂料(如质感涂料、仿纹理涂料等)，以及特种涂料(如绝缘、防污、伪装、导电、防红外线等涂料)。

3. 按形成涂膜的工序分类

(1) 底涂料(漆)

指直接涂装在基材上的涂料，隔绝基面水分、色素、木油等渗出，增强中涂或面涂与基材的结合力。

（2）中间层涂料（漆）

指形成于底涂层与面涂层之间的中间涂层的涂料。有些品牌涂料没有中间层涂料，只有底层涂料和面层涂料。中间层涂料是为了增加面层涂料与底层涂料的结合力，同时也为面层涂料保色、保光泽。

（3）面层涂料（漆）

又称罩光涂料（漆），指直接与外界接触的最外层涂膜所用的涂料，包括透明涂料和有色涂料。

面层涂料又分亮光（光泽不少于 80%）、亚光（光泽一般为 30%）、半亚光（光泽一般为 50%）涂料。涂料的光泽是由于配制比例的不同和树脂种类的不同而不一样。在色彩涂料的生产中，通过调节颜料用量或加入硬酯酸铝等消光剂使涂膜形成不同的光亮来满足不同的需要。亚光涂料涂膜表面色泽含蓄，光泽柔和淡雅，同时，避免由于材料表面的亮光而产生眩光，因而应用非常广泛，如用于各类木制家具、门窗、地板、墙板等。

4. 按成膜物质的分散形态分类

按成膜物质的分散形态分为：有无溶剂型涂料、溶液型涂料、分散型涂料，以及水乳胶型涂料等。

5. 按是否含有颜料或含有少量颜料分类

（1）不含颜料的溶液型透明涂料（各类清漆）；

（2）含有颜料的有色不透明的溶液型涂料（各类调和漆、磁漆）；

（3）含有颜料的有色不透明的无溶剂型涂料（粉末涂料）；

（4）含有少量颜料的透明涂料，增加纹理和色泽特征。

6. 按应用范围分类

（1）外墙涂料（主要有烯聚乙醇类涂料和乳胶漆两类）。

（2）内墙涂料（有乳胶漆类和溶剂型类）。

（3）地面涂料（又分为水泥地面、木板地面涂料）。

（4）非金属材料（如木材织物、塑料、橡胶等）表面用涂料。

（5）金属材料（钢铁或铝、镁等）表面用涂料。

（6）功能涂料（防水、防火、防潮、防霉、防结霜、防碳化等涂料品种）。

7. 按溶剂型或非溶剂型分类

（1）溶剂型涂料包括以有机溶剂作溶剂的油性涂料和以水作主要溶剂的水性涂料。油性涂料应符合国家环保标准，低毒、不易燃。

（2）非溶剂型涂料，如粉末涂料是粉末状固体，以其无污染、100%固体分和涂装效率高等特点得到迅速发展和广泛应用，但涂装工艺较复杂。

二、涂料的性能比较

1. 涂料的最高耐热温度

涂料的最高耐热温度见表 12-3。

涂料的最高耐热温度 表 12-3

名　　称	*涂膜耐最高温度(℃)	干 燥 种 类
醇酸涂料	100	自干或低温烘干，干燥缓慢
氨基涂料	浅色 100、深色 120～130	烘干
硝基涂料	80	自干，干燥快
酚醛涂料	170	自干、烘干，干燥缓慢
环氧涂料	170	自干、烘干
氯化橡胶涂料	100	自干，干燥快
氯丁橡胶涂料	90	自干、烘干
丙烯酸涂料	140	自干，干燥快或烘干
过氯乙烯涂料	70	自干，干燥快
沥青涂料	100	自干、烘干
聚酯涂料	100	自干、烘干
乙烯涂料	100	自干，干燥较快
有机硅涂料	500	烘干
聚氨酯涂料	155	自干或加热干燥，干燥快

* 指该类涂料的大多数品种，而非个别品种的最高温度。

2. 溶剂型涂料固体分含量

不同溶剂型涂料固体分的含量是不同的，见表 12-4。

溶剂型涂料固体分含量比较 表 12-4

名　　称	固体分含量(%)	稀释时加入溶剂量(%)	
		刷涂	喷涂
油基涂料	60～70	0～5	10～15
醇酸树脂涂料	55～65	0～5	10～15
氨基树脂涂料	55～65	0～5	10～20
环氧树脂涂料	50～60	0～5	20～50
聚氨酯涂料	50～60	0～5	20～50
硝基树脂涂料	20～40		80～120
有机硅树脂涂料	50～60	0～5	20～50
丙烯酸酯涂料	10～40		150～200
过氯乙烯涂料	20～35		80～120

3. 低污染涂料固体分含量比较

低污染涂料固体分含量比较见表 12-5。

4. 各类涂料优缺点比较

涂料的种类繁多，其构成的原料不同，所具有的性能也不一样，既有优点，又有缺点，见表 12-6。

低污染涂料固体分含量比较　　表 12-5

名　称	固体分含量(%)	有机溶剂含量
粉末涂料	100	—
高固体分涂料	65～90	10～35
无机涂料	90～95	5～10
无溶剂涂料	90～100	0～10
水乳胶涂料	50～60	5～10
水溶性涂料	40～50	5～10

各类涂料优缺点比较　　表 12-6

种　类	优　点	缺　点
油脂涂料	耐候性良好，涂刷性好，可内用和外用，价廉	干燥缓慢，机械性能不高，涂膜较软，不能打磨、抛光
天然树脂涂料	干燥快，短油度涂膜坚硬，易打磨；长油度柔韧性、耐候性较好	短油的耐候性差，长油的不能打磨抛光
酚醛涂料	漆膜较坚硬，耐水，耐化学腐蚀，能绝缘	漆膜干燥较慢，表面粗糙，易泛黄、变深
沥青涂料	涂膜附着力好，耐水、耐潮、耐酸碱、绝缘、价廉	颜色黑，没有浅、白色漆，耐日光、耐溶剂性差
醇酸涂料	涂膜光泽和机械强度较好，耐候性优良，附着力好，能绝缘	耐光、耐热、保光泽性能差
氨基涂料	涂膜光亮、丰满、硬度高，不易泛黄，耐热、耐碱，耐磨、附着力好	烘烤干燥，烘烤过度漆膜泛黄、发脆，不适用于木质表面
硝基涂料	涂膜丰满、光泽好、干燥快，耐油，坚韧耐磨，耐候性较好	易燃，清漆不耐紫外光，在潮湿或寒冷时涂装涂膜浑浊发白，涂饰工艺复杂
过氯乙烯涂料	干燥快，涂膜坚韧，耐候、耐化学腐蚀、耐水、耐油、耐燃，机械强度较好	附着力、打磨、抛光性能较差，不耐70℃以上温度，固体分低
乙烯涂料	涂膜干燥快、柔韧性好，色浅，耐水性、耐化学腐蚀性优良，附着力好	固体分低，清漆不耐晒
丙烯酸涂料	涂膜光亮、附着力好，色浅、不泛黄，耐热、耐水、耐化学药品、耐候性优良	清漆耐溶剂性、耐热性差，固体分低
聚酯涂料	涂膜光亮、坚硬、韧性好，耐热、耐寒、耐磨	不饱和聚酯干性不易掌握，对金属附着力差，施工方法复杂
环氧涂料	附着力强，涂膜坚韧，耐水、耐热、耐碱，绝缘性能好	室外使用易粉化，保光性差，色泽较深
聚氨酯涂料	涂膜干燥快、坚韧、耐磨、耐水、耐热、耐化学腐蚀，绝缘性能良好，附着力强	喷涂时遇潮起泡，漆膜易粉化、泛黄，有一定毒性

续表

种　类	优　点	缺　点
有机硅涂料	耐高温，耐化学性好，绝缘性能优良，涂膜附着力强	个别品种漆膜较脆，附着力较差
橡胶涂料	耐酸、碱腐蚀，耐水、耐磨、耐大气性好，附着力和绝缘性能好	易变色，清漆不耐晒，施工性能不太好

注：在同系的各涂料中，由于构成成分有所不同，其性能也存在差异性。

第三节　常用涂料的特性与用途

一、用于木质与金属材料表面的涂料

1．清漆

清漆是一种经常使用的不含颜料的透明油漆，既具有保护底材的优良性能，又可保持原材料的自然材质美感，提高装饰艺术效果。它是由聚合油、树脂、溶剂和催干剂等制成。清漆的性质，一是由于树脂与油料的分配比例不同而不同，二是因加入树脂的种类不同而不同。

① 普通清漆的特性与用途

普通清漆的特性与用途见表 12-7。

普通清漆的特性与用途　　**表 12-7**

名　称	型号	主要成膜物质	特　性	用　途
酚醛清漆	F01-1	干性油、酚醛树脂(1∶3 比例)	长油清漆，漆膜干燥缓慢，富有弹性，耐水性好和较好的抗大气作用，但不耐磨，漆膜易泛黄	用于普通木制家具、门窗等
酯胶清漆	T01-1	干性植物油与多元醇松香脂	漆膜韧、光亮，能耐水，但干燥性一般	用于木制家具、门窗、墙板及金属表面罩光
清油	Y00-7	桐油、干性油	漆膜坚韧、光泽高、干燥快，耐磨、耐水	用于木材罩光，金属防锈蚀、织物防水
钙酯清漆	T03-3	干性油、松香钙酯	漆膜光亮、脆硬、能耐水	用于竹器家具
虫胶清漆	T01-18	虫胶溶于乙醇	干燥快，漆膜均匀，有光泽.附着力好，可使纹理更清晰，但耐火、耐热性较差	用于木制表面装饰与保护层
酚醛清漆	F01-18	改性酚醛树脂、松香钙脂	漆膜坚韧光亮，耐水性、耐候性好，成本低，但漆膜易泛黄，干燥性能比 F01-1 差	用于普通家具、门窗等表面罩光

续表

名 称	型号	主要成膜物质	特 性	用 途
醇酸清漆	C01-1	醇酸树脂	附着力、耐久性优于酯胶清漆和酚醛清漆，耐磨耐候性强，漆膜光亮坚硬，色泽较淡，不易发黄，但流平性差，涂装有一定的难度，耐水性差	用于金属、木材表面及醇酸磁漆罩光
醇酸调和清漆	C01-2	合成脂肪酸醇酸调和漆料	漆膜光亮，耐水性好，附着力强	用于木材表面涂覆和防水防腐底涂
改性醇酸清漆	C01-12	混合干性皂角油酸改性的季戊四醇醇酸树脂	具有优良的干燥性能，光泽好，附着力、耐候性、耐水性、耐汽油性都比 C01-1 好，但颜色较深	用于金属和木材的罩光和表面饰装
硝基清漆	Q01-1	硝化棉与醇酸树脂合成	漆膜快干、具有良好的光泽、高硬度，耐久性，适用各种气候条件。	用于木材、金属表面或硝基磁漆罩光
	Q01-2	硝化棉溶于酯、醇类溶剂、增韧剂	漆膜快干，柔韧性较好	用于已涂过硝基磁漆的金属、木质表面罩光
硝基亚光清漆	Q01-23	硝化棉、醇酸树脂、消光剂、增韧剂等	干燥快，耐久性好，漆膜光泽柔和	用于木质家具、门窗等表面罩光
硝基调金清漆	Q01-21	硝化棉、干性油醇酸树脂	干燥快，酸性小，色泽浅，对金属粉末湿润好	主要与金、银、铜、铝粉末调配使用，不宜用作木制品表面罩光
沥青清漆	L01-1	石油，沥青，松香改性酚醛树脂	漆膜附着力强，耐水、耐潮、防腐蚀性能好，但机械性能差，不宜涂阳光直照的物体表面	适用于黑色金属表面防潮、耐水、防腐蚀涂装
	L01-13	天然沥青、石油沥青与干性油酚醛树脂或钙脂	干燥快，漆膜硬，涂刷方便，有较好的防水、防化学腐蚀性	适用于不直接受阳光照射的金属与木质等表面
氨基烘干清漆	A01-1	氨基树脂、醇酸树脂	烘干，漆膜光亮坚硬，具有良好的附着力，耐水、耐油及耐摩擦性、丰满度较好，但色泽略深	用于金属表面及各色氨基烘漆、沥青烘漆、环氧烘漆等表面罩光
	A01-2	高含量氨基树脂、醇酸树脂	烘干，性能与 A01-1 基本相同，颜色浅，硬度高	与 A01-1 相同
氨基清漆（分装）	A01-3	三聚氰胺尿素甲醛树脂	自干，漆膜硬度高，光泽强，易抛光，耐气候性良好	适用于高档木质表面涂装

② 合成树脂清漆的特性与用途

合成树脂清漆的特性与用途见表 12-8。

高级合成树脂清漆的特性与用途　　表 12-8

名　称	型号	主要成膜物质	特　性	用　途
丙烯酸清漆	B01-83	甲基丙烯酸酯与甲基丙烯酸共聚树脂	具有很好的耐候性及附着力，但耐汽油性较差	用于经阳极化处理的铝合金表面涂覆
	B01-5	甲基丙烯酸酯与甲基丙烯酸共聚树脂、硝化棉	具有良好的耐候性、防霉性和附着力，耐汽油较 B01-3 好，但耐热性较差	用于经阳极化处理的硬铝或其他金属表面涂覆
	B01-8	丙烯酸酯、甲基丙烯酸酯及甲基丙烯酸的共聚树脂和过氯乙烯树脂	漆膜干燥快、光亮，附着力强，坚固耐磨，并具有较好的保光保色和三防(防湿热、防盐雾、防霉菌)性能	用于金属表面防腐涂装
	B01-15	醋酸乙烯改性的甲基丙烯酸酯共聚树脂	可在常温下干燥，具有良好的耐候、耐水、耐高温（180℃）性能，附着力好	用于铝合金及其他轻金属表面涂装
丙烯酸聚脂清漆	B22-1	双组分。甲基丙烯酸不饱和聚酯与甲基丙烯酸改性醇酸树脂	常温下自干，固体含量高，漆膜丰满光亮，坚硬耐磨，附着力好，耐寒、耐热、耐温性好	用于要求较高的木质表面涂装
	B22-3	甲基丙烯酸酪、甲基丙烯酸共聚树脂	漆膜坚硬耐磨，附着力好，耐水、耐候性良好，涂膜色泽浅而透明，不易变色	用于高级木质表面涂装
丙烯酸聚氨酯清漆（双组分）		组分一为羟基丙烯酸树脂；组分二为固化剂	漆膜光泽好，耐候性、耐老化、耐化学性及物理机械性能好	用于各种金属、木材、玻璃钢及 ABS 塑料表面涂饰
聚酯木器清漆(双组分)	Z22-4	组分一为聚酯树脂，组分二为固化剂	漆膜坚韧，丰满光亮，耐热，耐磨	用于高级木质家具等表面罩光
聚醣无溶剂木器漆(分装)	Z22-2	二元醇、二元酸及不饱和二元酸	漆膜光亮，色浅，透明度好，耐热、耐寒、耐磨、绝缘性能较好	用于高级木质家具、门窗等表面罩光
聚酯酯胶清漆	Z01-1	涤纶、油酸、松香、季戊四醇等	漆膜光亮，透明度好，耐热、耐寒、耐磨性能较好	用于木质门窗、家具及金属表面罩光
聚氨酯清漆	S01-1 S01-3 S01-6	一组为异氰酸酯与多元醇的预聚物；另一组为含羟基的高分子化合物	成膜厚，固体分高，膜干后如玻璃。溶剂含量少，涂膜厚实丰满，光亮平滑，耐摩擦、耐化学性和耐热性好	用于高档木质表面及金属表面涂装

续表

名 称	型号	主要成膜物质	特 性	用 途
聚氨酯清漆（分装）	S01-5	一组为异氰酸酯与甘油改性蓖麻油的预聚物；另一组为二甲基乙醇胺溶液	漆膜光亮，柔韧性好，坚硬耐磨，耐水、耐油、耐碱性能良好，干燥快	用于要求耐磨、耐酸碱的运动场和家用等地面木板涂装，以及金属、皮革表面涂装
过氯乙烯清漆	G01-7	过氯乙烯树脂、不干性油醇酸树脂等	漆膜干燥较快，打磨性好，光泽、丰满度较好，耐候、耐水、耐低温、延燃以及三防（防盐雾、防湿热、防霉菌）性能好	用于木质表面罩光

2. *磁漆*

磁漆是指含有颜料的有色不透明的溶液型涂料，即在油质树脂中加入颜料制成。颜料赋予涂料着色和覆盖作用，并且能够改善涂料的物理与化学性能，提高涂膜的机械强度、附着力和耐光、耐热、防锈、防腐蚀等性能。

磁漆漆膜坚硬平滑，可呈现各种色泽，附着力强，耐候性和耐水性高于清漆而低于调和漆。适用于内外金属和木质表面的涂饰。常用磁漆的性能与用途见表 12-9。

常用磁漆的性能与用途 **表 12-9**

名 称	型号	主要成膜物质	性能与用途
各色酚醛磁漆	F04-1	长油度松香改性酚醛树脂漆料	可常温干燥，漆膜坚硬，附着力好，色彩鲜艳，光泽好，但耐气候性比醇酸磁漆差。用于金属和木质表面涂装
各色醇酸磁漆	C04-2	中油度醇酸树脂、颜料	漆膜平整光滑、坚韧，机械强度好和光泽度好，保光、保色、耐气候性均优于酚醛磁漆。在常温下干燥较快，用于金属或木质表面涂装
各色硝基磁漆	Q04-2（外用）	硝化棉、醇酸树脂、颜料、增韧剂	漆膜干燥快，外观平整光亮，耐候性较好，能够用砂蜡打磨抛光，用于金属板表面起保护装饰作用
	Q04-3（内用）	硝化棉、松香甘油脂、顺酐树脂、增韧剂、颜料	漆膜具有良好的光泽，但耐气候性较差，宜用于室内物件的表面涂装
各色过氯乙烯有光色磁漆	C04-2	过氯乙烯树脂、醇酸树脂、颜料、增韧剂	干燥较快，漆膜光亮，色彩鲜艳，可打磨，户外耐久性比硝基磁漆好。用于金属、木质及织物表面涂装
各色过氯乙烯半光磁漆	G04-6	过氯乙烯树脂、醇酸树脂、体质颜料、消光剂	漆膜光泽低，耐候性比 G04-2 好，但干燥较慢，附着力较差。用于普通金属、木质及织物表面涂装
各色过氯乙烯无光磁漆	G04-85	过氯乙烯树脂、醇酸树脂、顺丁烯二酸酐树脂、颜料	干燥较快，不反光，光泽柔和，耐久性、耐水性和机械强度较好

续表

名　　称	型号	主要成膜物质	性能与用途
各色过氯乙烯外用磁漆	G04-9	过氯乙烯树脂，醇酸树脂，体质颜料	干燥快，漆膜光亮，色泽鲜艳，能打磨，耐候性和抗老化性能好。若漆膜在60℃烘烤1～3h，可增强漆膜的坚牢度和其他机械性能。主要用于涂饰成品金属表面及钢结构件
各色环氧树脂磁漆		环氧树脂，改性环氧树脂，颜料	是各类漆中附着力最强的一种，尤其是对金属的附着力更强。具有较好的韧性和较高的机械强度，耐碱、耐有机溶剂、防腐蚀，但耐酸性较差。故不宜作室外用漆
各色环氧树脂烘干电泳漆	H11-51	环氧树脂，干性油脂肪酸酯，颜料	以水为溶剂，具有不燃性，用电泳施工，漆膜质量好，附着力、机械强度好，耐水、耐锈蚀，但烘烤温度较高，对浅色漆有影响。适用于钢铁、铝及铝合金表面涂装
沥青磁漆	L04-1	石油沥青与树脂，松香改性酚醛树脂，干性油，黑色颜料	自干、烘干均可，漆膜黑亮，附着力好，有良好的耐水、耐酸、防潮性能，但不宜太阳光直照，用于金属管道及配件表面
各色聚氨酯磁漆（双组分）	—	组分一为含羟基丙烯酸树脂，组分二为固化剂	干燥快，漆膜丰满光亮，平整光滑，色彩鲜艳，有良好的物理机械性能和耐候、耐酸碱性。用于各类金属、木质家具、ABS塑料、玻璃钢表面涂装
各色聚氨酯无光磁漆	SA-104	组分一为甲苯二异氰酸与三羟甲基丙烷的加成物，组分二为含羟基的蓖麻油醇酸树脂、颜料、助剂等	漆膜光泽柔和、丰满，坚硬、耐磨，附着力、抗化学性好。用于隔音板、铝板等表面涂装
铝粉沥青磁漆（双组分）	L04-2	组分一为沥青、合成树脂、颜料；组分二为铝粉浆	常温自干，有良好的防潮防锈性能，耐水、耐盐水浸渍。用于结构钢等防腐涂装
沥青底漆	L06-6	煤焦沥青、颜料、体质颜料	常温干燥快，漆膜坚韧，与L04-2配套涂装，用于金属构件防腐打底涂装

二、外墙涂料

外墙涂料的主要功能是对建筑物起装饰和保护作用。由于在室外应用，所以要求外墙涂料除具有良好的装饰性能外，还要有较好的耐水、耐污染、耐气候等性能。

目前，用于建筑外墙涂料的类型有：石灰浆、聚合物水泥类涂料；乳液型薄质、厚质涂料；溶剂型涂料；无机钙、硅质涂料四大类。

1．无机钙硅质外墙涂料

① 石灰浆涂料。是生石灰经消化成 $Ca(OH)_2$，即熟石灰。在石灰浆中加入耐碱性颜料（如铁黄、铁红等），可调配成耐水性和装饰性涂层。加入胶类后可增加涂层的粘

结性能，也同时增加耐久性。但这类涂料由于质量不稳定，吸水性强，耐大气、耐污染性差，因而，应用越来越少。

② 硅胶液复层涂料。是以硅酸(如硅酸钠，俗称水玻璃)为主要成膜物质，由封闭层、主涂层、面层、罩光层四层复合而成。该涂料涂膜性能稳定，耐雨水、耐污染、耐大气性较好。

③ 水玻璃涂料。是以硅酸钾、硅酸钠为主要成膜物质的涂料。其中前者耐水性好于后者，而硅酸钠粘结性较强。

2、溶剂型外墙涂料

溶剂型涂料是以高聚物为主要成膜物质，有机溶剂作为稀释剂，加入其他助剂，经混合、研磨后成挥发性涂料。涂层是由溶剂挥发后形成的均匀连续薄膜，具有较好的光泽和耐水性，但溶剂挥发后产生的污染，使应用受到限制。其产品类型有：

① 过氯乙烯外墙涂料。该涂料干燥快，施工方便，具有良好的耐大气、耐水和化学稳定性，但附着力较差，溶剂挥发有污染。

② 苯乙烯焦油外墙涂料。该涂料与水泥砂浆基面粘结性能非常好，耐水、耐老化，但质量不稳定，气味较大。

③ 丙烯酸酯外墙涂料。该涂料主要用于外墙复合层的罩面，装饰效果好，具有良好的耐候性、粘结性，施工方便，使用过程中不受温度限制，可在零摄氏度以下施工，使用寿命可达10年以上，是目前国内外主要的外墙涂料品种之一。

3. 乳液型外墙涂料

乳液型外墙涂料是以高聚物树脂为主要成膜物质的涂料。按涂料质感可分为：薄质型乳液涂料(乳胶漆)、厚质型乳液涂料、彩色砂壁状涂料三类。

乳液型外墙涂料品种类型有：

① 丙烯酸酯乳胶漆。是以甲基丙烯酸甲醇、丙烯酸乙酯等为单体，进行乳液共聚，从而得到主要成膜物质纯丙烯酸系共聚乳液。该涂料涂膜光泽柔和，耐候性好，保光性、保色性优异。

② 乙丙乳胶漆。是以醋酸乙烯、丙烯酸酯乳液共聚物为主要成膜物质的涂料。该涂料具有内增塑作用，防水、耐碱性能好，适于涂在水泥砂浆表面。

③ 水乳型合成树脂乳液外墙涂料。是以水作溶剂，选用适当的乳化剂，将合成树脂乳化成稳定的乳液，再加入有关助剂制成水乳型合成树脂乳液外墙涂料。其常用品种有：水乳型环氧树脂外墙涂料、水乳型过氯乙烯树脂外墙涂料。

水乳型环氧树脂外墙涂料，粘结力强，耐久、耐候、耐老化、耐磨性能好。

水乳型过氯乙烯树脂外墙涂料，干燥快，具有良好的耐大气、耐水和化学稳定性。由于溶剂量少，因而气味也少，不易燃，配制和施工安全，比溶剂型涂料成本低。

三、内墙涂料

内墙涂料主要功能是装饰与保护建筑室内墙面，要求具有较好的耐水、耐久和透气性以及色彩丰富、细腻、调和。由于用于室内，要求具有很好的环保性。其类型可分为：刷浆涂料、溶剂型涂料、乳胶漆和水溶性涂料等。

1. 刷浆涂料

涂料早期应用于室内墙面时，一是采用石灰浆、大白浆等传统涂料涂刷，因原料易得，价格便宜，施工方便，固至今仍有所应用。二是采用调和漆，即将基料、填料、颜料和其他辅助材料调制而成的涂料，但施工复杂，周期长，多被乳胶漆取代。

2. 乳胶漆

乳胶漆是由合成树脂乳液加入颜料、填料、保护胶体、增塑剂等其他助剂，经研磨或分散后制成的涂料，又称乳液涂料。常见的品种有：丁苯乳胶漆、醋酸乙烯乳胶漆、丙烯酸乳胶漆、苯丙乳胶漆、乙丙乳胶漆等，以及外墙用乳胶漆都可使用。

① 醋酸乙烯乳液涂料。该涂料以水作介质，安全无毒，涂膜透气性好，无结露现象，施工方便，耐水、耐碱、耐候性好。

② 丙烯酸乳胶内外墙涂料。该涂料涂膜光泽柔和，耐候性好，保光性、保色性优异。

③ 乙丙乳胶涂料。主要成膜物质为乙丙共聚乳液。该涂料按光泽分为半光和有光涂料两种，其耐碱、耐水、耐候性均优于聚醋酸乙烯乳液涂料。

3. 水溶性涂料

21世纪，室内室外环境设计材料的开发、研制和生产全面步入“环保型”、“健康型”时代。作为现代环境设计应用最广泛的涂料必然规范在这一质量要求的体系中，采用先进的加工和涂装工艺，精选优质原材料，如以合成树脂代替油脂，以水代替有机溶剂，采用无溶剂型粉末涂料和无毒颜料等，从而生产出既具有防震、防潮、抗酸、抗碱、抗菌、坚固、耐久的优良性能，又有无毒、无味、无刺激和不易燃、保证安全、符合生态环境标准的高品质的新型环保涂料。而且使涂层更具细腻、平滑光洁、色彩丰富、雅致等优越的装饰性，符合现代人的审美趣味和要求。

(1) 水溶性树脂涂料

水溶性树脂涂料是以合成树脂如乙烯树脂、环氧树脂、丙烯酸树脂和聚酯树脂等代替油脂，以水代替有机溶剂的涂料。它由水溶性树脂、颜料、助溶剂和水组成。水溶性树脂涂料多用于室内混凝土、水泥砂浆、石膏灰浆等墙面和顶面，以及石膏板、胶合板、石棉水泥板隔墙或吊顶表面的涂装。

① 水溶性乙烯树脂涂料

● 各色乙酸乙烯无光水溶性乳胶漆(X12-71)，由聚乙酸乙烯乳液与钛白及着色颜料、体质颜料研磨，并加各种助剂和水制成。涂膜干燥较快，无刺激气味，不燃，可用皂水洗涤。主要用于混凝土、胶泥、灰泥和木质内墙表面。

● 各色乙烯基仿瓷内墙涂料(X07-70)，由乙烯基树脂、颜料、助剂和水等组成。平整光洁，涂膜坚硬，附着力好，耐洗刷、耐污染，且具瓷釉般质感，遇潮不结水珠，不发霉。适用于石灰、水泥砂浆墙面。

● 醋酸乙烯乳胶漆(X12-2)，由醋酸乙烯、马来酸二丁酯共聚乳胶加入颜料、体质颜料及各种助剂、水调制而成。涂膜干燥快，耐水清洗。适用于混凝土、胶泥、灰泥、木质和石膏板等表面涂装。

● 各色聚乙烯醇无光乳胶漆(X12-73)，以聚乙烯醇水溶液、水玻璃、颜料、增韧剂调制而成。涂膜干燥快，光泽柔和、含蓄，避免由于涂膜反光而给室内带来“光污染”。适用于混凝土、胶泥、木质和石膏板等表面涂装。

② 水溶性环氧树脂涂料

各色环氧树脂半光、无光烘干电泳漆(H11-65、H11-75)，由环氧树脂、亚麻油酸、顺丁烯二酸酐、颜料等调制而成。以水作稀释剂，无毒不燃，电泳涂装。涂膜均匀，光泽柔和，附着力好，并具有一定的防锈、耐水性。适用于钢铁、有色金属(铝、镁合金)的电泳打底涂装。

水溶性树脂涂料用于金属表面时，采用电泳涂装方法，提高涂膜质量和增加涂膜厚度的均匀性，但非金属木材等表面不能烘烤及电泳施工。

③ 水溶性丙烯酸树脂涂料

● 各色丙烯酸水溶性乳胶漆，是以苯乙烯-丙烯酸酯共聚物为基料，以水作稀释剂，加入各种耐候颜料及各种助剂溶解而成。涂层干燥迅速，坚固；具有优异的附着力和遮盖力，优良的抗碱、抗藻能力；光泽柔和，色彩种类多；保色性、抗污性和耐候性佳；施工方便、简捷。可用于室内墙面、顶面涂装。

● 水溶性丙烯酸系列涂料，由丙烯酸或丙烯酸酯、超耐候颜料及助剂和水等调制而成。涂层附着力和质感强，耐候、耐久性优良，保色保光、耐碱耐水性好，光泽柔和，色彩种类多。适用于混凝土、水泥砂浆、石膏灰浆等内墙与顶棚表面，以及石膏板(纸面石膏板和无纸面石膏板)、石棉水泥板、纸浆水泥板、胶合板等多种基材表面的涂装。

(2) 天然石状涂料

天然石状涂料又称天然真石漆，属水溶性无机高分子涂料。它是以无机高分子系材料，如碱金属硅酸盐或硅溶胶为基础制成的。

天然石状涂料可以在任何基面上使用，具有阻燃、抗紫外线、耐久、耐候、防水、防腐蚀、抗风化、抗污染等优良性能。无毒、无味，施工容易、工期短。其表面肌理自然粗犷，颜色多样稳定，具有逼真的天然石材表现效果。它的应用，如同把室外自然景观引入室内，或为创意设计加强和点缀某种视觉艺术效果而发挥重要的作用。

① 天然石状涂料涂层的构成

天然石状涂料由三层物料构成。

底漆：直接用于基面，隔绝基面水分、色素或木油渗出，增强天然石状涂料与基面的结合力，确保其不剥落或松脱。

石状涂料：具有仿真石效果。

面涂：防水、防紫外线及防止涂料表面滋长青苔、

菌类，增加涂膜硬度，充分体现天然石材的美感。

② 天然石状涂料的应用与技术要求

基面：干燥、结实、平整。

涂装方式：底涂和面涂采用刷涂、辊涂或喷涂均可，石状涂料采用喷涂。喷涂设备由空气压缩机和喷枪等组成，如图12-2。

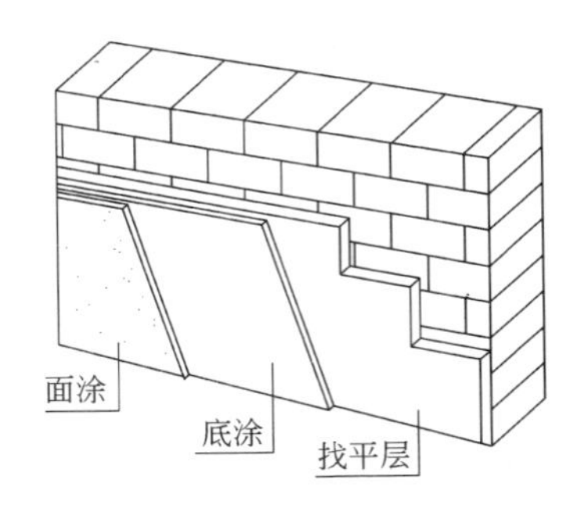

图12-2 天然真石漆表现图

涂装步骤：

A. 涂装底涂，用50%清水稀释搅拌后，均匀地涂在基面上，$7\sim8m^2/kg$，干透时间2小时以上。

B. 用5%的清水稀释石状涂料后进行喷涂，或先用灰铲在涂过的底涂上薄薄地涂装一层石状涂料，然后进行喷涂，$6\sim8m^2/25kg$，涂层为3～4mm。涂点的大小可调节喷枪嘴孔径进行控制。

C. 涂装面涂，待石状涂料表面干硬(24小时)，用砂纸打磨表面浮砂和锐角后，再用40%的清水稀释透明面涂，搅拌均匀并涂装，要求2遍以上，每涂一层相隔2小时以上。

(3) 粉末涂料

粉末涂料是一种完全不用溶剂，以粉末形态(100%的固体分)进行涂装后形成涂膜的涂料。其涂层色泽鲜艳、坚固耐用，涂层的防腐性能和物理性能优于同类树脂品种的液体涂料，是一种节能、基本无污染的环保型涂料。品种主要有环氧树脂系、聚酯系、聚氨酯系和丙烯酸系等。环氧树脂系粉末涂料主要用于金属材料的防锈作用。聚酯、聚氨酯和丙烯酸系粉末涂料用于金属和木质品的表面涂装。粉末涂料的涂装方法有静电粉末喷涂(喷塑)、流化床粉末涂装和熔射法(易受氧化的树脂不适合)。

四、地面涂料

地面涂料与墙面涂料的应用要求不同，应具有耐水、耐磨、抗冲击和洗刷，与地面的粘结性好，施工方便。常用的地面涂料可按地板材料的不同分为木地板涂料、塑料地板涂料和水泥砂浆地板涂料三大类，这里主要介绍水泥砂浆地板涂料。

水泥砂浆地板涂料包括溶剂型地面涂料、合成树脂厚质地面涂料、聚合物水泥地面涂料等。

1. 溶剂型地面涂料

① 过氯乙烯树脂薄质水泥地面涂料。该涂料干燥快，与水泥地面结合好，耐水、耐磨、耐化学药品，但溶剂有污染。

② 聚苯乙烯地面涂料。该涂料与水泥砂浆基面粘结性能非常好，耐水、耐老化。

2. 合成树脂厚质地面涂料

合成树脂厚质地面涂料是采用EP、PUR和UP等合成树脂，并加入填料和助剂制成。其品种有：环氧树脂厚质地面涂料、聚氨酯弹性地面涂料等。

① 环氧树脂厚质地面涂料。该涂料粘结力强，膜层坚硬耐磨，耐久性和装饰性好，有一定韧性。但该涂料属双组分固化体系，施工较复杂。

② 聚氨酯弹性地面涂料。有薄质罩面地面涂料和厚质弹性地面涂料两种。薄质罩

面地面涂料用于木质地板或其他地面的罩光，厚质弹性地面涂料用于水泥地面。该类涂料具有弹性好，步感舒适，粘结力强，耐水、耐磨、耐油。但双组分施工较复杂。

3. 聚合物水泥地面涂料

聚合物水泥地面涂料包括聚乙烯醇缩甲醛水泥地面涂料、聚醋酸乙烯水泥地面涂料等。前者具有无毒、耐燃，与水泥地面结合牢固，耐水、耐磨等特点，使用年限在5年以上。后者与前者特点基本相同，但弹性、质感和耐久性(可达10年)较好。

五、特种涂料

特种涂料是指强调某一独特功能的涂料，如防锈涂料、防火涂料、高弹性涂料、防腐涂料、杀虫涂料、隔热涂料、吸声涂料、光选择吸收涂料、道路标识涂料、耐低温涂料等。

1. 防火涂料

防火涂料又称阻燃涂料，将它涂刷在某些易燃材料的表面，能提高易燃材料的耐火能力。防火涂料除具备其他涂料所具备的一些性能外，还具有不燃性、难燃性和阻止燃烧或对燃烧的拓展有延滞作用。防火涂料按防火形式可分为膨胀型和非膨胀型防火涂料两种类型。

① 膨胀型防火涂料。该涂料属发泡型防火涂料，遇火时涂层膨胀发泡，其发泡厚度可达几十倍，可在燃物与火源之间生成一层泡沫隔热层，封闭被保护的基材，阻止基材的燃烧，如A60-1改性氨基膨胀防火涂料、A60-50氨基膨胀防火涂料、G60-3过氯乙烯膨胀型防火涂料。

② 非膨胀型防火涂料。该涂料是难燃的聚合物，加入了氮、磷、硼等化合物，遇火时涂层受热分解放出阻燃性气体，阻止火焰蔓延。常用的有氯化醇酸为基料的防火涂料。

常用的丙烯酸乳胶防火涂料有B60-70，以丙烯酸乳胶为基料，以水为分散介质，加入新型阻燃剂、颜料、助剂研磨调制而成。无毒无臭，不污染环境，用于可燃性基材(如木材)的表面涂装．还具有抗水防潮和表面装饰性能。

③ 水泥系厚质防火涂料。该涂料密度高，强度好，具有优良的耐水性和抗冻性能，适用于露天钢结构。它与其他薄型防火涂料的性能比较见表12-10。

钢结构防火涂料技术性能 **表12-10**

名　称	构成材料	涂层厚度(mm)	耐火极限	性能与用途
厚涂型防火涂料(非膨胀型H类)	胶粘剂、无机绝热材料、增强材料等	8～50	0.5～3h	遇火不膨胀，自身隔热良好，但外观装饰性不好，用于室内隐蔽钢结构、大型承重钢梁
薄涂型防火涂料(膨胀型B类)	有机树脂、发泡剂、碳化剂等	3～7	不超过2h	遇火后发泡膨胀形成较厚的多孔碳质层，装饰性比厚涂型涂料好，用于大型承重钢层架等

续表

名 称	构成材料	涂层厚度（mm）	耐火极限	性能与用途
超薄型防火涂料(膨胀型 B 类)	有机树脂、发泡剂、碳化剂等	<3	2h 以内	遇火后膨胀发泡形成致密的防火隔热层，装饰性好，适用于承重钢结构或非承重钢结构，如钢桁、钢网、钢架等裸露钢结构，轻钢架及构件截面小、震动挠曲变化大的钢结构

2. 防锈涂料

防锈涂料是防止金属生锈和增加涂层的附着力，其种类多，性能各异。

① 各色硼钡酚醛防锈涂料。该涂料涂膜附着力强，无毒，并具有防污、抗粉化和耐热等性能，用于钢铁表面防锈打底。

② 红丹(铅丹)油性、醇酸、环氧树脂防锈涂料。该涂料渗透性好，附着力强，防锈性好，是用于铁基金属底漆的传统品种。红丹油性防火涂料干燥慢，涂膜较软；红丹醇酸防锈涂料干燥快；红丹环氧脂防锈涂料耐潮性好。但红丹(铅丹)颜料毒性大，逐渐淘汰或少用。

③ 铁红、锌黄、酚醛防锈涂料。该涂料附着力好，但涂膜较软，用于涂覆室内外防锈要求不高的钢铁结构表面。锌黄防锈涂料用于铝合金及其他轻金属表面防锈打底。

④ 铁红、锌黄、灰色醇酸防锈涂料。该涂料干燥快，附着力好，硬度大，有弹性，耐冲击，耐水性强。铁红防锈涂料用于黑色金属表面防锈打底；锌黄防锈涂料用于轻金属底层；灰色防锈涂料，具有防锈和耐大气侵蚀的优良性能，适用于室内外钢铁构件，但干燥较慢。

⑤ 铝铁醇酸防锈涂料。涂膜坚韧，附着力强，在切割或电焊等高温情况下不产生有毒气体，常用于金属结构表面涂覆。

⑥ 乙烯磷化底涂。该涂料对金属起磷化作用，延长有机涂层的使用寿命，用于有色金属及黑色金属表面涂覆。

⑦ 锌铝聚氨酯防锈涂料和铝粉聚氨酯环氧防锈涂料。用于金属钢铁结构防锈打底。

⑧ 各色环氧水性防锈涂料。该类涂料属水性涂料，便于施工，有利于环保。涂膜附着力强，有良好的耐热和耐盐水性。涂膜自干和烘干(80～100℃半小时)，用于黑色金属表面打底防锈。

3. 防腐涂料

防腐涂料是用来保护材料的外观质量，增强材料的耐酸、碱及其他有机物腐蚀的性能。防腐材料的种类较多，所具有的性能不一样，既有优点，又有一定的局限性。因此，在实际使用中应合理选择。

① 酚醛防腐涂料。该涂料抗化学性能好，但涂膜硬而脆。如各色酚醛耐酸涂料(F50-31)，耐酸性好，可用于涂刷受酸气腐蚀的金属和木质构件。铁黑酚醛防腐材料，附着力、耐水、耐腐蚀性能好。

② 环氧树脂防腐涂料。该涂料附着力、耐碱、耐溶剂性好。主要用于金属表面防腐涂装。其品种有环氧硝基磁漆(H04-2，与环氧底漆配套使用)、棕环氧沥青磁漆(H04-3，用于没有阳光直照的金属或混凝土表面涂装)、铁红环氧磁漆(H04-13)等。

③ 过氯乙烯树脂防腐涂料。该涂料耐化学腐蚀性、耐候性良好，但对金属附着力较差。其品种有过氯乙烯防腐涂料(G52-2)，干燥快，有优良的耐酸、碱和耐化学性能，并且防火、防霉、防潮性能好。用于管道表面或浸渍木质物件；各色过氯乙烯防腐涂料(G52-31)与(G52-2)、(G06-4)配套使用，用于金属、木材或水泥表面涂装。

④ 乙烯树脂类防腐涂料。该涂料抗化学性和坚韧性好，但容易被溶剂浸入。如醋酸乙烯乳胶防腐涂料(X12-72)，适用于混凝土、胶泥、灰泥和木质表面防腐涂装，干燥快，并可在较潮湿表面作业。但不宜直接涂覆在金属表面。

⑤ 聚氨酯防腐蚀涂料。是性能较全面的涂料，与基层粘结性优良，防腐、防水、耐酸、耐碱等性能最好，如聚氨酯清漆(S01-2)用于混凝土、金属的防腐涂层；聚氨酯清漆(S01-15)用于高档木质表面，(S01-10)适用于耐油、耐酸、防化学腐蚀涂层的表面罩光；各色聚氨酯磁漆(S01-1)、灰聚氨酯磁漆(S04-4)用于混凝土、金属和木质表面防腐涂装。

⑥ 沥青防腐涂料。该涂料耐水、耐酸性能好，但漆膜不坚固。用于金属构件防腐打底以及金属、木质表面防腐涂装。如沥青底漆(L06-6)、铝粉沥青磁漆(L04-2)、沥青清漆(L01-7)、煤焦沥青清漆(L01-17)、黑沥青烘干磁漆(L04-51)等。

4. 防水涂料

防水涂料是一种较高含固量的液体，涂布在卫生间、浴室、洗漱区等混凝土的基面上，经过蒸发、挥发，凝固成膜层，涂层厚一般为1～2mm。防水涂料在成膜过程中没有接缝，因而形成均匀无缝的柔性防水层，具有致密性、耐水性和延伸性。它不受基材形状变化的限制，不仅能够在平面上，而且还能在立面、阴阳角和其他各种复杂的基层上形成连续不断的整体性防水涂层。

其主要品种有：聚氨酯防水涂料、硅橡胶防水涂料和丙烯酸酯防水涂料。

5. 保温吸声涂料

保温吸声材料具有轻质多孔的共同特点，但在孔隙特征上二者有所不同，保温材料要求的是封闭型孔，以减少热量的对流与传导；吸声材料则要求是连通型孔，利于声能更多地转化为热能，从而达到消声作用。然而，在实际材料中，这两种孔型以不同比例同时存在。

保温吸声涂料是以轻质多孔的粒状骨料如膨胀珍珠岩、泡沫聚苯乙烯颗粒制成。其常用的品种有：膨胀珍珠岩涂料、复合轻质保温吸声涂料。

膨胀珍珠岩涂料具有轻质、绝热、吸声、不燃、无毒、无臭等特点，但吸水性、吸湿性大，是保温的不利因素。复合轻质保温吸声涂料耐水性和遮盖力好，适用于多种顶棚基层毛面施涂，其颗粒状的毛面质感，富有独特的装饰效果。

6. 氟碳涂料

氟碳涂料(KYNAR500)是由氟碳树脂(化学成分为聚偏二氟乙烯)、丙烯酸树脂(甲基丙烯酸类的热塑性丙烯酸树脂)、颜料、有机溶剂(活性溶剂、中间溶剂、助溶剂以及微量的抗沉淀剂、消泡剂、干燥剂、触变剂、杀虫剂、流平剂、抗起皮剂、表面活性剂等)构成。氟碳涂料的涂装工艺采用辊涂、喷涂或静电粉末喷涂。辊涂、喷涂最为广泛，静电粉末喷涂少量应用。

氟碳涂料所具有的优异性能：

① 抗张强度和耐冲击强度高，耐磨性、刚度和柔韧性优良。其耐磨性与其他材料的比较见表 12-11。

氟碳涂料与其他涂料耐磨性能比较 **表 12-11**

	KYNAR500 涂料	有机硅酸聚酯	搪瓷	聚氨酯	增塑溶液
耐磨系数	59	23	32	44	32

② 稳定性好，连续暴露暴晒不会氧化降解或热降解。耐环境、抗老化性能好，对大气污染造成的酸雨、废气、废液具有很强的抵抗力。

③ 具有极好的耐紫外线辐射和核辐射性能。

④ 具有优良的电性能和阻燃性能。

⑤ 耐酸、耐碱、耐腐蚀性能好，而且耐渗透性能极佳。

⑥ 漆膜硬度高，光泽美丽。

⑦ 氟碳涂料附着力极强，适用于几乎所有的金属表面涂装，如铝镀锌板、镀铝锌板、不锈钢板等。

六、粘结涂料

粘结涂料又称胶粘剂，它能将相同类型(如木材与木材、金属与金属等)或不同类型(如木材与塑料、木材与墙纸等)的材料紧密地粘结在一起。粘结涂料的应用，以防止钉子、螺栓、螺丝在材料与材料相接固定时产生位移或孔洞而影响外观质量。

1. 粘结涂料的分类

粘结涂料的种类繁多，其分类方式可按化学组分、用途、工艺特点、状态等进行分类。

(1) 按化学组分分为：无机胶粘剂、有机胶粘剂以及无机与有机复合的胶粘剂。

① 无机胶粘剂：硅酸盐、磷酸盐类、硼酸盐类、硫酸盐类等。

② 有机胶粘剂：天然橡胶(动物胶、植物胶)、合成橡胶(热固性：EP、PP、UP、PUR、UF 等；热塑性：PVAC、PVAL、PVB、PS 等)、合成橡胶(CR、SBR、NR 等)。

③ 复合胶粘剂：4115 建筑胶、水泥—107 胶、水泥—石膏—107 胶等。

(2) 按用途可分为：结构胶、非结构胶、特种胶。

① 结构胶。粘结强度好，能承受较大负荷，耐热、耐候、耐疲劳等。

② 非结构胶。粘结强度不高，不能承受较大负荷和较高温度。

③ 特种胶。能满足某种特殊要求的黏结剂，如耐高温胶、压敏胶、压变胶、导电胶、医用胶、水下胶、导磁胶等。

2. 粘结涂料的性能特点与用途

常用粘结涂料的性能特点与用途见表12-12。

粘结涂料的种类、性能特点与用途　　表12-12

名称	代号	性能特点	用途
801胶	—	含固率高，粘结性好，无毒、无味、阻燃、耐磨	用于壁纸、墙布、瓷砖和锦砖粘贴，或用于地面、内外墙涂料的基料
墙布(纸)胶	Hr-30	无毒、无味，粘结度强，耐水、耐酸碱，不霉、不起层	用于塑料、无纺布、玻璃纤维等墙纸墙布的粘贴
粉末壁纸胶	BJ 8504 BJ 8505	无毒、无味，粘结力强，干后无色斑	专用于壁纸(布)粘贴。配比分别为：水∶干粉＝10～15∶1；水∶干粉＝3～4∶1
胶粘剂	841	防火、防霉、防蛀、耐潮湿、冷冻恢复性好，涂刷和粘结性好。但不宜在寒冷气候中使用	用于壁纸(布)粘贴
白乳胶(聚酯酸乙烯粘胶)	—	常温固化、粘结度高、无分层现象，但易发霉，不宜潮湿或寒冷天气使用	用于壁纸(布)、木材、纤维板的粘结，以及涂料、水泥等作胶料
塑料壁纸胶粘剂	SG104	耐水、耐潮、环保	用于塑料在水泥砂浆、混凝土、石膏板、胶合板等基面上的粘贴
1号塑料地板胶	—	固化快，耐热、耐低温、不易燃、无毒	用于塑料地板或木地板与水泥地面的粘贴
地板胶粘剂	8123	粘结性好，耐水、不燃，无毒，无味	用于塑料地板、木地板与水泥砂浆、混凝土上地面的粘贴
胶粘剂	BA-01	粘结度好，耐水、环保	用于大理石、锦砖、玻璃砖及塑料地板的粘结
水性IO号塑料地板胶	—	快干、强度高，耐老化、耐油，环保	用于聚氯乙烯地板、木地板与水泥地面粘贴
压敏胶	801	耐热、耐潮、耐冻、耐油、耐老化。但注意通风，严禁烟火	用于石棉、塑料地板、壁纸、海绵塑膜与木板、水泥基面的粘贴
瓷砖胶粘剂	SG-8407	与水泥砂浆拌合(配合比1～2∶1)增加粘结力，提高防水性	用于瓷砖、锦砖在水泥砂浆、混凝土基面上粘贴
TAS型高强度耐水瓷砖胶粘剂	—	双组分，高强度粘结力，耐水耐候、耐各种化学物质侵蚀。水与胶粉配比为1∶3.5	用于瓷砖在混凝土、钢铁、玻璃、木材、石膏板等基面上粘贴，尤其适用于厨房、卫生间、水池等潮湿或水浸基面
瓷砖胶粘剂	JDF506	柔韧性好，强度高，适用高、低温下作业	用于各种基面上粘贴瓷砖、锦砖等
TAM型胶粘剂	—	水与粉末拌和，配合比1∶3.5，耐水性较好，使用方便	用于大理石、瓷砖等在混凝土、砂浆和石膏板等基面上粘贴

续表

名　　称	代号	性 能 特 点	用　　途
聚乙烯醇缩丁醛胶粘剂	—	粘结力好，耐潮、耐蚀、耐冲击、耐老化、透明度好	用于玻璃与玻璃的粘结，干燥时间2天
AE透明丙烯酸酯胶	AE-01 AE-02	在室温下快速固化，其透光率和折射系数与有机玻璃相近	AE-01用于有机玻璃，AE-02用于有机玻璃、无机玻璃、玻璃钢等粘结
有机玻璃胶粘剂	WH-2	耐水、耐油、耐碱、耐盐雾腐蚀	用于有机玻璃粘结
胶粘剂	KH-501	固化速度快，不需加压	用于钢、铜、铝等金属及有机玻璃等塑料的快速粘合
强力胶粘剂	KD-504A	双组分，干燥快，粘结强度高，耐水、耐油、耐酸碱、耐冲击、耐震动等，耐温(－50～150℃)	用于有机玻璃等塑料、金属、陶瓷、玻璃、皮革、织物、水泥等粘结
建筑胶粘剂	SG792	粘结强度高，耐水、耐酸碱、耐冲击	用于木线条、木门窗框、瓷砖等在混凝土、石膏板等基面上粘贴，以及粘贴石材、钢、铝金属件等
建筑轻质板胶粘剂	SG791	抗冻，粘结强度高、环保	用于石膏板、矿棉吸声板、保温板、加气混凝土板等自粘及与砌体墙、混凝土墙的粘结
胶粘剂	BE-8534	耐水、耐酸碱、耐老化、耐温(－40～80℃)，适用性广、粘结强度大	用于粘结大理石、锦砖、釉面砖、混凝土制品、塑料(PVC)，并具有特殊效果，以及粘结木材、电线槽板、玻璃、石膏板
固化胶	803	粘结力强、结晶速度快，适应面广，室温固化	适用各种软硬塑料、人造革、贴面片材、护墙板、天花板、橡胶、石棉、海绵、瓷砖、石材、金属等粘结
4115系列快干胶	—	收缩率低，快干，粘结力强．耐水、抗冻	用于钙塑板、塑铝板、泡沫顶棚等吊顶材料与各种龙骨的粘结，以及人造、天然石材和瓷砖粘结
万能胶	HY-50	粘结强度大，环保胶	用于木板、胶合板、纤维板、木屑板、大芯板、竹板等植物纤维材料的粘合，以及用于拼术地板的拼接、粘贴锦砖等
醇溶酚醛胶液	F01-19	在室温或轻微加压下固化，粘结好	用于有机玻璃、尼龙等粘结
酚醛胶液	F98-2	深棕色粘稠度，具有防腐性	作腐蚀环境中的胶粘剂使用
硝基胶液	Q98-2	胶膜干燥快、粘合能力较好	用于棉织纤维、金属材料粘结
	Q98-3	粘结力强，胶膜干燥快，耐水好	用于皮革粘结
过氯乙烯胶液	Q98-1	胶膜干燥快，粘结力强	用于织物对木材或金属材料粘结
	Q98-3	粘结力强，并具有防腐作用	用于聚氯乙烯塑料薄膜与纸张粘结

续表

名 称	代号	性能特点	用 途
缩醛烘干胶液	X98-11	烘干，有良好的胶合性、柔韧性及机械性能，耐热化，抗老化	适用在一定温度和压力下胶合金属、玻璃、陶瓷及制造层压塑料
	X98-31	有一定的耐煤油、汽油性	月于铝材与橡胶粘合
黑缩醛烘干胶液	X98-52	烘干，粘结力强，柔韧性、耐热性好，不易老化	用于粘结金属、塑料、橡胶、玻璃、陶瓷
聚氯乙烯塑料地板胶粘剂	—	无毒，无味，不燃，粘结强度大，防水性能好	用于硬质、半硬质或软质聚氯乙烯塑料，以及硬木地板在水泥地面上的粘贴
PAA 胶粘剂	—	粘结强度高，耐热(60℃)、耐寒(−15℃)性好	用于塑料地板在水泥地面和木板地面上的粘贴
水乳性胶粘剂	—	粘结强度高，耐老化，无毒	用于水泥地面上粘贴聚氯乙烯塑料地板、木质地板
环氧树脂大理石胶粘剂	AH-03	粘结强度大，耐水、耐候性好	用于大理石、花岗石、马赛克、瓷砖等与水泥基层粘贴
橡胶粘剂	CX401	固化速度快	用于金属、橡胶、玻璃、木材、水泥制品和陶瓷等的粘合，以及水泥地面上粘贴橡胶、塑料和软木地板
	XY-401	粘结性好	用于橡胶、金属、玻璃、木材等材料粘结
FM3C3 弹性胶	—	粘结强度较高，耐溶剂、耐水性好，应用广泛	用于皮革、木材、橡胶、泡沫、塑料、织物、陶瓷、地毯等材料的粘结
压敏胶	JY-201	粘结力强，并可反复使用	粘合聚氯乙烯、聚乙烯、聚丙烯、聚酯薄膜等塑料，以及对金属材料与金属材料作交叉结合

第四节 涂料的应用与技术要求

一、涂料在金属材料上的应用

1. 污物处理

涂料在金属材料上涂装时，应首先对金属表面的氧化层、锈蚀、油污、酸碱或酸碱性盐、沙尘等污物进行处理。不同的污物应采用不司的方法进行清除，见表12-13。

金属材料表面污物清除方法　　表 12-13

污物类型	对涂层影响	清除方法
锈蚀	松散的黄锈附着力差，涂装后漆膜易脱落	① 酸洗除锈，手工擦洗。无机酸：硫酸、硝酸、盐酸、磷酸等；有机酸：醋酸、枸橼酸。无机酸除锈效果好，但酸洗后要清洗干净 ② 磷化处理：浸渍磷化、喷射磷化或电化学磷化。用磷酸或锰、铁、镉的磷酸盐溶液处理金属（主要是钢铁表面），并形成“磷化膜”
矿物油、润滑脂、动、植物油脂	影响涂膜的附着力、硬度、光泽和干燥性能	① 碱液除油。更适合黑色金属（钢铁），铝及其合金的耐碱性不如钢铁，故不能用强碱除油 ② 有机溶剂除油。常用有机溶剂有汽油、甲苯、二甲苯、三氯乙烯、四氯乙烯、四氯化碳等。后三种除油能力强，不易着火，但成本高，有毒，并少量腐蚀金属。铝镁合金宜用四氯乙烯
碱和碱性盐、中性盐、酸和酸性盐	使涂层起泡，破坏底涂与金属的界面，影响涂层附着力	用水或专用溶液清洗，并干燥（自干或压缩吹干）
沙、泥土、灰尘	影响涂层外观，使湿气渗到涂膜下，破坏涂层	用专用溶液和水清洗，并干燥（自干或压缩空气吹干）
旧涂层或硬的有机涂层（塑料）	使深层的附着力和外观变差	用有机溶剂、浓碱液清洗或打磨

2. 涂装方式

涂料在金属表面涂装时可以采用气压喷涂、手工刷涂、浸涂、静电喷涂、静电粉末喷涂、电泳涂、淋涂和辊涂等方法，其中气压喷涂、手工刷涂和浸涂是较简便的方法。气压喷涂适用于大面积或批量的金属表面涂装，做工要求精细、平整度好，每道涂层要薄；手工刷涂是最简便的涂装方法，适用于钢结构架或金属构件等；浸涂主要用来涂装形状简单、面积或体积不大的金属小件，如家具结构架、脚及用于楼梯栏杆和用于其他装饰的铁花。静电喷涂、静电粉末喷涂、电泳涂漆、淋涂和辊涂因为涂装设备与工艺较为复杂，不能在施工现场实施，而只能由金属成品或金属型材（如铝合金门窗、金属家具以及金属板材、板式部件等）生产企业来完成。

二、涂料在非金属材料上的应用

1. 涂料在木质表面上的应用

(1) 木质表面污物处理。

木质表面污物与处理方法见表 12-14。

(2) 木质表面涂装

① 涂装材料

漆料：透明清漆或磁漆，如酚醛、醇酸、硝基、聚氨酯、聚酯等清漆或磁漆，其中聚氨酯清漆或磁漆性能最好。

木质表面污物与处理方法 表 12-14

污物类型	对涂层影响	清除方法
木毛	影响涂层的均匀性，打磨涂膜出现木毛断面小白点	① 用清水擦拭木质表面，干后打磨，但刨切薄木片饰面板不能打磨 ② 用透明底漆涂覆于木质表面，干后打磨，底涂必须与面涂同类型
胶、油迹	影响涂膜颜色的均匀性、附着力以及涂料的干燥速度	砂纸打磨后，用汽油擦洗，并完全挥发
树脂	影响漆膜的附着力和颜色的均匀性	用有机溶剂如松节油、汽油、甲苯、丙酮等或碱液清除后再用水擦洗
原材色斑	影响表面色彩的统一性	① 用双氧水与氨水混合液作局部漂白，并用清洁湿布擦干 ② 用氢氧化钠溶液涂在表面上，半小时后涂上双氧水，然后用水擦洗，并用弱酸溶液与氢氧化钠中和，再用水擦洗干净
染色	增加材质表面的色彩或纹理特征，使之更清晰和统一	涂饰本色，用专用着色剂(合成树脂、不同色粉的半透明颜料)或用水老粉、腻子、少量的颜料或染料做底后，再涂饰透明底漆。在涂饰工序中，用一定量的颜料、染料，达到样板所要求颜色的深浅
孔眼：虫眼、钉眼、裂缝、纹理沟槽等	影响材质表面的平整度	用腻子、水老粉、油老粉等局部嵌补，干后打磨

腻子：体质颜料、清漆或磁漆、着色颜料以及适量的水和溶剂调配。涂装清漆时，腻子的颜色要与基面颜色统一；涂装色漆时，腻子的颜色没有严格的要求，但尽量接近。

稀释剂：用于刷涂或气压喷涂时清理工具、调制漆料的浓度。

砂纸：木砂纸或水砂纸，对平整度好且有纹理的薄木片饰面板材不宜用粗砂纸打磨。涂装后，用水砂纸(400～1200 目)打磨，若表面没有抛光要求，则最后一道不要打磨。

② 工艺要求

对基面进行处理后，采用刷涂或气压喷涂，涂层不能过厚，否则产生流挂或干燥时起皱纹，涂装次数要根据漆膜厚度的要求来确定，每次刷涂或喷涂，都要待上道漆干后打磨再进行。酚醛漆和醇酸漆干燥速度较慢，可采用刷涂和气压喷涂，而硝基、聚酯、聚氨酯漆干燥速度快，多采用手工刷涂。漆膜未干时，切勿用手或其他物摸、擦、重压，否则漆膜出现印痕，影响表面效果。

2. 涂料在混凝土、水泥砂浆基面上的应用

(1) 基面处理

旧墙(顶)基面处理：

① 铲除锈斑、霉斑、粉化和脱离部分，用有机溶剂或用洗涤剂清理油脂类粘附物。

② 找平基面，对有孔洞、裂缝、凹陷处用水泥砂浆或腻子进行修补，并打磨。

③ 扇灰批墙打底，扇灰由107胶水、双飞粉或滑石粉组成。若增加硬度，可适当加入氢钙粉或白水泥；若防止墙面粉化、发霉、皮落等现象，可添加一些防霉剂。干后，打磨。

④ 使用配套的底涂，一道或两道，以使面层涂膜耐久、保色、保持光泽，不受基面碱性物侵害。

乳胶漆用量参考(5L/桶) **表 12-15**

户　型	使用面积(m^2)	用量(不含底涂)	户　型	使用面积(m^2)	用量(不含底涂)
一室一厅	40～50	3桶	三室二厅	100～120	8桶
二室一厅	60～70	5桶	四室二厅	130～140	9桶
三室一厅	80～90	6桶			

新墙(顶)基面处理：

① 已采用水泥砂浆批荡或扇灰的混凝土、砌体墙基面需自然干透，而且墙面的含水率应低于10%。

② 清除基面油脂类及附着物。

③ 用砂纸(500～800目)对已扇灰的基面打磨。

(2) 涂料与涂装方法

涂装材料：采用水溶性树脂涂料，又称水溶性乳胶漆，如水溶性丙烯酸涂料、水溶性乙烯树脂涂料。如使涂膜耐久、保色，在使用面涂前采用封固底漆(主要基料为苯乙烯-丙烯酸酯共聚物，白色，亚光)。

涂装方法：可采用刷涂、辊涂或气压喷涂。涂装的环境气温不宜低于8℃，否则影响涂膜的强度。

3. 涂料在各类隔墙、吊顶轻质板表面上的应用

(1) 材料选择

① 基面材料：纤维增强型水泥板(FC板、GRC板、UAC板、TK板)、硅钙板、石膏板等轻质板。

② 弹性嵌缝腻子：用于板面修补孔洞或嵌缝。无毒、耐水、耐碱，粘结度高，渗透性好。

③ 扇灰：由107胶、双飞粉或滑石粉组成，可适当加白水泥或氢钙粉，增加基面硬度，对轻质板面批平1～2道，干后打磨(砂纸500～800目)。若板面平整，嵌缝后可直接采用底涂。

④ 封固底涂：白色、亚光。硬干2小时，重涂时间至少2小时。使涂膜耐久、保色、保光泽，并节省面层涂料的用量。

⑤ 面层涂料：环保型乳胶漆(水溶性丙烯酸树脂涂料等)。光泽有：亮光、亚光和

半亚光。

⑥ 接缝胶带：无纺布、穿孔纸带或玻璃纤维网格胶带，宽 30mm，50～100m/卷。

(2) 工艺要求

基面处理：去除盐类或碱性物。对板缝进行嵌缝处理，如图 12-3。

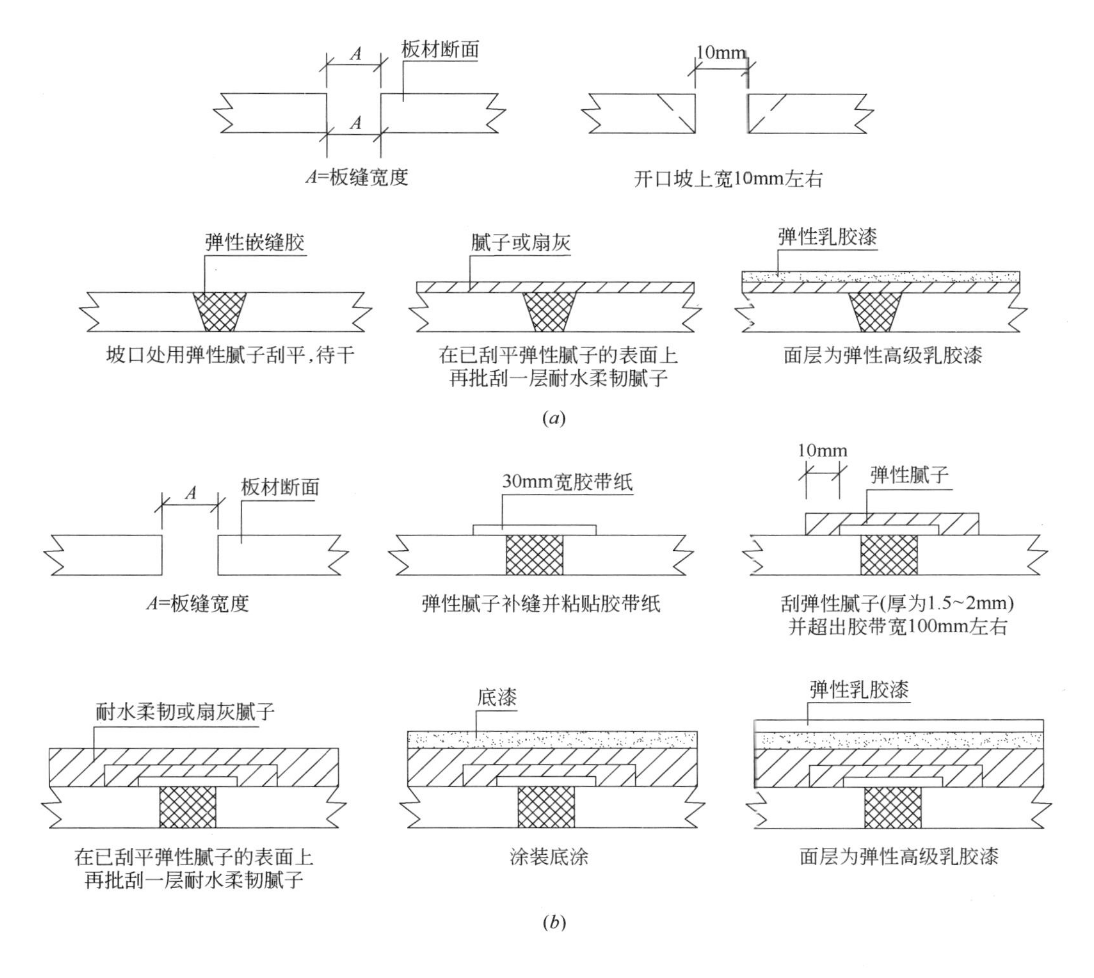

图 12-3 板缝处理

(a)一般结构板缝处理；(b)尺寸较宽的结构板缝处理

弹性腻子的干燥速度较慢，应保证干燥时间，一般为 2～3 天，也因施工地区和季节的不同存在差异。

在接缝胶带上批刮腻子时，两边各宽出 10mm 左右，厚度为 1.5～2mm。干燥后，再批刮耐水柔韧性腻子或扇灰后进行底涂与面涂，或只面涂即可。

4. 涂料在其他非金属材料基面上的应用

涂料在其他非金属材料基面上的处理与涂装，见表 12-16。

其他非金属材料基面上的表面处理与涂装　　表 12-16

材料名称	表面处理	涂料与涂装方法
混凝土、水泥砂浆	找平基面，对有孔洞、凹陷处进行修补；铲除锈斑，霉斑和脱离部分，用有机溶剂或洗涤剂清理油脂类粘附物；采用底涂，使涂膜保色、耐久等	涂料：水溶性树脂涂料，如环氧树脂涂料、丙烯酸乙烯树脂涂料，分亚光、半亚光； 涂装方法：刷涂、辊涂或气压喷涂
玻　璃	① 用丙酮等有机溶剂或去污粉擦拭油污，并用水冲洗； ② 气压喷砂(钢砂)或磨砂后，使表面形成均匀的肌理	涂料：酚醛、醇酸、聚氨酯及聚酯磁漆，主要用于彩色装饰玻璃； 涂装方法：刷涂或气压喷涂
竹制品	防虫、防霉、防裂处理：用氟化钠、苯酚、氨水和清水等混合液浸渍	涂料：透明清漆，用于地板时，采用耐磨性强的聚氨酯清漆，分有光、亚光和半亚光； 涂装方法：刷漆、喷涂、浸涂
皮　革	① 砂磨粗化：用砂纸打磨； ② 用丙酮、乙酸乙酯、氨水等混合液去油污； ③ 用防霉液作防霉处理	涂料：硝基软性清漆、聚氨酯清漆、各色硝基磁漆； 涂装方法：刷漆、喷涂
塑　料	① 砂磨粗化：用砂纸打磨； ② 对溶剂敏感型的塑料用甲醇、乙醇等脱脂； ③ 对溶剂不敏感的塑料用甲苯擦拭	涂料：聚氨酯、过氯乙烯树脂清漆，各色氯乙烯、聚氨酯磁漆，各色丙烯酸聚氨酯漆(用于ABS塑料)； 涂装方法：刷涂、喷涂
玻璃钢	① 用二甲苯加松香水的混合液擦拭后，用40～70℃热水清洗干净； ② 用环氧或醇酸腻子刮填底子，干后打磨	涂料：各色丙烯酸聚氨酯磁漆、各色聚氨酯半光磁漆； 涂装方法：刷涂、喷涂、浸涂
橡　胶	① 天然橡胶：浓硫酸浸洗与冷、热水清洗； ② 硅橡胶：打磨、溶剂脱脂； ③ 氯丁与丁腈橡胶：打磨、丙酮或汽油脱脂、浓硫酸浸泡、冷热水清洗； ④ 乙丙橡胶：打磨、丙酮脱脂	涂料：清漆和各色磁漆； 涂装方法：刷涂、喷涂、浸涂
纤维板	用腻子打底或封孔，打磨	涂料：清漆、各色磁漆或水溶性树脂漆； 涂装方法：刷涂、辊涂或气压喷涂

第十三章　复　合　材　料

复合材料是指把两种或两种以上的材料，合理地进行复合而制得的一种具有综合性能的材料。复合材料是通过不同质的组成、不同相的结构、不同含量及不同方式进行复合，既保持原组成材料各自的主要特性，又可通过复合效应使各组分材料的性能相互补充，从而获得原单一材料不具备的许多优良性能。

第一节　复合材料的分类

复合材料的分类方法很多，如按增强材料的形态、增强纤维的种类、复合过程的性质(化学、物理和自然复合)、基体材料、功能作用以及加工方法等进行分类。

一、按增强材料的形态分类

1. 纤维状复合材料。增强材料为长纤维、短纤维或晶须状纤维分散在基体之中的复合材料。

2. 织物状复合材料。增强材料为无纺布或织物与基体复合。

3. 无纺材料(如纸、毡、无纺布)复合材料。增强材料为毡类、纸类、无纺布类与基体复合。

二、按增强纤维的种类分类

1. 无机纤维(玻璃纤维、碳纤维、陶瓷纤维、矿物纤维等)复合材料，如玻璃钢等。

2. 有机纤维(聚酰胺纤维、聚酯纤维等)复合材料。

3. 金属纤维(金、银、铜、铝、不锈钢等)复合材料，如金属纤维丝与天然或人造纤维混合织物。

4. 陶瓷纤维复合材料。

三、按基体材料分类

1. 聚合物基复合材料，是以热固性树脂、热塑性树脂及橡胶等有机聚合物为基体的复合材料，如化纤织物与橡胶复合的地毯、塑料壁布等。

2. 金属基复合材料，是以金属为基体制成的复合材料，如氟碳涂层不锈钢板(或铝板)、塑铝板和塑铝管等。

3. 陶瓷基复合材料，是以陶瓷材料(包括玻璃和水泥)为基体的复合材料，如热反射玻璃、夹层玻璃、水泥聚苯乙烯复合板(NB)、UAC 复合轻质板等。

四、按材料的作用分类

1. 结构复合材料，用于制造受力构件的复合材料。

2. 功能复合材料，是具有各种独特性能如防火、耐磨、抗静电、防水等的复合材料。

3. 纳米复合材料，具有传统材料不具备的特异的光、电、磁、热、声、力、化学和生物学性能，如超硬、高强、高韧、自洁、抗静电等。纳米复合材料包括三种类型，第一种是0—0复合，即不同成分、不同相或不同种类的纳米粒子复合而成的固体，这种复合体的纳米粒子可以是金属与金属、金属与陶瓷、金属与高分子、陶瓷与陶瓷、陶瓷与高分子等构成的纳米复合体；第二种是0—3复合，即把纳米粒子分散到常规的三维固体中，如把金属纳米粒子弥散到另一种金属或合金中，或者放入普通的陶瓷材料或高分子材料中，以及纳米陶瓷粒子放入到普通的金属、高分子及陶瓷中构成纳米复合材料；第三种是0—2复合，即把纳米粒子分散到二维的薄膜材料中，而纳米粒子的粒径大小、掺入的粒子的体积百分数和纳米微粒在基体膜中的分布是0—2复合材料中最主要的参数。

五、按加工方法分类

1. 织物型复合材料，如金、银(或其他金属)纤维丝与天然或化学纤维混纺的织物，天然纤维与化纤混纺的织物等。

2. 层压型复合材料，如塑料贴面板、塑铝板、强化木质复合地板等。

3. 挤出型复合材料，如共聚聚酯板。

4. 混合型复合材料。

5. 拉拔型复合材料。

第二节　常用复合材料与应用

一、塑铝复合板

塑铝复合板是以优质工业纯薄铝作底面板，中间基材为高聚塑料PVC(聚氯乙烯)和PE(聚乙烯)经特殊工艺复合而成。塑铝板又分单面和双面板，单面板只有一面是薄铝，双面板的两面都是薄铝。铝板表面覆有聚偏二氟乙烯抗紫外线、耐老化涂层，未使用前表面贴有薄塑料保护膜。

塑铝复合板是一种理想的轻质高档材料，板面平整度高。既有金属材料优异的硬度和强度，又有高聚塑料的韧性。抵御水、气、光侵蚀能力强，长期使用不变形、不变色、不剥离，历久常新，隔声、隔热、耐撞击和高度的防火性能，易于清洗保养，施工安全，安装简便，如可用强力胶直接粘贴，亦可钉、铆、螺丝紧固或嵌接安装。

塑铝复合板表面色泽柔美，金属质感富有时代特点。其表面还可以仿天然大理石、花岗石纹理，或通过表面颜料处理后，生产出各种彩色铝板，以增加装饰效果。从板面光亮度可分为亮面、半亚光面和亚光面(雾面)。塑铝板可用于室内墙面、间隔、室外幕墙、广告招牌、家具贴面，以及顶棚饰面等。塑铝复合板的性能指标见表13-1。

塑铝复合板的性能指标 表 13-1

名　　称	单位	性能指标	名　　称	单位	性能指标
拉伸强度	MPa	37～40	线性热膨胀系数	$℃^{-1}$	3.49×10^{-5}
拉伸断裂伸长率	%	20	热变形温度	℃	>190
弯曲强度	MPa	80～86.6	耐磨性	mg	16
剥离强度	N/m	9.34×10^{3}	附着力	%	100
耐风压性	kPa	5.0(一级品为3.5)			

二、蜂窝芯铝合金复合板

蜂窝芯铝合金复合板内外表层为光铝合金薄板或氟碳涂层铝合金薄板，铝板厚为0.8～1.2mm及1.2～1.8mm(两面)，中心层采用铝箔、玻璃布或纤维纸制成的蜂窝结构，总厚度为10～25mm。氟碳聚合物涂层是以聚偏二氟乙烯树脂与金属微粒为色料制成的，根据设计效果和要求，颜色可任意选用。

蜂窝芯铝合金复合板根据使用功能和审美要求可分为：

1. 面板为喷涂氟碳涂料，底板为光铝板的蜂巢结构复合板。
2. 面板为不喷漆光铝板，底板为光铝板的蜂巢结构复合板。
3. 面板为不锈钢，底板为光铝板的蜂巢结构复合铝板。
4. 面板为内辊涂氟碳树脂涂料，底板为光铝板的蜂巢结构复合板。

蜂窝芯铝合金复合板用于室内墙面和柱面饰面板、顶棚、室外幕墙板等。但这种板太厚，成本较高，质量大，加工成型较困难。

三、氟碳喷涂单层铝板

氟碳喷涂单层铝板是以优质金属铝板为基材，表面采用静电高速旋转自动化进行氟碳树脂涂料喷涂，并经过250℃的高温烘烤而成。生产中采用先进的自动生产线和质量检测全过程由电脑自动控制，确保喷涂质量完美。

氟碳喷涂单层铝板质量轻、刚性好、强度高、耐候性和耐腐蚀性极佳，加工性能优良，可加工成凹凸变化的立体平面、弧面等多种复杂的造型，易于清洁保养，施工安全、方便、快捷。它能长期抵御紫外线、风、雨、工业废气、酸雨及化学药品的侵蚀，涂层的附着力强、韧性高、耐冲击。可用于室内墙面、柱面、顶棚(微孔板具有良好的吸声效果)、隔断、电梯门套、家具面板、室内广告和指示牌、展台及室外幕墙。常用铝板厚有2mm、2.5mm、3mm。

氟碳聚合物涂料也可涂覆于其他金属如锌钢和铝钢材料表面上。

1. 氟碳聚合物单层铝板的安装技术要求

材料：氟碳聚合物单层铝板，由生产厂家提供定型板，定型铝板的断面设计要便于安装(图13-1)，并确保立面造型效果等。也可以按规格要求加工成平面板，采用结构胶粘贴法，或加工成扣板与轻钢龙骨组成吊顶或墙面体系。

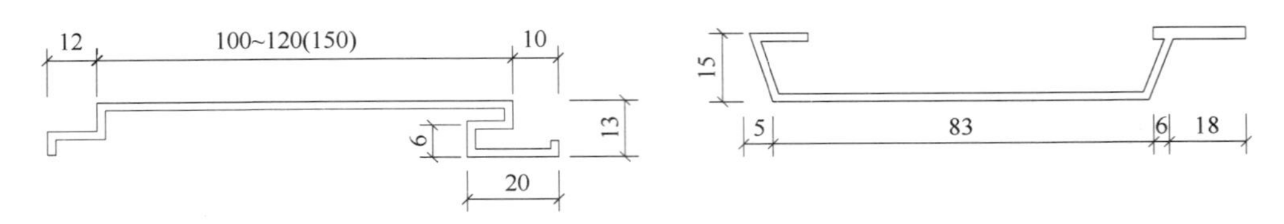

图 13-1 铝扣板条断面造型(单位：mm)

金属附件：连接件、铁钉或木螺钉、镀锌自攻螺钉、不锈钢螺钉或螺栓等。

骨架：用于室内墙面或顶棚时，采用轻钢龙骨架或木龙骨架(防火处理)；用于结构幕墙时，骨架采用铝合金型材或型钢，如角钢、槽钢、V 形轻金属墙筋等构成，并作防锈处理。采用粘贴法时，木龙骨与胶合板构成基面。

密封条或密封胶：氯丁橡胶条或聚氯乙烯泡沫条、耐候密封结构胶等弹性材料。

2. 安装与技术要求

① 骨架为角钢或槽钢时，采用焊接构成，并作防锈处理。骨架与基面采用膨胀螺栓连接。

② 扣板条或平面板固定时，不能外露螺钉或胶料(图 13-2)，螺钉最好采用不锈钢平头螺钉。扣板条间形成的 6mm 自然缝或平面板粘贴时预留缝(一般为 3～5mm)，或根据远近距离确定缝宽，从而丰富平面造型，得到良好的视觉效果(图 13-3)。

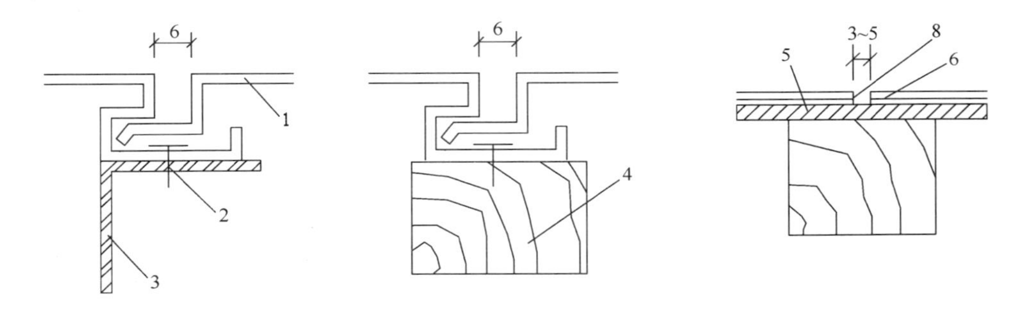

图 13-2 扣板条与平面板固定节点(单位：mm)

1—条形扣板；2—螺钉固定；3—25×25 角钢；4—木方 3×4；
5—胶合板(9 厘板或 12 厘板)；6—平面铝板；7—粘胶层；8—留缝或嵌缝

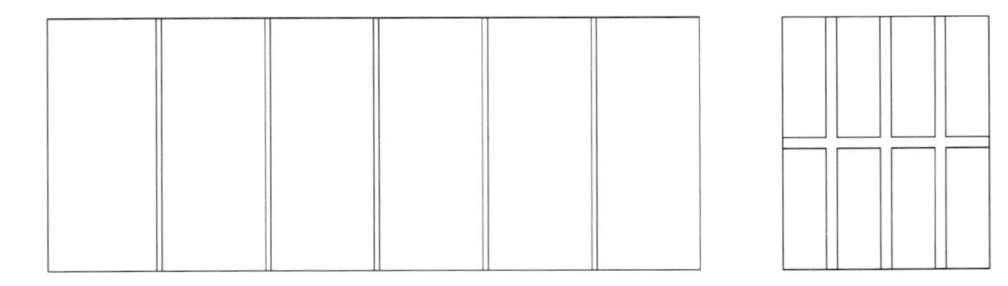

图 13-3 单层铝板平面图

③ 骨架为铝合金方形框材，与压型铝板(折边加工)的构造如图 13-4、图 13-5。

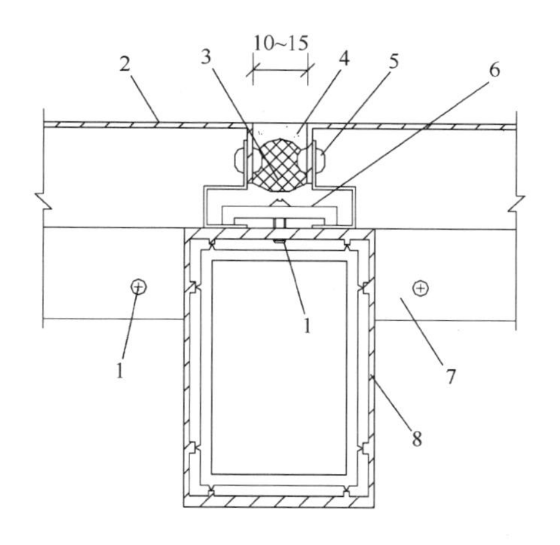

图 13-4 竖向构造节点图

1—不锈钢螺母；2—单层铝板；3—聚乙烯泡沫条；4—耐候密封胶；5—固定角铝；6—压条；7—铝合金横框；8—铝合金竖框

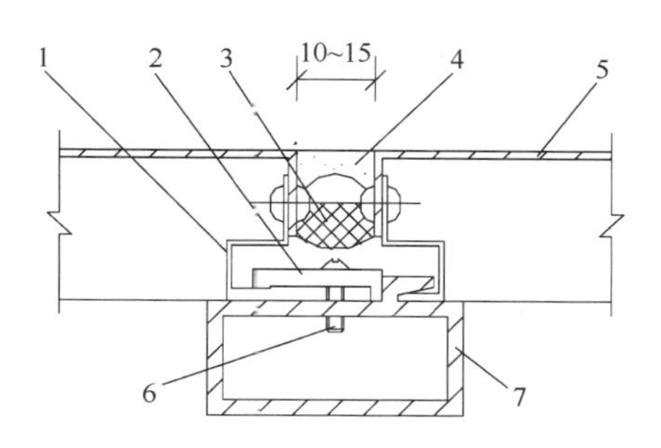

图 13-5 横向构造节点图

1—固定角铝；2—压条：3—聚乙烯泡沫条；4—耐候密封胶；5—铝板；6—不锈钢螺钉；7—铝合金横框

四、塑钢复合板

塑钢复合板是采用层压复合法或涂布法将 PVC 与钢板复合，即 PVC 钢板。按复合材料和工艺可分为：涂装钢板、PVC 钢板、隔热塑料钢板、氟塑料钢板等。

五、UAC 轻质复合墙板

UAC 轻质复合墙板又称水泥聚苯乙烯复合板，采用 UAC 高强纤维水泥面板及阻燃型聚苯乙烯发泡颗粒、水泥、砂浆浇注而成。具有轻质(与普通砖比，可减轻 70%左右)、坚固耐用，隔声、隔热保温效果好，强度高，弹性好，抗冲击，防水、防火、防虫蛀，挂重力强，可任意切割，安装方便等优良性能。由于表面有特殊处理的各种立体花纹、图案和肌理，因此，可直接通过连接方式组成独特的壁面和顶面。连接方式有：有缝连接、V 形缝连接、铝材连接和装饰木条连接，如图 13-6。UAC 轻质复合板可用于家居、写字楼、宾馆、娱乐场所、公园、学校、厂房等。

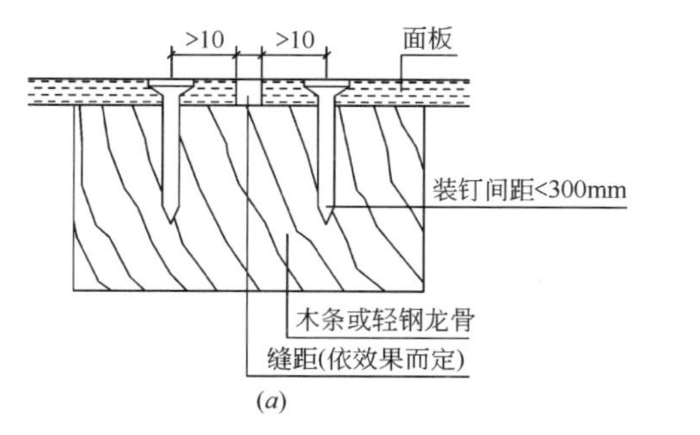

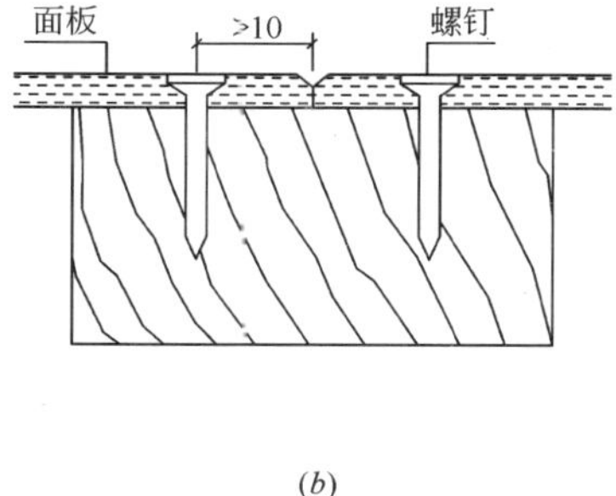

图 13-6 板与板的连接方式(一)

(a)有缝连接；(b)V 形缝连接

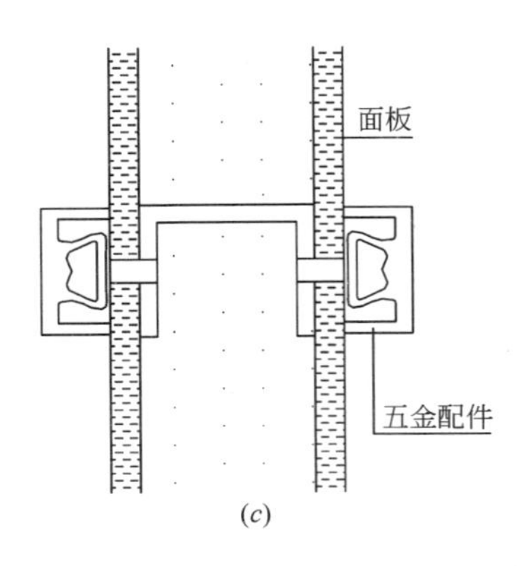

(c)

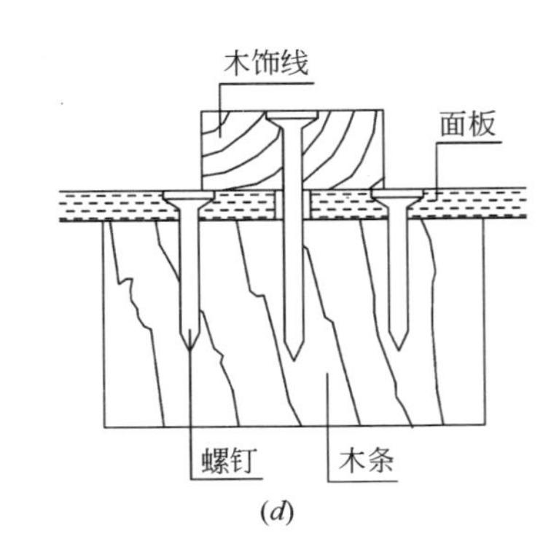

(d)

图 13-6　板与板的连接方式(二)
(c)铝材连接；(d)装饰木条连接

六、防静电活动复合地板

防静电活动复合地板采用优质阻燃刨花板或全钢空心板为基材，面层为防静电板复合而成。适用于各类计算机房、程控机房以及诸多综合性控制机房。具有承载强度大、导电性能佳，耐磨、耐冲击、防腐蚀、阻燃、抗震等优良性能。安装简易，维修方便，互换性好，机房功能调整灵活，电源、信息源出口可任意安排。

1. 防静电活动地板的种类与规格

防静电活动地板的种类与规格见表 13-2。

防静电活动地板的种类与规格　　表 13-2

地板种类	构成与特点	规格(mm)	
		板面	支架
防静电全钢填充发泡型水泥刨花板	发泡型水泥刨花板为基材，四周为合金钢，表面为防静电层	400×600；500×500；600×600；750×750；厚 30～45	50～1800（由顶支座、钢基座、钢支柱、调节螺母组成）
防静电铝合金发泡型水泥刨花板	水泥刨花板为基材，四周为铝合金包边嵌条，上下面层为防静电层铝板		
防静电复合木板	铝框双包板或镀锌全包板，表面为防静电层		
防静电全钢空心板	可冲切圆形或条形出风孔，适应下送风机房，净化环境，表面为防静电层		
各类防静电孔型通板	表面为排列的圆形孔		

2. 防静电活动地板构成系统

防静电活动地板系统由防静电活动板、平衡加固钢筋和支座组成(图 13-7)。这些构件以混凝土地面为基面共同形成架高空间，便于安装各种复杂管线(电源线、电话线、网络线)、机械设备的设置和通风。

七、木质复合地板

木质复合地板采用抗潮中、高密度纤维板或刨花板为基材，表层为特种耐磨塑料

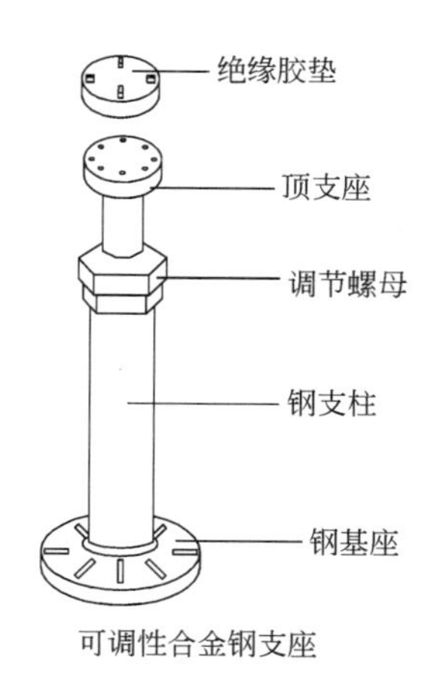

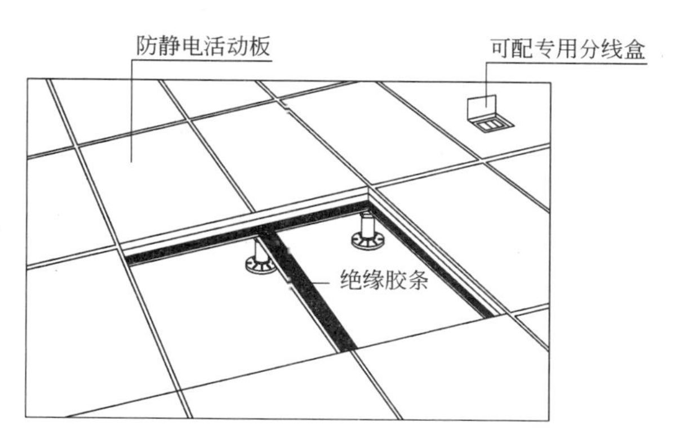

板与支座之间应有绝缘处理，地板配有双面出线口板与单面出线口板，以满足智能化楼宇配线复杂、出线接口繁多的要求。

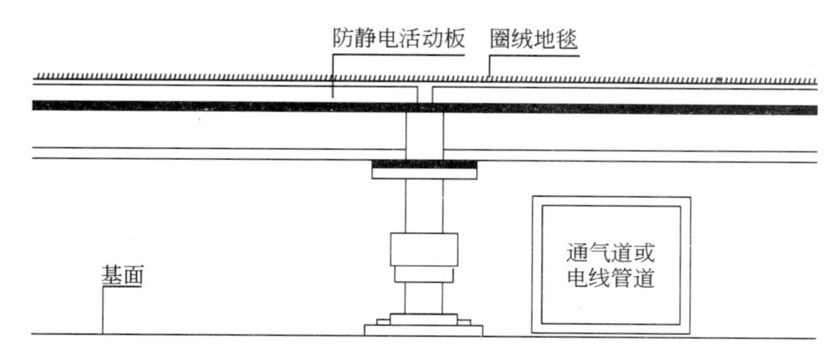

在防静电活动地板上可铺设地毯、PVC地板等，但铺设的地毯应是具有防静电作用的圈绒地毯；
对特殊环境板面距地面较高时，应设置耐震支架和联网斜撑抗震支架；
对有接地要求的机房配有接地网、接地支架。

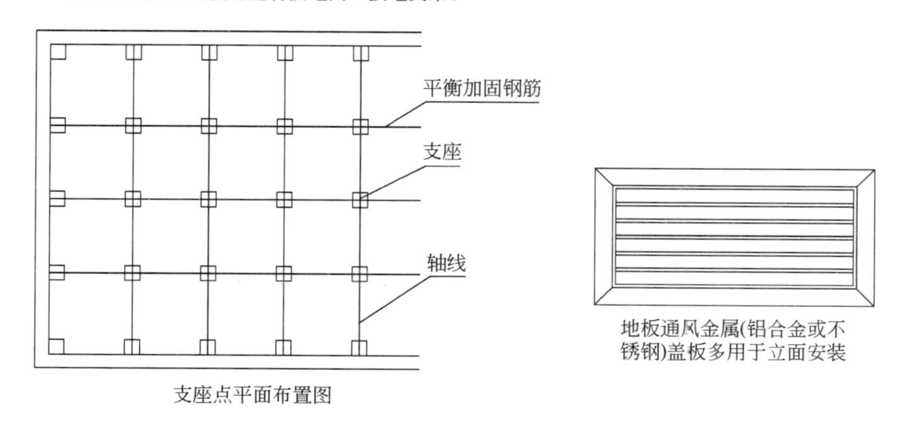

图 13-7 防静电活动地板构成系统

层，表面为结晶三氧化二铝特殊耐磨材料，并通过特种环保胶复合而成。它具有许多优良的性能特征，如板面木纹如真，且坚硬、耐磨、耐压；色彩种类多；防潮、防腐、防蛀、抗静电；富有弹性，脚感舒适；耐晒、耐烫；尺寸稳定、不变形，适应各种气候变化；无毒、无味，使用安全、环保(参考47页)。

八、其他复合材料

复合材料是通过不同材料质的组成、不同相的结构、不同含量及不同方式复合而制得的一种具有综合性能的材料，其种类繁多，如复合型人造大理石(参考181页)、GRC轻质复合墙板(参考106页)、硅酸钙复合墙板(参考107页)、复合陶瓷、复合纸基墙纸等。

第十四章 纳 米 材 料

随着现代科学技术的发展和人民生活水平的提高，对高效性能材料的需求也越来越高，纳米材料为发展高效性能新材料和对现有材料的性能进行改善提供了一个新的途径。纳米材料包含丰富的科学内涵，也给人们提供了广阔的创新空间。纳米技术在室内设计中的应用尽管刚刚开始，却已显示出它独特的魅力和广阔的应用前景。纳米材料具有超硬、高强、高韧、超塑性和电学性能、热学性能和光学性能优异等特点，保温节能，是净化室内外环境的绿色生态环境材料。

第一节 纳米材料的分类

纳米是一种长度单位，1 纳米等于十亿分之一米。纳米材料是指晶粒尺寸为纳米级的超细材料。它的微粒尺寸处于 1～100nm(纳米)的尺度范围内，其各种性能依纳米颗粒尺寸的不同而变化。

纳米材料可从结构、化学组分、应用等进行分类。

一、按结构分类

按结构可分为：具有原子簇和原子束结构的称为零维纳米材料，具有纤维结构的称为一维纳米材料(纳米丝)，具有层状结构的称为二维纳米材料(纳米薄膜)，在三维空间可以堆积成的纳米块体，以及以上各种形式的称为纳米复合材料。

二、按化学组成分类

按化学组分可分为：纳米金属、纳米晶体、纳米陶瓷、纳米玻璃、纳米高分子(塑料)、纳米复合材料等。

三、按应用范围分类

按应用范围可分为：纳米电子材料、纳米生物医用材料、纳米光电子材料、纳米储能材料、纳米建筑材料等。

第二节 纳米材料的性能与应用

由于纳米材料的特殊结构，使它产生出小尺寸效应、表面效应、量子尺寸效应等，从而具有传统材料不具备的特异的光、电、磁、热、声、力、化学和生物学性能。

一、高力学性能

高力学性能是指纳米材料比传统材料所具有的强度、硬度、韧性以及其他综合力学性能更好、更优越的性能。用纳米级微粒制成的金属或合金材料，其强度比普通金属材料提高 2～4 倍。普通的陶瓷具有高抗压强度、耐蚀、耐热、绝缘性好等特性，但易脆且需要高温烧制。若将纳米陶瓷粉体材料，如氧化铝、氧化钛、碳化硅、氧化硅、氮化硅等添加到普通的陶瓷中，其脆性可大大降低，而韧性可提高几倍甚至几十倍，热导系数可提高 20%，光洁度也大大地提高。有些纳米材料还具有能量转换、信息传递功能等。纳米涂料涂覆在金属上可增加其抗弯曲和抗冲击强度，涂覆在玻璃上，可以抗压、抗震、抗冲击。

1. 纳米塑料

纳米 SiO_2 粒子因其透光、粒度小，将其添加到塑料中，可使塑料致密，从而大大地提高塑料的耐磨强度、韧性、防水性以及透明度等。因此，可用作防水塑料薄膜、地板材料，以及替代普通透明玻璃在门、窗、幕墙、栏杆栏板上应用。

2. 纳米涂料

在各类涂料中添加纳米 SiO_2 可提高涂层的抗老化性能、光洁度，又因其颗粒极微小、比表面积大，在涂料干燥时很快形成网络结构，从而成倍地增加涂层的强度、韧性和硬度。在碳钢上涂装(磁控溅射法)纳米复合涂层($MoSi_2/SiC$)，涂层硬度可达 20.8GPa，比碳钢提高了几十倍，而且具有良好的抗氧化、耐高温性能。

3. 纳米胶粘剂和密封胶

将纳米 SiO_2 作为添加剂加入到胶粘剂和密封胶中，使其固化速度加快，粘结力增强，密封性也大大提高。

纳米 Al_2O_3、纳米 TiO_2、纳米 SiO_2 和纳米 Fe_2O_3 的复合粉粒添加到织物纤维中，对人体红外线有强吸收作用，以增加保暖作用，减轻织物的质量。在化纤织物或地毯中加人金属纳米微粒，使静电效应大大降低，并除味杀菌。

纳米氧化锑可以作为阻燃剂加入到天然或化纤织物、塑料等易燃的材料中，以提高阻燃防火性能。

纳米 Al_2O_3 微粒加入到橡胶中可提高橡胶的介电性和耐磨性，将其加入到普通玻璃中，可以改善玻璃的脆性。

二、热学性能

纳米微粒的熔点、烧结温度和晶化温度比普通粉体低得多，在较低的温度下烧结就能达到致密化的目的。如纳米陶瓷材料的烧结温度比普通陶瓷材料的烧结温度低 100～400℃。

三、光学性能

由于纳米材料的小尺寸效应，使它具有普通大块材料不具备的光学性能，如光吸收、光反射和光传输过程的能量损耗等。普通金属材料由于对可见光范围各种颜色(波长)的反射和吸收能力不同，而具有不同颜色的光泽。纳米金属对可见光低反射率、强吸收率，如铂金纳米粒子的反射率为 1%，金纳米粒子的反射率小于 10%，因此，纳米金属或氧化物（ZnO、Fe_2O_3、TiO_2 等）可用于热反射玻璃和吸热玻璃，吸热、抗紫外线而又不影响透视。

纳米 Al_2O_3 粉体掺和到稀土荧光粉中，不仅可以提高日光灯的使用寿命，而且在不影响荧光粉发光效率的情况下，吸收对人体有害的紫外线。

纳米 SiO_2 和纳米 TiO_2 微粒的膜用于灯泡罩的内壁，不但透光率好，而且有很强的红外线反射能力，与传统的卤素灯相比可节约 15%的电。

另外，纳米材料的发光强度和效率尽管尚未达到使用水平，但为未来室内照明提供了一个新的发展思路。

四、光催化功能

光催化功能是纳米材料独特性能之一。纳米材料在光的照射下，通过把光能转变成化学能，催化降解有机物的活性。如含有 TiO_2 纳米膜层的“自洁玻璃”，用于窗或幕墙材料时，可分解空气中的污染物而达到“自洁”的目的；TiO_2 纳米粒子用于医院等公共场所的壁面涂料或地板可以自动灭菌。

第三篇 软 质 材 料

人类从新石器时代披挂树叶、兽皮，到利用植物制作网衣；从撕扯、搓捻葛、麻纤维简陋地编织衣物，到利用棉、毛、丝和化学纤维纺织斑斓多彩的织物；从简单的手工编织方式，到手工半机械和纺织机的织造，人类在不断的生产和实践中，推动了软质材料生产技术的发展，实现了软质材料在实际应用中所产生的价值。

软质材料最早应用于室内设计，是利用屏风、帷帐、帘幕灵活地分隔空间，改变空间层次。现代科学技术促进了软质材料的发展，软质材料的种类越来越多，有以天然纤维为原料的软质材料，也有以合成纤维为原料的软质材料，或天然纤维与化学纤维混合为原料的软质材料。软质材料的性能也不断地得到改善和提高，如耐磨性、安全性、环保性及防腐、防潮等性能。其表现的范围和作用也不断地扩大，广泛应用于墙面软包、沙发、地面地毯、门窗帘、床上用品、壁挂及室内的各种装饰物，以达到吸声、隔声、遮光、保暖、节能等实用性的功能作用。

在室内设计中，如果单以木材、玻璃、金属、陶瓷、石材等硬质材料进行表现，往往会让人感到生硬和冷漠，而软质材料具有柔化空间的作用，使室内空间环境变得柔和、亲切和温暖。软质材料所具有的丰富的色彩、优美的图案造型以及独特的生产工艺和材质特征，如抽象与具象、平织与环织、粗糙与光滑、有光与无光、柔软与硬挺等，增强了室内环境的艺术感染力，赋予室内设计更多更新的内涵。在与硬质材料相互结合的表现中，共同形成一个对比与和谐的空间环境。

现代室内设计更重视对室内生态环境的设计，无论是居住室内空间，还是公共室内空间，天然软质材料的表现越来越发挥其重要的作用。天然软质材料的质地、纹理、色泽和环保性，不仅为室内环境增添意趣，让人们重新体验大自然的美好，而且为室内空间营造安全、轻松、纯朴、高雅、有品位的风格，成为室内与室外空间和情感的连接物。

第十五章 软质材料的分类与名词术语

第一节 软质材料的分类

室内设计软质材料的种类很多，由于其构成成分、生产工艺、性能和表现范围等不同，因而其分类的方式也不一样。

一、按软质材料的材质分类

按软质材料的材质分为：天然软质材料和化纤软质材料。

1. 天然软质材料：如棉、麻、丝、毛、草、藤及动物皮革等。

2. 化纤软质材料：如人造丝、人造毛，以及涤纶、锦纶、腈纶、维纶、丙纶、氯纶等。

二、按软质材料的加工方式分类

按软质材料的加工方式分为：机织品、手工织品、无纺材料，以及复合软质材料。

1. 机织品

机织品是用纺织机经过一定的程序织造出来的具有柔软质感的材料。如天然纤维(棉、麻、毛、丝)织物和化纤(人造丝、合成纤维)织物。

2. 手工织品

手工织品是采用手工编制而成的织物。如采用麦秆、藤皮、竹子皮、灯芯草等织成的草席、凉席、门帘、地毯、坐垫和装饰品，以及各种民间刺绣、织锦、蜡染、扎染、拔染等。

3. 无纺材料

无纺材料是以天然纤维或合成纤维为原料，经过无纺成型的软材料。如塑料地板、塑料、墙纸、橡胶地板、合成革等。

4. 复合软质材料

复合软质材料是将两种或两种以上的不同软质材料，通过一定的加工方式复合在一起。如复合地毯、复合墙纸等。

人造革是将聚氯乙烯树脂涂刷在针织或机织物底布上，并经一定的工艺加工而成。

三、按软质材料的表现范围分类

按软质材料在室内环境设计中的应用范围分为：墙面软质材料(纺织面料、墙纸、皮革)、地面软质材料(地毯、地板革)、顶棚软质材料(纺织面料与墙纸)、窗帘布、床上用品、家具面料(纺织面料与皮革)、装饰壁挂等。

四、按软质材料的表现功能分类

按软质材料的表现功能分为：实用性软质材料和装饰性软质材料。

1. 实用性软质材料

实用性软质材料又称功能性软质材料，是指软质材料在室内设计中具有一定的实际使用价值的同时，又具有一定的审美价值。如墙面墙纸和软包材料既具有吸声、隔声功能，又使人有亲切和温暖感；窗帘布除了具有一定的吸声作用和遮挡光线、保持私密性，而且使光照变得柔和，室内充满温情感；地面地毯不仅具有吸声、减震的作用，还具有柔软舒适的脚感。

2. 装饰性软质材料

装饰性软质材料是指软质材料在室内环境的表现中以观赏性为主要功能，如挂毯、软雕塑、特种装饰墙纸及装饰布幔等，以其独特的色彩效果和独具风格的图案造型，使室内空间环境增加艺术感，让人获得美的享受。

第二节　软质材料的名词术语

【纤维】是指具有一定的长度和细度比(长度比直径大千倍以上)，并且具有一定的柔韧性、弹性和抗拉伸能力的纤细物质。

【天然纤维】如：植物纤维——棉纤维、麻纤维；动物纤维——毛纤维、丝纤维。

【合成纤维】合成纤维分类见表 15-1。

合成纤维分类　表 15-1

国内名称	化学名称	国外名称
涤纶纤维	聚酯纤维	达克纶、特丽纶、拉夫桑
锦纶纤维	聚酰胺纤维	尼龙、卡普纶、阿米纶
腈纶纤维	聚丙烯腈纤维	奥纶、特拉纶
维纶纤维	聚乙烯醇缩甲醛纤维	维尼纶、维纳纶
丙纶纤维	聚丙烯纤维	帕纶
氯纶纤维	聚氯乙烯纤维	天美纶、罗维尔

【异形纤维】异形纤维是指纤维的横截面呈三角形、三叶形、多边形、扁平形、中空形、H 形、T 形、V 形等形状的纤维，改善和提高了织物的性能，如光泽、平整、耐磨、吸湿、透气、染色等。

【纤维的含量】指织物中所含纱线的组分(如：80%的涤纶和 20%的羊毛)。

【纱线】纱线是由纤维纺成具有一定强度和细度，并可加工成任意长短的材料，是组成面料的基本单位。

【纱】一般用细度来度量。可用平纹或编织法编织。

【线】是由两根或两根以上的纱合成并捻成的股线。股线的粗细是由纱的合并根数决定，如二股线、三股线。

【经线】在织物的长度方向延伸的(纱)线。经纱的捻度较大，强力较好。

【纬线】在织物的宽度方向上的(纱)线。纬纱的捻度比经纱小，强力也略低。

【纺织品】是由经纬纱线通过织机按一定的规律交织而成。

【组织点】经纱或纬纱交织的地方。

【平纹组织】平纹组织是由经纬纱各一根，上下交叉而织成，正反有着同样的结构外形。平纹织物面料结构紧密，布面平整，具有稳定感，手感硬挺，耐磨性、透气性较好。但弹性、光泽度较差。

平纹组织是织物组织中最简单、最基本的结构，广泛用于各种织物。

【斜纹组织】斜纹组织指组织点成连续的倾斜纹路，纹理明显。

斜纹组织又可分为单面斜纹和双面斜纹。单面斜纹：正面为斜纹，纹理清晰，反面为平纹，纹理模糊；双面斜纹：正反面纹路相反，且纹理明显。

斜纹织物比平纹织物光亮柔软，花纹多变，生动、活泼，手感好。但耐磨性、透气性略差。

【变化组织】由平纹、斜纹、缎纹这三个基本结构衍生而成的结构组织，如双经结构、蜂巢结构、雏形结构、点子结构、提花结构等。

【针织品】是由一根或若干根纱线连续地沿着纬向或经向编成线圈，并把线圈相互套结织成。

【经编针织物】是指各根经纱按经向互相串套而形成的织物。

【纬编针织物】是指一根或若干根纱线同时沿着织物的横向顺序形成线圈，在织物的纵向相互串套联结而成的织物。

【套织法】用几根经线编织而成的双层提花织物，其图案和花色由经纬线共同组成。

【环织法】用几股绞合在一起或不平的带环状表面的毛丝线，平纹编织，使布面产生粗糙的肌理感觉。

【蜡染布】蜡染布是利用“蜡防染技术”，在布料上染出各种花纹或图案的布。蜡染布是在坯布(棉、毛、丝、绸或混纺面料)上，经过涂蜡、染色、脱蜡三个步骤后，使布面出现蛛网纹、龟纹或图案，从而产生独特的自然美感。

【玻璃纤维】纤维和线由玻璃制成，因具有良好的防水性能，将其织进可弯曲的布料中。

【织物手感】是指用手触摸到织物的感觉在心理上产生的反应。如织物的挺括和松弛，织物表面的粗糙与光滑，织物的坚硬与柔软，织物的厚与薄，以及织物的冷暖感觉。

【棉布】由棉纤维织成的面料。棉织物多采用平纹组织。

【麻纱】是通过纺织工艺处理使棉织品具有麻织品的粗犷风格。

【真丝织品】真丝织品是以桑蚕丝为原料的织物，其表面光泽柔和，温润含蓄，富有弹性。

【人造丝织品】是指以有光粘胶丝为原料的织物，其表面颜色五光十色，色彩丰富，光泽莹亮。但易皱，遇湿牢度降低。

【泡泡纱】由一些毛边经线和其他紧边线编织而成的带波状条纹凸凹不平的轻质棉织品。布面富有立体感，图案丰富，透气凉爽，其价格比化学纤维织成的布料要贵。

【绒布】棉布经过拉绒处理后，表面出现一层丰润的绒毛。绒布又分单面绒和双面绒。

【天鹅绒】是一种密织的绒面织物，可用各种纤维如蚕丝、棉、人造丝、涤纶、尼龙等制成。常用作沙发、墙面等软包面料，吸声效果好。

【灯芯绒】采用一组经纱和二组纬纱交织而成的布料。布面呈现粗、细条状的绒毛，具有立体感和方向性。分印花、提花、色织、素色等品种，吸声效果好。

【丝光绒】是由三组经纱、二组纬纱织成的双层布。绒面光泽耀眼，绒毛平坦均匀地分布在布面上，起绒的纱经过丝光处理。

【平绒】绒面布未经丝光处理的称为平绒。

【金丝绒】经单层织机或双层织机纺织而成，并经过割绒、刷毛处理。金丝绒是平纹双层组织，质地滑润、柔软，且富有弹性，布色种类丰富。绒毛较丝光绒、平绒略长，且稍有顺向倾斜，因此使用时要注意光照的方向性。常用于歌舞厅、剧院、演播厅的窗帘、沙发面料等，具有良好的吸声功能。

【极薄型织物】这类织物通常采用合成纤维、棉、丝或羊毛制成。如珠纱罗、网眼纱、薄纱罗、尼龙绸、玻璃纱等，适用于窗帘内层窗纱。

【轻质织物】轻质织物通常是棉、羊毛、丝或合成纤维等制成。如各色细平布，毛、棉薄织物及罗缎、亚麻布、云纹绸等，常用于窗帘、墙布、家具面料等。

【无纺布】无纺布称非织造布，即不经过纺纱、机织所制成的布。是采用天然纤维、化学纤维以及各种短纤维为原料，经过成网机制成均匀一致的纤维网，再经粘合法、针刺法、编缝法、纺粘法、超声波熔融技术、热融法等方法加固制成。

【织物组织】是指纺织品在纺织过程中，经纬纱线按一定规律地相互沉浮，使织物表面形成一定的纹路和花纹。织物组织的种类分为基本组织（如平纹组织、斜纹组织、缎纹组织）、小花纹组织（由基本组织变化而成的）、复杂组织（如灯芯绒布、厚绒布）、大花组织（提花组织）四大类。

【悬垂性】指纺织品的自然悬垂具有匀称美观折裥的特性。悬垂性好的纺织品宜用于室内窗帘。

第十六章　常用软质材料的性能与用途

第一节　纺　织　物

纺织物是由纺成的具有一定的长度和细度比的纤维纱或线，通过织机按一定的规律交织而成。其性能和特点是由纺织纤维的性能和生产加工方式所决定的。

纺织物具有吸声、隔声、保温、遮光、吸湿和透气等作用，使空间环境具有柔和、亲切和温暖之感，广泛应用于门窗帘、地面地毯、壁面和家具软包，以及室内陈设品、装饰壁挂等。

一、纺织纤维的种类与特性

纤维是指具有一定的长度和细度比（长度比直径大几千倍以上），并且具有一定的柔韧性、弹性和抗拉伸能力的纤细物质。

纺织纤维是用来纺纱织布的纤维。它具有一定的长度、细度、弹性、强力等良好的物理性能和较好的化学稳定性。常用纺织纤维分为天然纤维、化学纤维和异形纤维，而异形纤维是在天然纤维和化学纤维的基础上发展起来的，其使用性能更加优良。

1. 天然纤维

天然纤维来自于自然界，如植物纤维：棉、麻、树纤维；动物纤维：羊毛、驼毛、牦牛毛及蚕丝纤维等。

不同种类的天然纤维，其物理性能和化学性能也不相同。如棉纤维具有一定的抗拉伸能力，等级较高的棉纤维弹性较好，遇有机酸、碱和遇热在一定的限度内不发生作用。麻纤维在常温和湿度下，吸湿性和导热性比棉纤维强，强度也要高。毛纤维弹性好，可塑性强，缩绒性和保暖性优于棉纤维，但强力、耐热性、耐碱性、耐光性要差；丝纤维吸湿性较强，凉爽、细软、轻薄，但耐碱不耐酸，耐光性、耐热性、透水性等比其他纤维差。

随着科学技术的发展，天然纺织纤维性能不断得到改善和提高，也由于环境设计对材料的环保要求，天然纤维织物得到广泛利用。

2. 化学纤维

化学纤维是利用天然的高分子物质或合成的高分子物质，经过化学工艺加工而取得的纺织纤维总称。化学纤维又分为人造纤维和合成纤维两大类。

（1）人造纤维

人造纤维是化学纤维中生产历史最早的品种。它是利用含有纤维素或蛋白质的天然高分子物质如木材、稻草、麦秆、竹子、蔗渣、芦苇、大豆、乳酪等为原料，经化学和机械加工而成。

人造纤维又分粘胶纤维(如人造丝、人造毛、人造棉和富强纤维)、醋酯纤维、铜氨纤维等。粘胶纤维手感柔软，光泽好，吸湿、透气和染色性能好，但强度、弹性较差。富强纤维的性能比普通粘胶纤维优良，如湿强度比其他普通粘胶纤维好。铜氨纤维如真丝，手感柔软，光泽柔和。醋酯纤维弹性和手感好，光泽优美柔和，并具有一定的抗皱能力，但弹力较其他纤维差。

(2) 合成纤维

合成纤维是采用石油化工工业和炼焦工业中的副产品，如苯、苯酚、乙烯、乙炔等原料，经过化学有机合成的加工方法制成的各种纤维。其品种有六大纶，即涤纶、锦纶、腈纶、维纶、丙纶、氯纶等。绿色化处理后的合成纤维，使用范围越来越广泛，有利于节约资源。

常用纺织纤维的分类：

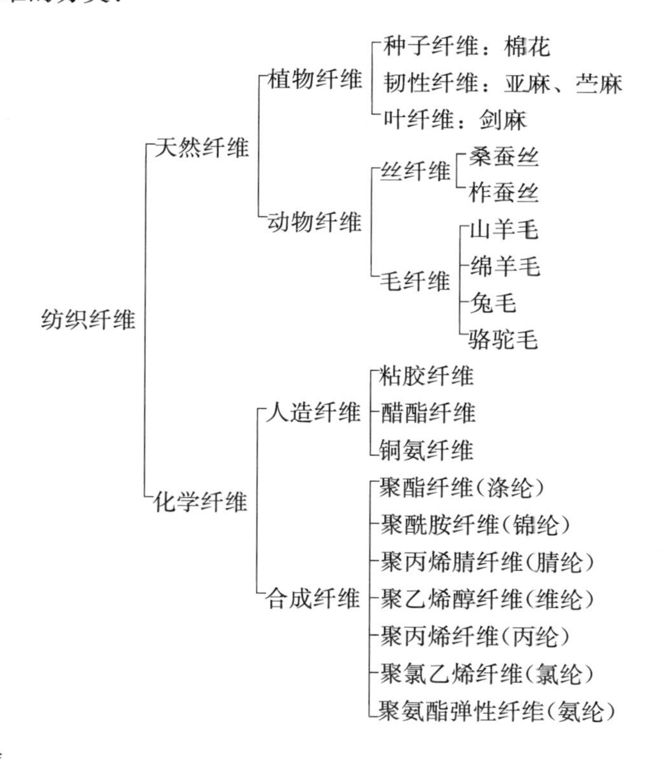

3. 异形纤维

异形纤维是对纤维截面形态的生产和加工方式而言的。初始生产出的合成纤维，横截面的形状都是圆形实芯的，在受天然纤维不规则、中间有空腔的截面形态的启发下而研制出各种横截面的纤维，如三角形、三叶形、四叶形、多叶形、多边形、扁平形、中空形、豆形、H形、T形、V形等。

异形纤维不仅改善和提高了化纤织物的耐磨性、保暖性、吸湿性、透气性等物理性能，而且因为纤维截面具有多种形态，使纺织纤维织物的表面呈现出不同的质感和光泽效果，从而使纺织物在室内环境设计中具有更加丰富的艺术表现力。常用异形纤维的种类、截面形态和性能特征见表 16-1。

常用异形纤维的种类、截面形态和性能特征 表 16-1

名　　称	截面形态	性 能 特 征
等边三角形		耐磨性好，光泽闪烁、亮丽
钝角三角形		耐磨性好，表面光泽效果随着光照方向的改变而变化
三 叶 形		质地细洁，蓬松，手感柔和丰满，透气性好，光泽美丽含蓄
扁 平 形		质地细密，有丰厚感，光泽闪耀
圆形中空形		真丝般光泽，手感柔和丰满，刚性好，耐磨
五角中空形		光泽柔和，透气性好
T　　形		手感柔软，光泽美丽，保暖性、透气性好
Y　　形		质感松软，光泽柔和、含蓄
菱　　形		质感柔软，蓬松，染色性好，光泽柔和
凹　　形		刚性好，凹面的大小能反衬出不同强度的光泽
异形五边形		质地坚实，粗犷，耐磨性好，金刚石般的光泽
人 字 形		良好的蓬松感，透气性好

构成纺织物的纺织纤维必须具有如下性能：

① 具有一定的机械性能，能承受一定限度的拉力、扭弯、摩擦等外力的作用。

② 具有一定的细度和长度及抱合力。纤维越细，纺织面料越薄，质地越细洁，手感越柔软；纤维越长，纺织面料越光洁平整，耐磨性强；纤维短而粗，纺织面料质地粗犷，手感硬挺。

③ 具有一定的弹性和可塑性。纤维的弹性作用不仅使织物具有柔软舒适感，而且在一定的程度上抵抗形变、增强耐磨性，以及在拉伸后又能回弹，从而不影响外观效果，如用于墙面软包和沙发的纺织面料。

④ 必须是热的不良导体，具有一定的隔热性能。

⑤ 具有一定的吸湿性和通透性。纤维的吸湿性就是纤维在空气中吸收水分或放出水分的能力。吸湿性的强弱与纤维分子中含亲水性结构的多少和纤维分子间排列空隙的大小有关，因而纺织物具有调节湿度的作用。由于纤维有许多气孔，因而用于室内壁面、家具或窗帘的纺织物具有舒畅透气和凉爽感。

⑥ 具有一定的化学稳定性。在实际的应用中，纺织物要与人体汗脂、二氧化碳等接触，要经受阳光的照射和水、碱的洗涤等，这都需要纺织纤维具有相对的化学稳定性，即包括高温稳定性、抵抗化学物质和有机溶剂的能力。

二、纺织物的物理指标与性能

纺织物的性能是由纤维的性能决定。由于构成纺织物的纤维种类不同，或织造方法和处理工艺不同，因而其性能也不同。如天然纤维织物手感柔软，吸湿性、通透性好，染色性能好，但防潮、防霉、防虫蛀能力弱。化学纤维织物虽然手感、吸湿性和通透性不如天然纤维织物，但强度高，弹性好，耐磨，不易发霉和虫蛀。混纺织物吸取两者的优点，不仅手感好，有较好的吸湿性、通透性，而且耐磨性、弹性、耐候性强。随着化学工业、纺织工业的发展，纺织物的性能不断地得到改善和提高，如吸声、隔声、防火、柔化光线和绿色环保。

1. 纺织物的物理指标

(1) 密度

纺织物的密度是指单位面积内经、纬纱线排列的稀密程度。密度大的纺织物结构紧密、坚牢、厚实，保暖性、耐磨性好，但易起皱，透气性、透水性、柔软性较差。密度小的纺织物稀薄松软、轻柔，透气性、透水性好，具有一定的透光性，但耐磨性、保暖性差。

(2) 厚度

纺织物的厚度是指厚薄程度，通常以 mm 作单位。纺织物的厚薄程度与纱线的支数、组织结构及纱线的捻度、弯曲程度等因素有关。如纱支粗，厚度大。斜纹、皱纹、提花或其他变化组织的纺织物厚一些。通常厚度大的纺织物保暖性、耐磨性好，厚实，但透气性差，弹性小。

(3) 幅宽与匹长

幅宽是指纺织物与布边垂直方向的宽度，又称门幅。纺织物的幅宽不仅直接影响着表现的效果，如宽与窄构成不同的尺度美感，而且对于计划用料、节约用料都是十分重要的。

匹长是指纺织物卷曲的长度。

纺织物的幅宽与匹长，通常与纺织物的种类或生产厂家有关。常用纺织物的幅宽有 70～90cm（纯棉织物）、90～114cm（丝绸织物）、144～160cm（化纤或混纺织物）、180～220cm（窗帘布）等等。

2. 纺织物的物理性能

纺织物的物理性能主要由纤维的性能决定。

(1) 收缩性

纺织物的收缩性是指纺织物在洗涤、浸水或吸潮后的自然回缩和缩水性，是在纺织物离开机械后就已具有的性能。当纺织物遇水或经熨后，出现的收缩现象叫缩水。

纺织物产生收缩的原因主要是由纤维材料的性能所决定。合成纤维及其混纺织物不易产生收缩，缩水率最小，其次是毛织物、麻织物、棉织物、丝织物；缩水率最大的是粘胶纤维织物，如人造棉、人造毛类织物。缩水率的大小还与织物面料的组织结构、生产工艺、密度、纱线粗细等因素有关。如同种纤维织物，密度大的比密度小的收缩率小。

（2）强度

是指纺织物在外力的作用之下所能承受最大拉力的能力。纺织物的强度与构成纺织物的纤维强度、组织结构、生产工艺、密度等因素有关。如涤纶强度大于棉布强度，密度大的纺织物比密度小的纺织物强一些，相同密度和纱支，捻度大的纺织物比捻度小的纺织物强度大。另外，除棉纤维外，大多数纤维干态强度比湿态强度大。

（3）耐热性

是指纺织物在单位面积上受热时承受最高温度的能力。天然纤维与化学纤维织物的耐热性是不同的，因此，在熨烫时，温度不能超过纤维的软化点。尤其是普通的化纤织物，纤维的耐热度低。各类纺织物在限定的时间内熨烫时的耐热度见表 16-2。在光(灯光)照时，光照的强度、时间和距离都要适宜，否则会使织物产生形变、降低强度等，从而影响使用寿命和美观效果。纺织物的耐光性能见表 16-3。

各类纺织物熨烫时的耐热度 **表 16-2**

名称		耐热度(℃)	熨烫时限(s)
天然纤维纺织物	绒布	150～160	3～5
	印花布	160～170	3～5
	全棉府绸	150～160	3～5
	粗厚呢	180～190	10
	细麻布	170～190	5
	灯芯绒	120～130	3～5
合成纤维纺织物	尼龙	90～110	3～4
	锦纶	110～130	5
	维纶	100～120	3～5
	腈纶	120～150	5
混纺织物	丙棉混纺	80～100	3～4
	涤棉布	160～170	3～5
	毛涤纶	140～160	5～10

各类纺织物耐光性能 **表 16-3**

名称	耐光性	名称	耐光性	名称	耐光性
棉织物	较好	腈纶	最好	维纶	较好
毛织物	一般	锦纶	较好(比棉差)	丙纶	较差
丝织物	较差	涤纶	好	氯纶	最差
人造棉	差				

（4）吸湿性与透气性

吸湿性，是指纺织物吸收空气或水蒸汽的能力。纺织物的吸湿性有利于室内温度和湿度的调节。

纺织物吸湿性的大小与纺织纤维的性能、纺织物的组织结构、密度、厚度等有直接的关系。按所含纤维的不同，纺织物吸湿性的大小顺序为：天然纤维纺织物的吸湿性最好，人造纤维纺织物次之，合成纤维纺织物吸湿性最小，混纺织物的吸湿性与所含纤维的种类和成分的多少有关。纺织物的吸湿性能好，透气性也强。

透气性，是指空气或水蒸汽通过纺织物空隙的能力。透气性的大小与材料的组织结构、密度等因素有关。纺织物的透气性与纺织材料组织结构、密度、厚度等因素有关。纺织物的透气性：密度小的比密度大的强，平纹比斜纹强，薄的比厚的强。在实际应用中，应根据使用对象进行选择。

（5）耐磨性

是指纺织物与外界物体接触相互摩擦时，抵抗损伤的能力。纺织物的耐磨性与纺织纤维的成分、织物组织结构、密度和厚度等因素有关。天然纤维和人造纤维织物比合成纤维织物的耐磨性差。同种纤维织物斜纹结构，密度大的、厚的织物耐磨性强。在室内设计中，需要根据表现的对象进行选择，如用于地面、沙发织物的耐磨性比用于壁面软包、窗帘、壁挂织物的要强一些。

（6）保温性

纺织物的保温性是指纺织物防寒保暖的能力。保暖性的高低又受织物的厚薄、结构及热传导性等影响。保暖性最好的是毛织物，其次是棉、混纺织物。保温性好的纺织物节能性好。

（7）吸声性

声波通过纺织物表面反射时消耗能量，使声波受到衰减。纺织物的吸声性能取决于织物的密度、绒面的厚薄、质地的粗细、肌理的表面形态、织物组织结构等因素。

（8）弹性

纺织物的弹性是指纺织物在承受外力的作用下发生形变，当外力消除后，能够恢复到原来的形状与尺寸的能力。弹性的强弱与构成纺织物的纤维成分、纺织物的组织结构、密度等因素有关。合成纤维织物的弹性好，粘胶纤维织物的弹性差；质地紧密的斜纹组织比平纹组织的织物弹性强。弹性的强或弱并不能作为评判纺织物好坏的标准，而是在设计中，根据使用对象的具体要求进行选择。

（9）色牢度

纺织物的色牢度是指色布和有图案花纹的布在受外界因素，如加工缝制、摩擦、熨烫、清洗、日晒及汗渍等的影响下，仍能保持原来色彩与图案的一种能力。纺织物的色牢度与纤维材料的性能、染色料的质量、染色方法和工艺条件等因素有着密切的关系。色牢度直接影响着纺织物表现效果的持久性。

三、纺织物的组织结构

纺织物是由经纬纱线通过织机按一定的规律交织而成的。纺织物表面形成的纹理和花纹是由于经纬纱线在彼此交织时遵循了纺织物的最基本的组织结构形式，即平纹结构、斜纹结构、缎纹结构以及由这三个基本结构衍生而成的其他结构，如双经结构、蜂巢结构、雏形结构、点子结构、提花结构等。不同组织结构的纺织物，其性能和表现特征是不一样的。

1. 平纹织物

平纹织物是由经纬纱上下交叉织成，且正反有着相同的结构外形，如图 16-1。

平纹织物的经纱和纬纱的支数相同，组织点（经纱与纬纱交织的地方）较多，结构紧密，质地平整、朴素，手感硬挺，耐磨性与透气性都较好。但弹性、光泽度较差。棉织物和麻织物多数为平纹结构。

2. 斜纹织物

斜纹织物的组织点成连续的倾斜纹路，纹理明显，如图 16-2。

图 16-1 平纹织物

图 16-2 斜纹织物

斜纹织物又分为单面斜纹织物和双面斜纹织物，单面斜纹织物正面为斜纹，纹路清晰，反面为平纹，纹路模糊；双面斜纹织物正反面纹路都明显，但纹路方向相反，如图 16-3。

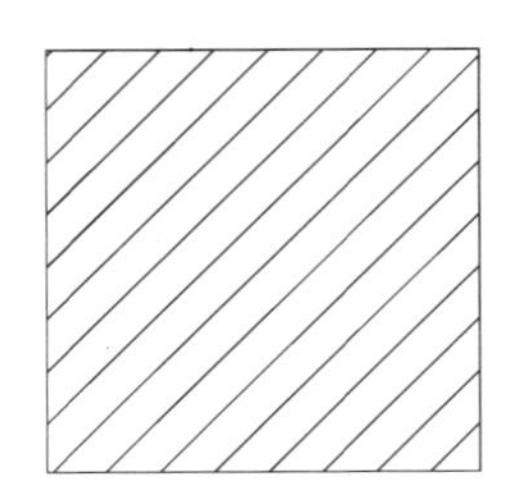

单面正面斜纹

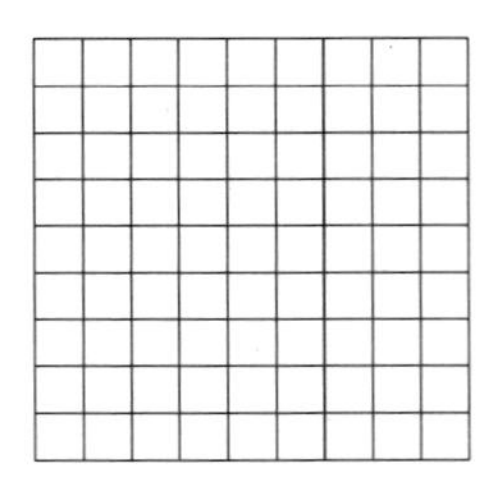

单面反面斜纹

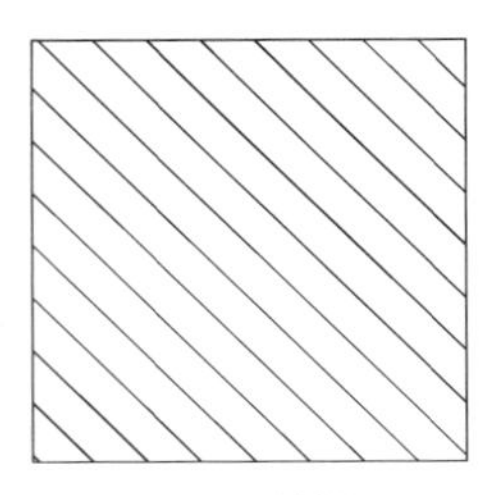

双面正面斜纹

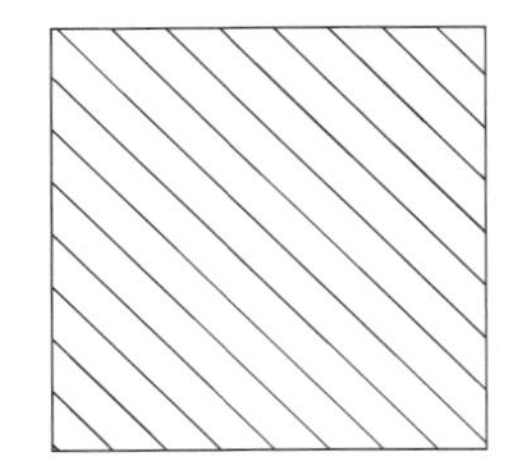

双面反面斜纹

图 16-3 单双面斜纹织物

斜纹织物比平纹织物质地细洁，手感柔软，花纹种类较多，光泽明亮。但耐磨性和透气性略差一些。丝绸织物常采用斜纹结构。

3. 缎纹织物

缎纹织物组织结构复杂，变化很多。织物中经、纬的组织点不相连续，以等距离分散在织物的中间，如图 16-4。缎纹织物的表面平滑光亮，手感轻柔，但结构疏松，耐磨性差。

4. 菱形纹织物

菱形纹织物的经纱密度比纬纱密度高1倍，因此，织物表面的经纱比纬纱露出的面积要大，而且凸起的经纱部分形成纵向的具有明显、独特的菱形颗粒状肌理纹。府绸是菱形纹织物，如图 16-5。

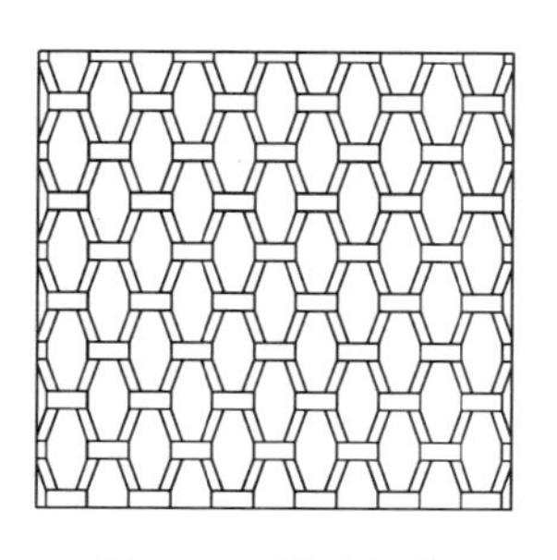

图 16-4 缎纹织物

图 16-5 菱形颗粒织纹

四、常用纺织物的种类与特性

纺织物有棉织品、毛织品、丝织品、麻织物、人造纤维织物、合成纤维织物、混纺织物。

1. 棉织品

棉织品是以天然的棉纤维为原料，通过织机，由经纬纱线纵横沉浮相互交织而成。棉织品性能由棉纤维的物理性能和化学性能决定。

(1) 棉纤维的性能

① 强力。是指棉纤维的抗伸拉能力。纤维的捻曲数量是决定棉纤维强力大小的重要因素。一般捻曲数多一些，强力相对就大一些，棉织品的坚牢度和耐磨性也就相对强些。

② 弹性。棉纤维的弹性较差，所以棉织品容易起皱。

③ 吸湿性。棉纤维是多孔性物质，而且分子中含有大量的亲水结构，所以具有较好的吸湿性。在正常情况下，棉织品能保持水分平衡状态，使人感到柔软舒适。

④ 保温性。棉纤维是热和电的不良导体，其热传导系数极低，纤维之间能积存大量空气，空气又是热和电的不良导体。所以，纯粹棉面料具有良好的保温性。

⑤ 耐碱性。棉纤维具有较强的抵抗碱能力。该性能有利于污垢的洗涤、消毒处理，并有利于染色、印花及各种工艺加工。

⑥ 耐候性。棉纤维在100℃以下的温度作用下，牢度不受影响。如果受120℃温度作用，纤维开始变黄，强力下降。如果长时间与日光接触，强力降低，纤维会发硬

变脆。

⑦ 吸声性。棉纤维是多孔性物质，所以棉织品具有良好的吸声功能。

(2) 棉织品的种类与选择

① 原色布。是为印染提供的呈棉纤维本色(本白色)的各类坯布，如粗、中、细布，或平纹、斜纹、缎纹布。原色布结实耐用，但缩水率大。

② 素色布。呈单一的色彩，如红、蓝、绿、紫、黑、灰等。

③ 漂白布。是原色坯布经过漂白处理后，使布面呈洁白的外观。漂白布根据工艺处理的方法不同，分为丝光布和本光布两种。丝光布质地平整细致，富有光泽；本光布质地粗糙，色泽含蓄，强度好。

④ 印花布。是由各种不同组织结构的坯布经漂白、印色后而形成的具有各种各样的色彩和图案的布。其中以平纹的印花布最多。

⑤ 色织布。是先把纱或线进行染色后，利用织物的组织变化，再经过织机织成的布。这种布的花色和纹样丰富多样，更富有装饰性。常应用于家具面料、窗帘、帷幕、床罩、被单、台布、桌布等。

⑥ 绒布。是由细支纱作经纱、粗支低捻度的纱作纬纱(纬纱密度大于经纱密度)，并采用织纹组织(如平纹、斜纹、哗叽等)织制成坯布，坯布需经过多次反复拉绒后形成绒布。

绒布又分单面绒和双面绒。单面绒是指织物的单面拉绒。双面绒是指织物双面拉绒，绒毛较薄。按其织物组织有平纹绒、斜纹绒和哔叽绒之分。绒的薄厚差别较大，绒毛紧密丰厚，舒适柔和。

绒布具有良好的保暖性和吸声性，常应用于室内空间界面(壁面、柱面、沙发面)、软包和窗帘等。

由于绒布按其织纹组织可分为平纹绒、斜纹绒和哔叽绒，绒布表面绒毛具有方向性，绒布表面的色彩明暗程度会因光照方向不同呈现变化。当光照顺绒方向，绒布的色彩浅，布面较亮；反之，色彩深，布面灰暗。

⑦ 灯芯绒。是采用一组经纱和二组纬纱交织而成的。布面呈独特的绒面特征，如粗或细的条状绒毛，富有立体感，且美观大方。其质地厚实柔软，经久耐磨，丰润的绒毛给人以柔和温暖的感觉。

灯芯绒按布面条绒粗细分类有：细条、特细条、粗条、阔条、间条(粗、细条相间)灯芯绒；按花色工艺分为印花灯芯绒和提花灯芯绒；按染色和工艺分为素色(如红、蓝、绿、灰、黑、紫等)、印花、提花、色织等品种。提花灯芯绒生产工艺复杂，图案美观，染色牢度好，常用于沙发面料。

2. 毛织品

毛织品主要由羊毛、兔毛、骆驼毛、人造毛等为原料纺织而成。其中以羊毛为主。

毛织品质地细腻，柔软舒适，光泽柔和，色泽高雅，给人以温馨感，并具有良好的弹性、透气性和吸湿性，抗皱、耐磨，保暖性、抗静电性强。可用于窗帘、壁挂、床上用品、壁面与家具软包面料及地毯。

全毛织物并不一定含毛量100%，常在羊毛中混入少量的化纤，可使羊毛的纱线拉伸强度及弹性、耐磨性显著提高。但在全毛织品中混入的涤纶、锦纶量应规定在8%～10%以内，否则毛织品的外观和性能会发生改变，故不能称为全毛织物。

纯羊毛织物在国际市场上，由国际羊毛局负责控制和检验，并允许在其产品上使用国际公认的“纯羊毛标志”，如图16-6。符合使用这一标志的产品其纤维的混合率不得超过3%。

图16-6 国际羊毛织物标

3. 丝织品

丝织品分为天然丝织品和化纤丝织品。

(1) 天然丝织品

天然丝织品是以天然丝如桑蚕丝和柞蚕丝为原料织成的。

天然丝织品质地柔软，富有弹性，吸湿性好，手感光滑、凉爽，光泽柔和含蓄。

(2) 化纤丝织品

化纤丝织品又分为人造纤维丝织品和合成纤维丝织品。

① 人造纤维丝织品。主要以粘胶丝为原料的织物，其质地细腻轻薄，色彩丰富，光泽亮丽，吸湿性、通透性较好。但可塑性差，易皱易形变。

② 合成纤维丝织品。主要以涤纶丝、锦纶丝为原料的织物，其质地坚韧耐磨，手感好，富有弹性，不易起皱，表观光洁明亮，但吸湿性、透气性差，并有静电现象。

③ 金丝绒。是由经纬纱作地组织，人造丝作起绒纱，采用单层或双层织机纺织，并经过割绒、刷毛处理。其质地滑爽、柔软而富有弹性，光泽美丽耀眼，色彩以单一素色为主，如红、蓝、绿、黄、黑、灰等。常用于窗帘、幕帘和沙发面料。由于金丝绒的绒毛稍有顺向倾斜，固绒面色彩和明暗度会因光照方向的不同而发生变化。

丝织品常用于窗帘、壁挂、床上用品、地毯等，并与其他材料(如塑料)复合构成墙纸，用于高档的宾馆客房、会议室和居室等壁面。

(3) 真丝混合织品

真丝混合织品是由人造丝、真丝与金属丝或透明纱等混合而成。在生产技术上，采用传统的精湛工艺与高科技的、先进的设备生产；在材质的构成上，打破传统的材质观念；在图案和色彩的表现上，体现华美、优雅和富贵，尽显时尚品位，使室内布艺的表现更加丰富和多样化。真丝混合织品适用于高档次的室内窗帘、床上用品及装饰布。

4. 麻织物

麻织物是以麻纤维为原料进行纯纺、混纺或交织而形成的织品。麻织物主要分为苎麻织物、亚麻织物和黄麻织物三大类。各类织物除纯纺外，还与其他纤维混纺或交织，以提高其耐磨性、弹性和柔软性等。

麻织物具有结实耐用、凉爽、吸湿性好、散湿速度快、不易被虫蛀或被化学药剂所腐蚀、拉伸强度高的优点，尤其耐湿性是其他天然织物不可比拟的；质地粗犷纯朴，纹理自然美丽，色泽柔和含蓄，它的表观无论是用于窗帘、地毯、沙发面料，还是作为室内的装饰点缀物，都会给人带来一种独特的天然美感。同时，它是一种环保型天然软质材料。

5. 化纤织物

化纤织物是以化学纤维为原料，经过纺织而成的织品。化纤织物分为人造纤维织物和合成纤维织物两大类，其性能由织物纤维本身的性能所决定。

(1) 人造纤维织物

人造纤维是利用含有纤维素或蛋白质的天然高分子物质如木材、蔗渣、芦苇、大豆、乳酪等为原料，经化学和机械加工而成。人造纤维织物是以人造纤维为原料，经过纺织而成的织品，如人造棉、人造毛、人造丝。

人造纤维织物的种类、性能和用途见表 16-4。

人造纤维织物的种类、性能和用途　　表 16-4

名称	构成原料	性　能	用　途
人造棉	纯粘胶短纤维	质地整齐细密，光泽明亮，色彩鲜艳美观，手感光滑柔软，吸湿性强，透气好，悬垂性比纯棉布好。但易折皱，弹性差，牢度较差	窗帘，墙面软包等
人造丝	纯粘胶醋酯、酮氨长纤维	质地平整细洁，柔软光滑、光泽好，富有弹性，吸水性强，易于染色，质轻，结实耐用。但易燃、易皱、易霉 人造丝又分有光纺和无光纺，无光纺是对粘胶纤维进行消光处理，从而光泽含蓄	窗帘，墙面软包，地毯，壁挂等
富纤布（虎木棉）	富强纤维	质地细洁平整，轻薄，手感更光滑柔软，强度好，抗碱性强，悬垂性佳，吸湿性和透气性良好。但易虫蛀	窗帘，家具，墙面软包，床上用品，台桌布等

(2) 合成纤维织物

合成纤维是采用石油化工工业和炼焦工业中的副产品，如苯、苯酚、乙烯、乙炔等为原料，经过有机合成的化学加工方法制成的各种纤维。合成纤维织物是以合成纤维为原料，经过纺织而成的织品，其主要品种有：涤纶、锦纶、腈纶、维纶、丙纶、氯纶。

合成纤维织物的性能由纤维本身的性能决定，但通过原始的纤维截面形态(圆形或近似圆形实芯)的改变，使之具有类似天然纤维的截面形态，如三角形、三叶形、圆形中空形、H 形、T 形等多种截面形态，从而增加织物的光泽效果和舒适感，提高织物的吸湿、透气、耐磨、保暖等性能。合成纤维织物的种类、性能和用途见表 16-5。

合成纤维织物的种类、性能和用途　　表 16-5

名　称	构成原料	性　能	用　途
涤　纶	聚酯纤维	质地光洁平整，弹性好，抗皱性优良，耐磨、耐晒、耐光性能强，易于清洗。但吸湿性、透气性差，静电作用较大	窗帘、地毯、隔声填充物及家具衬垫
锦　纶（尼纶）	聚酰胺纤维	强力大，耐磨性最好，吸湿性比涤纶、腈纶好，易印染，质轻，耐碱，防霉、防虫蛀。光泽耀眼，手感滑爽。但耐光、耐晒性能差，易变形	地毯及装饰织物，不宜用作窗帘 锦纶混纺常用于家具、墙面等软包

续表

名　称	构成原料	性　能	用　途
腈　纶 （合成羊毛之称）	聚丙烯腈纤维	手感柔软，弹性好，蓬松，挺括，保暖性比羊毛好，质轻，强力较大，耐日光性最好，不霉、不蛀。但耐磨性、耐碱性、吸湿性和染色性差，静电作用大	窗帘。因耐磨性差，故不宜作地毯
维　纶 （合成棉之称）	聚乙烯醇纤维	吸湿性最好，轻盈，耐磨、耐碱、耐腐蚀、耐晒、耐光性能好。但耐湿热性能差，易形变，弹性差	维纶混纺常用于窗帘、床上用品及装饰布
丙　纶	聚丙烯纤维	质量轻，弹性好，强度好，耐磨、耐水、耐蚀性较好，对酸碱都具有较好的稳定性，成本低。但耐光、耐晒、耐热性能差，易老化	丙纶混纺常用于浴帘、地毯等。但不宜用作窗帘
氯　纶	聚氯乙烯纤维	耐燃，保暖性强，不易导电。化学稳定性好，对酸、碱、氧化剂等有极强的抵抗能力。但对有机溶剂稳定性和染色性差	氯纶混纺常用于地毯及其他装饰布

6. 混纺织物与交织化纤织物

（1）混纺织物的种类

混纺织物是指化学纤维与其他棉、毛、丝、麻等天然纤维按一定的比例含量混合纺纱织成的织品。如棉涤混纺织物、毛涤混纺织物、腈纶混纺织物、锦纶混纺织物、维纶混纺织物等。

混纺织物的命名应遵循以下规律：

① 混纺织物所含纤维的量不同时，含量多的纤维写在前面，含量少的写在后面。如涤/棉混纺织物，涤纶含量比棉含量多。

② 混纺织物所含纤维量相同时，品级高的纤维写在前面，品级低的写在后面。如毛/涤混纺织物。

③ 混纺织物所含纤维的量在三种或三种以上时，命名方法基本与上述相同。

（2）混纺织物的性能

混纺织物的性能比单一纤维织物的性能更加优异。由于各种织物纤维都有自己的性能和特点，甚至差异较大，如天然纤维都有较好的吸湿性、透气性和舒适感，但耐磨性差，易霉、易虫蛀等；而合成纤维具有坚牢耐磨、防水、抗皱、不易霉和虫蛀等性能，但柔软度不够，透气性、染色性差。当两者混纺后，使织物的性能以及外观特征得到改变，如毛涤混纺织物兼具了羊毛与涤纶的特性，一是保持了毛织品的质地丰满、手感柔润、光泽美丽自然的特点；二是在强度上比纯毛织物坚牢、结实，耐磨，不易起毛球；三是使织物挺括，不易起皱，尺寸稳定，保形性和悬垂性好，以及提高染色性。混纺织物的花色品种丰富多样。

混纺织物在室内设计中应用广泛，如地毯、窗帘、壁面或家具软包面料、床上用品、台布、桌布及装饰壁挂等。

（3）交织织物

交织织物是指用化学纤维与天然纤维分别作经、纬纱织成的织品。如人造丝与棉纤维、真丝与人造丝等交织织物。

交织织物兼具各纤维的性能，使织物在表现力和使用性能上扬长避短。

五、纺织物的鉴别方法

鉴别纺织物的目的就是使选择者能够在实际使用前识别织物，以达到如何科学合理地利用织物，充分体现其特性。

织物的鉴别方法：一是通过感观法，即通过人的感觉器官：眼、手、鼻、耳等，判断织物的质地、肌理、光泽、弹性、强度和密度，这一方法需要凭借经验的积累，也是最简练、最直观的鉴别方法。通过眼睛观察，了解织物的光泽、色彩、组织结构和染色性；用手触摸、拉伸、折、捏等，判断织物质地的粗细、柔软程度、弹性的强弱、抗皱性、保暖性和强度；用鼻去闻织物的气味，能知道织物的种类，即天然织物或化纤织物；用手撕扯织物后，从发出的声音中可以判定织物的种类、组织结构，甚至强度。二是通过燃烧方法，从抽取的纱线燃烧时所表现的特征，如燃烧时的状态（火焰、速度、蜷缩）、灰烬和气味来判别织物的种类。织物纱线燃烧时表现的特征见表 16-6。

织物纱线燃烧时表现的特征　　表 16-6

名称	燃烧状态	气味	灰烬
棉	接近火焰不熔卷，接触火焰迅速燃烧，且燃烧速度快，离开火焰能继续燃烧。火焰为橘黄色并伴有蓝色烟	如烧纸气味	灰烬呈灰白色的线状，细软，用手指压碎成粉状
羊毛	接近火焰不熔卷，接触火焰燃烧迅速，离开火焰能继续燃烧。燃烧时冒烟并有气泡产生。火焰为橘黄色	烧羽毛臭味	灰烬多，形成易碎而有光泽的黑色硬块，手压易碎，颗粒较粗
麻	接触火焰迅速燃烧，离开火焰能继续燃烧。火焰为橘黄色	烧草气味	灰烬呈灰色或灰白色
丝	接近火焰蜷缩；接触火焰燃烧缓慢，离开火焰能自行熄灭。火焰很小，呈橘黄色	轻微的烧羽毛臭味	灰烬呈黑褐色小球，手压易碎，颗粒细小
粘胶纤维	燃烧速度快，火焰呈橘黄色	烧纸气味	灰烬很少，呈灰白色
醋酯纤维	燃烧缓慢，带深褐色胶状液，并能迅速凝固	刺鼻的醋酸味	灰烬呈黑色硬块，有光泽，能压碎
涤纶	靠近火焰，收缩熔化；接触火焰，熔融燃烧，离开火焰继续燃烧。火焰呈黄白色	难闻的芳香味	灰烬形成黑色不规则硬块，能用手指压碎
锦纶（尼龙）	燃烧时除与涤纶相同外，还不断有融物滴下，可拉成细丝。火焰很小，呈蓝色	难闻的刺激气味	灰烬形成坚固的黑褐色固体
腈纶	接近火焰收缩，接触火焰燃烧迅速，离开火焰能继续燃烧。燃烧时冒黑烟，火焰呈淡黄色	辛酸的刺激味	灰烬呈不规则的黑色块状，脆而易碎

续表

名称	燃　烧　状　态	气　　味	灰　　烬
丙纶	接近火焰熔缩，接触火焰燃烧缓慢，离开火焰能继续燃烧。火焰呈蓝色	石蜡气味	灰烬为可压碎的褐色透明硬块
维纶	接近火焰收缩软化，接触火焰燃烧；离开火焰继续燃烧，火焰呈红色，并冒烟	难闻气味	灰烬呈不规则的黑褐色硬块，可压碎
氯纶	接近火焰收缩软化，接触火焰难以燃烧，离开火焰迅速熄灭	刺激气味	灰烬呈硬而黑的块状

第二节　皮　　革

皮革具有柔软、吸声、保暖的特点，因而常用于对人体活动需加以防护的健身室、练功房等室内壁面，以及对声学有特殊要求的演播厅、录音房、歌剧院、歌舞厅等室内墙面和吸声门。利用其耐磨性和弹性好的性能，用于家具面料。利用其外观独特的质地、纹理和色泽，作为会议室、宾馆和酒店总台背景墙贴面，以及咖啡厅、酒吧台等装饰软包(图 16-7)。然而，皮革的表面容易被划伤，对基底材料的湿度、硬度和平整度要求比较高，尤其是天然皮革。因此，皮革与基材之间常常利用其他软质材料如纤维棉、海绵等进行缓冲和隔潮。

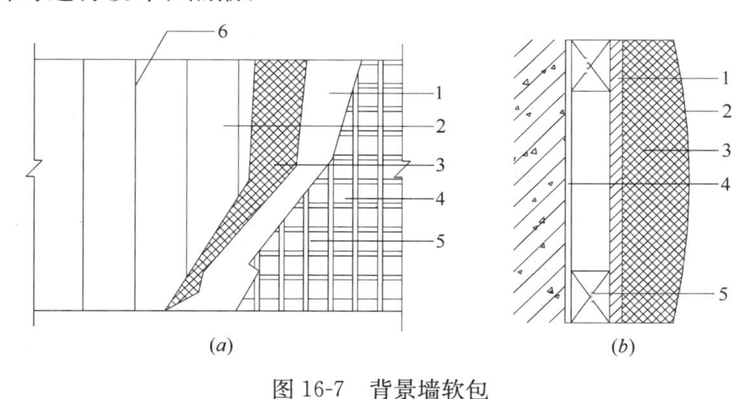

图 16-7　背景墙软包

(a)正立面结构；(b)侧立面结构

1—五层胶合板；2—皮革(天然革或人造革)；3—泡沫塑料垫层；

4—混凝土灰泥找平；5—木龙骨 25mm×40mm

技术说明：

木龙骨架、胶合板作防潮处理。木龙骨中距为 400mm×400mm。泡沫塑料的厚度一般为 30～50mm，或根据背景面积分块的大小和视距来确定。面层皮革的分块尺寸一定要大于实际尺寸。

皮革吸声性：

皮革吸声性的强弱与皮革的紧密、表面的光洁度有关。室内墙面软包面积的大小可根据室内空间混响的要求确定。

皮革分为天然皮革、人造皮革和合成革。

一、天然皮革

天然皮革是采用天然动物皮如牛皮、羊皮、猪皮、骆驼皮和马皮等作原料，并经过一系列的化学处理和机械加工制成的。其质地柔软、结实耐磨，具有良好的吸湿、透气、保暖、保形和吸声减噪等性能。但由于天然皮革耐湿性差，长期遇水或在潮湿的空气中会影响其性能和外观质量，因此，要经常保持干燥和进行维护。

天然皮革的纤维结构是由生胶质纤维束与鞣料结合组成。各种皮革纤维束的粗细和交织规律不同，因而其性能和外观特征存在一定的差异。然而，这种差异不仅成为识别不同种类天然皮革的标志，而且使材质的美感更具有丰富性。常用天然皮革的种类、性能与外观特征见表16-7。

天然皮革的种类、性能与外观特征 **表16-7**

名 称	性 能	外 观 特 征
牛皮革	坚硬耐磨，韧性和弹性较好	黄牛革面紧密，细腻光洁，毛孔呈圆形；水牛革面粗糙，凸凹不平，毛孔呈圆形，且粗大
羊皮革	轻薄柔软，弹性、吸湿性、透气性好，但强度不如牛革、猪革	革面如“水波纹”，毛孔呈扁圆形，并以鱼鳞状或锯齿状排列。有光面和绒面
猪皮革	质地较柔软，但不如羊皮革，弹性一般，耐磨性、吸湿性好，但易形变	革面皱缩，毛孔粗大，三孔一组，呈三角形排列
马皮革	质地较松弛，不如黄牛革紧密丰满，耐磨性较好	革面毛孔呈椭圆形，比黄牛革面毛孔稍大，排列有规律

二、人造革与合成革

人造革是以聚氯乙烯树脂为主料，加入适量的增塑剂、填充剂、稳定剂等助剂，调配成树脂糊后，涂刷在针织或机织物底布上，经过红外线照射加热，使其紧贴于织物，然后压上天然皮纹而形成的仿皮纹皮革。人造革具有不易燃、耐酸碱、防水、耐油、耐晒等优点。但遇热软化，遇冷发硬，质地过于平滑，光泽较亮，浮于表面，影响视觉效果。使用寿命为1～2年，其耐磨性、韧性、弹性也不如天然皮革。

合成革从广义上讲也是一种人造革，它是将聚氨酯浸涂在由合成纤维如尼龙、涤纶、丙纶等做成的无纺底布上，经过凝固、抽出、装饰等一系列的工艺而制成。具有良好的耐磨性、机械强度和弹性，耐皱折，在低温下仍能保持柔软性。透气性和透湿性比人造革好，比天然革差；不易虫蛀，不易发霉，不易形变，尺寸稳定，价格低廉。但耐温和耐化学性能较差，而且散发有毒气味，影响环境质量。

随着现代技术的发展，人造革、合成革的品质更加优异，如耐磨性、抗静电性、吸声性增强，无毒、无味、无刺激，符合现代环保质量要求。其外观质量可与天然皮革媲美，而且其纹理和色泽更加丰富多样，从而提高了人造革、合成革的应用质量和效果。

第三节　地面软质铺装材料

一、地毯

地毯是室内地板材料的一种。它是以动物纤维(毛纤维、丝纤维)和植物纤维(麻纤维、棉纤维等)为原料，经过编织等生产工艺制成的地面铺装软质材料。其质地柔软，富有弹性，具有耐磨、隔热、保温、吸声防噪等性能。地毯的质地、纹样、色彩作为视觉美感形式的三要素，是不可分割的整体关系，它们间的无穷组合与变化，构成丰富的艺术表现效果，是其他材料难以比拟的。

地毯用于地面铺装有着温暖舒适的脚感，在室内空间界面的表现中，通常是与人接触面最大，且最为亲密的一个面。它具有良好的吸声减噪性能，因而常用于对声学有特殊要求的演播厅、歌舞厅、卡拉OK厅等地面和壁面；利用其独特的质地、肌理和素雅的色泽，应用于各类陈列室、展览馆(如美术展览馆)的墙面；独立的艺术块毯用于地面，不仅成为空间内的艺术点缀物，而且起到虚拟分隔空间的作用，为室内营造出高雅、有品位的风格和无穷的意趣。

随着现代科学技术的发展，地毯材料的生产技术和生产工艺更进一步得到发展和提高，其性能更加优异，如具有耐磨、抗污，抗静电、防火等性能，以及无毒、无味、无刺激等环保品质。其图案和花色更具有艺术的表现力和时代感。

1. 地毯的分类

(1) 按地毯的生产形态分类

按地毯的生产形态分为簇绒地毯、纺织地毯和无纺地毯。

① 簇绒地毯

用大型机器进行大针密度作业，将整束纤维织成毛圈，牢固地织入衬底上。在一次作业过程中，往往用上成千个插针簇绒法，这一方法是现今制造地毯最经济的生产方法之一。其生产的款式甚多，且价格便宜。

② 纺织地毯

纺织地毯是以纬纱与经纱(横直)相交织而成的地毯。可生产出复杂而美丽的花纹图案，但价格昂贵。

③ 无纺地毯

无纺地毯是以天然或化学纤维为原料，不经过纺纱、机织制成，而是通过成网机构制成均匀一致的纤维网，再用粘合、编缝、热融等方法加固制成。

(2) 按地毯的表面形态分类

① 环织式地毯

环织式地毯是以连续的绒环逐一织成。毯毛高度一致，表观平滑，结实耐用，稳重，便于清洁，适用于踩踏频繁的区域，如宾馆、餐厅、写字楼会议室及居室地面铺设。

② 环织式高低针地毯

环织式高低针地毯的绒环高度不一致且富有变化的隐形立体图案效果，给人以轻松、自然的感觉。

③ 平裁式地毯

平裁式地毯是以单向嵌插的方式制成。有割绒地毯、硬旋式地毯，如鹅绒、丝绒地毯。

割绒地毯：剪去毛圈顶部，毛圈即成绒束，表面整齐。按其表面绒毛的长短又分长绒毛型地毯和短绒毛型地毯，长绒毛型地毯适用于踩踏频率较低的地面；短绒毛式地毯较长毛绒式地毯耐磨，但仍要铺装在踩踏频率不高的地方。割绒地毯厚重柔软，脚感舒适。

硬旋式地毯：硬旋式地毯是将地毯的绒线轻微地旋在一起，从而纹理紧密，耐磨性强。

④ 平裁与环织混合式地毯

平裁与环织混合式地毯是以平裁与环织式绒毛组合制成。

当高度相同的割绒头和毛圈绒头组合制成时，地毯表面形成有规律性的肌理纹变化；当把不同高的毛圈绒头与不同大小的割绒头组合制成时，产生富有立体感的浅浮雕式的毯面效果。这类地毯以素色为主，自然、纯朴。

常用地毯的形态构造见图 16-8。

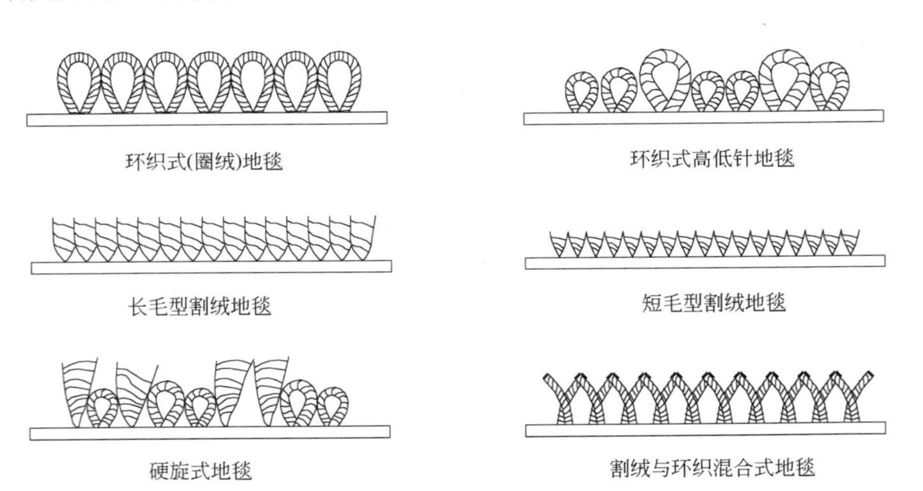

图 16-8　地毯的形态构造

(3) 按地毯原材料分类。

地毯按原材料分为天然材质地毯、化纤地毯、混纺地毯。

① 天然材质地毯

以动物纤维(如羊毛、兔毛、蚕丝)和植物纤维(如麻、椰丝、灯芯草等)为原料制成的地毯，绿色环保。

纯棉地毯：一是以棉质边角碎料为原料，经过加工编制而成。其质地粗放，但非常软柔、舒适，丰厚、耐磨，价格便宜，是既环保又节约资源的地面材料；二是以优质纯棉绒线为原料，采用手工梭织而成。其绒面丰厚、粗放，且柔软舒适，色泽朴素（以单色为主），优雅华贵。适用于较高档的室内地面铺设。

纯羊毛地毯：天然材质地毯以羊毛地毯为主。纯羊毛地毯多以手工编制而成，其质地厚实、柔软舒适、经久耐用、无静电作用、回弹性好、吸声、保暖，经化学处理后，防潮、防蛀、阻燃。色彩雅致、图案优美，装饰效果极佳。羊毛地毯广泛用于高档宾馆、会议室、写字楼及居室等地面。在羊毛纤维中掺入10%～15%的化学纤维（如锦纶），地毯的性能大大提高。

羊毛地毯的规格：卷材，长15～20m，宽3.3m、3.66m（进口）、4m。块材，500mm×500mm。艺术挂毯，610mm×910mm、690mm×137mm、910mm×1550mm、2440mm×3550mm、3050mm×4270mm等，或按设计要求进行加工。

羊毛地毯应避免用于踩踏频繁的地面，而适用于高档次的宾馆客房、会议室、贵宾接待室、写字楼和居室地面。

丝毯：是以优质桑绢丝为原料，采用精良的手工织做而成。

蚕丝丝支纤细、光洁柔软，富有弹性，耐磨耐拉，能吸潮。蚕丝既能织成轻凉透明的薄纱，也能织成温厚柔软的丝绒地毯。

丝纤维织成的地毯，柔软滑爽，经久耐磨，毯面光泽明亮，高雅富贵，图案精美华丽，素有“软黄金”之誉。

丝毯价格昂贵，适用于高档次的室内表现。用作艺术挂毯，装点空间界面，体现其观赏的价值；用作地面块毯，虚拟地分隔空间。丝毯规格多为定型块状：1380mm×975mm、2440mm×1690mm，厚1.5～8mm，或按设计要求定做。

丝毯绒毛有顺向倾斜，因光照方向的不同，绒面色彩的明暗度和光泽明显地发生变化。顺向光照时，绒面色彩淡雅，光泽明亮；逆向光照时，绒面色彩灰暗，光泽深沉。

椰丝纤维地毯：是由椰子中纤细多刺的纤维制成。其质地粗犷，色泽自然、纯朴，价格低廉。适用于走廊、楼梯和门前脚垫。

灯芯草地毯：由灯芯草茎手工编织而成。可用于室内整体铺设，也可用作局部铺毯。适用于居室、茶室或具有风情的餐馆包房。

② 化纤地毯

化纤地毯是由面层织物和背衬复合构成的。面层织物是以尼龙纤维（锦纶）、聚丙烯纤维（丙纶）、聚丙烯腈纤维（腈纶）、聚酯纤维（涤纶）等化学纤维为原料，经过机织法、针织法、簇绒法和印染等加工而成。其构造分卷式和块状，卷式化纤地毯面层为化纤织物，背衬采用人造黄麻与粘胶（乳胶）结合制成；块状化纤地毯背衬采用加工后的块状橡胶。化纤地毯通常都具有易燃和静电大的缺点，但经过特殊的加工处理，如添加阻燃剂后，可以防火阻燃；在所有地毯中均有特别导电性纤维，去除静电传导，达到抗静电作用。

化纤地毯以尼龙和聚丙烯地毯较为常见，而且用途广泛。

化纤地毯由于采用的化纤材料、生产工艺和衬背的不同，其种类和性能也不同。常用化纤地毯的种类、规格和性能见表16-8。

常用化纤地毯的种类、规格和性能 **表16-8**

名称	构成与工艺	规 格	性 能	用 途
尼龙地毯（锦纶）	尼龙长纤维、天然胶粘结，人造黄麻为背衬复合而成；圈绒、割绒	长20～25m/卷，宽3.3m、3.66m、4m。毛高4mm、5mm、7mm、9mm	在合成纤维地毯中最坚韧耐磨，不易掉毛，不易吸收液体，不褪色，易清洗，永久防静电，防尘，防污及防火。易染色，图案和色彩丰富多样	室内地面及壁面。尤其适合人流较大的室内场所
丙纶地毯	丙纶长纤维、人造黄麻、天然粘胶复合而成；圈绒、割绒	长20～25m/卷，宽3.3m、3.66m、4m。毛高4mm、5mm、7mm、9mm	染色牢，易洗涤，耐磨，耐老化，抗静电，阻燃性好。但回弹性比尼龙地毯差	办公楼、会议室、机房等室内地面
丙纶无纺织针刺地毯	丙纶长纤维织物与聚乙烯胶胶粘剂粘合而成；素色、印花	长10～20m/卷，宽1000mm	耐磨、防水性能好，耐酸碱、无形变，阻燃	室内地面
腈纶地毯	腈纶纤维、背衬等复合而成；绒圈型簇绒地毯	长20～25m/卷，宽4m，绒高5～6.5mm	面层质地柔软，近似羊毛。但耐磨性稍差，不耐脏，有静电作用	不宜用于踩踏频繁之处和机房地面
涤纶地毯	以涤纶纤维为原料，经机织制成；机织提花	长20～25m/卷，宽度4m，厚12～13mm	耐磨性、回弹性、抗静电性、阻燃性不如尼龙、丙纶地毯，是化纤地毯中性能较差的一种。但价格低廉	用于普通室内地面铺设

2. 地毯辅助材料与铺装

地毯的铺装并不是一件很容易的事，尤其是固着式地毯的铺装，不仅要有配套的辅助材料，而且要有专用的铺装工具和正确的铺设方法。

（1）辅助材料与铺装工具

辅助材料：	铺设工具：
木制钉夹条	电烫斗
金属压边条	拉伸器
接缝胶带	铁锤
尼龙胀管	裁切刀具
平头自攻螺丝	杆尺

（2）铺设方法

① 地毯接缝：首先把专用接缝胶带放置在地毯对接缝下，将加热熨斗压在胶带上，并沿接缝缓慢移动，胶带上的固胶层融熔后，立即搭接地毯边缘，压于胶带上粘结，如图16-9。

② 裁切地毯：裁切的地毯尺寸要稍大于实际尺寸，当拉伸器拉伸地毯到与实际

尺寸相合时，用铁锤将地毯固定在钉夹条上。钉夹条靠墙设置，并距墙角线 5～10mm，用踢脚线作收口处理，见图 16-10。通道口或门口地毯边缘可用金属压边条收口。

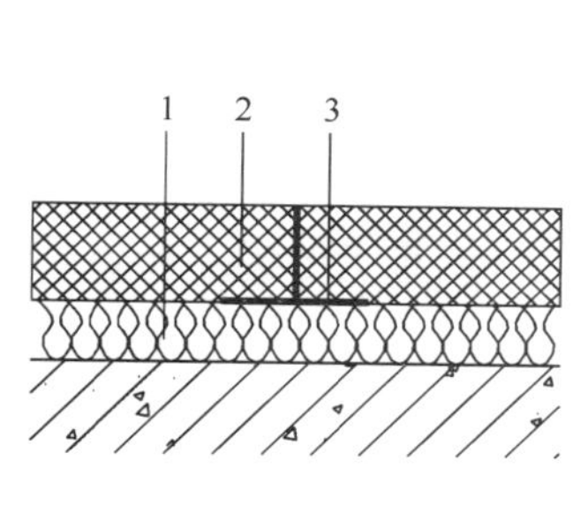

图 16-9　地毯接缝
1—泡胶软垫；2—地毯层；
3—接缝胶带

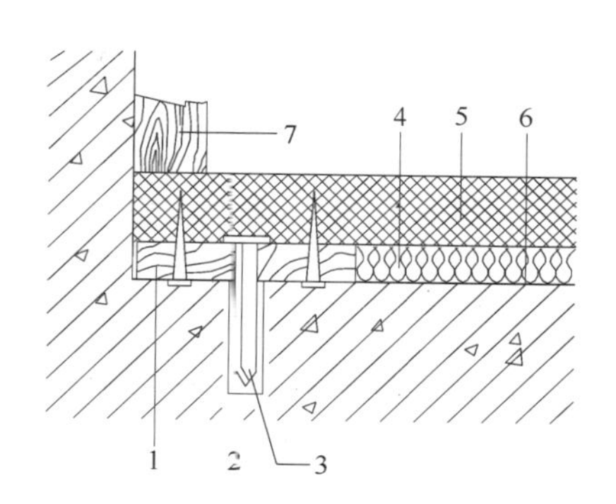

图 16-10　剖面
1—钉夹条；2—尼龙胀管；3—防锈半头螺丝；4—泡胶软管；5—毯层；6—找平基面；7—收口踢脚线

3. 选择与维护

(1) 地毯的选择

① 材质

地毯的材质分为天然、化纤和混纺三种。不同材质的地毯其性能、用途和价格是不一样的。天然材质地毯以羊毛地毯为主，其次是棉、麻、灯芯草、椰丝地毯以及少数高档且价格昂贵的真丝毯；化纤地毯则以尼龙和聚丙烯较为普遍，价格便宜，但经过特殊加工处理的优质化纤地毯，其品质可与羊毛地毯媲美，甚至优于羊毛地毯。混纺地毯集天然与化纤材料的优点，用途更为广泛。鉴别地毯的材质，可采用直接感官法和抽线燃烧法。

② 品质

地毯的品质不仅由材质和生产工艺决定，而且与地毯绒头的密度与绒头的粘结力、背衬粘结强度和地毯的耐光色牢度等有着密切的关系。地毯的毛绒越密越厚，单位面积质量投料多，耐磨性强，否则组织结构疏松，耐磨性差；绒头粘结力和背衬黏结强力好，地毯毯体和底基布不易脱落；地毯的耐光色牢度好，受阳光照射时，较难褪色或变色。但尽管地毯耐光色牢度好，也要避免长时间受阳光照射。

③ 规格

掌握地毯的规格，可以充分地利用材料或避免接缝而影响美观。地毯的幅宽也通常与室内地面实际宽度基本相合，如宾馆客房、小型办公室、会议室、餐馆包厢和居室、卧房、书房等，一般不需要拼接，这样可以充分地利用材料。通常国产卷材地毯的幅宽为 3.3m 和 4m，进口地毯的幅宽为 3.66m；拼块地毯的规格为 500mm×500mm（带防水地垫）；工艺块毯的规格为 3000mm×2500mm、2480mm×1700mm、1280mm×

480mm、1400mm×980mm 等。

④ 色彩与图案

地毯色彩的深与浅、冷与暖、单一与丰富会产生不同的表现效果。深色具有庄重、收敛感，且耐污，适用于大面积或踩踏频繁的地面，如高档会议室、办公室、宾馆走道、餐厅等；浅色具有明快和洁净感，适用于小面积或踩踏频率小的地面，如高档宾馆客房、微机房、居室卧室等。冷色营造冷静、安详的氛围，适用于阳光充足的室内地面；暖色则显得柔和、温馨，适合于餐厅、卧室等。单一的色彩适用于安静、稳重的办公室、会议室和书房；色彩丰富的地毯则用于热闹的娱乐场所，如歌舞厅、卡拉OK 厅等。图案明显、对比强烈的地毯常铺在气氛感强且面积大的餐厅和娱乐厅，而图案含蓄、对比弱的地毯，则适合安静且空间小的地面铺设。

(2) 地毯的维护与保养

地毯在使用的过程中，常常会因尘埃、油脂、饮料、水果中的色素汁等污渍污染，从而造成地毯损坏和永久性变色，影响地毯的美观和使用寿命。地毯的脏污种类、造成后果与处理方法见表 16-9。

地毯的脏污种类、造成后果与处理方法 **表 16-9**

脏污种类	造成后果	处理方法
尘埃	使纤毛损害	采用旋转除尘刷吸尘器，通常可 1 周清理 1 次，或根据实际脏污情况进行清理
咖啡、酒、茶、可乐、水果色素汁	使毯面产生斑点或变色	先用吸水纸或干毛巾将污渍吸干，再用少许清洁剂溶液或专用洗涤液，由污渍的外围向内清洗
巧克力、糖液、血渍、蛋液、冰激凌、牛奶及黏稠物	使毯面产生斑点或毯毛粘结	用清洁剂或先用洗涤液从污渍的外围向内清洗，然后用吸水纸或干毛巾吸干，再用少量漂白溶液擦洗后吸干。若有黏稠物，先用钝刀将其清除
油脂、口香糖、油、软膏	使毯面褪色或将地毯纤维粘连；口香糖造成不易清理的疤痕	先用钝刀将污渍清除干净，然后用干洗的方式清洗，再用清洁剂与醋的混合溶液擦拭、吸干

二、塑料地板与橡胶地板

塑料地板是以聚氯乙烯(PVC)树脂、聚醋酸乙烯(PVAC)树脂、聚乙烯(PF)树脂、聚丙烯(PP)树脂等为主要原料，再加入一定的添加剂，经过热压、压延或注射等工艺加工而成。具有耐磨、耐蚀、隔潮、隔热、隔声、阻燃、脚感舒适、施工和清洗方便、价格低廉等特点。

塑料地板与橡胶地板的分类：

(1) 聚氯乙烯(PVC)地板

塑料地板中最常用的是聚氯乙烯(PVC)树脂地板。由于其复合结构层、生产工艺及加入助剂、填充料的种类和含量不同，因而又分软质塑料地板、半硬质塑料地板和弹性塑料地板，其种类、规格与性能见表 16-10。

常用 PVC 地板的种类、规格与性能　　表 16-10

名称	结构	规格	花色	性能	用途
软质聚氯乙烯地板	单层	块材：300mm×300mm，厚度 1.0mm、1.2mm、1.5mm；卷材宽 1.0～1.5m，长 15～20m，厚 0.8～1.2m	素色、拉花、压花、印花	质轻、耐磨、耐腐蚀、耐污染，防水、防火，脚感舒适，富有弹性。但印花型不耐灼烧	适用各种室内地面的铺设。但印花型不宜公共室内地面铺设
半硬质聚氯乙烯地板	单层	块材：300mm×300mm、240mm×240mm，厚 1.0mm、1.2mm、1.5mm、3.0mm	素色、拉花、压花	质轻、耐凹陷、耐油、耐蚀、耐久、防火、隔热、隔声。但脚感较硬，弹性稍差	适用于居室、厂房、医院及其他公共场所地面铺设
弹性聚氯乙烯地板	多层复合(透明层、印刷层、发泡层、玻璃棉垫层或透明层、彩色碎颗粒层等组成)	块材(透明层为硬质时)：305mm×305mm，厚 1.2～1.5mm；卷材(透明层为软质时)：宽 0.9～2.0mm，长 20～25mm，厚 1.0～2.0mm	素色、印花、压花	质地柔软，坚韧，富有弹性，耐磨、耐酸碱、耐污染，隔声、隔热、隔潮，防火，防滑。但耐凹陷性差	适用于较高档室内地面铺设，如酒店、餐厅、实验室、图书馆、机房、居室、办公楼等
抗静电地板	复合层	块材：600mm×600mm、500mm×500mm，厚 1.0～1.5mm	素色、印花	耐化学介质，尺寸稳定，抗静电优良，耐磨	适用于机房、空调房和自动化办公室等地面
聚氯乙烯仿瓷印花地砖	复合层(面层为硬质高效耐磨塑料)	块材：305mm×305mm，厚 1.2～1.5mm		耐磨、耐酸碱、耐油渍、防水、防滑、易于清洗。花纹图案美观大方	适用于各类高档建筑室内地面及大型船舶、车辆地面铺设

注：①PVC 地板的规格因生产厂家不同而不同；②PVC 地板的厚度可根据室内空间类型进行选择。如家用型的厚度一般为 0.8～1.5mm，公共型的厚度一般为 1.4～2.2mm。

(2) EVA 地板

EVA 地板系乙烯-醋酸乙烯共聚物，经特殊的工艺加工而成。具有质轻、弹性好、抗酸碱、抗腐蚀、防滑、耐磨、无毒无味、可拆可换、易于清洗等优良特点，适用于宾馆、办公楼、酒吧、居室等地面的铺设。在拼装时，可根据设计效果的要求拼成各种图案。

EVA 地板分为 EVA 复合地板和 EVA 地板两种。EVA 复合地板是以 EVA 板材作基材，化纤地毯作面料(如腈纶)，经特殊工艺组合而成。

EVA 地板规格：300mm×300mm，厚度 8mm、10mm、15mm。

EVA 复合地板规格：300mm×300mm，厚度 5mm、7mm、10mm。

(3) 人造草皮地毯

人造草皮地毯是以聚丙烯(PP)树脂为原料，在拉出拉丝机上拉成编丝，再在底布材料上植绒、涂胶而成。其质地柔软，自然美观，丝丝如草，富有独特的装饰性；防水、防污、耐磨、耐蚀。其色彩主要有红、绿、灰，绿色。块毯规格有：445mm×600mm、445mm×750mm。卷材规格宽 900mm，每卷长 10～20m。绿色草皮地毯广泛地用作室内外地面绿化材料。

(4) 橡胶地板

橡胶地板是以合成橡胶为主要原料，并添加各种辅助材料加工而成。这类地板多是成块的瓷砖状或厚板状，具有耐磨、耐蚀、耐老化、防潮、阻燃、抗静电、弹性好、防滑等特点。常作混纺或化纤拼块地毯的底衬，不仅可以增加防潮、防水、防霉及延长地毯使用寿命等作用，而且可以使拼块地毯拼接平整。常用规格有：300mm×300mm、400mm×400mm、500mm×500mm。

(5) 橡胶绒地毯

橡胶绒地毯是以天然橡胶与合成橡胶为原料，并添加各种助剂，如防老化剂、软化剂、增强剂、促进剂、着色剂等化工原料，经过混炼、压片、复合、硫化成型等工艺加工而成。具有弹性好、柔软舒适、耐磨、防水、防腐、防滑等特点。由于橡胶是一种天然的绝缘材料，因此，橡胶绒地毯常用于计算机房、配电房等地面，尤其适用于厨房、卫生间、浴室、游泳池等潮湿地面。其规格有 500mm×500mm、1000mm×1000mm，绒长 5～6mm。

(6) 橡胶海绵衬垫

橡胶海绵衬垫是以橡胶为主要原料，并添加多种化工原料，经特殊加工而成的一种地毯衬垫材料。具有防潮、防霉、防虫蛀、耐腐蚀、绝缘、保温等特点。由于衬垫材料本身的特性和衬垫表面呈凸凹的几何纹，因此，衬垫的作用不仅可以成为地毯与地板间的一个缓冲带，延长地毯的使用寿命，提高踩踏时脚底的舒适度，而且起隔声作用，降低行走噪声。

三、油毡地板

油毡地板是以天然的亚麻油、合成树脂、石灰石、木粉(或软松粉)、颜料为原料，以黄麻或其他麻布为基材，并通过压光、干燥和切制等工艺制成。

它是一种理想的抗微生物和抗静电的铺地材料。其质地坚韧、耐磨，抗滚压性、弹性佳，平洁而防滑；防潮、防水和隔绝噪声的功能良好；色牢度好，方便施工所需要的可弯曲性；图案丰富，美观大方，色彩系列化。

油毡地板的规格有卷材，长约为 30m，厚 2.5～5mm；小方块状，(200～300)mm×(200～300)mm，厚 2.0～3.5mm。

油毡地板适用于卫生间及公共场馆的地面铺设。但在铺装时，地基面要平整，否则易使油毡破裂；使用时，要防止过量的水浸湿或渗透，防止重压。否则，油毡起化学反应和表面出现压痕，会影响使用寿命和装饰效果。

第四节　墙　　纸（布）

墙纸(布)是以天然纤维或合成纤维为原料，经过各种生产加工方式制成。其性能由所含纤维的性能和生产加工方式决定。

在室内设计中，墙纸(布)是表现面积较大的软质材料。它的质地和肌理感独特，色泽丰富，图案变化多样，施工简洁。现代科学技术的发展，使墙纸的生产和应用得到了迅速发展，并具有更多的优良性能，如防潮、防霉、抗静电、防虫、消毒、杀菌、调温、阻燃等，新型墙纸(布)更加注重环保性与安全性。

墙纸(布)广泛应用于宾馆、酒店、办公楼、会议室及家居室内墙面、顶面、柱面和隔断。仿自然材质纹理的墙纸，如仿砖(红砖、青砖)、石(大理石、花岗石、卵石)、木纹、树皮等纹理的墙纸，常用于酒吧、茶馆、歌舞厅等休闲娱乐场所。

一、墙纸的分类

墙纸是按所含纤维物质和生产加工方法的不同进行分类的。

目前，我国生产的墙纸种类繁多，如纸基墙纸、纸基涂塑墙纸、无纺墙布、天然纤维墙纸等。

1. 天然纤维墙纸(布)

天然纤维墙纸是以棉、毛、麻、丝及麦秆、蒲草、芦苇等天然纤维为原料，纺织成织物后，经过一系列的去湿着色处理，再复合到纸基层上。

(1) 羊毛纤维墙纸

羊毛纤维墙纸是由加入羊毛纤维纸张经机械压花而成。其纹理呈规则的几何状，粗犷，美丽，色泽自然，触感柔软，也可根据设计要求在墙纸上粉刷彩色涂料。既散发着自然的气息，又体现出雍容华贵的风格特点，并具有良好的抗拉强度、吸声效果和透气性，无毒、无味，是极好的环保型壁纸。

(2) 纸基墙纸(纸面纸基墙纸)

传统的纸基墙纸即在纸基面层上印图案或压花而成。这种墙纸价格低廉，但性能较差，不耐水，不能擦洗。现代的纸基墙纸通过在纸基面上涂布高分子乳液后，再进行印花、压花工艺，从而大大地提高了防水、耐磨、耐擦洗等性能。它广泛地用于居室、办公室、会议室、餐厅等墙面、顶面和柱面。

复合纸基墙纸采用双层纸(表纸和底纸)，通过施胶、层压复合后，再经印刷、压花、涂布等工艺制成，表面图案具有立体感，其性能更为优良。

(3) 软木片墙纸

软木片墙纸是将软质木材经过特殊工艺削成薄型木片，再粘贴在原纸基层上制成的。透气性好，不易老化，质地自然，色泽柔和，具有温馨和亲切感。其表面还可涂布透明漆，以保护面层。但价格较高，适合于较高档的酒吧、咖啡厅或古典风格的室内壁面。

(4) 蛭石墙纸

蛭石壁纸是将天然蛭石粉碎、分级膨化以后洒在湿润的纸基层上，再经过去屑、烘干、定型等程序制成。其质地粗犷，色泽自然，阻燃、隔声效果好，并具豪华感。常用于歌舞厅、酒吧等娱乐休闲场所。

(5) 石英墙布

石英墙布是采用天然的石英材料，并经过特殊的生产工艺将其拉成极细的石英纤维丝后编织而成的布。它具有许多优良特点：①色彩丰富、图案变化多样，质感强；②透气性好，耐酸碱，防霉、防虫；③阻燃，无毒，是安全与环保的好材料；④粘贴在壁面上后，仍可更换颜色，涂刷新的色彩涂料。因此，这种壁纸表现的范围广泛，而且更换、翻新方便。

2. 纺织纤维墙布

纺织纤维墙布以棉、毛、麻、丝等天然纤维及化学纤维为原料，经纺织成织物或制成各种色泽花式的粗细纱后，再与纸基复合而成。

纺织纤维墙布不仅具有吸声、透气、调湿、防霉、无毒等特性，而且其纱地或织物纹理创造了良好的视觉效果。特别是天然纤维以其丰富而素雅的质感美形成了独特自然的装饰效果，而且更具环保性。

(1) 天然纺织纤维墙布

① 锦缎墙布

锦缎墙布是一种高档壁面丝织物贴面材料，采用丝纤维织物与基层纸贴合而成。质地纤细，精致高雅，花纹图案绚丽多彩，给室内环境创造一种优雅华贵的视觉效果。但造价昂贵，不耐擦洗。适用于高档星级宾馆、接待室、会议室、办公室、居室等壁面。

② 纯棉质墙布

纯棉质墙布是以棉纤维纺织而成的棉平布与纸基贴合，并经过印花、涂层而成。具有强度大、静电小、吸声、无毒、无味等特点。通过阻燃处理，成为安全与环保型的现代壁面贴面材料。应用于高档宾馆、酒店、办公楼、居室等壁面。

(2) 化纤(多纶)墙布

化纤墙布是以化纤织物作基材，经过一定的工艺处理后，印上各种花色图案而成。具有耐磨、透气、防潮、无毒、无味、无分层等特点。其规格有：宽 820～840mm/卷，长 50m，厚度 0.15～0.18mm。

化纤墙布的主要性能指标见表 16-11。

化纤(多纶)墙布性能指标 **表 16-11**

项目		指标	项目		指标
日晒牢度	黄、绿色类 红、棕色类	4～5 级 2～3 级	强度	经向 纬向	4～30kg 4～20kg
摩擦牢度	干 湿	3 级 2～3 级	老化度	年	3～5 年

3. 塑料墙纸

塑料墙纸是以纸或布为基材，以聚氯乙烯(PVC)树脂、聚醋酸乙烯(PVAC)树脂、聚乙烯(PF)树脂、聚丙烯(PP)树脂等为面层，经印花、压花、发泡等工艺制作而成。常用塑料墙纸涂塑原料主要是聚氯乙烯(PVC)树脂，因此，又称聚氯乙烯(PVC)墙纸。它是以纸(普通纸或石棉纸)或布(玻璃纤维毡、玻璃纤维布或无纺布)为基材，以聚氯乙烯薄膜为面层，经印花、印花压花、化学压花、涂覆压花、发泡压花等工艺加工而成。塑料墙纸具有一定的伸缩性和耐裂强度，耐磨，耐拉曳，表面不吸水，易于施工和更换，清洗简便。通过在胶料中掺入阻燃剂、发泡剂、防霉剂、成核剂等，其耐磨、防火、防霉、防结露、弹性、吸声及环保等性能更加优良。通常塑料墙纸具有综合性能，因而其表现的空间范围更大。

(1) 塑料墙纸的种类

塑料墙纸分为三大类：即普通型塑料墙纸、发泡型塑料墙纸、特殊型塑料墙纸。每一种塑料墙纸有多个品种，每一品种又有不同的花色和图案。

① 普通型塑料墙纸

普通型塑料墙纸又称非发泡型普通塑料墙纸。它是以普通纸($80g/m^2$)或石棉纸作基材，涂塑($100g/m^2$ 聚氯乙烯糊状树脂)后，经印花、压花工艺制作而成。印花又分有光印花、平光印花和多套色印花。印花的图案变化多样，色彩艳丽；压花又分为单式压花、印花压花、套色压花。压花后使墙纸表面形成各种具有立体感的纹理效果，如布纹、凹凸条纹以及仿自然纹理(木纹、石纹)。它是一种产量大、使用面广的塑料墙纸品种。

② 发泡型塑料墙纸

发泡型塑料墙纸是在 $100g/m^2$ 纸基上通过筛网，涂布 $300\sim400g/m^2$ 掺有发泡剂的聚氯乙烯糊状料，然后再经加热发泡、印花、压花而成。这类墙纸又分高发泡印花墙纸、低发泡印花墙纸、单式低发泡印花墙纸和发泡印花压花墙纸。其中高发泡墙纸因为表面呈富有弹性的凹凸纹理，装饰性强，但素朴，并具有很好的吸声消声功能，常用于会议室、影剧院、体育场馆或歌舞厅等。

③ 特种塑料墙纸

特种塑料墙纸是指具有某种独特性能的塑料墙纸。如耐水墙纸(玻璃纤维布或无纺布作基材)、防火墙纸(石棉纸作基材)、彩色砂粒墙纸、仿瓷砖墙纸、防静电墙纸、防污染墙纸、防霉墙纸、香型墙纸、荧光墙纸、金属墙纸等。

仿真塑料墙纸：仿真塑料墙纸是以塑料为原料，采用多种工艺手法制成的表现自然材质特征如砖石、竹、木材等材料的纹理和质感的饰面墙纸。常用于具有风格特征的室内壁面，如酒吧、茶艺馆、娱乐场所等。

玻璃纤维墙布(耐水墙纸)：玻璃纤维墙布以中碱玻璃纤维布为基材，面层涂布耐磨树脂，经印花、压纹等工艺制成。具有防火、防潮、不褪色、不老化、耐水洗刷等特点。常用于卫生间、浴室等墙面。

彩色砂粒墙纸：彩色砂粒墙纸是在基材的表面上散布彩色砂粒，再喷涂胶粘剂，其质地自然粗犷、大方，装饰效果好，适用于门厅、柱头、走廊壁面等。

金属墙纸：金属墙纸是将塑纸复合金属材料(铝箔)后，再经过印花、压花而成。其表面具有金属质感，光泽闪烁，色泽华丽，具有金碧辉煌之感。并具有防潮、防火、防霉、不易老化、使用寿命长、耐污等优良性能。常应用于酒吧、歌舞厅、卡拉 OK 厅等娱乐休闲场所。

静电植绒墙纸：静电植绒墙纸是在涂胶基材或原纸上采用高压静电植绒的方式制成。手感柔软、温暖，华贵舒适，吸声效果好。应用于会议室、办公室、餐厅及娱乐场所等。

(2) 塑料墙纸的常用规格与物理性能

塑料墙纸的常用规格有：

小卷：宽 500～600mm，长 10～12m，每卷 5～6m²。

中卷：宽 760～900mm，长 25～50m，每卷 20～45m²。

大卷：宽 920～1200mm，长 50m，每卷 46～90m²。

厚度：普通型为 0.28～0.3mm，中发泡型为 0.5mm，高发泡型为 1.5mm。

塑料(PVC)墙纸的物理性能见表 16-12。

塑料(PVC)墙纸的物理性能　　表 16-12

项　目		指　标
褪色性		≥4
耐摩擦色牢度（干、湿摩擦）	纵向	≥4
	横向	
遮蔽性试验(级)		4
拉伸强度(MPa)	纵向	≥6
	横向	
直角撕裂强度(MPa)		≥1.5
胶粘剂可试性(注)	纵向	不留明显痕迹
	横向	

注：附在壁纸的上胶粘剂可在未干时，用湿布或海绵拭去而不留下明显痕迹。

(3) 塑料墙纸铺设工艺与要求

① 清理墙面浮尘，铲除突出部分或批嵌填平凹孔洞。

② 粘贴前，对基面进行湿水，使底基吸水膨胀，从而使墙纸粘贴后干燥拉紧，避免起拱形变。

③ 墙纸相互对接时，要对准花形。

④ 墙纸用于大面积的壁面时，要方向相同，否则会因光照而产生明暗度差。

⑤ 采用 107 号胶或 SG8104 墙纸胶粘剂(无毒无味、耐水性好)粘贴，并自上而下用橡皮辊筒来回滚压，挤出内部气泡和多余胶。

⑥ 修整多余部分。

4. 无纺织墙布

无纺织墙布是以棉、麻等天然纤维或涤纶、腈纶等合成纤维为原料，经过无纺成型后，涂布树脂，再经印花或压花而成。其色彩雅致，图案丰富多样，具有弹性好、透气好、防潮、防老化、耐擦洗、不褪色等优良性能。尤其是涤纶棉无纺贴墙布，还具有细洁、光滑、手感舒适等特点。经过阻燃、防静电、环保处理后，使用更加安全。无纺织墙布价格较贵，广泛用于高级宾馆、酒店、居室及办公室、会议室等壁面。

无纺织墙布的规格与技术指标见表 16-13。

无纺织墙布的规格与技术指标　　表 16-13

名称	规格(mm)	技术指标		
		质量(g/m^2)	强度(MPa)	粘贴牢度(kg/2.5cm)
涤纶无纺织墙布	宽度 850～900	75	2.0 (平均)	0.55(粘贴在混合砂浆墙面上) 0.35(粘贴在油漆后的墙面上)
麻质无纺织墙布	厚度 0.12～0.18	100	1.4(平均)	0.20(粘贴在混合砂浆墙面上) 0.15(粘贴在油漆后的墙面上)

5. 弹性壁布

弹性壁布是以 EVA(乙烯-醋酸乙烯共聚物)片材或其他片材为基材，以高、中、低档织物作面层复合而成。具有质轻、柔软，弹性、手感和平整度好、不变形、不老化、吸声、保温、防潮、易于施工等特点。适用于宾馆、居室、歌舞厅、音乐厅、办公室、会议室等室内壁面饰面。弹性壁布因具有弹性好的特点，能用于平整度不够好的壁面。其规格有：长 25～50m/卷，宽 900～1600mm，厚度为 1.5～2mm。

6. 金属壁布

金属壁布是将金、银、铜、铁(不锈钢)、镍、锌、铝、钼、钛等众多金属丝与天然或合成纤维丝混合制成。立体的织物纹理和熠熠的金属光泽，诠释着高科技生活的内涵。可用于酒吧、餐厅、歌舞厅等壁面。

7. 贴面不干胶

(1) 纸基不干胶贴面纸

纸基不干胶贴面纸是在印有各种纹理和图案的纸基上复合透明树脂薄膜，底面涂有不干胶，并用纸封合保护，待使用时将纸底撕掉，粘贴于处理后的各种物面上。其图案色彩丰富、装饰性强，耐酸、耐碱、不助燃、施工简便，粘贴物面后还可再涂覆其他透明漆，以增强耐磨性、耐污性。

(2) 无纸基透明塑料不干胶

无纸基透明塑料不干胶表面压花有各种各样的自然纹、几何纹和磨砂面，常贴于门、窗、隔断等透明平板玻璃上，具有良好的装饰效果，使光线变得柔和，避免光照而产生反光。在不影响光照度的同时，使室内保持一定的私密度。

(3) PVC 软片自粘胶

PVC 软片自粘胶是一种新型的密度相当高的 PVC 塑胶软片贴面材料。其表面在高温下经印刷和压纹处理，然后冷却定型。有各种仿自然纹理和素色面。具有强韧耐磨、防水、防潮、防污、耐寒、隔热、隔声、阻燃、可塑性强等性能特点。可直接粘贴在家具的表面上以及用于室内壁面、顶棚等，便于施工过程中转弯拐角。其规格有：每卷宽 1.22m，长 70m，厚 0.2mm。不干胶的种类较多，如窗太阳膜贴、绒面贴、反光贴等，各品种的性能和表现的范围各不一样。

二、墙纸(布)与胶粘剂

胶粘剂是各类墙纸贴于壁面时配套使用的、不可缺少的材料。胶粘剂的品种繁多，其性能也不一样。因此，在使用墙纸贴面时，要根据墙纸的种类选择配套的胶粘剂，以达到良好的表现效果。墙纸与胶粘剂的搭配见表 16-14。

墙纸与胶粘剂的搭配 **表 16-14**

品种	胶粘剂	附注
羊毛纤维墙纸	Hr-30 胶粘剂、BJ8504 粉末壁纸胶、84 胶粘剂	无毒、无味、粘结力强，耐水、不霉、耐酸碱、不起层，5～8m²/kg
棉纤维墙纸	Hr-30 胶粘剂、BJ8504 粉末壁纸胶、84 胶粘剂	
锦缎墙布	Hr-30 胶粘剂、BJ8504 粉末壁纸胶、84 胶粘剂	
麻草壁纸	热化后的甲基纤维、白胶、107 胶调和	调和比例：2∶1∶7
草编墙纸	聚乙烯醇、106 胶	
软木片墙纸	Hr-30、841 胶粘剂、BJ8504 粉末胶	BJ8504 粉末胶配比：水∶干粉＝10～15∶1
聚氯乙烯墙纸	107 胶、白乳胶(聚醋酸乙烯乳胶)	常温固化，可用水稀释，常温水，但不低于 8℃
无纺墙布	白乳胶、BJ8505 粉末胶、Hr-30 粘胶、841 粘胶	白乳胶不常用
涤棉墙布	配套“DL”香型胶水、Hr-30 粘胶	
玻璃纤维墙布	白乳胶、841、Hr-30 粘胶、粉末胶	
复合纸基壁纸	Hr-30 粘胶、粉末胶、841 粘胶	
金属墙纸	Hr-30 粘胶、粉末胶、841 粘胶	白乳胶不常用

注：白乳胶在气温较低或雨季干的速度慢，易发霉，尤其是不宜作透气性较差的墙纸的胶粘剂，而粉末胶用途较为普遍。

附录一　环境设计常用名词中英文对照

材料(material)

水磨石	terrazzo worktop	柚木	teak
大理石	marble	红杉、红木	redwood
花岗石	granite	核桃木	hickory
玻璃	glass	栗木	chestnut
陶瓷	cerami	水曲柳(白蜡木)	ash
陶器	pottery	樱桃木	cherrytree
壁面砖	wallcovering	杨木(白杨)	poplar
瓷砖(瓦片)	tile	胶合板	plywood
陶砖	ceramic tiles	刨花板	particle board
地砖	floor	三聚氰胺(防水)板	meramin board
马赛克	mosaics	层压板	laminate
实木(实心木)	solid wood	金属	metal
圆木(原木)	log	铝	aluminum
木材(泛指)	wood	钢铁	steel
木料	timber	不锈钢	stainless steel
木板	board plank	涂料(油漆)	paint
软木	cork	树脂	resin
软木地砖	cork tile	乳胶漆	emulsion paints
针叶木	soft wood	油性漆	oil-based paints
阔叶木	hard wood	丙烯酸树脂涂料	acrylic omulsion paint
树皮	bark	醇酸树脂涂料	alkyd paint
刨切单板	sliced veneer	聚氨酯树脂涂料	polyurethan paint
橡木	oak	环氧树脂涂料	epoxy paint
白桦木	birch	丙烯酸硅涂料	acrylic silicon paint
松木	pine	含氟树脂涂料	fluoride paint
雪松木	codor	沥青涂料	tar paint
冷杉	fir	磁漆(面涂)	enamel finish
枫木	maple	磁漆、烤漆	baked-on finish
山毛榉	beech	底涂	undercoat
面涂	surface	丝绸	silks
白浮漆	acetic acid resin	刺绣	embro idery
水性	water-based	挂毯(织锦)	tapestry
油性	oil-based	羊毛	fleece
砂纸	sand paper	百叶帘	blinds
砂布	emery cloth	纤维铺垫	fiber matting

纤维	fibers	草席	grass matting
玻璃纤维	fiberglass	橡胶	rubber
天然纤维	natural fibre	皮革	leather
地毯	carpets	人造皮革	synthetic leather
纺织品(织物)	textile	鞣制皮革	tanned leather
布料	fabrics	塑胶薄板	laminates

质感

平滑	smooth	软	soft
粗糙	jagged	透明	transparent
粗制	rough	半透明	translucent
精制	fine	颗粒	grain
光亮	shiny	有波纹的	corrugated
闪亮、晶亮	glaring	凹凸不平的	ribbed
硬	stiff	质地	texture

色彩(colour)

色彩(颜料)	colour	天蓝色、淡蓝色	sky blue
色泽	colour and lustre	紫色(紫罗兰色)	purple(violet)
黑色	black	淡紫色	orchid
白色	white	棕黄色	tan
红色	red	粉红色	pink
橘红色	tangerine	微红色	reddish
玫瑰红	rosiness	茶色、黄褐色	tawny
黄色	yellow	灰色	gray(grey)
绿色	green	浅灰色	grayish
蓝色	blue	蓝灰色	slaty

家具(furniture)

桌子	table	折叠椅	stacking chair
圆桌	round table	装软垫的沙发等	upholstery
书桌(办公桌)	desk	椅套	covering
床	bed	椅背靠档	spindle
单人床	single bed	椅背靠板	splat、back panel
双人床	double bed	椅座	seat
婴儿床	baby bed	书架	bookshelf
折叠床	fold-down bed	陈设架或柜	whatnot、curio
床头板	head board	餐具柜	side board
床架	bedstead	组合家具	modular furniture
弹簧床垫	mattress	折叠式家具	folding furniture
服务台	information	嵌入式(固定式)家具	built-in
吊柜	hanging cabinet	底板	bottom board
衣柜	wardrobe	顶板	top board
碗橱	cupboard	固定搁板	fixed shelf

角柜	in corner	活动搁板	removable shelf
壁橱	wall cabinet	面板	panel
橱柜	cabinet	底座	base
椅子(单人单靠)	chair	背板	back panel
扶手椅	armchair	侧板	side panel
沙发	sofa	物架	shelve
沙发床	sofa-bed	洗手盆	basin
组合座椅	modular seating	浴缸	bath
座椅	seating	坐浴盆	bidet
吧台椅	barstool	座厕	wc
垫脚凳	ottoman	毛巾架	towel rail
板凳、凳子	stool	水龙头	taps、faucet
长条椅	bench	花洒	shower
安乐椅	easy chair	排水管	waste outlet
睡椅、沙发床	lounge chair、couch	台面	counter top
镜子	mirror	门头铰	pivot hinge
拉手	handle、catch	撑(拉)杆	stay
合页	rollod hinge	磁碰、门吸	magnetic catch
锁	lock	脚轮	caster
铰链	antique hinge	抽屉滑轨	drawer rail
暗铰链	concealed hinge	螺钉	bolt

灯具(lamps)

聚光灯	spotlight	日光灯(荧光灯)	fluorescent lamps
卤素灯	halogen downlighter	照明(灯饰)	lighting
落地灯	floor-standing lamp	霓虹灯	neon lamp
壁灯	wall lamp		

其他名词

建筑物	structure	柱、杆	post pillar column
室内	interior	阶梯	step
房子	house	楼梯	stairs staircase
墙、壁	wall	栏杆	banister
墙面	wallcovering	围栏	railing
地板、地面	floor、flooring	起居室	living room
窗、窗户	window	卧室	bedroom
天窗	skying	餐厅	dining room(hall)
百叶窗	shutter	浴室	bathroom
窗框	window frame	厨房	kitchen
窗玻璃	window pane	配套式厨房	fitted kitchen
门	door	整体(系统)组装式厨房	system kitchen
门板	door plank、shutter	洗手间	restroom
门框	door frame	门厅	entrance hall

门铃	door-bell	窗帘	curtain
推拉门	sliding door	门帘	door curtain
折叠式推拉门(双开)	double swinging door	床垫	bedpad
折叠式推拉门(单开)	single swinging door	床单	bedspread
天花板	ceiling	被单	flat sheets

附录二　材料表示符号

材料表示符号是借助材料自身的形象特征，并进行高度的概括，从而直观地表现设计意图。在设计与制图的过程中，因有些材料的表示符号相同或相似，因而还必须注明材料的名称。

木材

方材

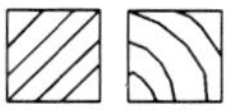

板材
(年轮和木面)

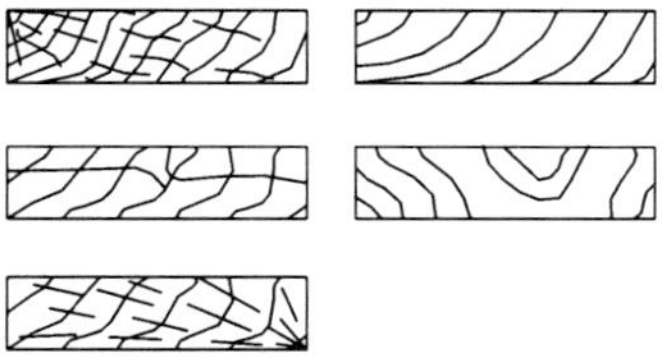

结构材料

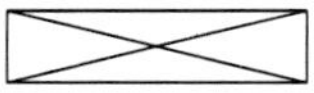

中截面

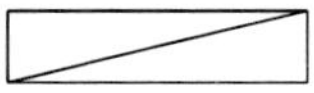

木材及木
结构墙

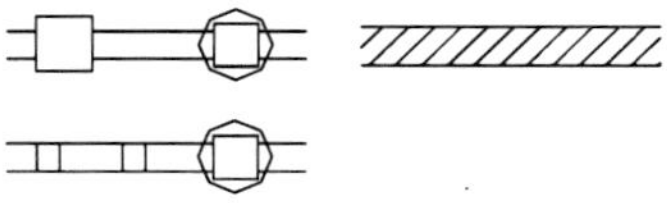

人造板材

蜂窝板

大芯板

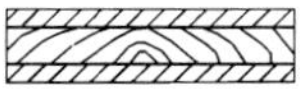

胶合板

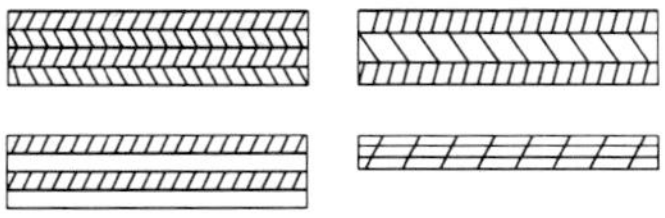

石材

卵石 砂

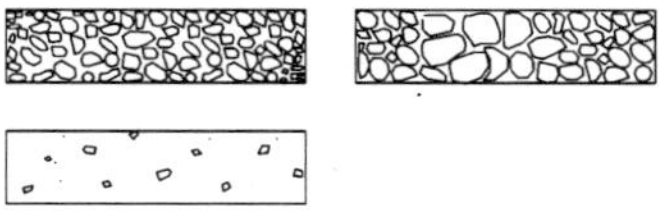

岩石 石头

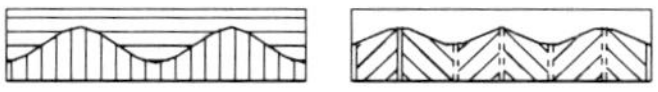

碎石

石板

滑石 大理石

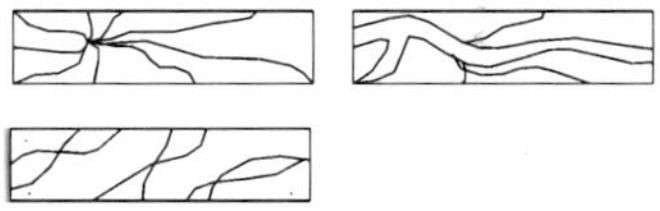

粗面大理石

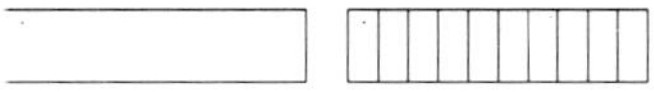

天然石材或
人造石材

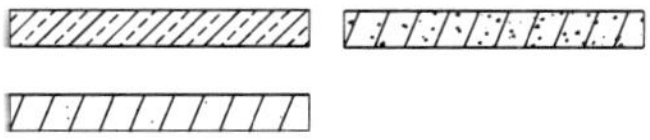

粗石截面

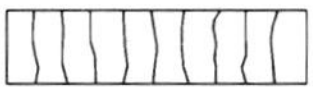

人造大理石

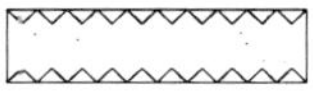

水磨石

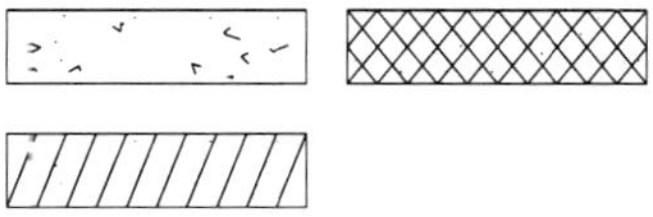

毛石

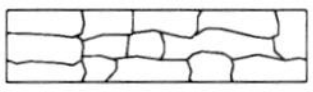

陶瓷

陶瓦

玻璃瓦

黏土陶瓷砖

岩心砖

耐火砖

瓷质瓷砖

混凝土

现浇钢筋混凝土

混凝土砌块

混凝土表面

灰浆

水泥 灰浆
砂 砂浆

砖

普通砖

防火砖

土

地基

玻璃

普通玻璃

结构玻璃

玻璃砖

绝缘保温材料

沥青质叶岩

松软填充绝热毡层

保温吸声材料

护套 绝缘套

金属

钢、铁、铜
铝等

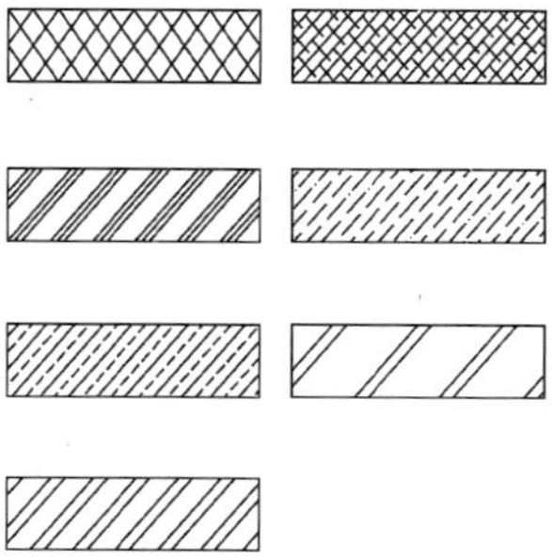

钢丝网

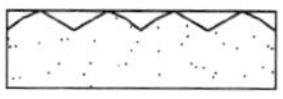

塑料

纤维玻璃
(透明)

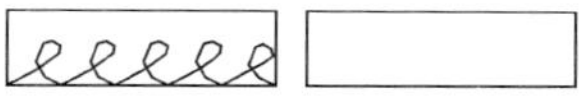

泡沫塑料

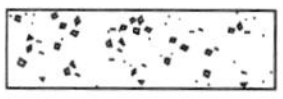

压层塑料

橡胶地板

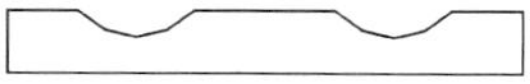

石膏板

单层或
双层板

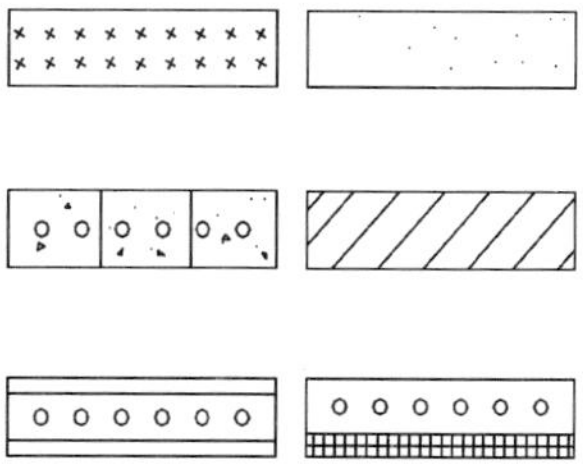

膨胀螺栓

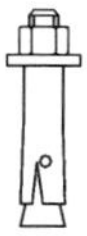

抽芯铆钉

窗帘

垂直窗帘
(百叶窗)

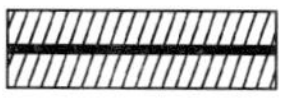

装饰性窗帘

(单向)

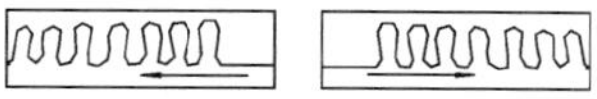

(双向)

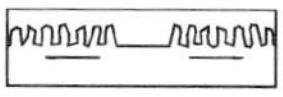

多孔材料

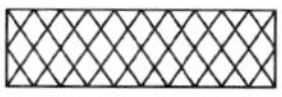

金属板网

草皮

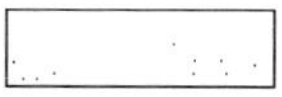

密封垫层
地毡层

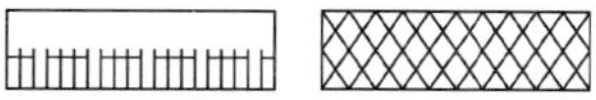

高强耐水硬
质纤维板

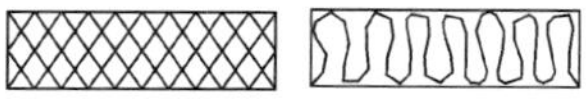

圆头螺钉

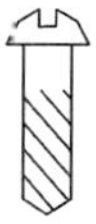

水泥钢钉

螺栓

平头钢钉

门·墙符号

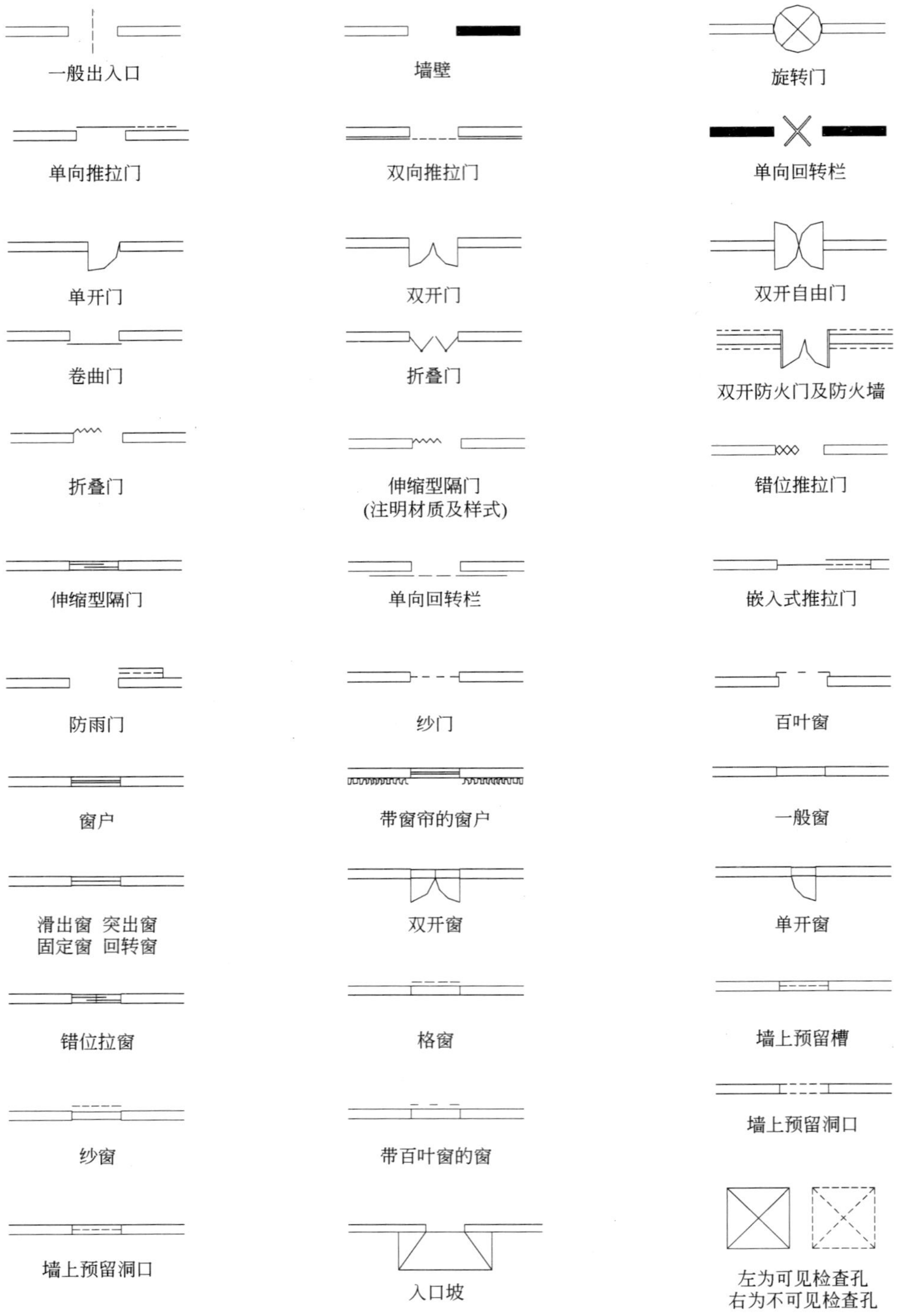

一般出入口

墙壁

旋转门

单向推拉门

双向推拉门

单向回转栏

单开门

双开门

双开自由门

卷曲门

折叠门

双开防火门及防火墙

折叠门

伸缩型隔门
(注明材质及样式)

错位推拉门

伸缩型隔门

单向回转栏

嵌入式推拉门

防雨门

纱门

百叶窗

窗户

带窗帘的窗户

一般窗

滑出窗 突出窗
固定窗 回转窗

双开窗

单开窗

错位拉窗

格窗

墙上预留槽

墙上预留洞口

纱窗

带百叶窗的窗

墙上预留洞口

入口坡

左为可见检查孔
右为不可见检查孔

楼梯符号

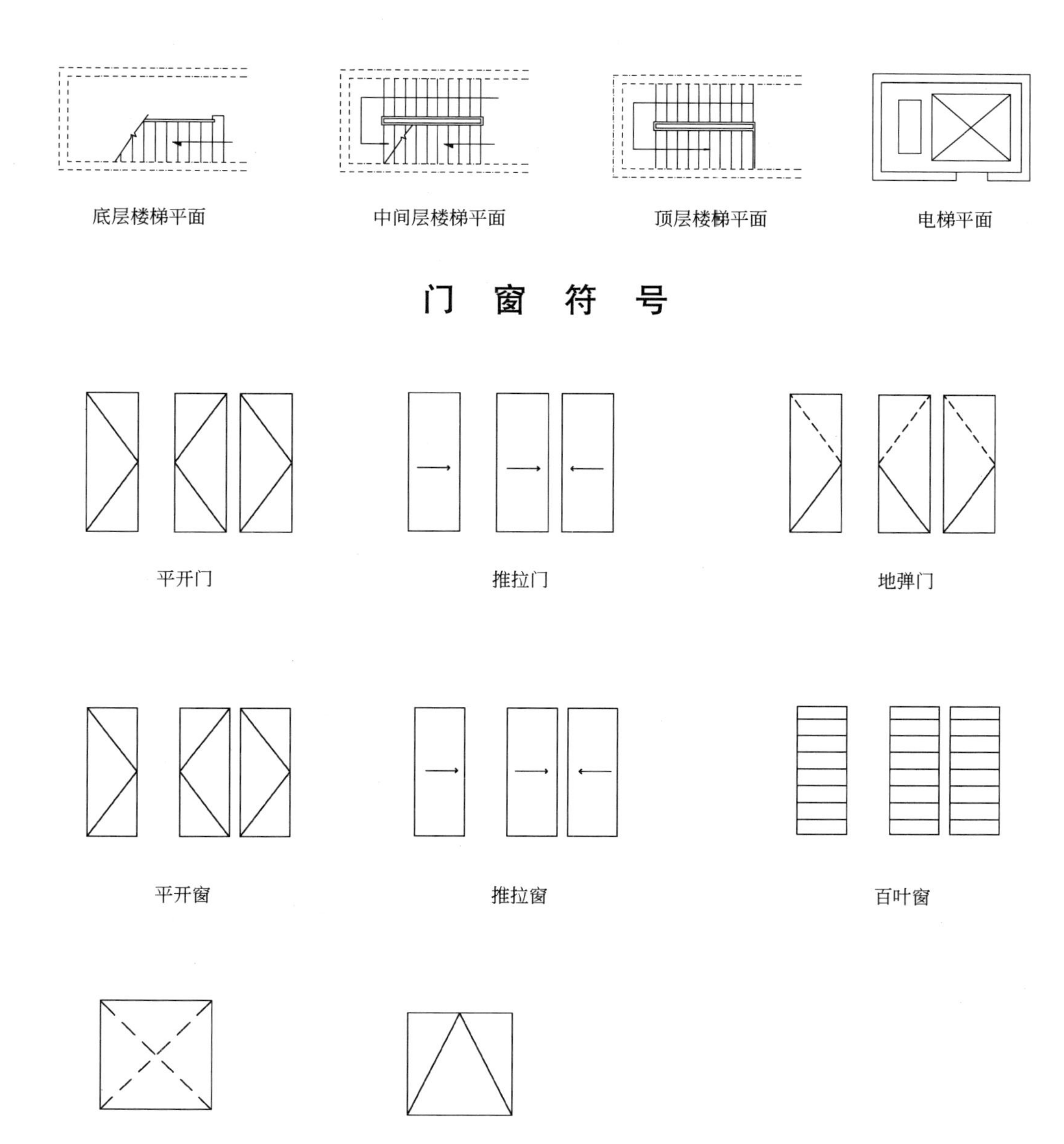

固定窗

平开窗

水 电 类

照明器具

一般用照明：白炽灯

一般用照明：筒灯

上射灯或下射灯

一般用照明：日光灯

紧急用照明

紧急用照明

漫射灯

暗装萤光灯

荧光灯管(暗装)

走廊、楼梯通道诱导灯

室内通道诱导灯

转角墙照明装置

墙照明装置

射灯

光栅投射灯

吊灯

组合照明灯

不灭或紧急用灯

不灭或紧急用灯

暗装灯固定装置

暗装灯

面装或吊装灯

双管日光灯(用于顶面)

单管日光灯

壁灯

壁灯

插座·开关

单项插孔板

复式插孔板

插座(安在墙面上)

插座(安在顶棚上)

插座(安在地面上)

接地型插座

消防紧急用插座

电话插口

TV插口

多媒体插口

WP 防水插座

EI 防爆插座

R 电炉插座

F 风扇插座

WH 电热水器插座

CW 洗衣机插座

REF 冰箱插座

E 抽油烟机插座

$ 灯开关

$ 灯开关

风扇变阻开关

空气自动开关

选择开关

R 遥控器开关

调光器

警报按钮

响铃

电力总开关

防火报警设备

定温式感知器
S
烟感器
差温式感知器
B
警铃
信号接收器
电铃
避雷针
G
漏电警报器
F
漏电火灾警报器
配电盘·分电盘及控制盘
电力分电盘
灯用分电盘
灯用分电盘
控制盘
灯用配电盘
管线
管线向上装设
管线向上及向下装设
管线向下装设
— F —
火警系统线路
日光灯出线口
日光吸顶灯出线口
投射灯出线口
嵌入灯出线口
嵌入式日光灯出线口
P
吊管灯出线口

CP	链吊灯出线口
S	立灯出线口
	吸顶灯出线口
CL	吸顶灯出线口
J	接线盒出线口
	壁灯出线口
	地板出线口
TV	电视天线出线口
T	电话出线口
F	风扇出线口
— T —	电话线管
— TV —	电视天线线管
— SP —	扩音系统线路

计量器

TS	定时开关
Wh	电量计量器
S	开闭器
GM	煤气表
WM	水表
MOF	套装电度表

通信·信号

T	分机电话
	加入电话
PT	公共电话
MF	传真
	电话输出端
	电话总机

给排水设备

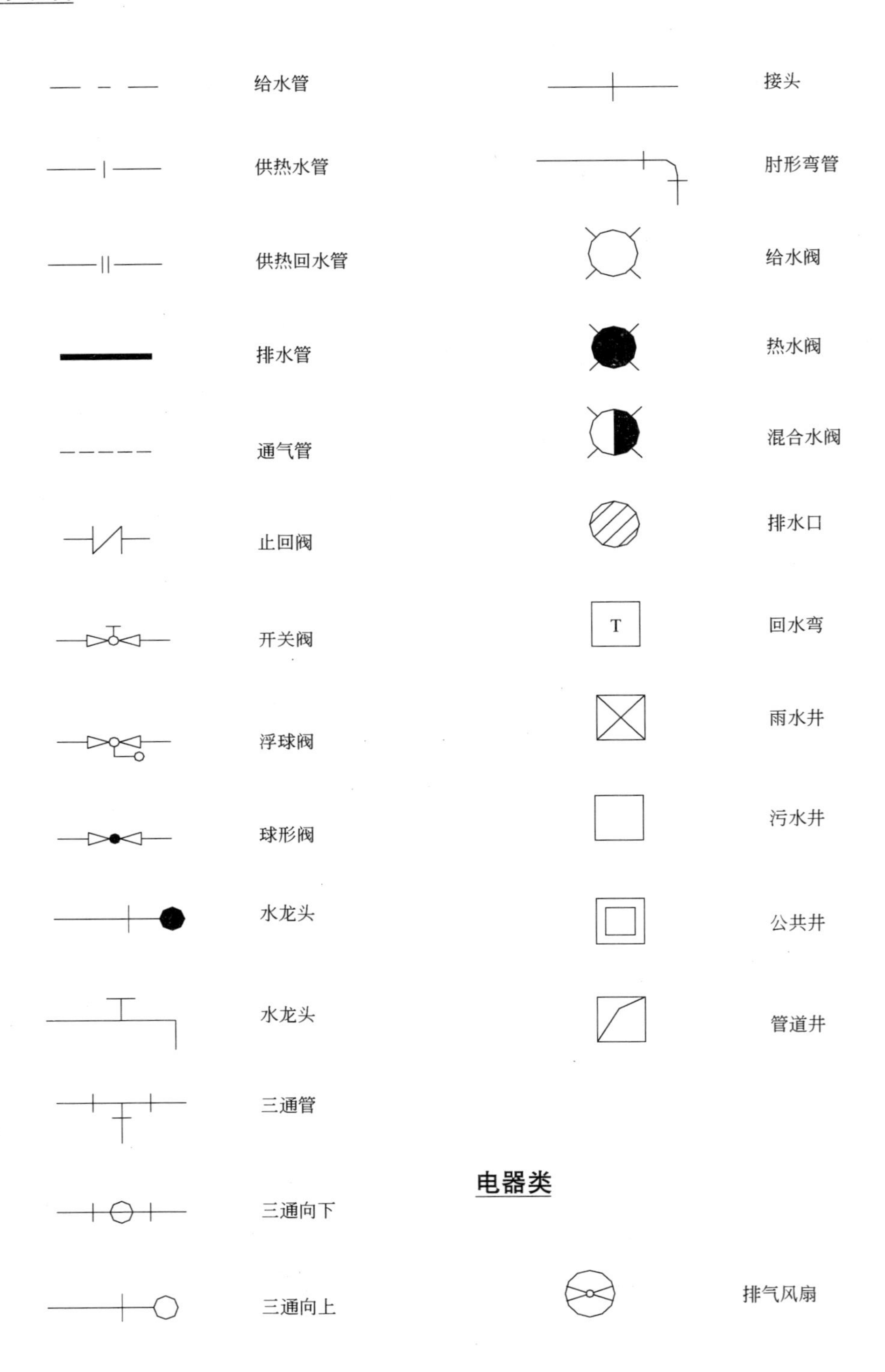
给水管
供热水管
供热回水管
排水管
通气管
止回阀
开关阀
浮球阀
球形阀
水龙头
水龙头
三通管
三通向下
三通向上
接头
肘形弯管
给水阀
热水阀
混合水阀
排水口
T
回水弯
雨水井
污水井
公共井
管道井
电器类
排气风扇

电风扇，换气扇

W 洗衣机

电视机

电脑

吊式电风扇

台式电风扇

热交换机

光管散热器

翼片式散热器

暖风机

RC 房间空调

G 发电机

H 电热器

M 发动机

T 小型变压器

电话

预热器

冰箱

冰箱

冰箱

植 物 符 号

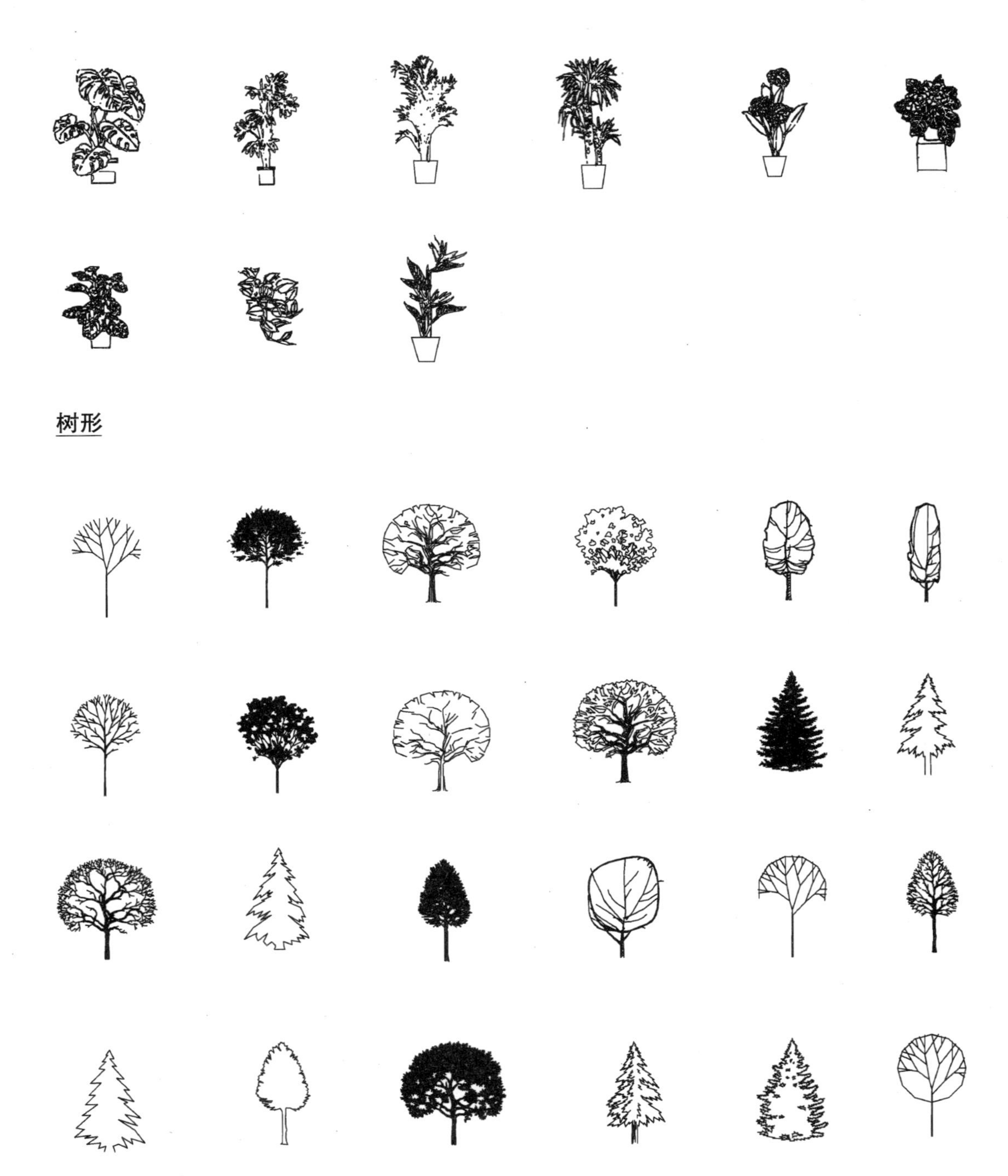

附录三　环境设计常用标志

出口

入口

安全出口

配电间

停车库

地铁

公共汽车

计程车

售票

租车服务

动植物检疫

海关

边防检查

安全检查

电话

行李寄存

行李提取

办票

起重行李
登记处

商务中心

国内出发

国内到达

候机厅

头等仓候机室

商务休息室

电梯

残疾人电梯

楼梯

自动扶梯上

自动扶梯下

贵宾候车室

俱乐部

酒吧

咖啡厅

餐厅

残疾人洗手间

洗手间

女洗手间

男洗手间

医疗急救

问讯处

旅客止步

禁止吸烟

吸烟区

灭火器

红色通道

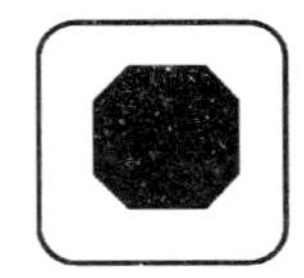
绿色通道

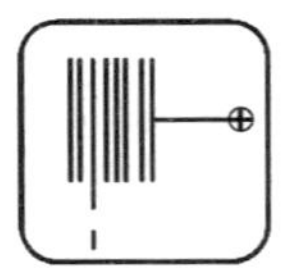
消防龙头

邮局

饮用水

参 考 文 献

1.(美)列兹尼科夫. 室内设计标准图集. 张大玉译. 北京：中国建筑工业出版社，1997

2.(日)楢崎雄之. 室内装饰设计基础与技巧. 冯乃谦译. 北京：科学出版社，1994

3.(日)楢崎雄之. 店铺的规划与设计. 冯乃谦译. 北京：科学出版社，1996

4. 张绮曼、郑曙旸. 室内设计资料集. 北京：中国建筑工业出版社，1991

5. 张立德、牟季美. 纳米材料和纳米结构. 北京：科学出版社，2001

6. 金分树. 玻陶装饰材料. 合肥：安徽科学技术出版社，2000

7. 徐秉恺. 涂料使用手册. 南京：江苏科学技术出版社，2000

8. 孙俊华. 新型塑料建材. 广州：广东科技出版社，2000

9. 雍本. 幕墙工程. 北京：中国计划出版社，2000

10. 张清文. 建筑装饰工程手册. 南昌：江西科学技术出版社，2000

11.(台湾)美工图书社. 色彩计划手册. 邯郸出版社，1995

12. 黄丽. 聚合物复合材料. 北京：中国轻工业出版社，2001

13. 祝聚采. QST——建筑应用技术. 世界建筑导报社，1989

14.(英)露辛妲·理查德. 家庭地面材料的选择与处理. 刘清彦译. 北京：中国轻工业出版社，2000

15.(英)彼得·多默. 1945年以来的设计. 梁梅译. 成都：四川人民出版社，1998

16. 中国建筑材料科学研究院. 绿色材料与建材的绿色化. 北京：化学工业出版社，2003

17. 周曦、李湛东. 生态设计新论. 南京：东南大学出版社，2003

18. 楼庆西. 中国古建筑二十讲. 北京：生活·读书·新知三联出版社，2001

19. 侯幼彬. 中国建筑美学. 哈尔滨：黑龙江科学技术出版社，1997

20.(苏)罗塞娃. 古代西亚埃及美术. 严摩罕译. 北京：人民美术出版社，1985